人工影响天气高炮作业系统技术培训教程

王建平　主编

气象出版社
China Meteorological Press

内容简介

本书主要介绍了人工影响天气作业用37 mm高炮的构造和原理、高炮操作步骤、高炮的检查与维护保养、炮弹的构造与使用、高炮自动化作业系统、高炮和弹药的年度检查、高炮增雨防雹作业技术、高炮作业系统物联网技术应用、地面作业空域申请和使用、高炮和弹药及作业站点的安全管理、高炮作业系统事故案例分析、高炮作业系统新技术及发展趋势等内容。全书共分12章。

书中相关章节配有37 mm高炮(含自动化改造的双管37 mm高炮)主要部件、炮弹的结构图、照片、表,直观展示各部件的结构与原理;自动化改造高炮作业控制系统配有相关设备的照片,作业终端配有相应操作步骤的操作界面,直观展示具体操作流程。本书为人工影响天气高炮作业人员岗位培训教材,也可作为各级人工影响天气业务和管理人员日常工作的参考用书,同时教材内容可为开发在线课程、数字课程提供基本素材。

图书在版编目(CIP)数据

人工影响天气高炮作业系统技术培训教程 / 王建平主编. -- 北京 : 气象出版社, 2024.5(2024.7重印)
ISBN 978-7-5029-8154-9

Ⅰ. ①人… Ⅱ. ①王… Ⅲ. ①人工影响天气-高射炮-技术培训-教材 Ⅳ. ①P48②TJ35

中国国家版本馆CIP数据核字(2024)第015259号

人工影响天气高炮作业系统技术培训教程
RENGONG YINGXIANG TIANQI GAOPAO ZUOYE XITONG JISHU PEIXUN JIAOCHENG

出版发行:气象出版社
地　　址:北京市海淀区中关村南大街46号　**邮政编码**:100081
电　　话:010-68407112(总编室)　010-68408042(发行部)
网　　址:http://www.qxcbs.com　**E-mail**:qxcbs@cma.gov.cn
责任编辑:张锐锐　吕厚荃　**终　　审**:张　斌
责任校对:张硕杰　**责任技编**:赵相宁
封面设计:艺点设计
印　　刷:三河市君旺印务有限公司
开　　本:787 mm×1092 mm　1/16　**印　　张**:20
字　　数:510千字
版　　次:2024年5月第1版　**印　　次**:2024年7月第2次印刷
定　　价:128.00元

《人工影响天气高炮作业系统技术培训教程》编写人员

主　　编　王建平

副 主 编　王晓辉　温　博　韩志伟　赵俊杰　王红岩　柳　琼　王　超

参编人员（以姓氏笔画为序）

马学军　马学丽　王　乐　王　峰　王　琪　王文才
王文玲　王茂余　王俊喜　王殿辉　尹亚楠　卢盛栋
史莲梅　冯诗杰　冯俏俏　刘天柏　许振辉　许晓娜
孙　建　孙海铎　苏瑞强　李　刚　李　琦　李小军
李成信　李志伟　李宏宇　李定才　李彦萌　李海涛
李登银　杨永龙　何俊琦　张　霂　张天洋　张振涛
张莉萍　张新立　陈兴立　陈颖琳　金伟福　郑　煜
郑成勇　孟　莹　赵　鹏　赵智鹏　姚　凯　姚永欣
姚佳林　袁　林　高　芳　高大勇　高正军　高怀亮
高雅洁　郭　斌　容　韬　彭玉亲　谢海涛　裴　真
熊　强　樊予江　霍佳宇

序　一

教材建设是教育培训核心能力建设的重要内容之一，也是气象教育培训高质量发展的重要抓手和支撑。培训教材建设的目的是满足培养人才的需要、教师教学的需要和培训学员自主学习的需要，在培训中发挥着重要的作用。

人工影响天气地面作业人员岗位培训，具有气象专业技术人员岗位培训的共性，但其培训内容涉及作业用高炮和火箭的安全操作、高炮炮弹和火箭弹的安全使用、作业故障排除和事故应急处置等事关作业安全的诸多内容，培训更突出了作业装备操作的实习实训，这也是人工影响天气地面作业人员岗位培训的特殊性。

王建平老师面向人工影响天气地面作业人员岗位培训需求，聚焦人工影响天气安全作业和地面作业装备的操作使用，牵头编写了《人工影响天气高炮作业系统技术培训教程》《人工影响天气火箭作业系统技术培训教程》，侧重地面作业装备性能结构、操作流程、维护保养、故障排除等相关基本知识的讲解，为高炮、火箭作业系统操作培训提供更为详尽的流程步骤，搭建教与学、学与用之间的桥梁，引导学员学习作业装备基本知识，在反复多次的实际操作训练中理解和掌握相关作业规范和操作规程，解决气象装备操作类培训的难点。

王建平老师多年来心无旁骛，专注于培训工作，兢兢业业，踏实肯干，把气象培训作为事业来做。编写人工影响天气地面作业人员岗位培训教材，体现了他对干部培训规律有比较深入的认识，也基于他对人工影响天气岗位培训的思考与经验积累，同国内主要地面作业装备生产企业技术人员就如何发挥作业装备效益所进行的交流探讨，以及对基层作业人员岗位培训面临问题的关注。教材系统地介绍了人工影响天气地面作业人员应掌握的应知应会内容，对操作实习实训也有具体的指导，实现了两者的有机融合，既有继承又有创新。

编写高质量的培训教材是要下功夫的。编写两本教材，精心筹划，集聚了国内人工影响天气地面作业装备管理领域的相关管理人员和专家、近20家人工影响天气地面作业装备生产企业的研发与专业技术人员，力求体现和反映当下人工影响天气地面作业新装备新技术的应用，几易其稿，反复修改，又逢疫情，实属不易，希望教材在人工影响天气地面作业人员岗位培训中发挥很好的作用。

气象教育培训教材编写工作是一项长久的工作，高质量的气象干部培训教材体系建设更是任重道远，让我们共同努力！

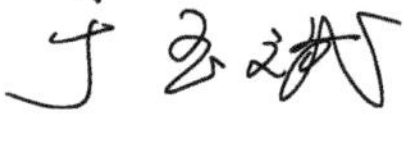[1]

2024 年 3 月于北京

1　于玉斌，中国气象局气象干部培训学院院长、研究员。

序　二

我国人工影响天气经过 60 多年的发展，进入了全面推进人工影响天气高质量发展的新阶段。人工影响天气作业安全，更是一项需要高度关注又必须做好的重要工作。《人工影响天气高炮作业系统技术培训教程》和《人工影响天气火箭作业系统技术培训教程》即将出版，可称为姊妹篇培训教材，对于规范开展地面作业人员岗位培训，对规范岗位培训教学授课，提升作业人员岗位操作技能，无疑会发挥非常重要的保障和支撑作用。

目前，全国 31 个省(区、市)、320 个地市、2710 个县级行政区域和新疆生产建设兵团、黑龙江农垦等开展火箭、高炮等人工影响天气作业，共有地面站点 15000 余个，共有 4 万多火箭和高炮作业人员，上述人员既是我国人工影响天气作业的基层骨干力量，也是需要全覆盖培训的主要对象。

《人工影响天气管理条例》规定了人工影响天气作业单位对作业人员进行岗前培训的主体责任，对作业人员的培训、准入、使用、考核等方面提出了明确要求。《中华人民共和国职业分类大典(2022 年版)》将人工影响天气特种作业操作员纳入第二类"专业技术人员"，对火箭和高炮等人工影响天气作业人员的职业技能和职业成长指明了方向。近几年，人工影响天气作业装备、弹药的全链条管理制度建设逐步完善，自动化、智能化高炮和火箭系统日益普及。这些都对作业人员的知识和技能提出了更新、更高的要求。

王建平同志从事气象培训工作 20 年，其担任山西省气象干部培训学院院长期间，在国、省两级气象培训部门的大力支持下，建立了气象部门第一个国家级人工影响天气培训基地，圆满完成了东北、西北人工影响天气工程的技术培训项目，在人工影响天气培训课程体系建设、培训教材编写、师资队伍培养、地面作业装备实习、实训环境建设等方面进行了有益的探索和实践。建平老师组织编写的这两本姊妹篇培训教材，对构建全国人工影响天气岗位培训课程体系、教材体系具有重要意义。

作业安全是人工影响天气的生命线。本书为人工影响天气地面作业人员岗位培训而编写，同时也是各级人工影响天气业务技术和管理人员学习的重要内容，希望各级人工影响天气作业单位用好这两本姊妹篇培训教材，在人工影响天气作业安全、作业人员岗位技能提升方面发挥应有的效益和作用。

李集明[1]

2024 年 3 月于北京

1　李集明，中国气象局人工影响天气中心主任、正高级工程师。

前　　言

在党中央、国务院的坚强领导下，在地方各级党委、政府的共同努力下，我国人工影响天气工作已成为国家和地方协调发展的基础性、公益性事业。党的十八大以来，人工影响天气工作在组织管理体系、现代化业务体系、科技支撑体系以及安全管理体系建设方面取得了显著成绩，在服务和保障社会经济建设中，在乡村振兴、防灾减灾、生态文明建设等国家重大战略实施和重点领域保障方面发挥了重要作用。

高炮是人工影响天气地面作业使用的重要作业装备之一。近年来，为提升人工影响天气作业装备安全性能、智能化和自动化水平，在中国气象局的指导下，人工影响天气地面作业装备生产企业对传统制式高炮进行了智能化改造，物联网技术、声电光自动感应技术、移动互联技术、数码芯片技术等新技术已逐步应用到人工影响天气地面作业装备和弹药从生产、验收、转运、仓储到发射的全程，初步实现了人工影响天气作业装备与弹药的全程、规范、自动化、实时监控与管理，这对人工影响天气安全管理、地面作业人员的综合素质和岗位技能以及技术培训提出了新的要求。

为贯彻落实《国务院办公厅关于推进人工影响天气工作高质量发展的意见》(国办发〔2020〕47 号）文件精神，确保人工影响天气科学作业、精准作业和安全作业，加强人工影响天气队伍建设，提升岗位培训的质量和效益，中国气象局气象干部培训学院将编写《人工影响天气高炮作业系统技术培训教程》作为培训教材建设的重点任务。本书为人工影响天气高炮作业人员岗位培训而编写，也可作为业务技术人员和管理人员日常学习用书，对推进构建人工影响天气培训课程体系、教材体系、师资培养具有重要意义。

本书编写具体分工如下：概述由王超、李彦萌编写；第一章由马学军、王红岩、史莲梅、张天洋等编写；第二章由王文玲、韩志伟、郑煜、李定才编写；第三章由张振涛、许振辉、李登银、刘天柏、苏瑞强、彭玉亲、卢盛栋编写；第四章由高怀亮、高大勇、李刚、陈颖琳、高正军、陈兴立、李成信、李小军、王峰、王茂余等编写；第五章由姚凯、张霖、郑成勇、郭斌、姚佳林、熊强、姚永欣、王文才等编写；第六章由韩志伟、孟莹、容韬编写；第七章由赵俊杰、王琪、杨永龙编写；第八章由赵俊杰、李宏宇、张莉萍编写；第九章由李宏宇、斐真、何俊琦编写；第十章由霍佳宇、金伟福、王俊喜编写；第十一章由斐真、柳琼、尹亚楠、王殿辉编写；第十二章由赵智鹏、孙海铎、高雅洁编写。附录由冯俏俏、许晓娜、马学丽编写。全书由王建平总体构思设计，冯诗杰统稿编辑。

本书编写过程中得到了中国气象局应急减灾与公共服务司、人事司，中国气象局人工影响天气中心，山西省人工影响天气中心和新疆维吾尔自治区人工影响天气办公室的大力支持和帮助。随州大方精密机电工程有限公司、兰州北方机电有限公司、齐齐哈尔航箭科技有限责任公司、江西强能科技有限公司、江西宜春先锋军工机械有限公司、北京厚力德仪器设备有限公司、国营 152 厂、吉林 3305 机械厂、国营 123 厂提供了翔实的技术资料，在此深表谢意。

在编写时我们力求使本书内容能体现目前人工影响天气技术装备最新科技成果。为保证编写质量，特邀请了人工影响天气专家李集明、赵志强、王梅华、胡博、王文义、孙锐、周毓荃、李军霞、刘伟、段英、郑钢、杨世刚、李培仁、孙鸿娉、马官起、于子平等同志进行了指导。编写过程中参阅了相关文献资料，在此，对给予支持帮助的单位、专家以及文献资料的作者一并表示感谢。

本书尽管经过多次修改，但缺点错误在所难免，敬请广大读者批评指正。

王建平

2024 年 2 月于太原

目　　录

概 述

内容提要

本章简要介绍了我国人工影响天气的发展历程，人工影响天气高炮、火箭、飞机、地面烟炉、无人机、燃（空）气炮等主要作业方式；对人工影响天气安全管理重要性进行了分析；对人工影响天气作业单位岗位培训应履行的主体责任、应具备的管理能力和培训能力进行了分析；对人工影响天气地面作业人员岗位培训中组织实施的特点、作业单位的培训主体责任、培训的效益与质量、作业单位培训能力建设、培训的基本流程与岗位培训新要求进行了讨论。

人工影响天气是人类运用现代科学技术，对局部大气实施影响，实现增（减）雨、防雹、消雾、防霜等趋利避害的活动。目前世界上大规模开展的人工影响天气活动主要集中在增雨、防雹、消雾等几个方面。我国是世界上气象灾害最严重的国家之一，而干旱、冰雹等灾害给国家造成重大经济损失，不仅给国民经济发展增加了沉重负担，并且严重危害到了国民的人身安全和财产安全。开展人工影响天气工作，进行增雨、防雹作业，不仅是农业抗旱和防雹减灾的需要，而且也是水资源安全保障、生态建设和保护等方面的需要，是保持我国国民经济可持续发展的一项重要举措。

一、我国人工影响天气发展历程

我国人工影响天气历史悠久，在云南、甘肃等地，劳动人民用土枪土炮防止雹灾的历史可以追溯到一二百年前。新中国成立后，人工影响天气科学试验和研究工作才有组织地蓬勃开展起来。20 世纪 50 年代中后期至 60 年代初期，群众性防雹有较快发展，作业工具主要用土火箭、礼花炮（也称空炸炮）和土迫击炮，发射高度为 500～1500 m；部分省、高校、省气象局、科研机构试制了不同材质、不同发射高度的小型火箭，用于防雹作业。

党中央、国务院历来高度重视人工影响天气工作。1956 年，毛泽东主席在最高国务会议上讨论全国农业发展纲要时指出：“人工造雨是非常重要的，希望气象工作者多努力”。1958 年 1 月起，我国开始积极准备开展云雾物理及人工影响天气工作。1958 年吉林遭遇了特大干旱，农业受到严重威胁，缺水缺电对工业影响极大。为应对严重干旱灾情，经过精心准备和试验，1958 年 8 月 8 日 17 时 10 分飞机起飞作业，在云中播撒干冰之后，效果明显，降雨范围长达 21 km，宽 10 km，降雨量 16 mm。这次作业极具开创意义，标志着新中国人工影响天气工作的正式开启。

1958 年 9 月，中科院和甘肃省局进行了飞机降水试验；11 月，河北省进行了飞机降水试验；12 月，国家科委在北京召开了第一次全国人工降雨工作会议。期间，湖北、安徽、江苏、江西、辽宁、陕西、内蒙古等多地先后开展了人工影响天气试验和作业。各地人工影响天气外场作业规模不断扩大。1959 年 8 月，召开了人工防雹经验交流现场会议。这两次会议对我国人工影响天气试验活动起到了重要推动作用。

为支持各地人影作业试验，顾震潮、易仕明等一批科学家对云降水微物理结构、冷云催化剂制备方法、播撒装置、暖云催化剂核化机理等开展了研究和实验。江西省庐山天气控制研究所、吉林省气象研究委员会等先后成立，并建立了河北涞源、甘肃岷县和山西昔阳人工防雹试验区，河北、湖南和福建古田人工降水试验区，四川人工消雾试验区。期间取得的重要科技成果，有力指导和支持了我国早期人工影响天气实践工作。

1960 年 5 月，国务院转发“关于 1959 年人工降雨工作及 1960 年计划安排的报告”，指出各地应密切结合生产需要和当地具体情况，积极开展人工控制天气，扩大人工降水试验，重视收集科学数据，加强科学研究。20 世纪 60 年代，全国人影工作者克服各种不利因素的干扰，自主研发了三用滴谱仪、总含水量仪、云雾风速模量脉动仪、含水量探空仪等一系列云雾观测仪器，改装了里-2 型、伊尔-13 型飞机、研制了调温调压冷云室等设备，并将其应用于云物理观测、人工影响云雾试验研究和人工降水催化作业，室内实验和催化剂研发也陆续开展。

20 世纪 70 年代，人工防雹工作取得了长足的进展，开展了雹云的探空观测和分析，研究雹云的活动规律、结构特征和闪电特征，建立了雹云物理概念模型，分析了成雹机制。人工防雹采用雷达和无线电工具，用装有碘化银的高炮代替了土炮，研制了土火箭。这一时期，人工增雨效果检验研究试验在多地开展，其中于 1974 年在福建古田地区开展的“人工降雨效果检验方法研究”持续了 12 a，推动了我国人工影响天气效果统计检验方法与实践，起到了示范作用，在国际上也有一定影响。

改革开放之后，我国人工影响天气工作得到了及时调整。1980 年，中央气象局对人工影响天气工作提出了“加强科学研究，调整、整顿面上工作”的意见，加强了人工影响天气的科学试验，慎重调整人工影响天气大规模作业，科研和技术开发不断得到加强，相继取得了一批重要的科技成果，保障了我国人工影响天气工作的持续健康协调发展。1987 年人工增雨为扑灭大兴安岭森林火灾做出重要贡献。

1994 年国务院批准建立人工影响天气协调会议制度，加强对全国人工影响天气工作的协调和指导。各地也相应成立了人工影响天气领导机构。在国家气象局组织指导下，各地人工影响天气工作在经历了调整整顿之后，推广应用科技成果，规模化作业相继得以恢复。云物理和人工影响天气科研与交流进一步加强，高效碘化银焰剂等新型催化剂和增雨防雹火箭等作业设备陆续研制成功并投入作业。

2002 年，国务院颁布《人工影响天气管理条例》(国务院令第 348 号)，明确了人工影响天气的领导体制和有关部门任务职责。2005 年，国务院办公厅下发了《关于加强人工影响天气工作的通知》(国办发〔2005〕22 号)，对做好人工影响天气工作提出了明确要求。这一阶段，全国人工影响天气作业规模快速增长并拓宽服务领域，各地加强人工影响天气现代化建设，提高作业科学水平和效益，组织开展多项国家级研究计划并取得一系列成果。

2007 年 11 月中国气象局人工影响天气中心成立(挂靠于中国气象科学研究院)。2008 年，中国气象局、国家发改委发布了第一个人工影响天气发展规划《人工影响天气发展规划(2008—2012 年)》，确定了各级人工影响天气工作的主要业务和建设任务，是指导我国人工影响天气事业发展的重要文件。

2012 年赋予中国气象局人工影响天气中心指导全国业务、科技发展和装备保障的国家级业务机构职能。同年，全国第三次人影工作会议召开，随后国务院办公厅印发《关于进一步加强人工影响天气工作的意见》(国办发〔2012〕44 号)，强调了人工影响天气工作的基础性、公益性定位。同年，全国人工影响天气标准化技术委员会成立，从国家层面统筹规划确立了人工影响天气标准体系的布局。人工影响天气进入中央统筹、区域协调发展、规范化标准化发展的新阶段。

2014 年，国家发展改革委、中国气象局共同印发《全国人工影响天气发展规划（2014—2020 年）》，提出全国六个区域发展布局，设立工程项目，是新时期全国人工影响天气发展的行动纲领。同年，中国气象局加快人工影响天气业务现代化体系建设，印发《全国人工影响天气业务发展指导意见》。2015 年，中国气象局印发了《人工影响天气业务现代化建设三年行动计划》，2016 年制定《人工影响天气安全管理行动计划》，2019 年印发了《人工影响天气“耕云”行动计划（2020—2022 年）》。经过三个行动计划的实施，建立以科学精准催化作业为核心，具有人影作业条件预报、监测预警、方案设计、跟踪指挥和效果检验功能的“横向到边”的五段实时业务流程，形成了国家（区域）—省—市/县—作业点四级管理、五级指挥、六级作业“纵向到底”的现代化业务体系。基本建立政府主导、部门协作、综合监管的新型人影管理体制，政府部门的监管职责和实施单位的主体责任更加明确。制定实施人工影响天气火箭弹、炮弹新标准，弹药可靠性指标提升一个数量级，积极推进火箭架和高炮自动化改造，能自动装订播撒标签的体播撒火箭，可自动操控并记录发射参数的火箭发射架，遥控自动化 37 mm 高炮相继定型并列装，地面人影作业装备的自动化、信息化、标准化和高安全性水平不断提升，人工增雨防雹的精准作业能力与安全水平不断加强。利用物联网技术、声电光自动感应技术、移动互联技术等，人影装备和弹药从生产、验收、转运、仓储到发射的全程监控得以实现，初步实现了人影作业装备与弹药的全程、规范、自动化、实时监控与管理。

2020 年 11 月 24 日国务院办公厅印发了《国务院办公厅关于推进人工影响天气工作高质量发展的意见》（国办发〔2020〕47 号），对推进人工影响天气工作高质量发展进行了安排部署。2021 年 12 月，中国气象局印发《“十四五”全国人工影响天气发展规划》（气发〔2021〕145 号）。同月，中国气象局人工影响天气中心正式启动，进一步强化全国人工影响天气规划制定、业务指导和技术支持、装备技术保障、跨区作业组织等职能。2023 年 1 月印发了《人工影响天气“播雨”减灾行动计划（2023—2025 年）》，聚焦推动人工影响天气事业高质量发展的关键环节，明确未来 3 a 人工影响天气发展目标、业务布局和重点任务，推进人工影响天气工作从分散、粗放、相对独立发展向集约化、研究型、安全性、融入式转型发展，提高以智慧人工影响天气为主要特征的人工影响天气现代化水平。

经过 60 多年发展，我国建立了以《中华人民共和国气象法》和《人工影响天气管理条例》（国务院令第 348 号）为核心、以《人工影响天气安全管理规定》（气发〔2003〕56 号）以及地方法规规章为重要构成的人工影响天气法规体系；以中央有关文件、国务院办公厅和地方政府文件，以及中国气象局规范性文件为主要构成的政策体系。

云降水物理理论研究和人工影响天气关键技术研发等方面取得了多项进展。室内实验研究、装备建设加速，新型高效催化剂成核率大幅提高；云降水物理和人工影响天气模式预报系统不断优化；云降水监测分析和催化作业的科学水平逐步提升；云水资源评估和作业效果检验取得显著进展；多类型云降水和人工影响天气外场试验基地陆续建设，并开展了相关的试验研究，取得了的重要科技成果，极大地促进了云降水和人工影响天气科技发展。

随着气象探测现代化的不断推进，X 波段双偏振雷达、云雷达、激光雷达、微波辐射计、风廓线雷达等一批云降水观测仪器用于人影业务服务，同时，人影业务应用自动站、雷达、卫星、探空等综合气象观测系统的能力和水平也不断提高。

目前，我国人工影响天气作业方式最齐全、最多样，装备和技术水平总体上已处于世界先进水平。全国年均人工增雨影响面积达到 500 万 km^2，人工防雹作业保护面积达到 60 万 km^2 以上，在防灾减灾救灾、生态环境保护与修复、国家重大活动保障、重大突发事件应急保障等方面做出了重要贡献，得到了国家和有关部门的高度肯定。

二、人工影响天气主要作业方式

作业装备是实现人工影响天气目标的重要手段。目前人工影响天气的作业方式主要有：

(一)高炮作业系统

我国气象系统从 20 世纪 60 年代开始利用 1955 年式单管 37 mm 高炮进行人工防雹增雨作业。20 世纪 70 年代中国科学院大气物理研究所组织科技人员利用雷达、探空、闪电计数器，对山西昔阳县大寨乡进行有设计的人工防雹试验，对雹云资料和防雹效果进行了分析。此时，在全国范围内逐步形成了以 37 mm 高炮为主体的催化作业体系。到 20 世纪 80 年代由 1965 年式双管高炮逐步取代 1955 年式单管 37 mm 高炮，形成了以 1965 年式双管 37 mm 高炮为主的人工影响天气地面作业装备。因高炮发射不受天气条件限制，人工影响天气作业用 37 mm 高炮，配有人工防雹增雨弹(简称炮弹)，通过高炮将装有催化剂的炮弹发射到斜距离 2000～6000 m 降雨云层和冰雹云中，将催化剂播撒到特定云体中，以达到增雨、防雹的目的。

与国内目前使用的其他作业工具比较，人工影响天气作业用 37 mm 高炮具有发射速度快、弹道方向准、安全系数高、易于操作等优点。高炮不受天气条件限制，可用于积状云、层状云作业，使用比较广泛。近年来，用于人工影响天气火箭作业系统不断增多，虽然作业用 37 mm 高炮相对减少了，但由于高炮的弹丸具有爆炸冲击波和碘化银催化剂的双重效果，高炮作业技术仍被广泛应用于人工影响天气作业当中。

近年来，为了提升高炮作业的安全性和作业效果，中国气象局在行业内引导厂家技术革新，对高炮作业装备进行了自动化改造。湖北随州大方精密机电有限公司、兰州北方机电有限公司、齐齐哈尔航箭科技有限责任公司、江西强能科技有限公司均进行了 37 mm 高炮自动化改造，中兵依托工厂对 57 mm 高炮和 57 mm 增雨防雹弹进行了数字化改造；实现了人炮分离，这对保护作业人员的人身安全起到了一定效果。

(二)火箭作业系统

我国使用的增雨防雹火箭作业系统一般分为车载和地基固定点作业两种类型。车载式火箭作业系统是将火箭发射装置装载在汽车上，所以有较好的机动性，能够在一定的距离范围内流动作业，以达到扩大控制范围的目的。固定式地面火箭作业系统，虽然不具有易于流动的优点，但可根据不同的使用目的进行布点。在实际工作中选择车载式还是固定式，应视具体情况而定。无论车载式还是固定式增雨防雹火箭作业系统，它们都是从地面把相应的装有催化剂的火箭弹，在适宜的时机发射到云中预期的部位进行播撒，以达到对云进行催化的目的。

目前，我国使用的增雨防雹火箭弹主要有 WR 系列、BL 系列、HJD-82B、JFJ 系列，以及 RYI-6300 型、ZBZ-HJ、CR-57 型、晋西火箭弹。其中，WR 系列火箭弹以及 HJD-82B、RYI-6300 型火箭弹均采用在空中自动燃烧催化剂的方式进行播撒，火箭弹在云中完成作业任务后，采用降落伞回收方式徐徐降落到地面上；JFJ-1A、BL-1A、BL-2A 型火箭弹也采用在空中自动燃烧催化剂的方式进行播撒，火箭弹在云中完成作业任务后，采用自毁方式将壳体炸成碎片徐徐降落到地面。而 BL-3、BL-4 火箭弹则是爆炸播撒式火箭弹，它在残骸降落上采用降落伞回收方式徐徐降落到地面。

和其他作业工具比较，增雨防雹火箭作业系统具有携带催化剂量大、成核率高、发射高度高、便于操作、可以进行流动作业等诸多优点，因而在全国范围内得到迅速推广和应用。

（三）地面烟炉增雨作业

地面烟炉是一种新型的人工增雨（雪）作业工具。烟炉的作业原理是引燃焰条，喷射出含有高浓度催化剂颗粒的烟剂，烟剂随空气运动上升至目标区域，其中的有效催化剂发挥人工影响天气效应，起到增雨（雪）的作用。

烟炉作业的关键是选取的作业位置，尽最大可能地利用上升气流区，这样才可以使得碘化银（AgI）达到催化目标区域。

由于烟炉是地基作业设备，有别于高炮、火箭可以快捷高效直接将催化剂发送至催化目标云层，烟炉是利用空气中的上升气流来将烟剂输送至过冷云层，有一个输送的时间过程。因此，在实际的人工影响天气作业实施中需要计算提前量，这涉及多个烟炉组网的问题。

地面烟炉组网布置一般要求在 500～1000 m 高的山坡或靠近山头附近有上升气流的地方，当有天气过程来临时，在合适的天气条件下，在地面燃烧 AgI（碘化银）焰剂，播撒碘化银凝结核，来影响云的微物理转化过程，因地面烟炉主要用于迎风坡等有上升气流的地方作业，所以，催化剂随气流上升高度有限，而且浪费较大。

（四）飞机人工增雨作业

飞机人工增雨是人类利用现代化科学技术开发利用空中云水资源的有效途径和抗旱减灾的重要措施。随着人工影响天气科学技术的不断发展，大量研究结果表明，在一定的天气背景条件下，在云体的适当部位，选择适当的时机，采取有科学设计的催化作业，可以获得增加降水量的预期目的。由于受气象条件限制，只能用于层状云的作业；其可增水量的多少与被选择催化云的性质及其采用的催化技术有直接关系。

利用飞机进行人工增雨作业可直接将催化剂播入云中指定部位，有良好的机动性，且可通过对云结构的直接观测，进一步了解掌握云中作业条件。受飞机起飞条件的限制，只有约 60％的情况可以作业。机载烟条播撒器具有操作简单、作业时间长、播撒剂量大、性能可靠的特点。

（五）无人机增雨作业

近年来，无人机增雨已开始试用，无人机技术有望更广泛地运用于我国人工增雨防雹。无人机增雨作业通过雷达控制，在山区上空云层中播撒碘化银，将空中云水转化为降雨。无人机系统在夜间、大风等复杂天气下也能完成增雨任务，既可提高增雨效率，又有利于降低作业成本。

与国内目前普遍采用的火箭、高炮、地面烟炉、飞机等作业手段相比，无人机具备夜航、盲降能力，有着飞行高度高、适用范围大、使用限制少、作业时间长、应对复杂天气能力强等优势。无人机作为新手段，也代表着未来人工影响天气的一个新发展方向，有望在提高云水转化率、缓解水资源短缺等方面发挥特殊作用。

（六）增雨防雹燃（空）气炮作业

增雨防雹燃（空）气炮是一种新型人工影响天气作业的作业手段。它是一种运用冲击波、声波、催化剂对局部天气进行干扰、催化的新型作业装备，通过不间断地对目标区域进行影响，干扰气流运动、凝聚水汽、增加凝结核，从而达到增雨、增雪、防雹的作业效果。

增雨防雹燃（空）气炮最大的特点是不用申请空域，避免了因为空域申请问题而造成的延误增雨、防雹作业时机的问题。

目前，燃(空)气炮主要有华云气象科技公司的增雨防雹燃(空)气炮和中兵新研制的增雨防雹聚能空气炮。据专家论证，燃(空)气炮能够作用到一定高度云层并对其产生影响，且具备催化剂播撒功能，可以用于增雨防雹作业，但作业效果尚待进一步考证。

三、人工影响天气安全管理

人工影响天气安全管理是人工影响天气管理的重要内容之一。人工影响天气管理是指人工影响天气工作的组织、协调、指导和管理，包括：依法行政、有关政策规章和业务技术规范以及发展规划与计划的制定、作业专用装备管理、科研管理、新技术应用和推广、作业组织实施等。人工影响天气管理属于依法行政的管理范畴，具有社会性、系统性、复杂性、科学性、防范风险和危险性等管理特点。

加强人工影响天气安全管理工作，是《人工影响天气管理条例》的重要立法原因之一，其中的许多条款均为确保安全作业而做出的规定。《人工影响天气安全管理规定》依据《人工影响天气管理条例》所规定的原则，对涉及安全的工作进行了全面的规定。《人工影响天气管理条例》和《人工影响天气安全管理规定》是做好人工影响天气安全管理工作的重要依据和基本遵循。

安全管理就是利用管理的活动，将事故预防、应急措施与保险补偿三种手段有机结合在一起，以达到保障安全的目的。人工影响天气作业是一个复杂的人、机、环境系统相互作用的过程，由组织管理、作业指挥、作业人员、作业装备、作业方式与现场环境等要素组成，它们之间是一个相互联系、相互制约、缺一不可的有机整体。简而言之，人工影响天气安全管理可以理解为，通过多措并举，强化监管，将人工影响天气作业的不安全因素降到最低最小，确保不发生事故，进而实现科学作业、精准作业、安全作业，实现人工影响天气效益的最大化。

我国人工影响天气 60 多年的发展历程中，确保安全作业始终是人工影响天气工作首要的和重要的内容之一。《中华人民共和国气象法》《中华人民共和国安全生产法》《中华人民共和国民用航空法》《人工影响天气管理条例》《民用爆炸物品安全管理条例》等法律法规是人工影响天气安全管理的重要依据。中国气象局制定的关于人工影响天气工作的一系列规范性文件中，明确了人工影响天气安全管理工作的具体要求和具体措施。1994 年 5 月国务院批复建立了人工影响天气协调会议制度，2009 年 5 月中国气象局建立了国家级人工影响天气业务安全检查员制度，随后启动了延续至今的年度全国人工影响天气安全督察工作。2002 年 2 月中国气象局印发了《人工影响天气安全管理规定》，2017 年 12 月对该规定进行了修改完善。2003 年发布了第一部关于人工影响天气地面作业安全技术标准《37 mm 高炮防雹增雨作业安全技术规范》。2012 年全国人工影响天气标准化技术委员会成立后，先后编制了人工影响天气业务规范、空域使用规范、人工影响天气作业站点建设管理规范、装备操作维修管理规范、弹药运输存储规范、安全检查规范、事故技术调查规范、飞机作业规范等 40 多项标准。各省(区、市)、市(地)、县气象局、作业点认真执行落实标准，有力地保障了人工影响天气安全健康有序的快速发展工作。

为提升人工影响天气安全管理水平，中国气象局应急减灾与公共服务司(以下简称减灾司)于 2016 年印发了《人工影响天气安全管理行动计划(2016—2017 年)》(以下简称《安全管理行动计划》)，就安全管理向全国各省(区、市)人工影响天气工作进行了部署。为评估全国《安全管理行动计划》实施成效，2018 年减灾司委托全国人工影响天气科技咨询评议委员会组成评估专家组，在各省级气象部门提交的自评估报告基础上，对全国《安全管理行动计划》执行情况进行了终期评估。评估既全面了解掌握了全国人工影响天气安全管理的基本情况，又查找了安全管理方面存在的短板，同时对今后安全管理具有很重要的指导意义。

近几年来，“政府主导、部门协作、综合监管”的新型人工影响天气安全管理体系更加完备，政府部门的监管职责和实施单位的主体责任更加明确。各地相继出台措施，气象与应急、公安、工信和空域管理等部门合作，将人工影响天气安全统一纳入地方安全生产监管体系，对人工影响天气弹药的生产、销售、购买、运输、储存和使用等环节进行联合监管的局面初步形成，人工影响天气安全管理制度进一步完善，人工影响天气作业装备设施标准化程度进一步提高，人工影响天气安全监管信息化步伐加快，安全管理水平大幅提升。

在人工影响天气安全管理工作中，全国人工影响天气安全督察工作中，飞机作业人员和地面作业人员的管理与培训情况，始终是管理和督察的重要内容之一。在地面作业人员管理与培训方面，省级气象部门、市县级气象部门凝练、总结、推广了许多好的做法和经验，对强化人工影响天气安全管理，提升作业人员岗位能力，查找与整改安全隐患，补齐短板与弱项，起到了有力的保障作用。人工影响天气安全管理是一项长期而又艰巨的任务，地面作业人员的规范化管理，作业人员岗位培训，是科学作业、精准作业、安全作业的重要基础，是一项必须下功夫做好的工作。

四、人工影响天气地面作业人员岗位培训

培训是指由组织提供的有计划、有组织地教育与学习，旨在改进工作人员的知识、技能、工作态度和行为，从而使其发挥更大的潜力以提高工作质量，最终实现良好组织效能的活动。培训的直接目的，就是改变工作人员与岗位有关的知识结构、技术水平、工作能力、态度和行为。

加强人工影响天气人才队伍建设，加强技术培训，始终是确保人工影响天气高质量发展的坚实保证。人工影响天气培训对象包括人工影响天气技术、业务管理人员和人工影响天气作业人员。鉴于人工影响天气地面作业的作业装备、从业人员要求、安全防控的特殊性，人工影响天气地面作业人员的培训也具有其特点。

（一）培训组织实施的特点

强化人工影响天气地面作业安全的底线要求更加突出了其培训的重要性。人工影响天气地面作业涉及人工影响天气工作的组织与协调，包括有关政策规章、业务技术规范、作业专用装备管理与使用，新技术应用和推广等。而且，作业组织实施中涉及高炮、火箭发射装置，炮弹、火箭弹的安全问题。所以，需要对地面作业岗位培训予以高度重视，严格地面作业岗位管理，对岗位培训进行计划性安排，确保每一名作业人员达到岗位要求，最大限度地避免作业事故，确保安全作业，保障作业人员和人民的生命财产安全。

人工影响天气地面作业的性质使培训更加突出了其培训的组织需求。人工影响天气是气象事业的组成部分，是以政府行为为主进行防灾减灾、为社会进步和经济发展提供服务和保障的公益事业。人工影响天气工作是一项复杂的系统工程，涉及多学科、多部门，需要军队、民航、财政、公安、农业、水利、林业、应急、工信等多部门、多单位的协作配合。这就需要在培训中，将人工影响天气发展涉及的法律法规、规章制度、标准规范、技术操作规程转化为必备的培训内容，对业务技术、管理人员和作业人员分层分类进行系统规范的培训，提升综合素质和岗

位技能，为更好地落实组织要求奠定坚实的基础。

人工影响天气地面作业的特点更加突出了其培训的岗位需求。鉴于人工影响天气地面作业使用的高炮（含自动化改造的高炮）、炮弹、火箭、火箭弹，其质量检测只能采用世界各国普遍采用的常规方法批量抽检法，安全性能尚不能达到百分之百，因而人工影响天气地面作业具有一定的不确定性和风险性。需要在培训中针对地面作业指挥（含作业监测预警）、地面作业岗位的职责要求，突出地面作业人员的岗位培训，提升作业人员了解高炮基本原理与结构，熟练掌握高炮的操作，能进行常见故障的判断与排除，具备应急处置的能力，为安全作业提供坚实的保证。

（二）人工影响天气作业单位的培训主体责任

2016 年 6 月，为落实《人工影响天气安全管理行动计划（2016—2017 年）》（气减函〔2016〕15 号），适应行政审批改革和强化安全管理要求，提升作业科学水平和安全水平，中国气象局应急减灾与公共服务司印发了《人工影响天气作业点安全等级评定办法（试行）》和《人工影响天气作业单位能力评估办法（试行）》。

《人工影响天气作业点安全等级评定办法（试行）》从规章制度、环境设施、装备弹药、人员管理等方面提出了基层作业点建设管理的基本条件和安全等级提升方向，在全国范围内推广试行。《人工影响天气作业单位能力评估办法（试行）》从指挥能力、作业能力等方面提出了作业单位建设管理的基本要求和能力等级提升方向。

人工影响天气作业单位（以下简称作业单位）是指所有开展人工影响天气作业活动的机构和组织。进行作业单位能力评估，是加强作业单位的监管，落实《中华人民共和国气象法》《中华人民共和国安全生产法》《人工影响天气管理条例》和《全国人工影响天气业务发展指导意见》有关规定的重要举措。《人工影响天气作业单位能力评估办法（试行）》适用于全国范围内作业单位的能力评估。作业单位分为 A、B、C 三类，A 类单位可以从事作业指挥、飞机增雨（雪）作业；B 类单位可以从事地面作业指挥、地面增雨（雪）和防雹作业；C 类单位可以从事地面增雨（雪）和防雹作业。

《人工影响天气作业点安全等级评定办法（试行）》采用百分制，分为基本项和提升项；《人工影响天气作业单位能力评估办法（试行）》采用百分制，分为基本项目和其他项目；这两个办法的基本项目指标均实行一票否决。

根据 2020 年 3 月 27 日中华人民共和国国务院令第 726 号《国务院关于修改和废止部分行政法规的决定》，将《人工影响天气管理条例》第十条第一款修改为："人工影响天气作业单位应当按国务院气象主管机构制定的人工影响天气作业人员培训标准对从事人工影响天气作业的人员进行岗前培训。人工影响天气作业人员应当掌握相关作业规范和操作规程后，方可实施人工影响天气作业。"

根据《人工影响天气管理条例》第十条第一款的修改内容，人工影响天气作业单位为人工影响天气作业人员的培训主体，应履行主体责任。履行的主体责任主要包括以下几方面：一是贯彻执行人工影响天气法律法规、部门规章技术标准，对本单位培训工作做出计划安排，并抓好组织实施；二是认真执行上级部门的工作部署，以及上级部门制定的脱产培训计划，完成本单位的培训任务；三是根据本单位工作需要和人员的培训需求，分期分批地选派人员参加各种形式的脱产培训；四是对本单位人员自学提出总体安排和具体要求；五是建立和落实本单位人员培训的激励和约束机制，保证各项培训任务的落实；六是加大和保证人员培训的经费投入，为本单位人员参加培训创造良好的条件和氛围。人工影响天气作业单位要务必做好作业人员岗前培训，保证人工影响天气作业的安全与效益。

人工影响天气作业人员是指从事人工影响天气作业的操作人员，包括高炮、火箭、飞机和地面发生器作业操作人员等。从广义上讲的人工影响天气作业人员岗前培训，涵盖了人工影响天气作业五段业务流程闭环内所有从业人员，即作业天气过程预报和作业计划制定（24～72 h）、作业条件潜力预报和作业预案制定（3～24 h）、作业条件监测预警和作业方案设计（0～3 h）、跟踪指挥和作业实施（0～3 h）、作业效果检验（作业后）的全流程，包括业务管理人员、作业指挥人员、作业人员等。狭义上讲的人工影响天气作业人员岗前培训，是指对人工影响天气作业五段业务流程闭环内，具体操作作业装备的作业人员岗前培训，包括高炮作业点人员（每个作业点不少于 4 名作业人员，自动化改造后不少于 3 名）、火箭作业点人员（每个作业点不少于 2 名作业人员），飞机作业人员（2 名以上指挥人员和 4 名以上作业人员），地面发生器操作人员等。

人工影响天气作业单位需按照培训要求，遵循“按需施教、注重实效”的原则，把握成人教育培训规律，将人工影响天气作业相关作业规范和操作规程凝练转化为培训内容，明确培训目的，设计培训课程，遴选授课教师，确定培训对象，组织实施培训，保证高质量地进行作业人员的岗前培训。

（三）培训的效益与质量

所谓质量，就是事务、产品或工作的优劣程度。培训的质量是指培训的优劣程度，体现为教学、管理、保障等服务满足培训需求的程度。所谓效益，是指一定的投入所带来的收益，它包括直接收益和间接收益。培训的效益体现为：通过科学合理的培训安排，降低成本、提高质量、扩大规模，以最小的投入获得最大收益，包括学员参训的直接收获，以及运用所学理论和知识推动工作的成效等。

人工影响天气岗位培训的质量和效益是人工影响天气培训的生命，只有不断提升质量和效益，确保每一名参加培训的作业人员，熟练掌握运用岗位要求的技能，把好入职关，把好上岗关，“拧紧”安全作业的“第一道阀门”，才能奠定作业组织实施的安全基础，才能使人工影响天气作业相关作业规范和操作规程落在实处。

人工影响天气作业单位组织开展人工影响天气作业人员岗前培训，对人工影响天气作业单位的培训能力提出了要求。

（四）人工影响天气作业单位培训能力建设

在我国人工影响天气的发展历程中，各级气象主管部门和人工影响天气作业单位，高度重视安全管理与业务培训，积极探索，主动开展管理人员、业务人员和作业人员的培训，保障了人工影响天气的效益发挥和安全，最大限度地保证了人工影响天气的作业安全。进入人工影响天气高质量发展的新阶段，需从组织管理、规章制度与标准化建设、新型作业装备研发、作业人员管理等方面，强化人工影响天气作业安全，同时也需要进一步加强人工影响天气作业单位组织管理与培训能力建设。

人工影响天气作业单位的组织管理与培训能力，按照所承担的职责任务，主要包括：学习和贯彻落实国家法律法规与政策文件、人工影响天气规章制度、规范性文件和标准规范的能力；结合实际，出台制定本单位涉及安全作业、环境设施、装备弹药、人员管理等方面规章制度的能力；根据实际发展情况，滚动式修订、完善规章制度的能力；本单位或管辖范围内进行调研分析、发现与研究问题、提出决策建议、落实整改的执行能力；制定年度工作计划与有效推进工作进展的能力；安全高效地完成每一次作业的能力；按照“培训需求调研、计划制定、计划实施、培训反馈”培训流程组织开展培训的能力。

（五）培训的基本流程

1. 培训需求调研与分析

完整而科学的教育培训流程其运行机制大致应当包括教育培训需求调研、计划制定、计划实施、培训反馈等环节。但在实际培训中，往往注重计划制定和计划实施环节，却轻视处于教育培训始、末环节的需求调研和培训反馈，往往使二者流于形式，导致培训总体上处于粗放型的发展阶段，不利于培训质量效益的提高。

开展人工影响天气地面作业人员培训需求调研，是培训首要的和基础性的工作，是培训计划的制定、计划的实施，制定培训实施方案，编制培训教学计划，进行课程设计，遴选授课教师的前提。培训需求分析与需求评估，是指在规划与设计培训之前，由负责培训的有关人员采取各种方法和技术，对作业单位及其作业人员的知识、技能等方面进行系统的鉴别与分析，以确定是否需要进行培训及培训内容的一种活动或过程。

培训需求调研与分析的基本目标，是对参加培训学员现有知识和技能以及通过培训可以达到的知识与技能之间的差距进行确认，也是培训需求调研与分析的核心。这是因为培训需求产生的最基本的原因，是参加培训学员现有知识和技能与所期望的知识和技能之间出现了差距。也只有真正认识到这种差距并且有弥补这种差距的愿望时才会产生参加培训的需求，才会有组织培训的需要。按需施教，培训需求调研与分析，这里的“需”包括组织需求、岗位需求和学员个人需求。其中，组织需求是第一位的和最重要的需求。明确了培训需求调研与分析的基本内容，精准把握应具备的知识和技能与现实实际的知识和技能之间的差距，就增强了按照教育培训流程组织开展人工影响天气地面作业人员培训的自觉性，进而为培训效益与质量的提高提供了保障。

在培训需求调研与分析的基础上，需要对组织开展培训进行规划与安排。一方面，结合单位实际，制定人工影响天气培训方面的相关管理办法，或在单位的编制的事业发展规划中，或在专项规划中对培训进行宏观性安排。另一方面，从落实和可操作层面讲，要编制年度培训计划（或工作计划），对年内的培训工作进行安排布置，包括举办什么培训班，谁来组织培训，什么时间培训，哪些人参加培训，培训哪些内容，培训经费的支出安排等，从操作层面对培训进行计划安排。

培训计划的实施，即举办每一期培训班，应制定培训组织实施方案，主要内容应包括：培训目标、培训对象、培训内容、培训形式、培训师资、培训时间、培训地点、培训经费等，同时，这也是下发的培训通知的基本内容。培训应具有符合要求的培训管理人员、培训场地、教学设施和管理制度，如培训场地应与培训规模和培训内容相适应，培训设施应符合人工影响天气作业技术要求，实践操作所使用的装备应符合规范和安全要求。

2. 制定培训教学计划

举办每期培训班应制定培训教学计划，内容应包括：培训对象基本要求、培训目的、培训教学内容、培训教学要求、培训教学重难点、培训学时安排、培训教材（讲义）与学习资料、培训测试方式、培训效果评估形式与方法、培训授课教师等。

培训实施前，应按照培训教学计划准备教学环境、遴选授课教师、准备或编印培训教材（讲义)、发布培训通知、组织学员报名。培训实施中,培训管理人员应按照教学计划组织课堂讲授、实践操作、专题研讨、案例教学、现场教学、培训测试等日常教学活动,做好培训资料收集整理工作,参训人员上课应每日上下午签到。培训结束后,应做好培训总结、评估及培训资料归档。

3. 确定培训对象

为确保人工影响天气高炮作业系统的使用与效益的发挥,应做好作业人员的遴选、入职、备案、档案管理工作。新入职从事人工影响天气作业人员应进行岗前培训,完成培训并通过能力水平测试方可从事人工影响天气作业。从事人工影响天气作业人员每年应参加岗位培训。

4. 设计培训课程

课程即教学科目,指培训中学员学习的全部学科,也指学员学习的某一门学科(狭义称为课程)。就人工影响天气地面高炮作业人员岗位培训而言,需要掌握包括基本气象知识;人工影响天气高炮的构造和基本原理;高炮的规范化操作和维护保养技术;高炮作业系统的技术检查;自动化高炮的操作流程;高炮作业中常见故障排除及应急处置方法;高炮的防雹增雨技术;装备弹药物联网技术应用,高炮作业空域申请与使用;作业点的安全管理以及案例分析等方面诸多内容,才能从事人工影响天气作业。组织开展岗位培训,要围绕培训目标或学员掌握某一课程内容进行设计,进行教学策划,包括课程教学要实现的具体目的和意图(课程计划的核心)、教学的重点难点、课时分配、选用的教学方法等,这对培训的效果与质量具有重要的意义。

5. 培训方式方法

人工影响天气地面作业人员岗位培训的一大特点在于作业装备操作的实习实训,高炮作业系统基本知识的掌握,高炮操作的规范熟练,炮手之间相互的有效配合,常见故障的分析判断与排除,高炮人工增雨防雹技术、作业射击中特殊情况的应急处置,需要在实习、实训过程中实现讲与做的结合,反复实习操作,才能真正理解和掌握每一个操作要领,达到逐步掌握熟练操作的目的。这对授课教师的教学、教学方式方法的综合运用提出了比较高的要求。教学过程中,还需要多名教师相互配合才能完成实习实训的授课教学。

培训方法也就是通常所说的教学方法(也有的称之为教学方式),是为达到既定的教学目标,将教育培训内容转化为培训对象的素质能力而运用的方法和手段。培训可采用远程培训、面授培训、混合式培训(远程和面授培训相结合)的授课方式。培训教学应采用讲授式、案例式、研讨式、实习操作等教学方式方法。作业装备使用、维护保养、故障排除等课程应进行实际操作培训。

讲授式教学是一种基本的进行方法。这种教学方法以教师为主导,教师按照学员认识活动规律,有计划有目的地组织和控制教学过程,目的在于使学员系统地掌握基础知识和基本技能。这是培训教学中最基本最为重要的教学方法,其他教学方式方法都是在此基础上的延伸和拓展,所以,对培训中的讲授式教学的组织、管理、场景的设置、教学设备(音响、电脑、投影仪)、课件录制、课间休息、课前介绍、课后点评小结等环节都要准备到位,安排跟班人员,因任何的缺失都会影响教师的授课情绪和学员的听课热情。

研讨式教学是指以问题为导向,发挥学员主体作用和教师主导作用,通过对教学培训中某一问题的研讨交流,提高学员认识水平和分析解决问题能力的一种教学方法。培训中,学员均具有工作经历,要遵循成人教育培训规律,针对教学中的难点重点、热点,需要在教师的引导下,组织学员进行充分的讨论,各抒己见,达成共识,对实现教学目的有很大的促进作用。

案例式教学是指把实际工作中的真实事例加以典型化处理，通过学员的独立研究和相互讨论，来提高学员分析和解决问题能力的一种教学方法。培训中要善于运用高炮实际作业的成功案例，作业中曾经发生的事故，进行举一反三地分析，加深对规章制度、技术要求、标准规范的理解和执行，增强作业人员对标准规范的理解和执行力；一次成功且受到高度赞扬的防雹、增雨(雪)作业案例，可以激励作业人员的工作热情，增强受到肯定而激发的荣誉感。

模拟式教学是指模拟具体工作情景，通过对被测对象的行为加以观察与评估，从而鉴别、预测受训者的各项能力与潜力的一种教学方法。培训中高炮作业的全流程操作培训，就是按照实际作业中的流程与要求进行的一种模拟式教学，可以发现作业流程是否完善、每一名作业人员操作是否规范、作业人员之间的配合是否衔接流畅、作业现场保障是否到位，从而进一步进行更具针对性的改进。

体验式教学是指通过置身于特定环境的实地体验或实战演练，达到强化认识、提高能力的教学方法。目前，人工影响天气岗位培训中高炮实际操作的“现场教学”就是体验式教学的一种。

6. 遴选培训师资

目前，人工影响天气地面作业人员培训主要由地(市)、县级气象部门组织进行，采取集中培训或分布式方式进行。承担培训教学的授课教师以兼职为主，包括行业、部门内业务技术人员、管理人员，作业装备生产企业的技术人员，军队相关部门的技术人员，还有作业人员中的业务骨干。

在组织培训中，教学为根本，教师的地位与作用非常重要，他们是完成教学任务、实现教学目标的主要力量，关系到培训的效果的好坏、教学目的的实现、学员学习热情的调动和激发。因此，每一次培训教师的遴选，教学团队的搭建，或从长远而言，自身培训教师的培养是人工影响天气工作管理部门、作业单位一项非常重要的任务。

作为授课兼职教师，要不断提高教学能力，高质量地完成教学任务。包括：科学应用培训教材的能力、熟练应用教学方法的能力、严谨组织课堂教学的能力、科研课题研究能力、更新重组教学内容与创新教学方法的能力、应用教学新技术的能力。

组织开展培训，培训教学设计是基础，教师授课课堂教学是关键，学员掌握知识是目的。组织开展培训的单位或承担培训任务的单位，要对承担授课任务的教师，就教学内容、教学方法、教学的难点重点、教学的目的提出明确的要求，应“该讲什么讲什么”，而不能“会讲什么讲什么”“想讲什么讲什么”。同时，培训授课教师，承担着传授专业知识的重任，要不断学习和提升自己，精心备课，搞好课堂教学，发挥好榜样引领作用，身体力行，用渊博的专业知识、良好的道德情操感染学员，影响学员。

培训教学一项非常重要的准备工作就是备课，这是培训教师的基本技能之一，也是保证高质量教学效果的重要前提。就人工影响天气岗位培训来讲，有聘请的专职教师，但授课以兼职教师为主，承担授课教学的都是行业、部门、科研院所、作业装备生产企业的业务专家、技术骨干，有扎实的专业基础知识，丰厚的专业素养，奠定了优质备课的重要基础。教材是授课教师教学的主要依据，也是学员获取知识的主要来源。教师、教材、学员三者在备课中极为重要，构成了备课的三大要素。备课还可以采取集体备课的形式进行，集思广益，聚焦教学重点难点，聚焦学员关注的热点问题、弱项短板，编写出比较详尽的教案(或授课课件)，采取有针对性的教学方法，力争取得最佳的课堂效果。

备课的一个重要环节就是理清教材、培训内容的知识点，准确把握教学的重点难点。所谓重点，就是教材、培训内容最重要、最核心的内容，是学员必须掌握的东西。一般来说，每种教材都有重点篇章，每章有重点节，每一节又有重点问题。培训教师应在对教材、培训内容进行深入分析、统观全局的基础上，确定教学重点，并紧紧围绕重点设计教学。所谓教学难点，是指学员不易理解、难以接受的内容。要运用不同的讲解方式，也可结合演示，千方百计激发学员的想象力，从而降低教学难度。这一点特别重要，例如高炮操作培训“炮闩的分解与结合”教学中，教学对象是高炮操作人员，教学重点是闩体的分解与结合，难点是闩体的结合，既需要理论讲述，更需要大量的操作示范、示范讲解、讲练结合，反复多次组织训练，手把手地教学员操作，才能达到“掌握炮闩分解与结合的方法与步骤；正确使用工具；会处理分解与结合中出现问题”的教学目的。

培训教材是培训教学的材料，也是培训教学的重要基础支点。为专门的培训项目、培训对象、培训班编制的学习材料称之为培训教材。2003 年 5 月由中国气象局科学技术发展司编写了《人工影响天气岗位培训教材》，是比较早的人工影响天气岗位培训教材。原中国气象局培训中心于 2011 年 9 月编写的《人工影响天气技术与管理》是面向基层台站的气象业务系列培训教材。各省（区、市）人工影响天气管理部门也编写了岗位培训教材（讲义），如新疆人工影响天气办公室分别于 2005 年 10 月、2008 年 7 月、2016 年 12 月组织编写了《人工影响天气三七高炮实用教材》《增雨防雹火箭作业系统实用教材》《人工影响天气安全管理》；黑龙江人工影响天气办公室于 2014 年 8 月组织编写了《黑龙江人工影响天气地面作业人员操作培训教材》；内蒙古人工影响天气办公室组织相关专家于 2022 年 4 月编写了《内蒙古自治区人工影响天气岗位培训教材》。这些培训教材在人工影响天气岗位培训方面发挥了非常重要的作用。

本教材立足于人工影响天气岗位培训需要，在汲取已有培训教材精华的同时，融入了地面作业装备的智能化建设、新型作业系统的推广应用新成果，为人工影响天气岗位培训、业务人员自我学习和业务管理提供支撑，同时以此来构建人工影响天气岗位培训的教材体系，这也是编写本教材的初衷。

7. 培训考核测试与培训档案管理

培训完成后应组织作业人员进行理论知识测试和实际操作水平测试，并进行培训登记备案。培训结束后，应撰写培训总结，包括：培训组织、教学、效果、改进意见及建议。应对培训资料进行归档，并将培训总结和培训档案上报组织机构并留存备查。

培训档案包括培训准备资料、培训通知、培训组织实施方案、培训教学计划、培训班课程表。培训组织实施资料包括培训协议、培训课程实施资料（签到表、请假记录、学员作业等）、授课教师花名表、教学影音资料。能力水平测试资料包括培训对象测试结果、人工影响天气作业人员培训登记表、人工影响天气作业人员培训备案表、培训结业证编号、培训班总结。

五、人工影响天气岗位培训新要求

党中央、国务院高度重视气象事业发展，国务院印发的相关政策性文件，中国气象局关于人工影响天气的发展规划，指明了今后人工影响天气的发展方向，明确了人工影响天气阶段性的重点工作，同时也对人工影响天气人才培养，加强岗位技术培训，提升岗位技能提出了新的要求。

（一）岗位培训的重要性日益凸显

2023 年 4 月，中国气象局批准发布了气象行业标准《人工影响天气作业人员培训规范》（QX/T 660—2023）（气发〔2023〕43 号），形成了与《人工影响天气管理条例》（2002 年中华人民共和国国务院令第 348 号）相配套的标准，为加强全国人工影响天气作业人员的安全监管，构建安全监管体系，规范全国人工影响天气作业人员培训和岗位管理提供了标准依据，是履行和落实监管职责的重要手段和途径，充分体现了人工影响天气作业人员培训的重要性。

《人工影响天气作业人员培训规范》（QX/T 660—2023）适用于人工影响天气飞机和地面作业人员培训，紧紧围绕“培训谁？谁培训？培训什么？怎样培训？怎样考核？”等核心关键环节，从适用范围、规范性引用文件、术语和定义、基本要求、内容要求、流程要求、证实方法等七个方面，规定了人工影响天气作业人员培训的基本要求、内容要求、流程要求，描述了对应的证实方法；包括附录 A（规范性）人工影响天气作业人员培训登记、附录 B（规范性）人工影响天气作业人员培训备案、附录 C（规范性）人工影响天气作业人员培训教学质量调查。

通过制定《人工影响天气作业人员培训规范》（QX/T 660—2023），从培训对象、培训条件、培训内容、培训组织、能力测试等主要环节，为人工影响天气作业单位、作业人员培训承担单位（包括部门培训机构、社会培训机构、公司企业等）的培训提供基本遵循。用标准规范指导人工影响天气作业人员培训，对强化全国人工影响天气作业单位和作业人员的安全监管，推进作业人员培训的科学化、规范化，提升人工影响天气作业单位培训组织能力，提升人工影响天气作业人员的素质与岗位技能，实现人工影响天气的科学作业、精准作业、安全作业具有重要意义。

（二）岗位培训组织实施更加规范

通过强化岗位培训，是建设高素质高技能人才队伍的重要途径，已成为各级气象部门的共识。人工影响天气业务产品、关键核心技术方法、仪器设备、作业装备列装使用等方面取得的突破，将促使进一步提升岗位培训组织实施规范化、制度化的能力水平。

一是宏观层面，今后岗位培训的顶层设计、统筹规划将进一步得到强化，国家级培训将发挥引领和示范作用，省级培训机构和人工影响天气作业单位培训职能将得到进一步到发挥，高等院校与科研院所、人工影响天气作业装备生产企业参与培训的力度将进一步加大，上下联动、分工明确、相互衔接、优势互补的全国人工影响天气培训格局将逐步形成。

二是岗位培训理念认识方面，对教育培训、成人教育培训、人才成长、人工影响天气作业和探测装备研发、关键技术研发等规律认识的进一步深化，对人工影响天气高质量发展内外因素与条件的科学认识，将极大地提升岗位培训的前瞻性、科学性、系统性和规范性。

三是微观层面，面对人工影响天气高质量发展与人才储备人才能力不足的深层次矛盾，分层分类，按岗施训的精准性、针对性将会进一步增强，培训项目策划、培训教学计划编制、培训师资遴选、培训方式方法、实习实训、个例复盘与案例教学、培训考试考核、培训质量与效益评估等要素构成的培训核心能力将成为人工影响天气能力建设的重要内容，培训的“横向到边、纵向到底”将覆盖分级、分类设置的人工影响天气岗位。

（三）岗位培训更加注重质量与效益

人工影响天气是人类运用现代科学技术，对局部大气实施影响，实现增（减）雨、防雹、消雾、防霜等趋利避害目的的活动。人工影响天气岗位培训的直接目的，就是改变业务人员与岗位有关的知识结构、技术水平、工作能力、态度和行为，由此可见培训质量和效益在提升岗位技能中的重要作用。地面作业岗位培训的质量与效益主要体现以下几个方面。

一是岗位培训的质量与效益体现在参训人员对作业规范、业务流程和操作规程的深度理解与实际应用，既包括每一个作业人员对作业规范、业务流程和操作规程的深度理解与实际应用，同时也包括作业班(组)全体人员对作业规范、业务流程和操作规程的深度理解与实际应用中的相互配合协调。

二是岗位培训的质量与效益体现在参训人员返回工作岗位后，能够将所学的知识结合岗位职责和面临工作环境自觉地应用到实际工作中，既要学深悟透人工影响天气法规标准，牢固树立守法遵标意识，在实际作业中“不走样”，又要纠正和解决现实中存在的问题，同时能够带动其他人员共同遵守作业规范、业务流程和操作规程，促进全体人员岗位能力的提升。

三是岗位培训的质量与效益体现在，地面作业人员能够根据作业指令，按照作业规范、业务流程和操作规程，圆满顺利、安全地完成每一次作业；同时在作业实施过程中，能够果断处置作业过程各个环节出现的突发情况，按照应急处置的有关规定，对突发情况进行有效的应对与处理；作业站点整体作业能力保持在一个较高的水平。

复习与思考

1. 我国人工影响天气发展取得哪些成就？
2. 我国目前人工影响天气主要有哪些作业方式？
3. 如何加强人工影响天气地面作业安全管理？
4. 高炮作业人员岗位技能方面有哪些要求？
5. 如何做好人工影响天气作业单位地面作业人员岗位培训？

第一章　高炮的构造和原理

内容提要

本章以人工影响天气作业用 37 mm 高炮的构造原理为重点，对 37 mm 高炮的主要性能诸元、大部组成及用途、人工影响天气高炮的大部组成进行了简要介绍；重点讲解了 37 mm 高炮自动机中的炮身、炮闩、装填机的用途、构造、动作和分解结合等内容，对驻退机、复进机和摇架的用途和构造进行了简要介绍，对高炮自动机的联动动作进行了详细讲解；对瞄准机中高低机、方向机、平衡机、托架以及炮车部件的用途、大部组成、动作原理分别进行了简要介绍。

为了正确地使用高炮，达到人工影响天气作业安全、有效的目的，必须懂得人工影响天气作业用 37 mm 高炮的主要性能、用途、构造、动作、原理及相互间的关联，掌握其内在规律。

一、37 mm 高炮的主要技术诸元

口径	37 mm
初速	866 m/s
理论发射速度(双管)	320～360 发/min
实际发射速度(双管)	160～180 发/min
最大射高(引信瞎火状态)	6700 m
最大射程(引信瞎火状态)	8500 m
正常后坐长	150～179 mm
高低射界	－10°～＋85°
方向射界	360°
行进速度(柏油路)	50 km/h
(碎石公路)	35 km/h
(土路)	25 km/h
落炮、起炮时间	各约半分钟
身管长(不带防火帽)	2315 mm
标准药室长	261 mm
行进状态高炮全重	2650 kg
行进状态高炮全长	6475 mm
行进状态高炮宽度	1796 mm
行进状态高炮高度	2440 mm
作业状态高炮全长(0°时)	5471 mm

作业状态高炮宽度	3950 mm
作业状态高炮高度(85°时)	4095 mm
最小转弯半径	8 m
涉水深度	0.7 m
炮弹质量(13 型、18 型、18A 型)	1.3 kg
(RY-18 型)	1.366 kg
(JD-17 型)	1.178 kg
(ZBZ-D37-15 型)	1.407 kg
身管寿命	8000～10000 发

二、人工影响天气作业用 37 mm 高炮的主要组成部分

37 mm 高炮由发射部分、瞄准部分、稳定运行部分和电器控制部分四大部分组成。各部分的组成如下：

(一)发射部分

发射部分用途：用于发射弹丸，保证高炮连续、有节奏地射击，即解决高炮打得响、打得连续、打得齐的问题。

发射部分包括：炮身、炮闩、装填机、发射机、驻退机、复进机和摇架。

在高炮发射时，部分设备随炮身一起后坐和复进，这些部位称为后坐部分，包括炮身、炮闩、装填机、发射机、驻退机、复进机等。

高炮的后坐力非常大，在射击过程中，用于减小后坐阻力，形成弹性炮架的设备，称为反后坐装置，包括驻退机和复进机。

(二)瞄准部分

瞄准部分用途：用于保证高炮迅速准确地瞄准目标，即解决高炮打得准的问题。

瞄准部分包括：高低机、方向机、平衡机、托架。

在操作过程中，使用高低机和方向机来控制高炮进行瞄准，所以把高低机和方向机合称为瞄准机。

(三)稳定运行部分(炮车)

稳定运行部分用途：作业时，保证高炮稳定射击；行进时，在汽车牵引下安全迅速运行。

稳定运行部分包括：炮床、杠起螺杆、前后车体、行进作业变换器等。

炮身、炮闩、装填机、反后坐装置和瞄准具安装在摇架上，并随摇架高低起落，故又称为起落部分。

高低机、方向机、平衡机和起落部分安装在托架上，随托架在不同方向回转，故又称为回转部分。

(四)电器控制部分(随动装置)

随动装置用途：操纵高炮高低、方向进行电动瞄准，远距离控制高炮发射和停射，实现作业时人炮分离，作业数据信息记录、传输和统计。

随动装置包括：电发射装置、高低电传动装置、方向电传动装置、控制箱(作业控制终端)、作业数据信息管理终端等。

第一节 自动机

自动机是利用火药燃烧时的气体能量来发射弹丸的，并利用发射时所产生的后坐能量完成连续发射动作。自动机用来保证高炮的连续发射，是高炮的核心部分。

自动机由炮身、炮闩、复进机、驻退机和摇架等组成(图 1.1)。

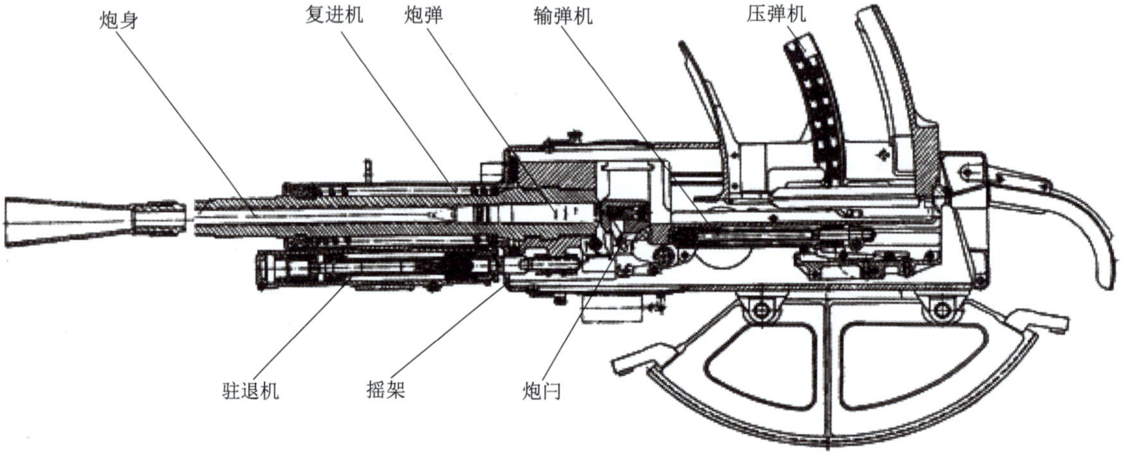

图 1.1 自动机纵剖面

自动机的工作过程大致如下：第一次发射由人工进行装填和发射，发射时在火药气体作用下，使后坐部分后坐，自动完成开闩、抽筒等动作，并在驻退机、复进机的作用下，使后坐部分在一定距离上停止后坐；后坐停止后，在复进机的作用下，使后坐部分复进，自动完成压弹、输弹、关闩、击发等动作；然后又在火药气体作用下，使后坐部分后坐。只要不断供弹并控制发射踏板，高炮就能连续发射。

一、炮身

(一)用途

炮身的用途是：利用火药燃烧时产生的气体能量，使弹丸获得一定的初速、旋速和飞行方向。

(二)构造

炮身安装在摇架上，由防火帽、炮管、炮尾等组成。

1. 身管

身管是一个组合件，由防火帽、炮管及复进机组成(图 1.2)。习惯把炮管也称为身管。

身管内部分药室部和膛线部，统称为炮膛。药室部用于容纳药筒，并与药筒及炮闩配合，密闭火药气体，使弹丸获得一定的初速。膛线部有 16 条等齐右旋的膛线，发射时膛线迫使弹丸旋转前进，获得一定的旋速，以保持弹丸在飞行方向上的稳定。

身管外部有前、后连接凸部、环形凸部、驻钣槽、卡锁槽。身管通过后连接凸部与炮尾连接，并被炮尾上的卡锁卡入卡锁槽而固定，使身管既不能前后移动，也不能转动，与炮尾连接成

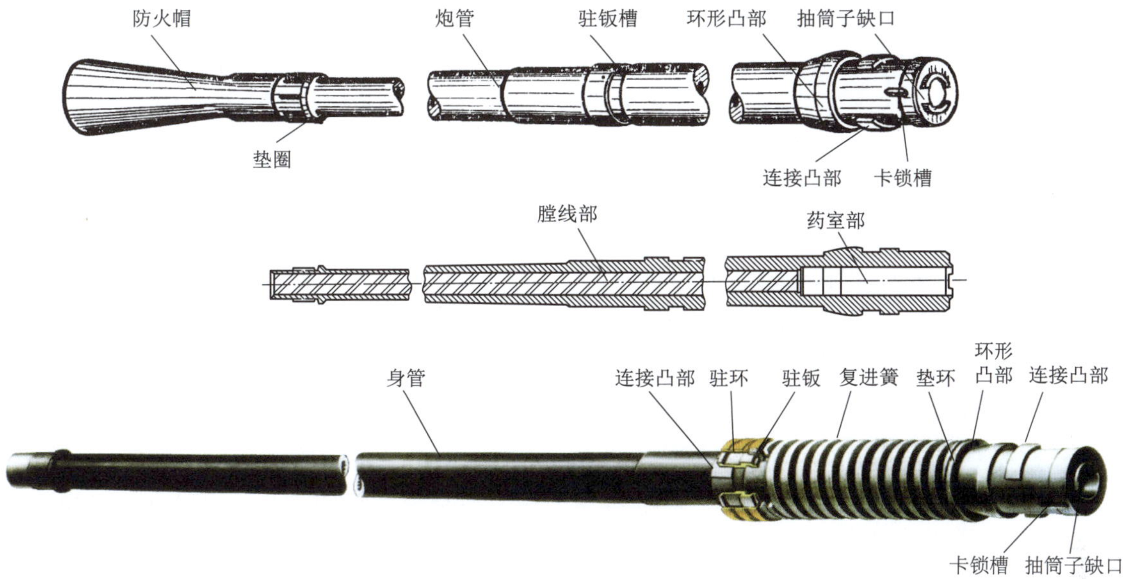

图 1.2　身管

为一体。身管前连接凸部和驻钣槽用于结合复进机的驻环和驻钣。环形凸部用于卸下身管时顶住复进机的垫环。

身管前连接凸部有一刻线，用于提示炮手结合身管时刻线朝上才是正确位置。

身管后端面有抽筒子缺口，用于容纳左、右抽筒子的爪部。

2. 防火帽

防火帽用于减少射击时炮口火光、响声、烟雾对炮手的影响，以左旋螺纹拧在身管前端，并用垫圈固定。

3. 炮尾

炮尾两侧用螺钉固定着青铜滑钣，并通过青铜滑钣装在摇架的滑道上(图 1.3)。在炮身后坐和复进过程中，炮尾沿着摇架滑道前后移动，起定向作用。

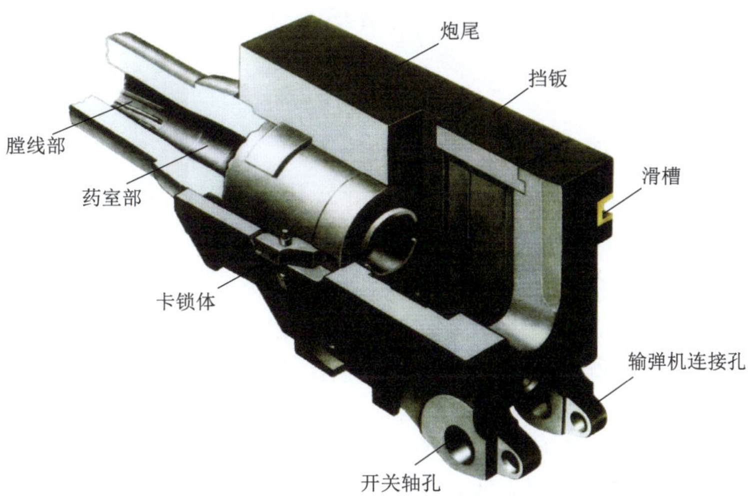

图 1.3　炮尾

炮尾内有闩体室和连接凸部。闩体室用于容纳炮闩的闩体。闩体室上方用螺钉固定着左、右挡钣，用于限制闩体因惯性向上运动过量。闩体室后上方有输弹槽，用于在输弹、退弹及抽筒时，供炮弹及药筒经过。连接凸部用于与身管后连接凸部相啮合，使身管不能前后移动。炮尾外侧拧有冲杆，并结合有卡锁。冲杆用于在炮身后坐时，冲后坐标尺的游标，使之指示出后坐距离。卡锁用于卡住身管，使身管不能转动；由卡锁体、卡锁弹簧和卡锁轴组成。卡锁体和卡锁弹簧被卡锁轴结合在炮尾的卡锁室内，卡锁体后端被卡钣弹簧顶向外，使卡锁体前端向里卡入身管卡锁槽内，以保证确实卡住身管。

炮尾前下方有驻退机活塞杆连接环，用于连接驻退机的活塞杆；后下方有输弹机连接耳和开关轴孔，输弹机连接耳用于连接输弹机，开关轴孔用于安装炮闩的开关轴；下方的中部有抽筒子轴孔，用于安装炮闩的抽筒子轴。

（三）更换身管

在作业过程中，随着发射弹数的增加，炮膛的温度迅速增高。如果一个身管连续发射 100 发炮弹，身管表面温度即可达到 400 ℃左右（颜色为紫蓝色），若继续发射就会缩短身管寿命、使复进簧退火、高炮的故障率增高，甚至可能发生膛炸，安全作业无法保障，因此，应停止作业。若需继续作业，应及时上报，更换身管。

更换身管时应准备的工具：

身管钩、石棉手套、支撑块（木栓）、加力杆、钩子扳手或身管专用扳手。

1. 卸身管

（1）要使身管转动，必须使抽筒子爪部离开身管后端面的抽筒子缺口。其方法有两种：

方法一：取下机箱下盖和自动开闩盖，卸下抽筒子轴，取下左、右抽筒子。

方法二：将保险放在“解脱”位置，拉握把向后打开炮闩，然后拉住握把，踩下发射踏板，将握把慢慢放回前握把扣内，放回输弹器体。

（2）取下机箱上盖，将支撑块垫在炮尾和机箱之间（铁的一端应顶在机箱上），以防止卸下身管后炮尾后移。

（3）打平炮身，向里压卡锁体的前端，使卡锁体的后端脱离身管的卡锁槽，并用钩子扳手或身管专用扳手卡住身管的前连接凸部，将身管转 90°。

（4）用身管钩钩住身管，并把加力杆插在身管钩上，戴上石棉手套，将身管从摇架颈筒内抽出并抬下身管。

2. 装身管

（1）将身管插入摇架颈筒内（一定要插到位）。

（2）用钩子扳手或身管专用扳手卡住身管前连接凸部，将身管转动 90°，使卡锁体卡入身管卡锁槽内，此时，前连接凸部上的刻线应朝上。

（3）装上左、右抽筒子和抽筒子轴及自动开闩盖和机箱下盖，推自动开闩盖上的扳手向上，使炮闩关闭。

（4）取下支撑块，装上机箱上盖。

3. 注意事项

（1）卸身管时，要检查炮膛和输弹机内有无炮弹，以防事故发生。

（2）更换身管时要注意安全，应首先退弹并采取防烫措施。

（3）输弹器体要位于前方位置，否则将会造成结合困难，甚至损坏支撑块。

(4)结合身管时,要使身管凸部上的刻线在上方位置。

4. 炮尾后移的处理方法

(1)当输弹器体未超过自动发射卡锁,炮尾后移量不大时,可用力直接推回。

(2)当输弹器体超过自动发射卡锁,炮尾后移量大时,先打高炮炮身,取下下盖,将加力杆一端顶在驻退机活塞杆连接环上,另一端顶在平衡机托环上,缓慢打低炮身,使炮尾向前,到位后重新垫好木栓,然后再按要领重新装好。

二、炮闩

(一)用途

炮闩是用来关闩、闭锁炮膛、击发、开闩和抽出药筒。

闭锁炮膛是炮闩和药筒共同完成的,发射时,闩体挡住药筒,防止后移,药筒在火药气体作用下,紧贴在药室的内表面上,使火药气体不能泄漏。

(二)构造

炮闩由闭锁装置、击发装置、开关闩装置和抽筒装置组成(图 1.4)。

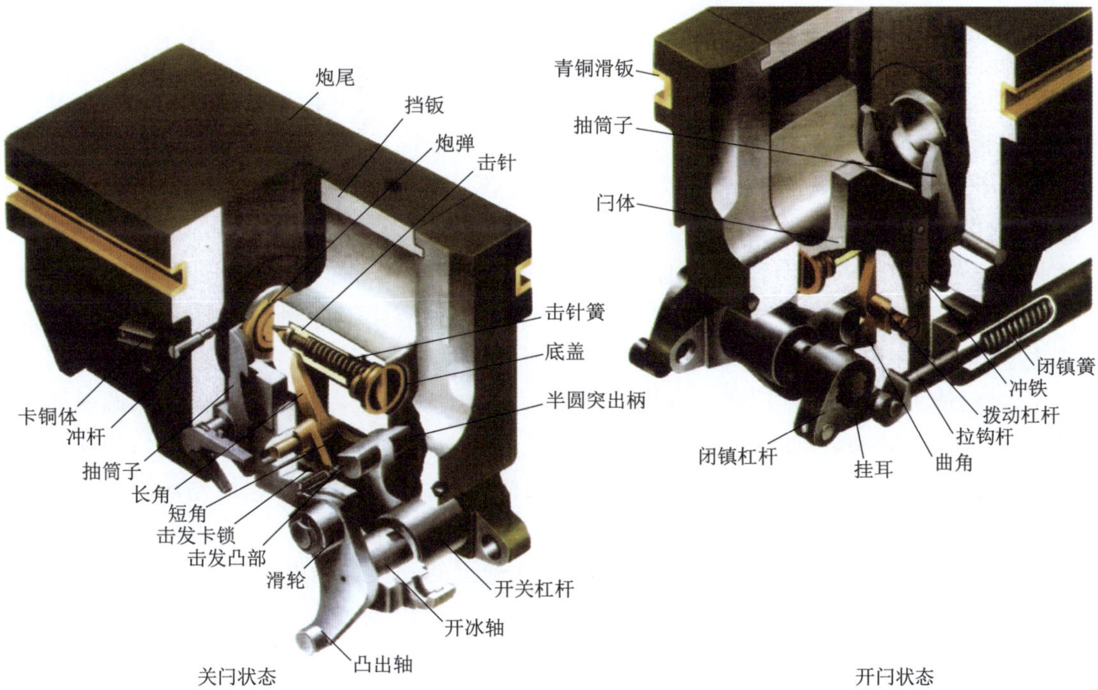

图 1.4 炮闩结构图

1. 闭锁装置

闭锁装置用于闭锁炮膛;由闩体,曲臂(也称开关杠杆)、开关轴和闭锁器组成(图 1.5)。

闩体用于与药筒配合密闭炮膛,即在发射时,闩体挡住药筒防止后移,药筒在火药气体作用下,紧贴在药室的内表面上,使火药气体不能泄漏;并承受火药气体向后的压力。闩体装在炮尾闩体室内,能上下运动,实现关闩和开闩动作。闩体镜面上有击针孔,用于击针尖露出打击炮弹底火。闩体下方有丁字槽和圆弧面,丁字槽供曲臂带闩体上、下运动,其内有上平面和

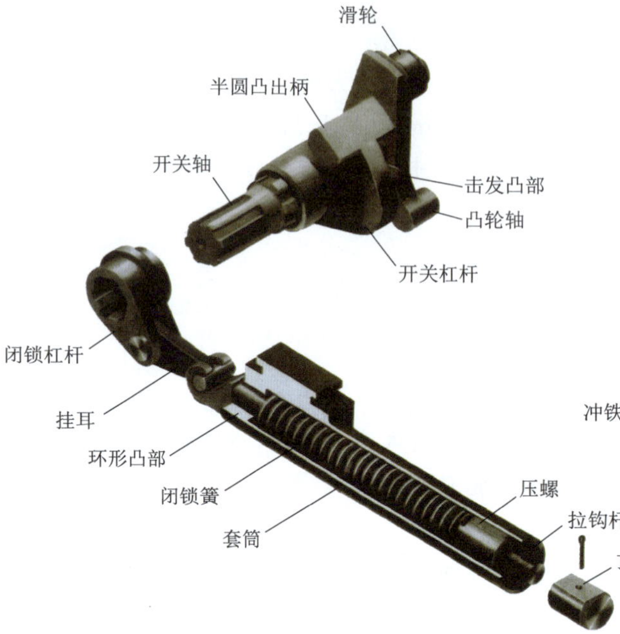

图 1.5 闭锁装置

下平面;圆弧面位于丁字槽上平面的后上方,用于防止过早开闩并保证闭锁确实后再击发。闩体前端两侧用定位销和螺钉固定着左、右冲铁。冲铁的下端用于开闩时冲击抽筒子冲臂;上端的钩部用于与抽筒子抓钩扣合,使闩体处于开闩状态。闩体上方是输弹槽,用于在输弹、退弹及抽筒时,供炮弹及药筒经过。闩体内部装有击发装置的全部零件。

曲臂用于带动闩体上、下运动和控制击发时机,并带动拨动杠杆转动。曲臂以多槽键结合在开关轴上,并在开关轴的带动下可向上和向下转动。曲臂上有半圆突出柄和突齿。半圆突出柄位于闩体丁字槽内,当曲臂向上转动时,半圆突出柄经过闩体丁字槽的上平面,托闩体向上关闩,当闩体关闩到位后(闩体被炮尾闩体室上方的挡钣挡住),半圆突出柄进入圆弧面内顶住闩体,保证闭锁确实,与此同时侧方的突齿压平击发卡锁,使击针向前打击底火;当曲臂向下转动时,半圆突出柄离开闩体圆弧面,并带动拨动杠杆转动,使之拨回击针,然后与丁字槽下平面相遇而压闩体向下开闩。

开关轴用于传递开、关闩动作。开关轴安装在炮尾的开关轴孔内,其曲柄的突缘卡在炮尾弧形沟槽内,以防止开关轴轴向移动。开关轴曲柄上有凸出轴和滑轮,凸出轴与开、关闩装置中的握把器起作用,在人工开闩拉握把向后时,使开关轴带曲臂一起向下转动,使闩体向下开闩。滑轮用滑轮卡环结合在开关轴曲柄的滑轮轴上,与开、关闩装置中的自动开闩盖起作用,在后坐部分后坐时,使开关轴带曲臂一起向下转动,使闩体向下开闩。

闭锁器用于关闩;由套筒、拉钩杆、压螺、顶帽、闭锁簧、挂耳和闭锁杠杆等组成。

在开关轴带曲臂向下转动开闩的同时,开关轴带闭锁杠杆转动,通过挂耳,使拉钩杆向后,而压缩闭锁簧。关闩时,只要使抽筒子放开闩体,闭锁簧就伸张,并通过拉钩杆、挂耳、闭锁杠杆,使开关轴转动,曲臂便托闩体向上关闩。

2. 击发装置

击发装置用于打击炮弹底火。它安装在闩体内,由击针、击针簧、底盖、拨动杠杆、拨动杠杆轴、击发卡锁和击发卡锁簧组成(图 1.6、图 1.7)。

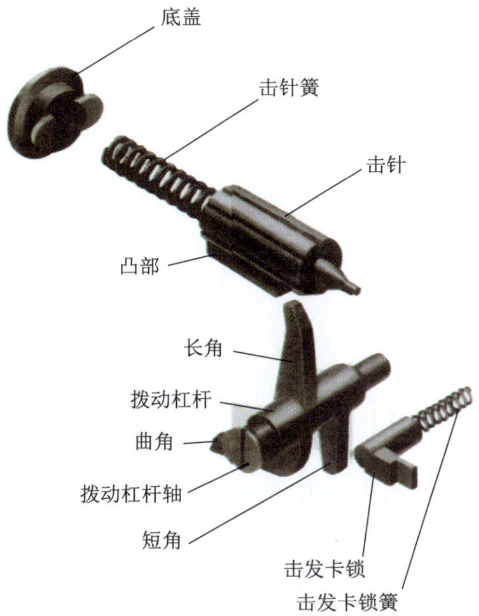

图 1.6　击发装置

击针由击针尖和击针体组成。击针尖拧在击针体前端,击针体下端有定向键,其前端抵在拨动杠杆的长角上。击针和击针簧被击针底盖固定在闩体的击针室内。

拨动杠杆用来拨回击针,并使击针呈待发状态。拨动杠杆用拨动杠杆轴结合在闩体的丁字槽内,能在拨动杠杆轴上转动。为了防止拨动杠杆轴自行旋出,将其以左旋螺纹拧在闩体上。拨动杠杆上有曲角、长角和短角。曲角位于曲臂半圆突出柄的下方,当曲臂向下转动时,半圆突出柄压曲角向下,使拨动杠杆转动。长角伸在击针室内,抵在击针体定向键的前端,当拨动杠杆在曲臂半圆突出柄带动下转动时,拨击针向后。短角与击发卡锁配合,使击针呈待发状态。

击发卡锁和击发卡锁簧装在闩体的击发卡锁室内,并被拨动杠杆短角挡住不能弹出。击发卡锁用于在闩体向上关闩离到位还差 6～10 mm 时,卡住拨动杠杆短角,使击针呈待发状态。击发卡锁上有突出面,突出面上有斜面,便于曲臂的突齿进入突出面,而压平击发卡锁。

3. 抽筒装置

抽筒装置用于抽出药筒和抓住闩体;由左、右抽筒子、抽筒子轴、夹锁和夹锁簧组成(图 1.8)。

左、右抽筒子上有键槽,抽筒子轴上有键,左、右抽筒子通过键装在抽筒子轴上。抽筒子轴装在炮尾的抽筒子轴孔内,使左、右抽筒子位于炮尾闩体室的前方。左、右抽筒子下端有冲臂,上端有抽筒子爪和抓钩,当闩体下落时,冲铁下端冲击抽筒子冲臂,使抽筒子上端猛然向后倒,抽筒子爪即向后抽出药筒;抓钩用于抓住闩体冲铁上端,使闩体保持在开闩状态。抽筒子轴上的键与左、右抽筒子键槽之间有一定的活动量,使左、右抽筒子具有一定的独立活动量,可保证当一个抽筒子的抓钩离开闩体冲铁时,另一个抽筒子仍能抓住闩体。

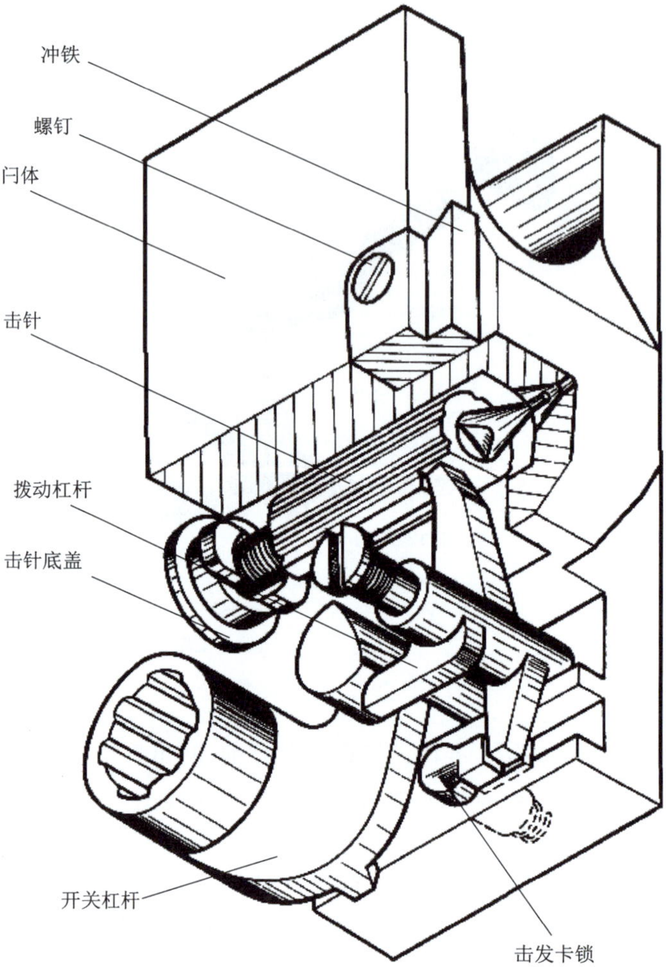

图 1.7　击发装置关系

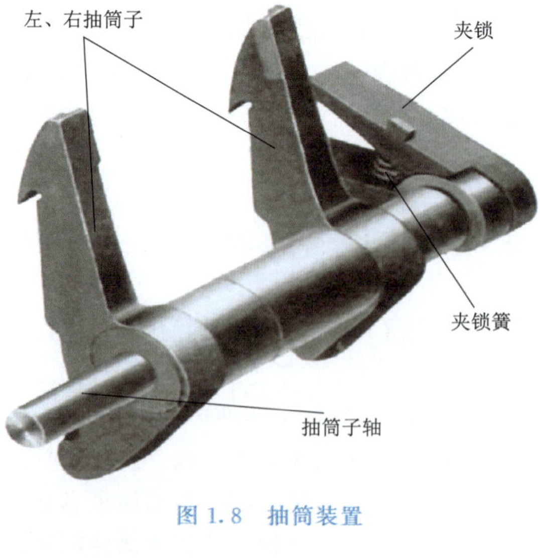

图 1.8　抽筒装置

抽筒子轴外端装有夹锁和夹锁簧。夹锁上有卡笋，利用夹锁簧的伸张力卡入炮尾的沟槽内，以防止抽筒子轴脱出。夹锁簧通过抽筒子轴使左、右抽筒子有向后倒的趋势，以保证左、右抽筒子能确实抓住闩体冲铁。

4. 开、关闩装置

开、关闩装置用于人工及自动开闩和关闩。它由握把器（又称手开闩装置）、自动开闩盖、手关闩装置组成。

(1)握把器

握把器用于人工开闩；安装在摇架侧壁上，由握把、握把轴和连接条组成（图 1.9）。

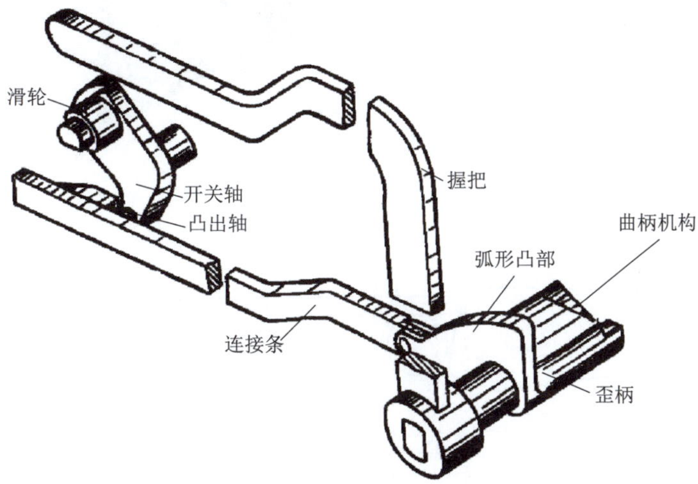

图 1.9　握把器

握把轴插在摇架侧壁后下方的孔内，其外端用锥形销固定着握把。握把轴上有歪柄和弧形凸部，歪柄用于拉握把时带动装填机中的拨动杠杆转动；弧形凸部用于拉握把时带动连接条移动，并带动保险器使之自动保险。连接条的后端用连接轴与弧形凸部连接，前端用定位螺钉活动地结合在摇架侧壁的内下方。连接条上有凸出铁，位于开关轴凸出轴的前端，用于拉握把时带动开关轴转动打开炮闩。

当拉握把向后时，握把轴转动，通过弧形凸部带连接条向后，其凸出铁带开关轴凸出轴向后，使开关轴转动，通过曲臂使闩体下落。

(2)自动开闩盖

自动开闩盖用于在后坐部分后坐时，迫使开关轴转动，而自动使闩体下落。它安装在摇架侧壁上，其上有曲线滑道、转把和卡铁（图 1.10 ）。

平时，开关轴上的滑轮位于曲线滑道的前端，在后坐部分后坐时，炮尾带开关轴向后，使滑轮沿曲线滑道滚动，迫使开关轴转动，而自动开闩，如图 1.11 所示。转把和卡铁用于将自动开闩盖固定在摇架侧壁上。

(3)手关闩装置

手关闩装置用于人工关闩。它安装在自动开闩盖上，由扳手、歪柄、拉簧、挂柱组成（图 1.12)。

歪柄的外端用圆柱销固定着扳手。拉簧的一头固定在挂柱上，另一头固定在歪柄上，用于使歪柄恢复原位。歪柄位于抽筒子轴的下方，用于带抽筒子轴转动。

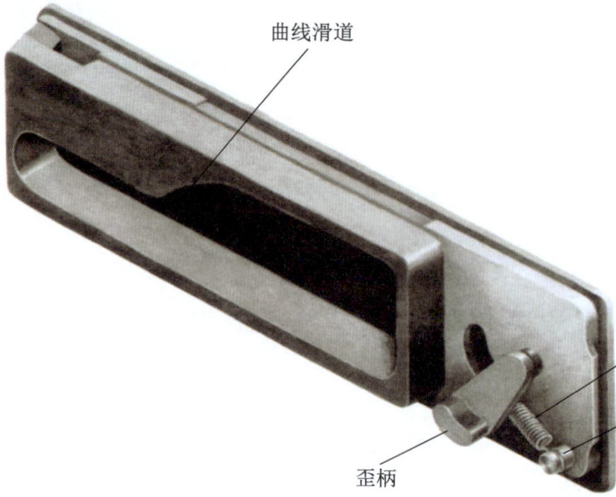

图 1.10 自动开闩盖

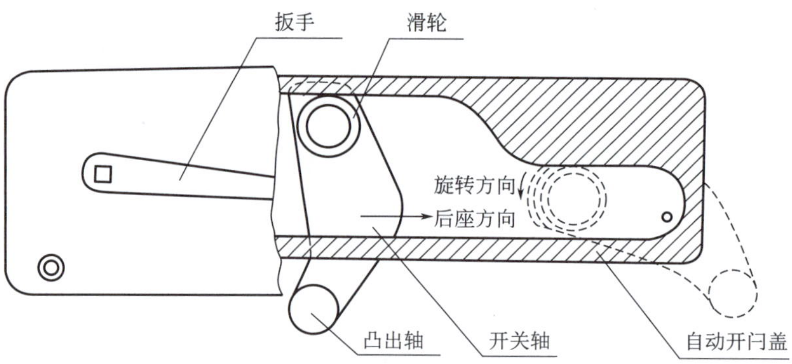

图 1.11 开关轴动作

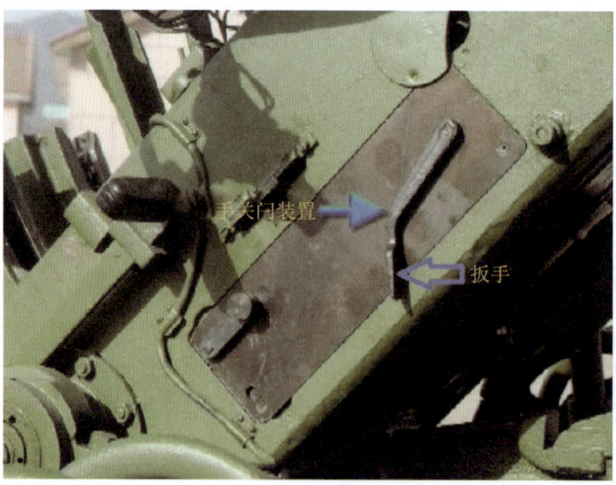

图 1.12 手关闩装置

当向上提扳手时，歪柄向上转动，拉紧拉簧，并使抽筒子轴转动。抽筒子轴转动，一方面，压缩夹锁簧，另一方面，使抽筒子向前转动放开闩体。此时闭锁簧伸张，闩体迅速关闩。放开扳手时，歪柄在拉簧作用下恢复原位。

（三）动作

第一次发射时炮闩的动作：

（1）平时状态（图 1.13）。

① 闭锁簧伸张，炮闩关闩。

② 曲臂半圆突出柄顶在闩体圆弧面上，突齿压平击发卡锁，击发卡锁簧被压缩。

③ 击针簧伸张，击针尖露出闩体镜面。

④ 夹锁簧被压缩，抽筒子爪在身管的抽筒子缺口内。

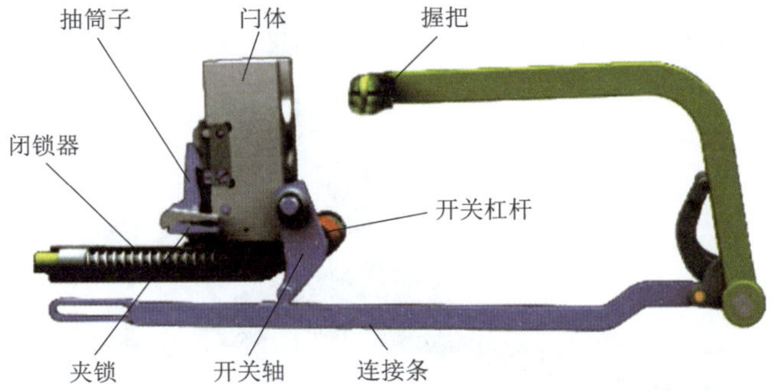

图 1.13 闩体平时状态

（2）手开闩动作

拉握把向后，握把带动连接条向后，带动开关轴的凸出轴向后，开关轴带动曲臂和闭锁杠杆向下转动。半圆突出柄离开闩体圆弧面，并向下压拨动杠杆曲角，使拨动杠杆转动，长角向后拨动击针定向键，击针向后，压缩击针簧；曲臂继续转动，半圆突出柄与闩体相遇，压闩体下落，短角离开击发卡锁突出面，卡锁簧伸张，卡锁露出卡锁室；曲臂继续转动，闩体下落，冲铁冲击抽筒子的冲臂，抽筒子后倒，抽筒子抓钩抓住冲铁钩部的上方；闭锁杠杆向下转动，经挂耳带动拉钩杆和压螺、顶帽向后，压缩闭锁簧，为关闩贮存能量，将握把放回前握把扣，连接条凸出铁离开开关轴的凸出轴，闩体稍向上即被抽筒子抓钩抓住，使闩体呈开闩状态（图 1.14）。

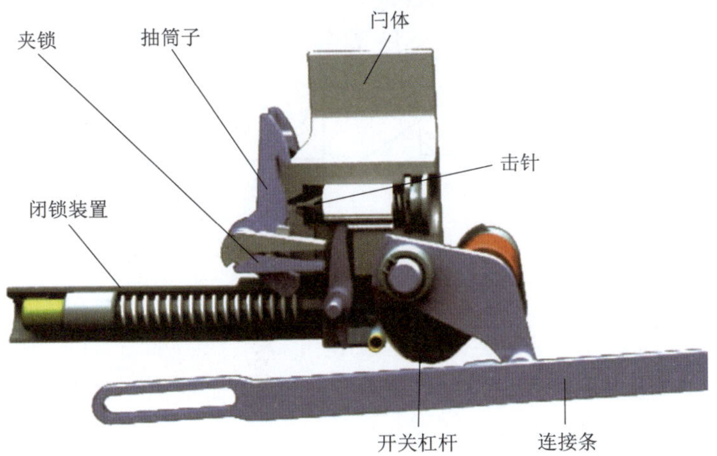

图 1.14 手开闩状态

(3)关闩击发

炮弹入膛时,药筒底缘冲击抽筒子爪,打倒抽筒子,使抽筒子抓钩向前离开闩体冲铁(图1.15)。此时,闭锁簧猛然伸张,经拉钩杆带动闭锁杠杆和开关杠杆轴,使开关杠杆向上转动,半圆凸出柄托住闩体向上,当闩体关闩快到位时,半圆凸出柄离开曲角,短角被击发卡锁卡住,击针呈待发状态(图1.16)。闩体关闩到位闭锁后,开关杠杆继续转动,击发凸部压平击发卡锁,放开短角,击针簧猛然伸张,击针向前撞击底火而击发。由此可见,关闩时,先闭锁,后击发(图1.17)。

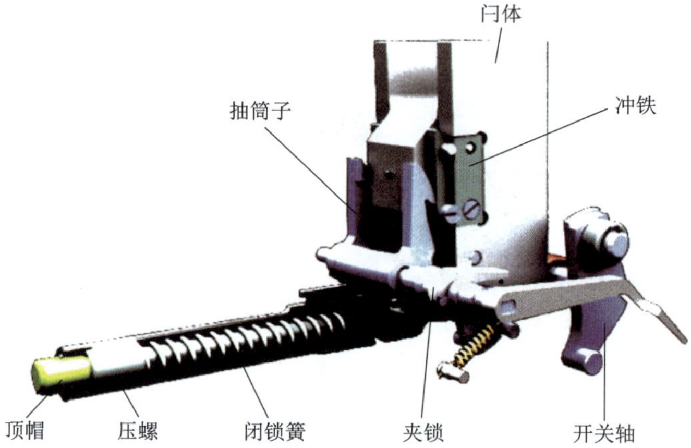

图1.15 闭锁击发

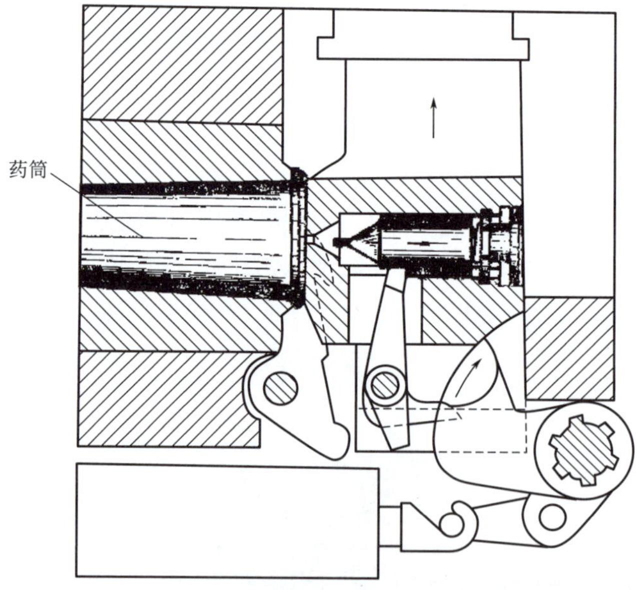

图1.16 击针呈待发状态

人工手动关闩时,用手提扳手,歪柄使抽筒子轴转动,使抽筒子放开闩体,闩体向上关闩,产生动作与炮弹进膛关闩原理相同。

(4)连续发射时炮闩的关闩与开闩

击发后,在火药气体作用下,炮身带着炮闩、输弹机一起后坐,开关轴滑轮沿自动开闩盖滑

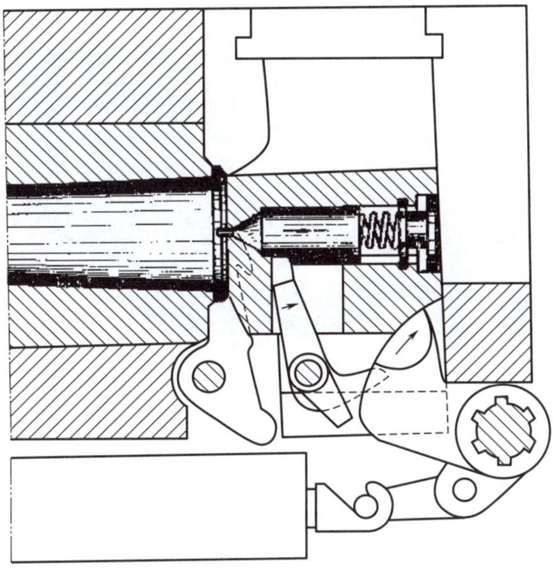

图 1.17　击发状态

道滚动，迫使开关轴带曲臂向下转动，拨回击针，并压闩体迅速下落，冲铁下端冲击抽筒子冲臂，使抽筒子上端猛然向后倒，抽出射击过的药筒，抽筒子抓钩位于冲铁钩部的上端。在开闩的同时，开关轴还带动闭锁杠杆向下转动，压缩了闭锁簧，贮存了关闩能量(图 1.18)。复进开始时，闩体稍向上，抽筒子抓钩即抓住闩体，使闩体保持在开闩状态(图 1.19)。复进快到位时，炮弹入膛，打倒抽筒子，又完成了关闩、闭锁、击发等动作。在后坐和复进过程中，击发装置原理与人工开闩和关闩过程中原理相同。

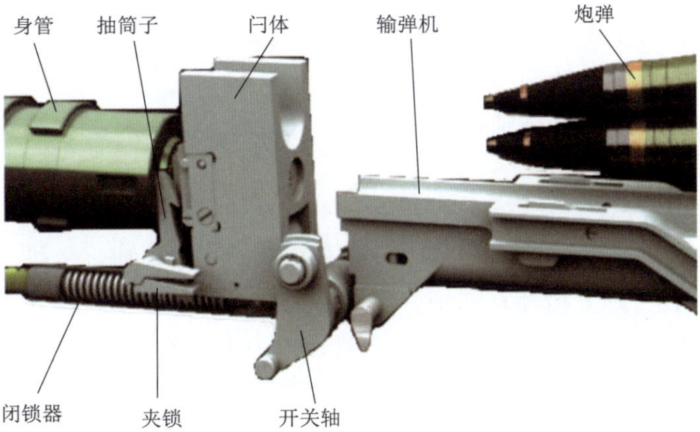

图 1.18　炮闩自动关闩

(四)分解结合

应准备如下工具：

大起子或压钣、17×19 双头扳手；如果分解结合闭锁器还应准备克丝钳和套筒扳手。

1. 分解

分解前注意膛内不应留有炮弹，炮闩应处于关闩状态，并将炮身打到适合操作的位置。

(1)取下机箱下盖和自动开闩盖。

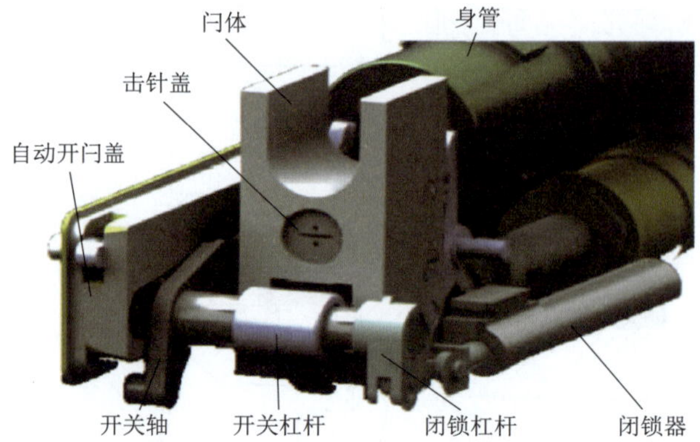

图 1.19　炮闩自动开闩

(2)分解抽筒装置

一只手抓住抽筒子,另一只手捏紧夹锁,抽出抽筒子轴,取出抽筒子。

(3)分解闭锁装置

① 一只手用大起子或压钣向下压闭锁器顶帽,另一只手向里推挂耳,使挂耳与拉钩杆脱离。

② 将大起子或压钣插在挂耳与拉钩杆之间,用大起子或压钣向下撬挂耳,使闩体向下;或拉握把向后,使闩体向下。

③ 一只手托住闩体和曲臂,另一只手抽出开关轴,然后取下闩体和曲臂。

④ 取下挂耳和闭锁杠杆

用手捏住挂耳,推闭锁杠杆向下转动,使其弧形突缘离开炮尾沟槽,然后稍微向摇架的隔钣方向移动一点,取下挂耳和闭锁杠杆。

(4)分解击发装置

① 用起子压平击发卡锁(也可用曲臂突齿压平击发卡锁),放松击针簧。

② 将击针底盖向里推并转 90°取出击针底盖、击针簧和击针。

③ 顺时针方向拧下拨动杠杆轴,取下拨动杠杆、击发卡锁和击发卡锁簧。

2. 结合

(1)结合击发装置

① 将击发卡锁簧和击发卡锁放入闩体击发卡锁室内,安上拨动杠杆,使拨动杠杆的短角压在击发卡锁突出面上,拧上拨动杠杆轴。

② 将击针和击针簧装入击针室内,放好击针底盖,用起子压击针底盖向下转 90°。

③ 为了便于往炮尾内结合闩体,应用双头扳手扳拨动杠杆,拨回击针。

(2)结合闭锁装置

① 用手捏住挂耳,使闭锁杠杆折向挂耳,然后用手将闭锁杠杆结合到炮尾上,使弧形突缘卡入炮尾沟槽内。

② 将曲臂圆突出柄放入闩体丁字槽内(突齿应对向击发卡锁),一只手托住闩体和曲臂装入闩体室内,使闩体底部露出摇架机箱底面约 5 mm,然后用食指将挂耳折向并紧靠闭锁杠杆,使挂耳与机箱底面大致平行(前端略往下),另一只手将开关轴插入曲臂 和闭锁杠杆内。

③ 一只手抵住挂耳,另一只手用大起子抵住闩体,并用力将闩体推入闩体室内。推闩体时应防止摇架划破手,闩体推上去后,挂耳应在拉钩杆的上方。

④ 轻敲曲臂，使曲臂突齿压平击发卡锁，然后一只手用大起子或压钣向下压闭锁器顶帽，另一只手将挂耳与拉钩杆连接好。

(3)结合抽筒装置

一只手将抽筒子放入炮尾内，下端稍向上抬，另一只手捏住夹锁将抽筒子轴插到位。

(4)结合机箱下盖和自动开闩盖

安上机箱下盖。将自动开闩盖的前端安入摇架，然后向里推平，再将转把转90°放在关的位置。

(五)结合后炮闩的检查

1. 拉握把打开炮闩，此时炮闩应被打开到位，放回握把后，击针应被拨回，闩体被抽筒子抓住。

2. 向上抬抽筒子扳手，闩体应迅速关闭到位，击针自动击发。

(六)炮闩结合中易出现的问题及处理方法

1. 闩体不能进入闩室。产生这种现象原因：一是击针没拨回，二是拨动杠杆轴没有拧到位。应拨回击针或将拨动杠杆轴拧到位。

2. 挂耳与拉钩杆结合不上。通常是击针没有击发，此时应轻敲开关杠杆，使之转动，并可听到击发的响声，然后再将挂耳与拉钩杆结合。

三、装填机

(一)用途

装填机的用途是利用高炮后坐和复进的能量，连续地、有节奏地压弹并输弹入膛，以保证高炮的连续发射。

(二)构造

装填机由压弹机、输弹机、发射机组成(图 1.20)。

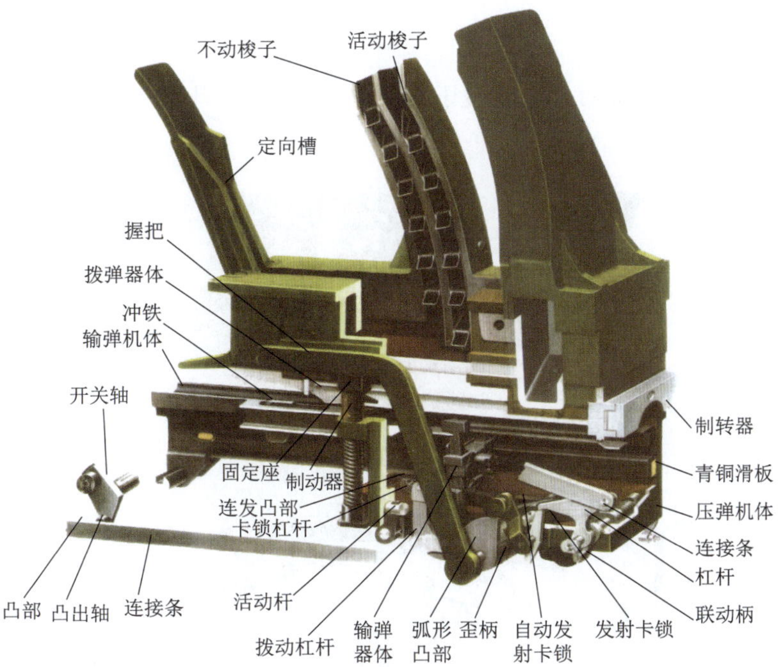

图 1.20 装填机结构

1. 压弹机

用于有节奏地将炮弹压到输弹机上。由压弹器、拨弹器、制动器和拨动器构成，结构如图 1.21 所示。

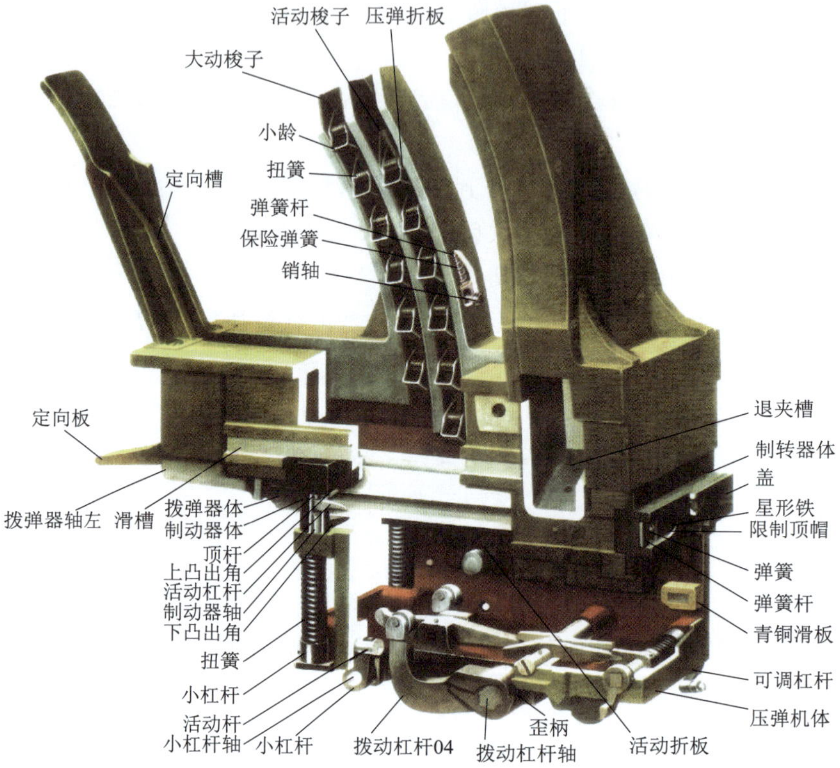

图 1.21 压弹机结构

(1)压弹器

用于射击时自动压弹；由两个不动梭子和活动梭子构成，其位置如图 1.22，结构如图 1.23 所示。

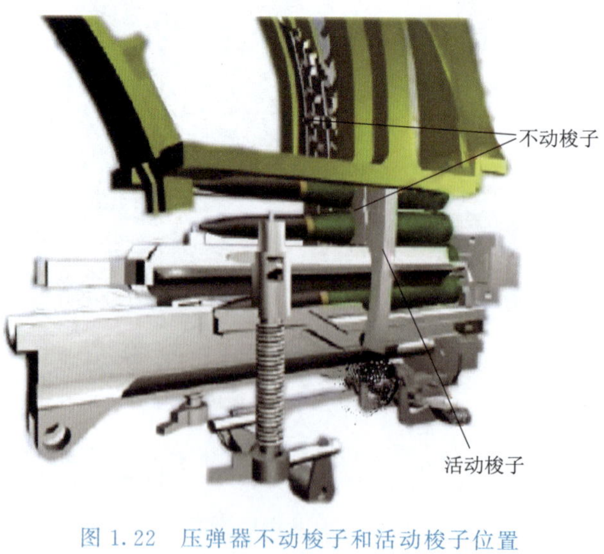

图 1.22 压弹器不动梭子和活动梭子位置

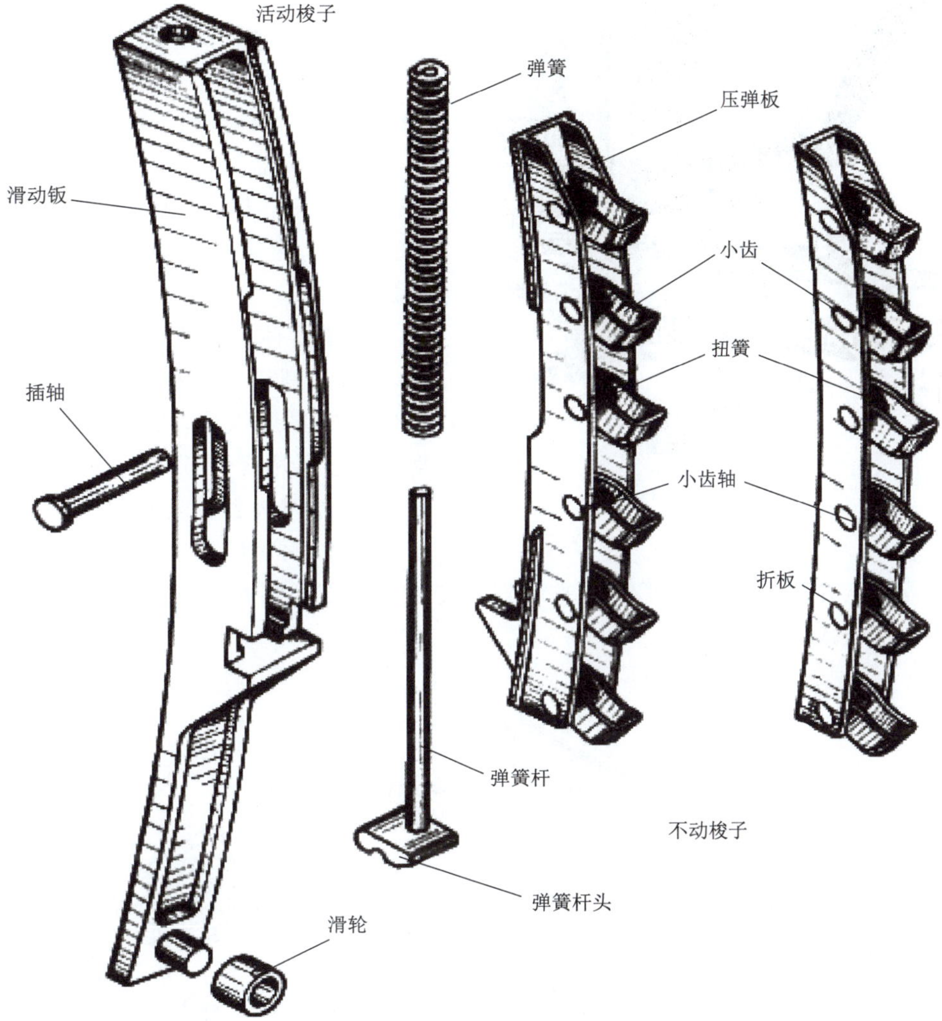

图 1.23 不动梭子和活动梭子结构

不动梭子用于压弹时，限制炮弹只能向下而不能向上运动；固定在机体左、右壁内侧，上有扭簧、小齿和销轴。活动梭子用于向下压弹；被活动地安装在机体左、右臂内侧，由压弹折板、活动折板和保险器组成。压弹折板上结合有扭簧和小齿，背面有抓钩和斜面。活动折板下端的滑轮卡入输弹机体的滑轮槽内。当输弹机前后运动时，其滑轮槽使活动梭子向上移动，小齿依次向上重新卡住一发炮弹，向下移动时进行压弹。

正常情况下，输弹机体的滑轮槽向前运动迫使活动折板向下移动，经保险弹簧、保险板抵着压弹折板斜面向下压弹，由于压弹所需要的力小于压缩保险弹簧所需的力，故不起保险作用。

当炮弹不能向下时，压弹板也不能向下，但输弹机却迫使滑动板向下，于是便压缩了保险弹簧，当压弹板凸出部斜面把弹簧杆头挤到滑动板缺口时，滑动板便带着弹簧和弹簧杆一同向下，起到保险作用。

故障排除后，进行发射。后坐时，输弹机迫使滑动板向上，而压弹板的凸齿被插轴挡住不能向上，所以滑动板便带着保险器一同向上，当弹簧杆头与压弹板凸出部斜面相遇时，弹簧杆

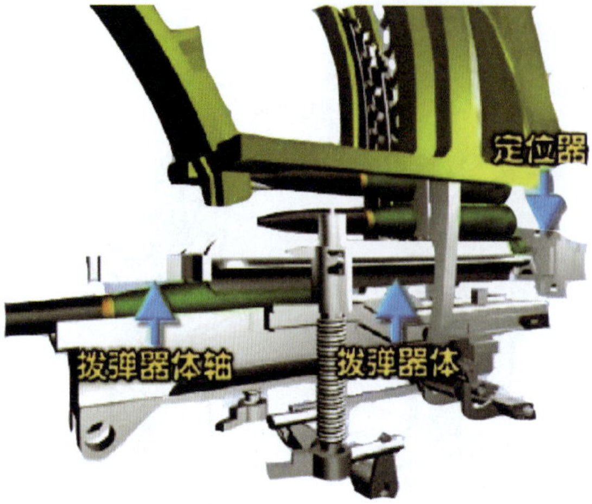

图 1.24　拨弹器结构

离开滑动板缺口并抵在凸出部斜面上，滑动板继续向上，保险弹簧伸张，恢复了平时状态。

解除保险也可用打压板向下的方法。

(2)拨弹器

由拨弹器体、拨弹器轴和定位器构成(图 1.24)，用于托住炮弹并将炮弹拨到输弹机上。

拨弹器体前端套在轴上，可在轴上转动，轴又用螺钉固定在机体前方；后端插在定位器的星形铁内，可带动星形铁一起转动。定位器用螺钉固定在压弹机体的后壁上，用于给拨弹器体定位，使拨弹器体处于正确的拨弹位置。

定位器固定在压弹机体的后端，给拨弹器体定位。由定位器匣、匣盖、星形铁、限制顶帽、弹簧和弹簧杆组成(图 1.25)。

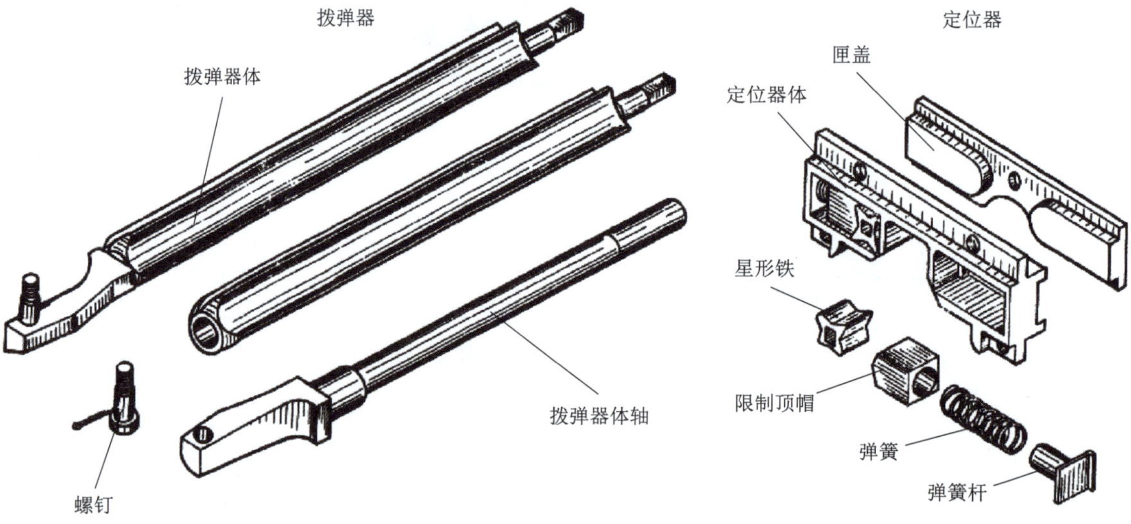

图 1.25　拨弹器与定位器

平时由于定位器的弹簧伸张，使限制顶帽顶着星形铁，保持拨弹体两棱相对形成半圆槽托住炮弹。压弹时炮弹迫使拨弹器体转动，每拨一发炮弹，两个拨弹器体就向里转动 90°，星形铁也随着转动。同时由于炮弹底缘的直径比弹体其他部分的直径大，因此在压弹时，拨弹器体轴的后端稍向外移动一些(以拨弹器体轴的固定螺钉为中心)，当炮弹被拨到输弹机上以后，拨弹器体后端在弹簧的作用下恢复原位。限制顶帽又将其固定在正常位置。

(3)制动器

由制动器体、活动杠杆、制动器轴、扭簧和小杠杆构成。用于限制拨弹器体每次压弹时只转 90°，拨一发炮弹到输弹机上。制动器的安装位置如图 1.26 所示，部件结构如图 1.27 所示。

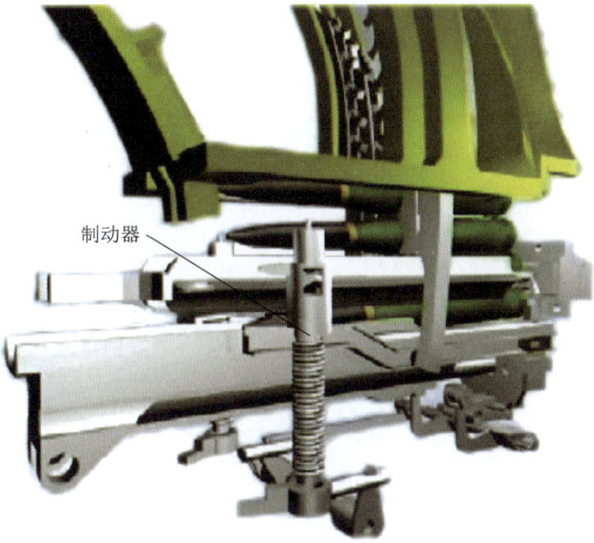

图 1.26　制动器安装位置

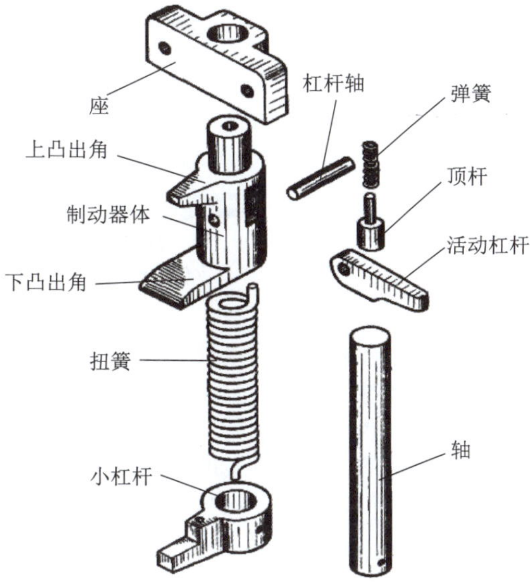

图 1.27　制动器部件结构

压弹时，打开制动器(第一次压弹时拉握把由拨动器活动杆打开；射击中压弹时是输弹机体复进时由冲铁冲开)，扭簧扭紧，上凸出角向前转动，放开拨弹器体，活动杠杆转到拨弹器体外棱下方。此时炮弹压着拨弹器体向内转动一个 90°拨下一发炮弹，拨弹器体的下棱变成了外棱，并被活动杠杆挡住上方，使之不能转动。关闭制动器时，扭簧使制动器向后转动，此时活动杠杆离开拨弹器的外棱，上凸出角又卡住拨弹器体外棱的上方，从而保证了有节奏地压弹。

(4)拨动器

由拨动杠杆、拨动杠杆轴、连接耳、连接条、小杠杆、小杠杆轴和活动杆组成。用于拉握把时，拨回输弹器体并打开制动器。拨动器安装位置如图 1.28 所示，结构如图 1.29 所示。

图 1.28　拨动器安装位置

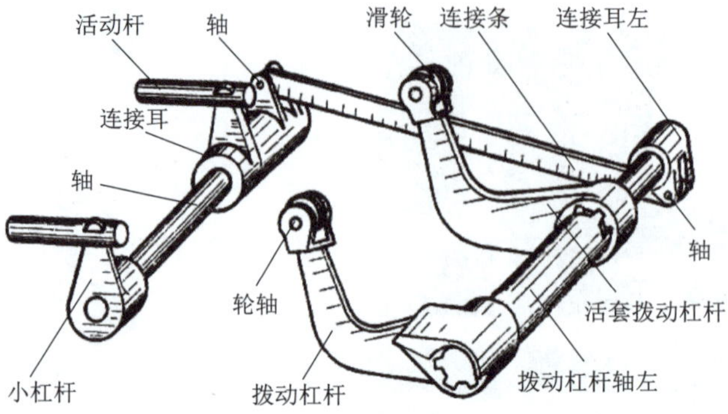

图 1.29 拨动器结构

拉握把时，握把轴上的歪柄带动拨动杠杆向后转动，拨回输弹器体；连接耳经连接条、小杠杆推活动杆向前顶制动器小杠杆，以打开制动器。

2. 输弹机

输弹机由输弹机体、输弹器构成，用于将炮弹输入炮膛。

(1)输弹机体

用于托住炮弹并给予炮弹运动的正确方向。前端有连接耳，用带有簧片的连接轴与炮尾连接。后端以两侧滑轮槽卡在压弹机体内的青铜滑板上，能跟随炮身一起后坐与复进。两侧的滑轮槽与活动梭子下端的滑轮配合，使活动梭子上下运动，自动压弹。冲铁前端被顶杆和弹簧顶起，用于复进时冲开制动器下凸出角。输弹钩滑动孔，前端较宽，以便输弹入膛和拉握把退弹时使输弹钩放开炮弹。下方的连发凸部，用于控制自动发射器的卡锁杠杆。输弹机体的结构如图 1.30 所示。

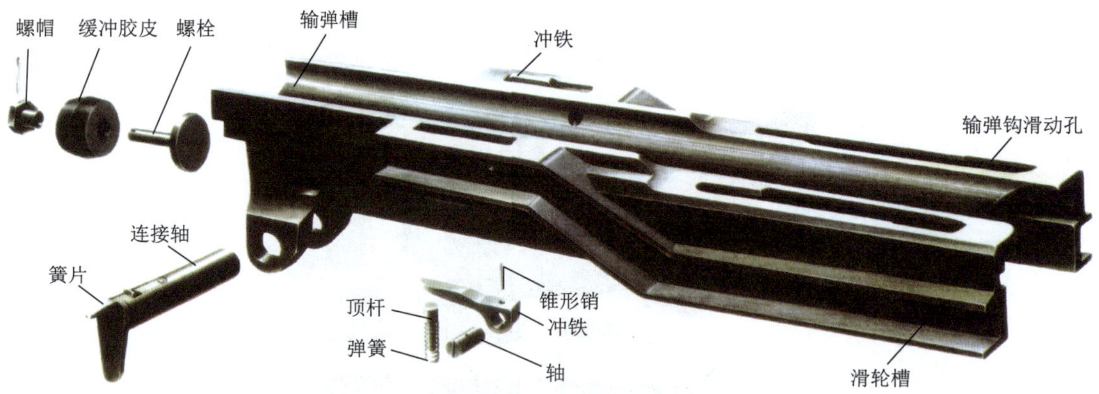

图 1.30 输弹机体

(2)输弹器

输弹器由输弹器体、输弹钩、输弹钩轴、弹簧、弹簧帽、输弹簧、弹簧杆等构成(图 1.31)，用于输弹入膛。

输弹钩用轴安装在输弹器内，其下端由弹簧和弹簧帽支撑，使输弹钩上端始终有一个向里合的力量，保证抱住炮弹的底缘部。

输弹器体固定在弹簧杆的后端，并以两侧的凸部卡入输弹机体内侧的滑槽内。输弹簧套

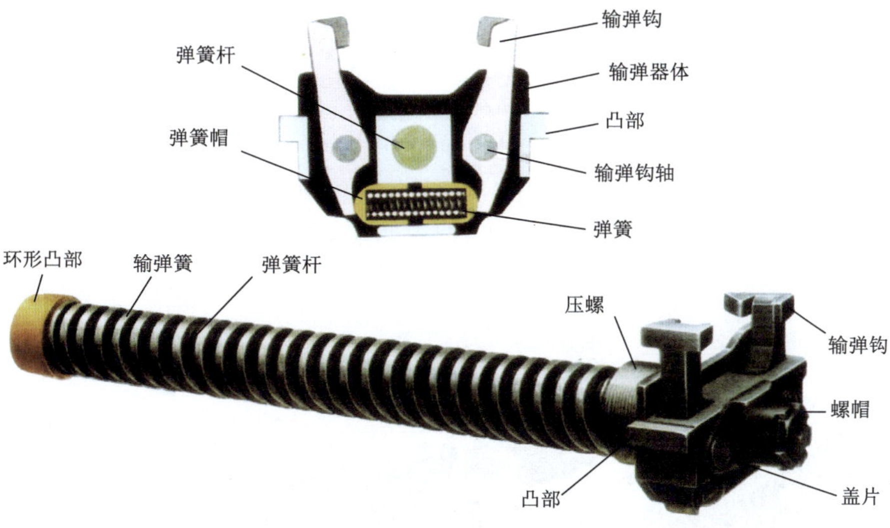

图 1.31　输弹器

在弹簧杆上,前端顶在环形凸部上,后端被输弹机体下方压螺顶住。

当输弹器体向后时,输弹簧被压缩。炮弹压下时被输弹钩抱住底缘部。放开输弹器体时,输弹簧伸张进行输弹,当输弹钩到达滑动孔扩张部时张开,放开药筒底缘部,炮弹借惯性入膛。

3. 发射机

发射机由发射器、自动同步发射器、电发射器和保险器组成,用于卡住和放开输弹器体,控制火炮发射。发射机的结构如图 1.32 所示。

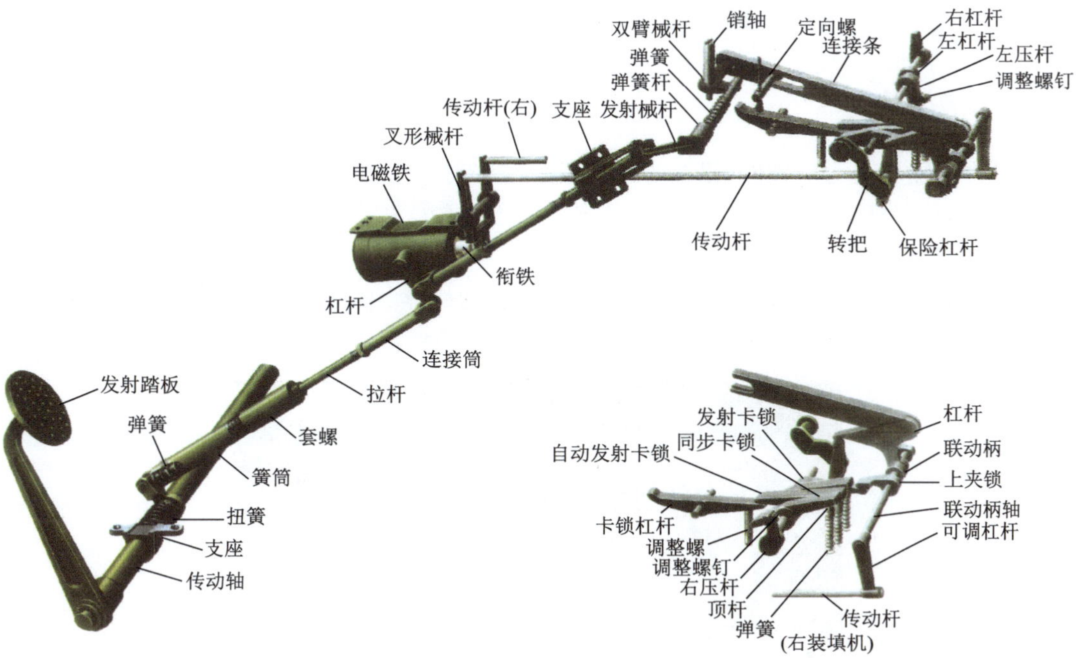

图 1.32　发射机结构

(1)发射器

用于人工发射时卡住和放开输弹器体,零件分别结合在压弹机体、摇架和托架上。

主要由发射卡锁、卡锁轴、弹簧、弹簧杆、联动柄轴、外夹锁、联动柄杠杆、双臂杠杆、发射踏板、弹簧筒、调整杆和发射杠杆等组成。

(2)自动同步发射器

自动同步发射器用于连续发射时自动卡住和放开输弹器体，以保证火炮连续发射，并以左炮控制右炮，以达到连续发射时左、右炮的输弹器体能同时输弹入膛，实现左、右身管发射同步。

由连发杠杆、连发卡锁、夹锁、内夹锁、左杠杆、调整螺钉、右杠杆、同步卡锁等组成，结构如图 1.33 所示。

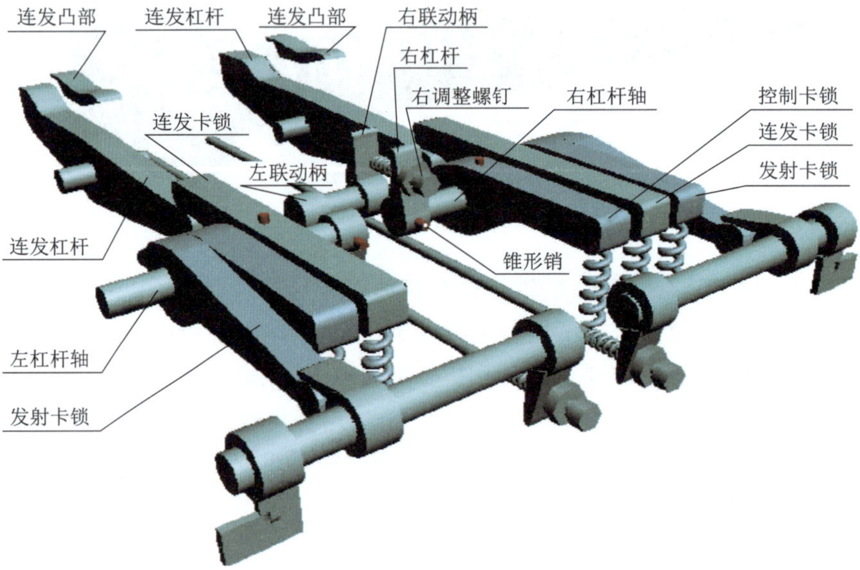

图 1.33　自动同步发射器结构

(3)电发射器

用于将电能转变为机械能，以控制火炮发射和停射。它由机械传动部分和电气部分组成。

机械传动部分用于将电磁铁的动作传递给发射卡锁。安装在摇架和压弹机体上，由拨叉、传动杆、杠杆和调整螺钉等组成。

电气部分用于将电能转变为机械能；由电磁铁、回转器、电缆等组成。电磁铁，固定于摇架机箱前下方(图 1.34)，它将电能转化为机械能带动传动杠杆，使发射卡锁放开输弹器体，完成

图 1.34　电磁铁位置

发射动作。

电发射和人工发射及同步连续发射器的动作相互不受影响。

(4)保险器

用于在不发射时起保险作用，防止走火。装在摇架侧壁上，由转把和保险杠杆等组成。转把有“击发”“保险”“解脱”三个位置。保险器的结构如图 1.35 所示。

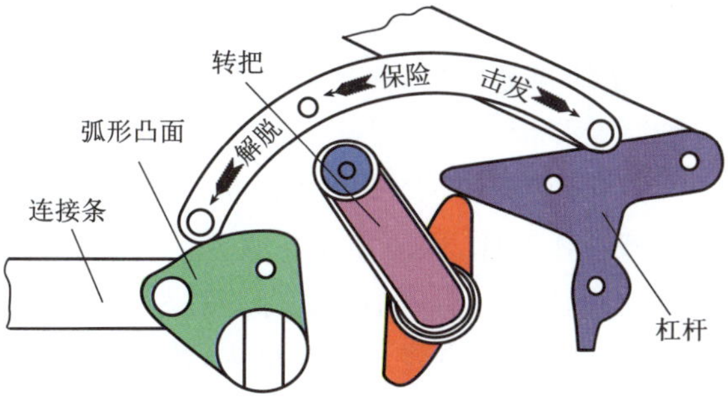

图 1.35 保险器结构

将转把转到“保险”位置，保险杠杆顶住联动柄杠杆，踩发射踏板，联动柄杠杆不能转动，发射卡锁不会被压下，高炮不能发射。

发射前打开“保险”，将转把转到“击发”位置，保险杠杆向后离开联动柄杠杆，此时踩下发射踏板便可发射。

当转把位于“击发”位置时，拉握把向后，握把轴弧形凸部压保险杠杆的下端向下，使保险杠杆的上端向上顶住联动柄杠杆，此时踩发射踏板高炮不能发射，形成自动保险。

保险器“解脱”位置是避免空放输弹器体而损坏零件。当将转把转到“解脱”位置时，保险杠杆的上端向前，下端向后，使保险杠杆离开联动柄杠杆，与握把器弧形凸部脱离，此时拉握把向后，保险器不能自动形成保险。因此，当输弹器体被发射卡锁卡在后方时，可以用手拉住握把、脚踩发射踏板，使发射卡锁放开输弹器体，然后慢慢放回握把，使输弹器体慢慢回到前方。

(三)装填机动作

1. 平时状态

制动器在扭簧的作用下关闭，拨弹器体被挡住不能转动；输弹机体位于前方，活动梭子处于下方位置，冲铁在制动器的前方，连发凸部压住卡锁杠杆，自动发射卡锁后端下落；输弹簧伸张，输弹器体位于前方；发射卡锁抬起。填装机平时状态如图 1.36 所示。

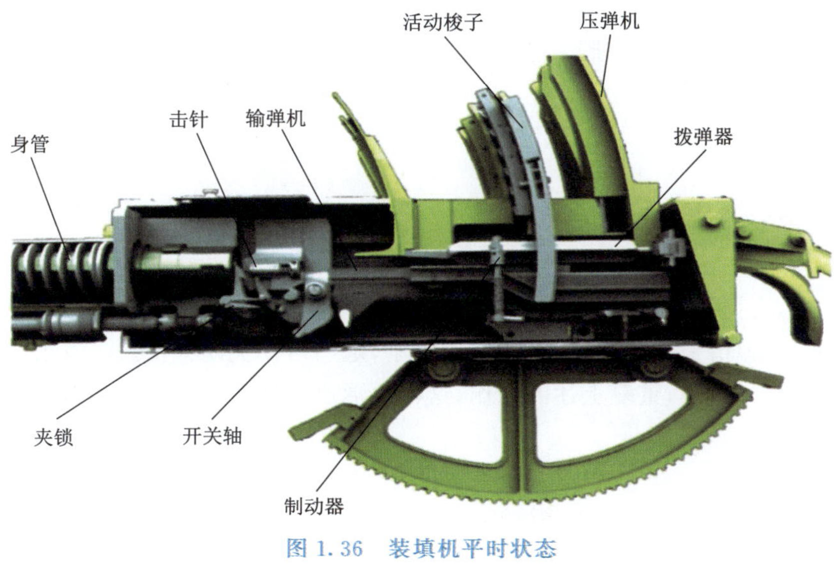

图 1.36 装填机平时状态

2. 第一次装填时的动作

(1)拉握把到最后方，并放在后握把扣内，产生四个动作。

(2)打开炮闩:握把带动连接条向后,连接条带动开关轴转动,打开炮闩。

(3)拨输弹器向后:握把轴带动拨动杠杆向后转动拨回输弹器体,并被发射卡锁卡住,输弹簧压缩。

(4)打开制动器:拨动杠杆转动,经连接耳、连接条、小杠杆、活动杆向前顶开制动器,上凸出角放开拨弹器体,同时扭簧扭紧。

(5)自动保险:握把轴带动保险杠杆,使保险杠杆顶住杠杆,形成自动保险。

(6)压弹:将炮弹装入压弹机内,拨弹器体转 90°,最下面一发炮弹压到输弹机上,药筒底缘被输弹钩抓住。

(7)送回握把:握把轴上的歪柄使拨动杠杆向前转到原位;活动杆放开制动器,制动器在扭簧的作用下自动关闭;活动杠杆放开拨弹器体,上凸出角重新挡住拨弹器体。

3. 第一次发射时的动作

(1)打开保险。

(2)放开输弹器。踩下发射踏板,经过人工发射器的传导,夹锁压下发射卡锁,放开输弹器体。

(3)输弹入膛。输弹器体被放开后,输弹簧伸张,输弹钩抱着炮弹向前,当输弹钩到达滑孔宽处时放开炮弹,炮弹借惯性冲入炮膛,打倒抽筒子,炮闩自动关闭并击发。

4. 后坐时的动作

发射后,膛内火药气体压力,使炮身带着炮闩、输弹机一起后坐。炮闩自动打开,抽出药筒,此时装填机有以下动作:

(1)自动发射卡锁抬起。

(2)活动梭子抓弹。在输弹机后坐过程中,活动梭子的滑轮沿曲线槽向上,小齿依次向上重新抓住一发炮弹。

(3)冲铁滑过下凸出角。

5. 复进时的动作

后坐停止后,复进机弹簧伸张,后坐部分复进。此时若仍然踩住发射踏板,则发射卡锁落下,装填机便产生了以下动作:

(1)卡住输弹器体。

(2)打开制动器。

(3)压下炮弹。

(4)输弹入膛。

复进到位时,输弹簧伸张,两输弹钩各带着一发炮弹迅速向前,当输弹钩到达滑动孔扩张部时,放开炮弹,炮弹借惯性冲入炮膛,打倒抽筒子,炮闩自动关闭并击发。发射后,火炮后坐,复进,装填机又压弹、输弹,重复上述的动作,这样便形成了连续发射。装填机的工作原理如图 1.37 所示。

6. 停射时的动作

(1)松开发射踏板,发射卡锁在弹簧作用下抬起,当复进到位时,输弹器体被发射卡锁卡在后方,呈待发状态。若需继续发射,只要重新踩下发射踏板,便可恢复射击。

(2)当装填机内只剩下一发炮弹时,高炮便自动停射。复进终结时,只是输弹器体回到前方,而无炮弹进膛,高炮便停止发射。若需继续发射,则要重新拉握把压弹,才能恢复射击。

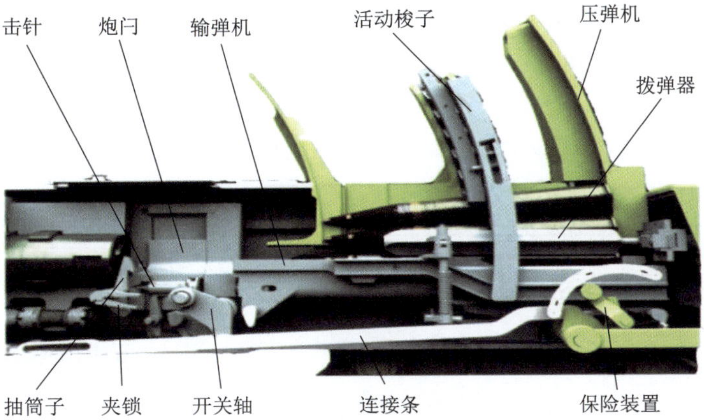

图 1.37　装填机工作原理示意图

(四)分解结合

应准备以下工具：

22×27 双头扳手、6″起子、克丝钳、冲子、锤子、钩子扳手、输弹簧装拆器、活动梭子保险簧装拆器以及腻子刀。

1. 从摇架上卸下装填机

分解前应放回输弹器体，否则抽输弹机连接轴很困难。

(1)取下自动开闩盖，打平炮身，按下输弹机连接轴的簧片，并抽出连接轴。

(2)拧下固定摇架后壁的螺栓，取下摇架后壁和退壳筒。

(3)拧下固定装填机的螺栓，向后拉装填机，然后抬下装填机。

(4)将压弹机后壁朝下立放，向上抽出输弹机，取下黄铜滑块和活动梭子滑轮。

若输弹器体被卡在发射卡锁和连发卡锁(右炮还有控制卡锁)后面处理方法有两种：第一种方法是转动联动柄，使发射卡锁向下(右炮还应转动右杠杆，使控制卡锁向下)，同时将输弹机体前端向下压，使连发卡锁向下，便可抽出输弹机；第二种方法是左手把腻子刀插入左炮或右炮发射卡锁和连发卡锁(右炮还有控制卡锁)上端与左炮或右炮输弹器体下端之间，右手用力向前推输弹机体后端，输弹机便可在压弹机内抽出。

2. 输弹机的分解结合

注意事项：

在放松输弹簧时，应将弹簧杆放在输弹机体弹簧筒内，并应注意工具和零件不要对向人，以免输弹簧崩出时发生伤人事故。

在冲出锥形销时，应从锥形销的小头往大头方向冲出；在打入锥形销时，应将零件上锥形销孔的大头一致，并将锥形销的小头由孔的大头处打入。

(1)分解

① 拔下螺帽上的开口销，拧下螺帽，取下盖片。

② 将输弹器体拉到滑动孔后扩张部，顶出输弹钩轴，抽出输弹钩，然后取下输弹器体，输弹钩弹簧和弹簧顶帽。

③ 放松输弹簧

把输弹簧装拆器的螺杆拧紧在弹簧杆上，并用锤子顺时针方向用力击一下转把，使螺杆与弹簧杆结合得更紧密，然后将驻钉环的驻钉卡入压螺的驻钉孔内，并拧紧螺环。用输弹簧装拆器分解输弹簧的状态(图 1.38)。

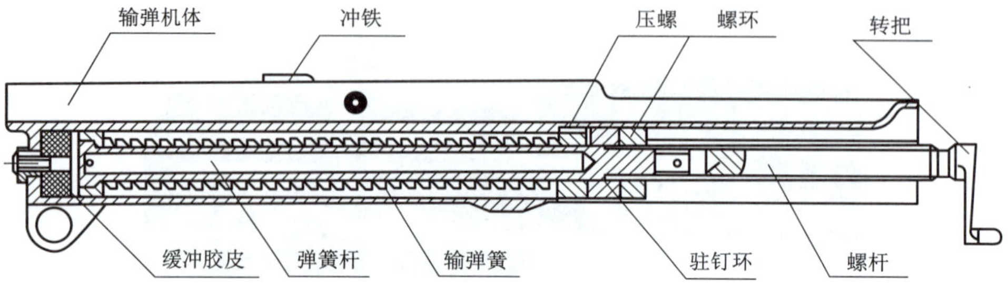

图 1.38　用输弹簧装拆器分解输弹簧

用钩子扳手逆时针方向钩住螺杆上的螺环，顺时针方向转螺杆，使弹簧杆前端离开缓冲器(从前排气孔观看)。

拧下输弹机体上固定压螺的螺钉，然后逆时针方向转动螺杆，旋出压螺。如果压螺不随螺杆转动，应用钩子扳手逆时针方向转驻钉环，将其拧出。

用钩子扳手顺时针方向卡住螺环，然后逆时针方向转动螺杆放松输弹簧。此时应注意弹簧杆一定要随螺杆等速转动，否则弹簧杆与螺杆之间会旋松脱开，使输弹簧猛力崩出而易发生事故。如果此时弹簧杆不随螺杆等速转动，则应马上停止转动螺杆，并把住转把保持螺杆不动，然后用钩子扳手顺时针方向转动螺环而放松输弹簧或按输弹机结合步骤③中的方法结合好，再重新进行放松输弹簧的操作。

逆时针方向转动螺杆(必要时，可逆时针方向猛力击转把)，卸下输弹簧装拆器，取下输弹簧和压螺。

④ 分解缓冲器

拧下缓冲器螺栓上的螺帽，从输弹机体弹簧筒内取出螺栓和缓冲胶皮。

(2)结合

按分解的反顺序进行。

3. 压弹机的分解结合

压弹机各部件都可以单独进行分解结合，不受先后顺序限制。

(1)分解

拔出螺钉上的开口销，拧下螺钉，然后抽出拨弹器体轴和拨弹器体。

定位器(制转器)，可不分解。

(2)结合

将拨弹器体顶轴的方形部插入星形铁内，再将拨弹器体轴插入拨弹器体内(拨弹器体轴的斜面应朝内)，拧上螺钉，插上开口销，此时拨弹器体轴与压弹机体侧壁要有一个 0.1～0.4 mm 间隙，不得拧紧或间隙过大，否则会影响动作。

4. 将装填机结合到摇架上

(1)将压弹机后壁朝下立放，安好黄铜滑块(斜面朝前下方)和活动梭子滑轮，把拨动杠杆转到压弹机体外面，将输弹机从上向下插入压弹机内，使滑轮和黄铜滑块卡入输弹机体的滑轮槽内。

(2)将装填机安在摇架上，并用螺栓固定。

(3)将输弹机体用连接轴结合在炮尾上,并使连接轴上的簧片朝上,以防止开闩时被开关轴碰断。

(4)安好后壁、退壳筒和自动开闩盖。

四、复进机

(一)用途

复进机平时用来将后坐部分支撑在前方位置;后坐发生时,吸收部分后坐能量,起一定的制退作用;后坐停止时,将后坐发生时吸收的能量转换成复进能量,使后坐部分复进到位。

(二)构造

复进机结合在身管的后部,由垫环、复进簧、驻环和驻钣等组成(图 1.39)。

图 1.39　复进机结构

垫环、复进簧、驻环依次套在身管上。当身管装在高炮上时,垫环顶在摇架颈筒内的环形凸部上,身管从炮上卸下来后,垫环抵在身管的环形凸部上。复进簧后端抵在垫环上,前端抵在驻环上。驻环内有连接凸部与身管的前连接凸部相卡,使驻环在身管上不能向前移动,而使复进簧呈预压状态,复进簧的预压力为 350 kg。

(三)动作

平时,复进簧呈预压状态,将后坐部分支撑在前方位置。后坐发生时,身管带着驻环向后,由于垫环顶在摇架颈筒内的环形凸起部上,因而当驻环向后时就继续压缩复进簧,贮存了部分后坐能量,起一定的制退作用。

后坐停止时,复进簧伸张,推驻环向前,驻环带身管向前,使后坐部分复进到位。复进机工作状态如图 1.40 所示。

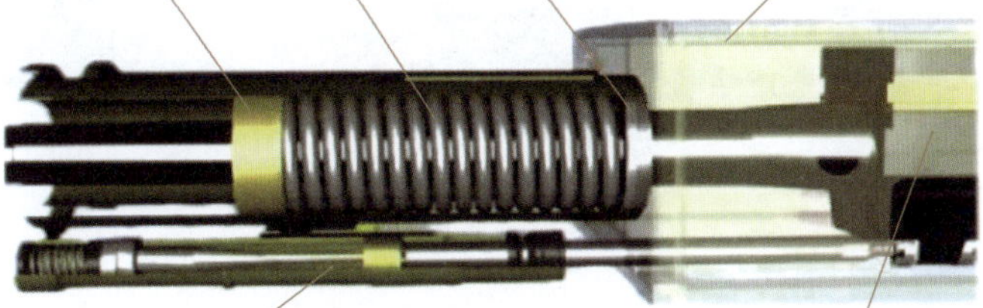

图 1.40　复进机工作状态

五、驻退机

(一)用途

驻退机是用来在后坐发生时产生后坐阻力,消耗部分后坐能量,使后坐部分在一定距离上停止后坐;在复进时产生复进阻力,使后坐部分平稳复进,并减小后坐部分复进到最后时对摇架的冲击力。

(二)构造

驻退机用托环固定在摇架颈筒下方,通过活塞杆、螺帽与炮尾连接。

驻退机由机筒、活塞杆、枢轴杆、调速器、液体调节器、紧塞器和驻退液等组成(图 1.41)。

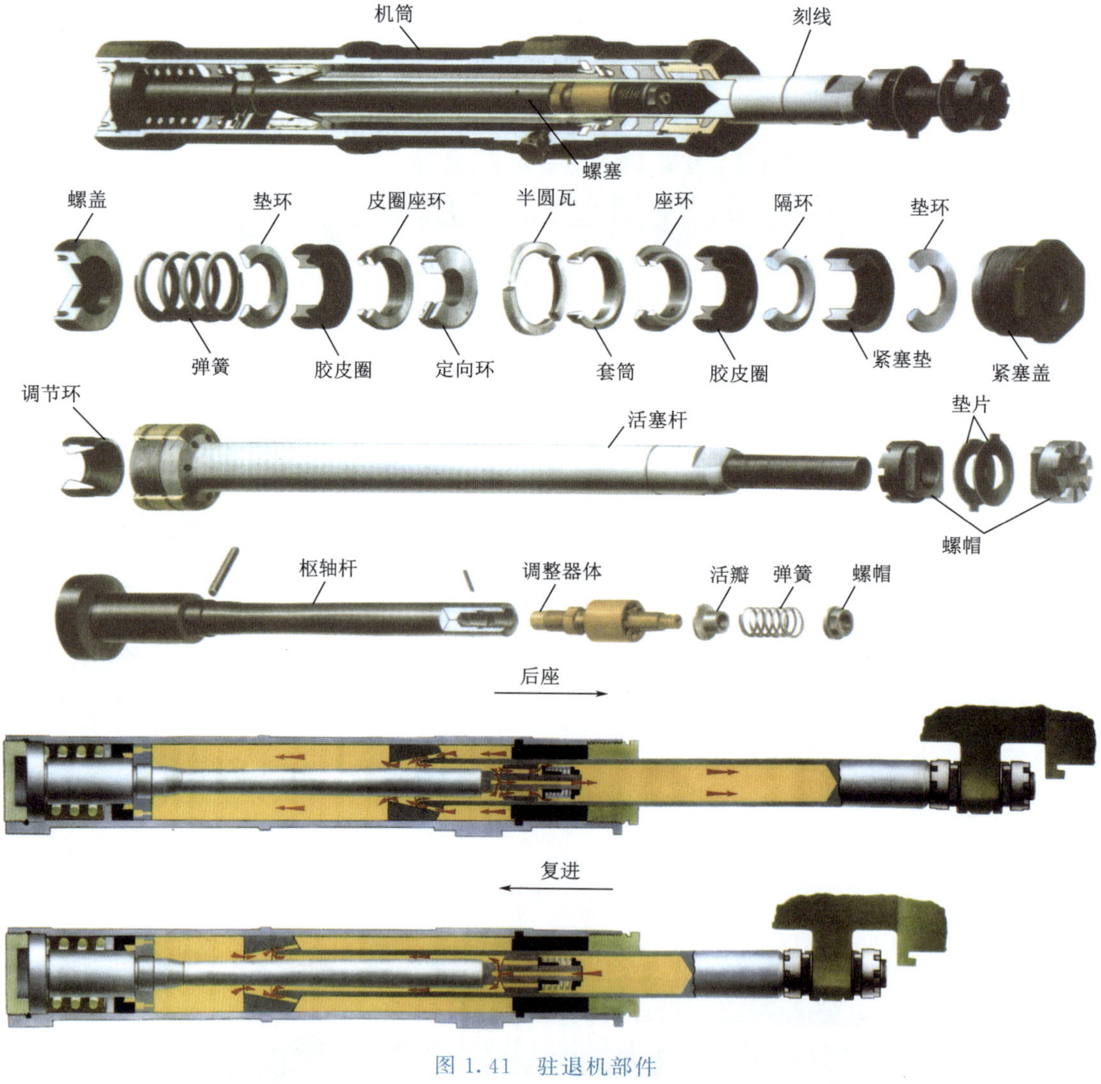

图 1.41 驻退机部件

1. 机筒

机筒用于安装驻退机各部零件和盛装驻退液。机筒上有注液孔和放液孔,用螺塞和胶皮紧塞环紧塞。

2. 活塞杆

活塞杆插在机筒内，后端用两个螺帽和垫圈与炮尾连接，可随炮身后坐和复进。拧松一个螺帽，拧紧另一个螺帽，可调整活塞杆的前、后位置。活塞杆后端有一检查刻线，用于检查活塞杆的露出长度。早期生产的双 37 mm 高炮活塞杆后端用一个螺帽和一个开口销与炮尾连接，活塞杆上没有检查刻线，也不能进行调整。

3. 枢轴杆

枢轴杆插在机筒内，前端用螺盖固定。

4. 调速器

调速器拧在枢轴杆的后端，并用圆柱销固定；由调速器体、活瓣、弹簧和螺帽组成。

5. 液体调节器

液体调节器安装在枢轴杆的前端，用来自动调节驻退机的容积；由弹簧、游动塞和定向环组成。

6. 紧塞器

紧塞器安在机筒后端，用于防止驻退液外漏；由安在机筒内的挡铁、挡环和座环、皮碗、垫环、紧塞垫、垫环和后盖组成。

7. 驻退液

驻退液呈碱性，每个驻退机机筒内装 0.5 L。现用高炮驻退液有二号驻退液和四号驻退液。二号、四号驻退液在使用时严禁混用，特别是在更换另一型号的驻退液时，一定要把零件上原号的驻退液擦拭干净，以防驻退液因混用而变质。

(1) 二号驻退液

二号驻退液在外观上为绿色透明液体，无机械杂质及沉淀物，遇光或长期贮存则颜色深绿；在气味上具有鱼腥臭味；新品 pH 值为 10.0～10.4，堪用品 pH 值必须在 7.4 以上，pH 值在 7.4 以下则报废。

(2) 四号驻退液

四号驻退液在外观上为无色至淡黄色液体，均匀透明，无机械杂质及沉淀物；pH 值为 8.2～8.5。它是一种多功能、多用途、全天候的液压传动(或缓冲)系统的工作介质。

(三)驻退机和复进机的作用

驻退机和复进机通常称为反后坐装置，高炮在发射时火药气体的压力一方面向前推动弹丸，另一方面向后作用在炮膛底部，双 37 mm 高炮最大后坐合力可达 62 t。射击时在驻退机、复进机及后坐部分摩擦力的作用下，炮架上承受的合力约为 4 t。所以说驻退机和复进机是很关键的部件，其作用也是很大。

六、摇架

(一)用途

摇架是高炮起落部分的主体，用来安装炮身、炮闩、装填机、复进机、驻退机和瞄准具，并使后坐部分有正确的滑动方向。

(二)构造

摇架通过炮耳轴安在托架的左右侧钣上，由机箱、炮耳轴、后坐标尺、后壁和退壳筒等组成(图 1.42)。

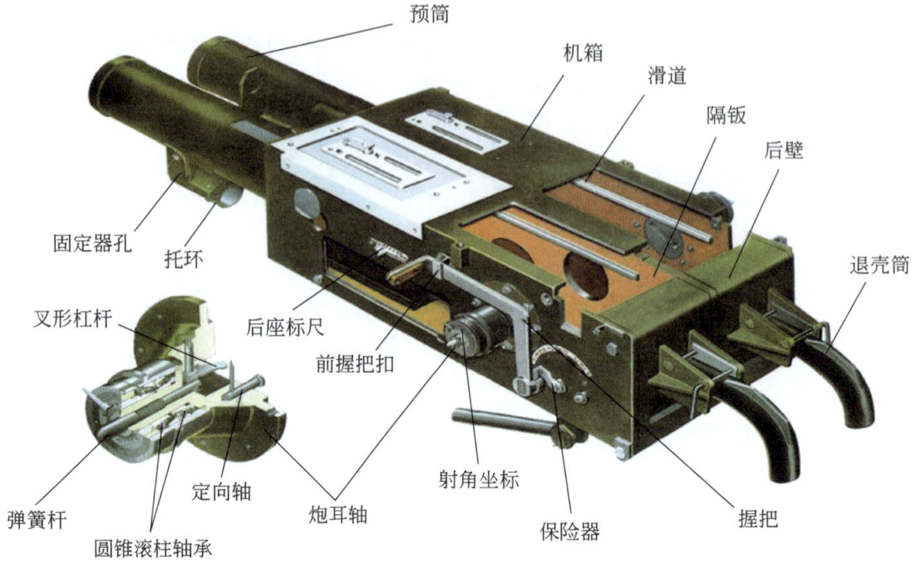

图 1.42 摇架

机箱内有隔钣、四条滑道和缓冲胶皮，滑道用于支撑炮尾和装填机，并使炮尾在后坐与复进时定向滑动；缓冲胶皮有两块，分别用螺钉固定在机箱左右两部分的内前端面上，用于减小炮尾复进到位时对摇架的撞击。机箱后方用螺栓结合着后壁，后壁上用固定轴结合着退壳筒，以诱导药筒下滑。机箱两侧有前、后握把扣，用于固定握把的前、后位置；机箱上方装有机箱上盖。

后坐标尺有两个，分别用螺钉结合在机箱两侧，用于发射时指出后坐部分的后坐量。它由分划尺、游标和尺座等组成(图 1.43)。游标上用铆钉固定着弹簧片，使游标借弹簧片的作用紧贴在尺座上，以防止游标惯性运动。游标上有刻线，以指示分划尺上的分划值。分划尺用螺钉固定在尺座上，上有 130～190 mm 的分划值，分划尺上的螺钉孔为椭圆形，拧松螺钉可前后移动分划尺，以保证指示的数字与实际后坐距离一致。尺座用螺钉固定在机箱上。后坐时，炮尾上的冲杆带动游标向后，其刻线指示出后坐距离。

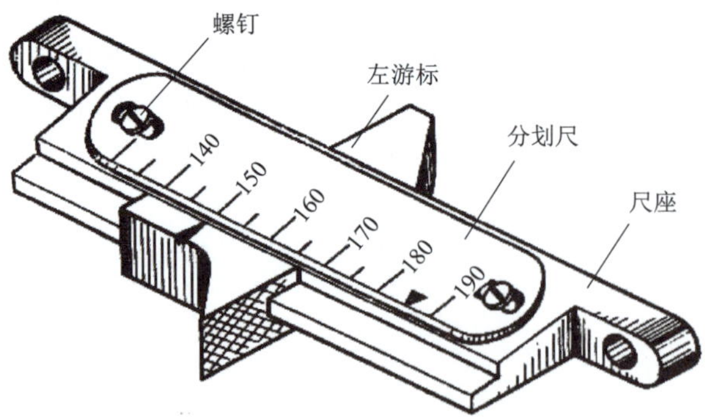

图 1.43 后坐标尺

七、自动机联动动作

自动机联动动作指的是：第一次装填发射和连续发射两个阶段的动作过程。这两个阶段的动作都有一定规律性，这规律就是我们分析判断故障的基础。

（一）第一次装填发射时的动作

1. 平时状态

(1) 后坐部分被复进簧支撑在前方位置。

(2) 炮闩关闭。

(3) 拨弹器体被制动器体上凸出角挡住，不能转动。

(4) 活动梭子的滑轮位于输弹机体滑轮槽的低处。

(5) 输弹簧伸张，输弹器体位于前方。

(6) 输弹机体连发凸部压下连发杠杆前端，使连发卡锁后端落下。

(7) 控制卡锁后端落下。

(8) 发射卡锁后端在弹簧和弹簧杆的作用下抬起。

(9) 驻退机活塞杆的活塞位于前方位置。

2. 第一次装填时的动作

第一次装填时，必须进行人工拉握把向后、压弹和放回握把的操作。

(1) 将握把拉到最后，再放在后握把扣内，此时产生以下四个动作：拨回输弹器；打开制动器；自动保险；打开炮闩。

(2) 压弹

将炮弹装入压弹机内，用力向下压，拨弹器体内转 90°将一发炮弹拨到输弹机上，药筒底缘被输弹钩抓住。活动杠杆处于拨弹器体另一个外棱的上方，挡住拨弹器体不能再转。拨弹器体托住下一发炮弹。

(3) 将握把放回握把扣内。

3. 发射时的动作

(1) 打开保险

将转把转到“击发”位置，保险杠杆离开联动柄杠杆，而解除保险。

(2) 发射

踩下发射踏板，动作通过结合在托架、摇架上的发射器各零件的传递，使联动柄轴转动，外夹锁压下发射卡锁，使之放开输弹器体。此时输弹簧伸张，使输弹器体向前，输弹钩便抱着一发炮弹向前。当输弹钩进入滑动孔前扩张部时放开炮弹，炮弹靠惯性冲入炮膛，药筒底缘冲倒抽筒子，闭锁簧伸张，使闩体向上关闩、闭锁、击发。

（二）连续发射时的动作

连续发射就是在后坐和复进过程中，完成自动开闩、抽筒、压弹、输弹入膛、关闩、击发等动作。

1. 后坐时的动作

发射后，在火药气体的作用下，使后坐部分（身管、复进机驻环、炮尾、炮闩、输弹机和驻退机活塞杆等）后坐，由于驻退机、复进机和各部摩擦产生的阻力作用，使后坐部分在 150～180 mm 停止后坐。

2. 复进时的动作

后坐停止，复进簧伸张，使后坐部分复进。复进刚开始时，闩体稍上升即被抽筒子抓住，呈开闩状态；炮尾带着输弹机稍向前，输弹器体即被连发卡锁卡住，炮尾便带输弹机体向前，输弹簧被压缩，为输弹贮存了能量。

继续复进时，输弹机体冲铁冲开制动器，输弹机体滑轮槽迫使活动梭子向下压弹，拨弹器体内转 90°拨一发炮弹到输弹机上，药筒底缘被输弹钩抓住，冲铁离开制动器下凸出角，制动器在扭簧作用下恢复原位。

复进到最后时，炮尾撞在摇架缓冲胶皮上，起缓冲作用。

在复进的过程中，炮尾带驻退机活塞杆向前，驻退机产生复进阻力，使后坐部分平稳地向前复进，并减少复进到位时炮尾对摇架的撞击力。

只要炮手不放开发射踏板，并保证供上炮弹，高炮就能连续射击。

（三）停射时的动作

在射击过程中，有两种情况会产生正常停射。

1. 放开发射踏板，高炮便自动停射。

2. 当压弹机内只剩下一发炮弹时，高炮便自动停射。

第二节　瞄准机

瞄准机用来操纵高炮进行高低和方向瞄准；由高低机、平衡机、方向机和托架组成。高低机和方向机都有大、小两种瞄准速度，以便于捕捉和跟踪天气过程。

一、高低机

（一）用途

高低机用来操纵高炮起落部分在高低射界内转动，进行高低瞄准。

（二）构造

高低机由转轮传动装置、变速装置、蜗轮装置、高低齿轮轴和高低齿弧等组成（图 1.44）。

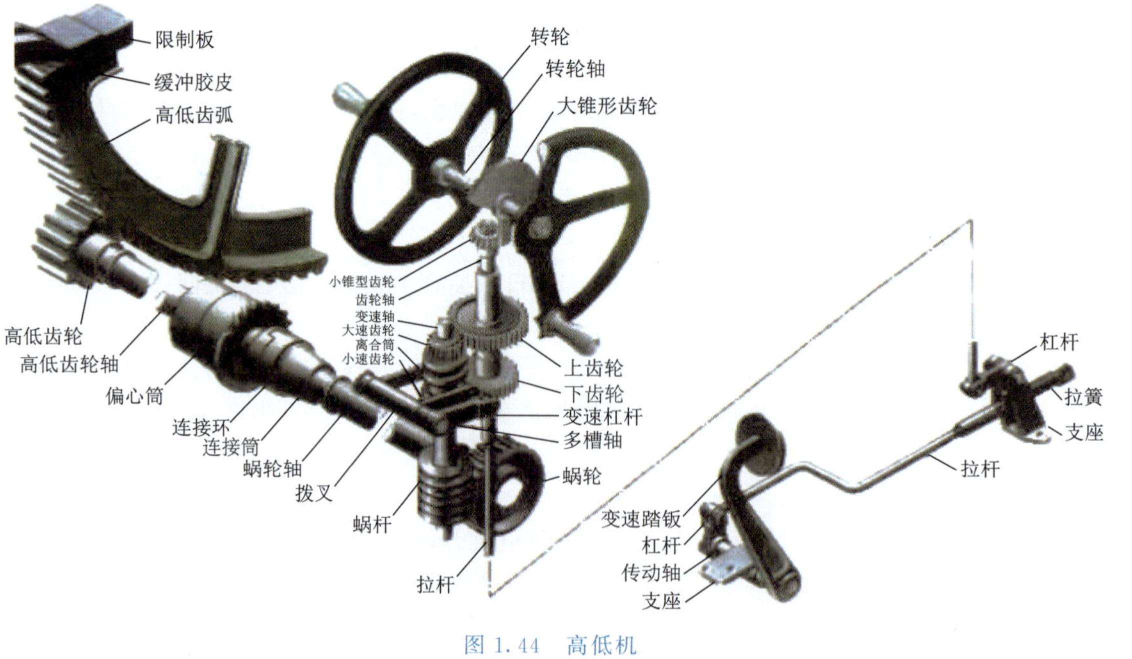

图 1.44　高低机

(三)小速动作

平时,在拉簧作用下,变速踏板抬起,连接筒与小速齿轮啮合。此时转动转轮,通过转轮轴、大锥形齿轮、小锥形齿轮、齿轮轴,使上、下齿轮分别带大、小速齿轮转动,其小速齿轮带连接筒转动,而大速齿轮空转。连接筒转动,通过蜗杆轴、蜗杆,使蜗轮带蜗轮轴转动。蜗轮轴转动,通过连接环、高低齿轮轴,使高低齿轮带高低齿弧转动,使高炮小速起落,而进行小速高低瞄准。

二、平衡机

(一)用途

平衡机用来平衡高炮起落部分对炮耳轴所产生的前后两部分的力矩,使高低机动作轻便灵活。

(二)构造

平衡机共有两个,用平衡机托环结合在托架左、右侧钣的前方。两个平衡机的构造相同,均由机筒、弹簧(左旋两节,右旋一节)、小弹簧、弹簧杆、隔环、垫环、垫圈、螺帽、单列止推球轴承等组成(图 1.45)。

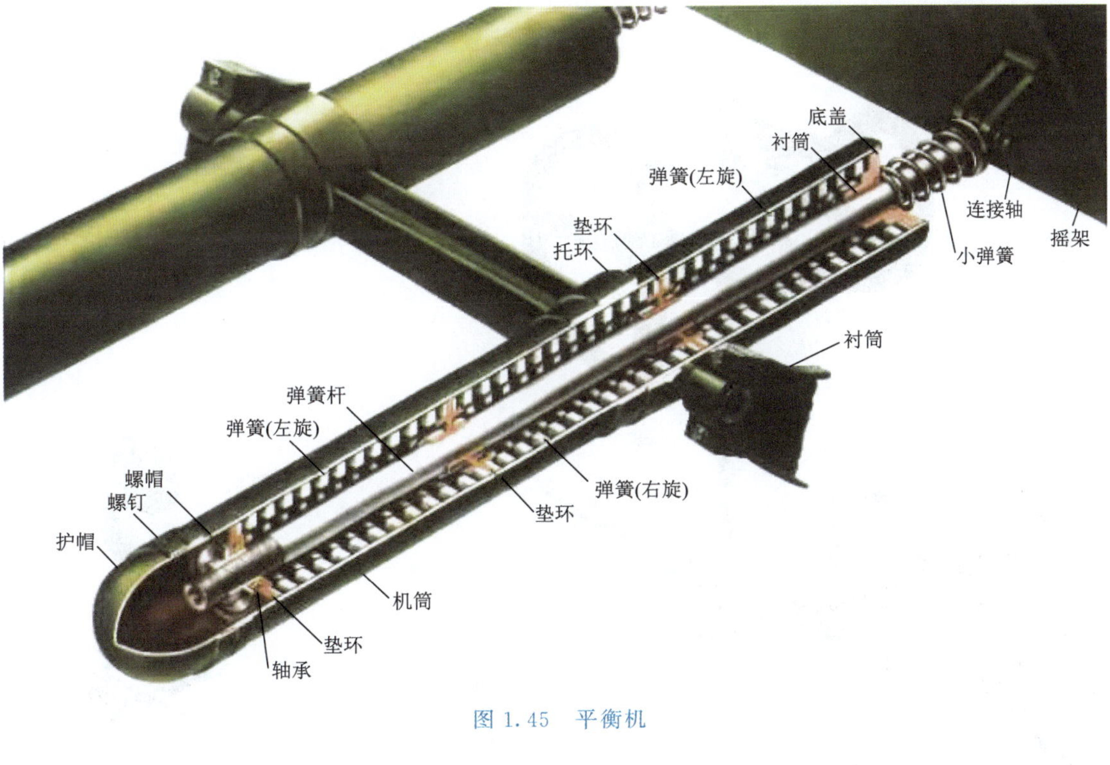

图 1.45 平衡机

机筒用于安装各零件。其前端用螺钉固定着护罩,内后端有衬筒。

弹簧杆插在机筒内。弹簧杆后端有连接环,连接环用连接轴与摇架机箱下方的平衡机连接座连接,连接轴上套有垫环并插有开口销。弹簧弹套在弹簧杆上,右旋弹簧在两节左旋弹簧的中间,这样可以抵消弹簧压缩时产生的扭力,防止弹簧损坏。各节弹簧之间用隔环隔开,并且后边一节弹簧的后端抵在机筒内后端的衬筒上,前边一节弹簧的前端抵在垫环上。垫环内装有单列止推球轴承,并一起被拧在弹簧杆前端的螺帽固定。拧进或拧出螺帽可压缩或放松弹簧，以调整起落部分的后部对炮耳轴产生的力矩的大小，以平衡起落部分的前后两部分对炮耳轴所产生的力矩。单列止推球轴承的作用是便于弹簧压缩或伸张时扭转，防止弹簧扭断。

在弹簧杆后端连接环与机筒之间装有小弹簧和垫圈。小弹簧用于在射角超过69°时，抵消部分弹簧的力量。

(三)动作

打低炮身时，摇架后部通过平衡机连接座带着弹簧杆向后移动，弹簧杆带着螺帽、垫环向后压缩弹簧，同时小弹簧伸张(射角在69°～85°时)以抵消一部分弹簧的力量，当射角低于69°时，小弹簧不起作用，以保证起落部分平稳下落。

打高炮身时，弹簧伸张，推垫环向前，通过螺帽带着弹簧杆向前拖起落部分后部，将前部抬起，使高低机动作轻便。当射角大于69°时，小弹簧被压缩，抵消一部分弹簧的力量。

三、方向机

(一)用途

方向机用来操纵高炮回转部分在方向射界内转动，进行方向瞄准。

(二)构造

方向机由转轮传动装置、变速装置和齿轮传动装置组成(图1.46)。

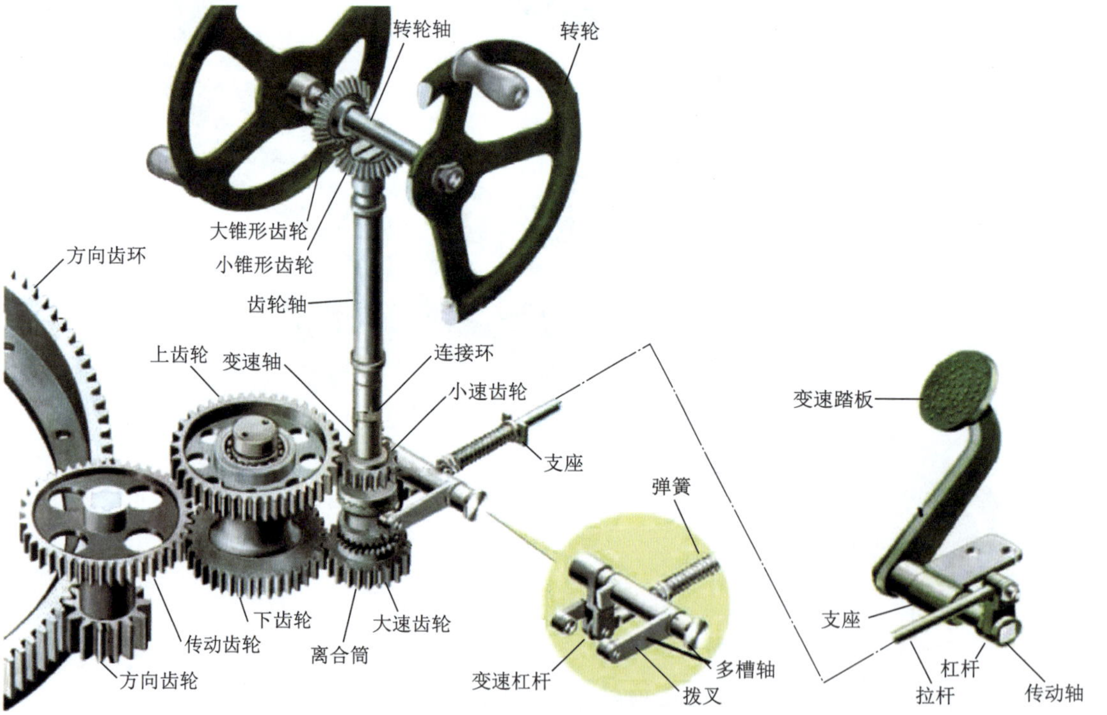

图1.46 方向机

(三)小速动作

平时，在弹簧作用下，变速踏板抬起，连接筒与小速齿轮啮合。此时转动转轮，通过转轮轴、大锥形齿轮、小锥形齿轮、传动轴、连接盘、变速轴、使连接筒带小速齿轮转动。小速齿轮带动双齿轮的上齿轮转动，使下齿轮带动大齿轮和大速齿轮转动。大齿轮转动便带动传动齿轮轴转动，使方向齿轮带动方向齿环滚动，高炮回转部分小速转动，而进行小速方向瞄准。

四、托架及高炮大部分解结合

(一)用 途

托架是高炮回转部分的主体，它用来安装高炮起落部分及高低机、方向机等，并使之能在方向上回转。

(二)构 造

托架安装在炮车上，由上部托架和下部托架组成。

1. 上部托架

上部托架由托架踏板、左(右)侧钣、瞄准手座、托弹盘和退壳筒等组成(图 1.47)。

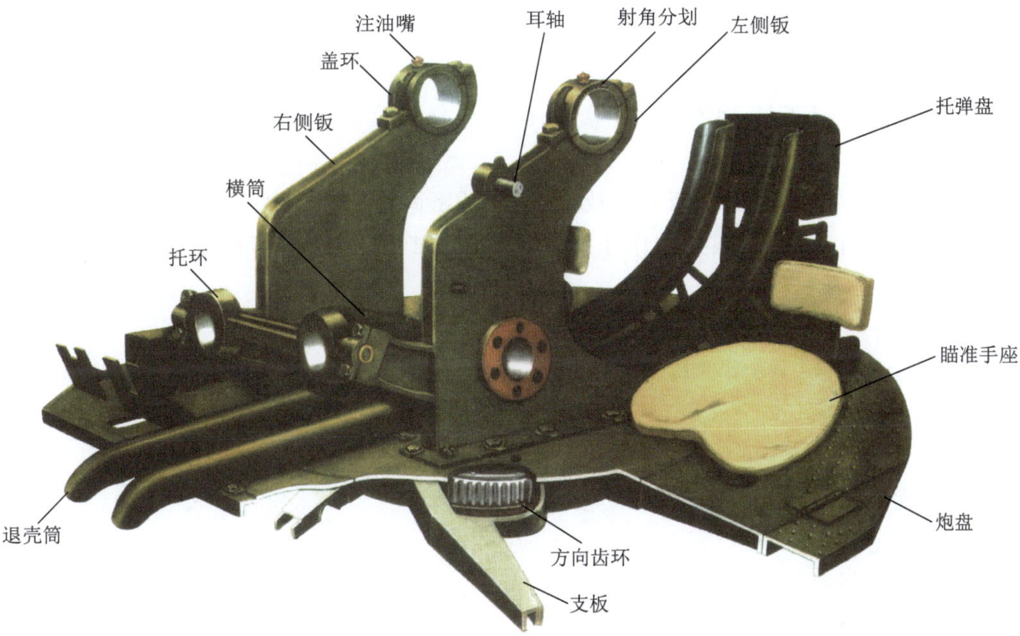

图 1.47 上部托架

2. 下部托架

下部托架由方向齿环、内座环、上滚珠座环、下滚珠座环、滚珠隔环等组成(图 1.48)。

方向齿环和上、下滚珠座环用 4 个短螺栓连接，并用 12 个长螺栓固定在炮床上。滚珠隔环上有 60 颗钢珠，并放置在内座环与外座环之间，使内座环可以转动。上、下滚珠座环之间有 4 组调整垫片，用于调整钢珠被压松紧程度，以保证内座环转动灵活和不串动。

当转动方向机转轮时，方向齿轮沿方向齿环滚动，由于方向机固定在托架踏板上，托架踏板又固定在内座环上，所以托架踏板通过内座环，并与内座环一起转动，使高炮回转部分转动。

(三)高炮的大部分解结合

1. 注意事项

(1)进行大部分解结合时，必须有严密的组织和统一的指挥；分工明确，紧密配合，严防发

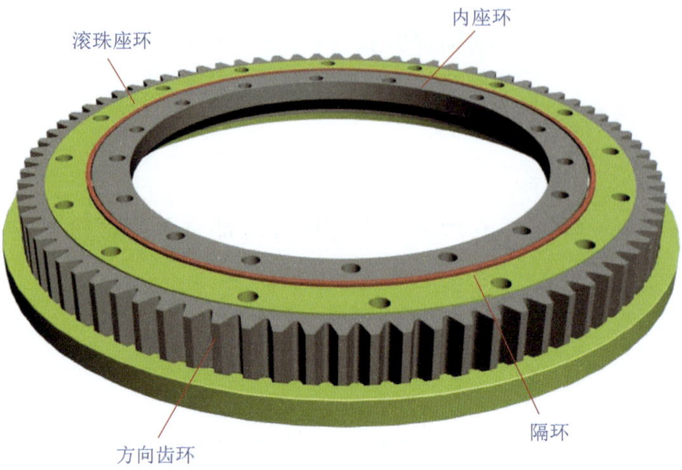

图 1.48 下部托架

生事故。

(2)事先应检查好工具、木杠、木垫等,以保证操作安全。在操作过程中,零件和工具要摆放整齐。

(3)分解之前应进行完整状态下的技术检查,了解高炮的技术状况。

(4)开始分解时,应把高炮变为作业状态,因为此时重心低,操作比较方便。如果有吊车,高炮应呈行进状态分解。

2. 需要准备的工具

炮用工具箱、地区(县)用工具箱、工作台、放置身管、摇架和托架的凳子及垫炮的木垫、抬摇架的木杠和绳子等。

3. 大部分解的步骤

(1)卸下炮闩。

(2)卸下驻退机。

(3)卸下一个平衡机。

(4)打平炮身,卸下身管。

(5)卸下装填机。

(6)卸下炮尾

卸下后坐标尺,从摇架内拉出炮尾。

(7)卸下另一个平衡机。

(8)卸下带瞄准具的摇架。

(9)把高炮变为行进状态

为了保证操作安全,起炮时,炮床上应站 6～7 人,以增加重量。起炮时炮床上的人要站稳,不得正对牵引杆和炮身支架,防止发生事故。

(10)卸下托架上的退壳筒和平衡机托环。

(11)卸下高低机

若高低齿轮与高低齿弧啮合良好,则应在偏心套筒与托架左侧钣之间上做记号。

(12)卸下方向机。

(13)抬下上部托架

卸下瞄准手座和回转器(可只卸拨杆),拧下固定上部托架与下部托架的13个螺栓。抬下上部托架。

(14)分解下部托架

首先应在方向齿环与炮床十字梁、方向齿环与上滚珠座环之间做刻线,以便于结合。然后拧下螺栓(注意四个短螺栓的位置),抬下上滚珠座环,此时应注意检查上、下滚珠座环之间垫片的数量与位置,并分组放好。再抬下内座环,取下钢珠、隔环、下滚珠座环、方向齿环等。

4. 大部结合

高炮的大部结合按大部分解的反顺序进行,但应注意以下几点:

(1)在大部结合之前,应将发现的故障排除,并将各机构调整好后再进行大部结合。

(2)分解时做了记号的部位,在结合时均应按记号进行。

(3)结合下部托架时,应特别注意放好垫片;固定上、下滚珠座环的螺栓应对称地拧紧,用力应均匀;拧紧螺栓时,不要一次拧到位,而要逐个地对称地逐渐拧紧;螺栓的止动垫圈应固定好。

下部托架结合好以后,应检查一下转动情况,即在内座环上拧上一个螺栓,用一只手应能均匀地转动,轴向,径向都不允许串动。

(4)高炮大部结合好后,应进行技术检查。

第三节 炮车

一、用途

炮车在行进时是高炮的托车;作业射击时是高炮的基础,以保证作业射击的稳定。

二、构造

炮车由炮床、杠起螺杆、水准器、前车体、后车体和起落变换器等组成(图1.49)。

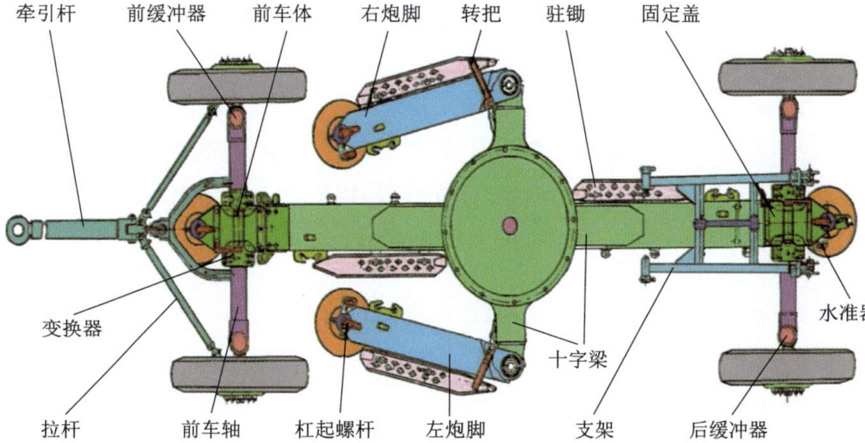

图1.49 炮车结构

1. 炮床

炮床是炮车的主体，由十字梁和左、右炮脚组成。

2. 杠起螺杆

杠起螺杆用于规正炮床水平；放列后，为整个高炮射击时的支撑点。

3. 水准器

水准器用于概略规正炮床水平。炮车上共有 3 个水准器，分别安装在左、右炮脚和后车体上。

4. 前车体

前车体通过平衡轴结合在炮床的纵梁前端，并用 4 个螺栓固定。它由车箱体、车轴、车轮、缓冲器和回转联动器组成(图 1.50)。

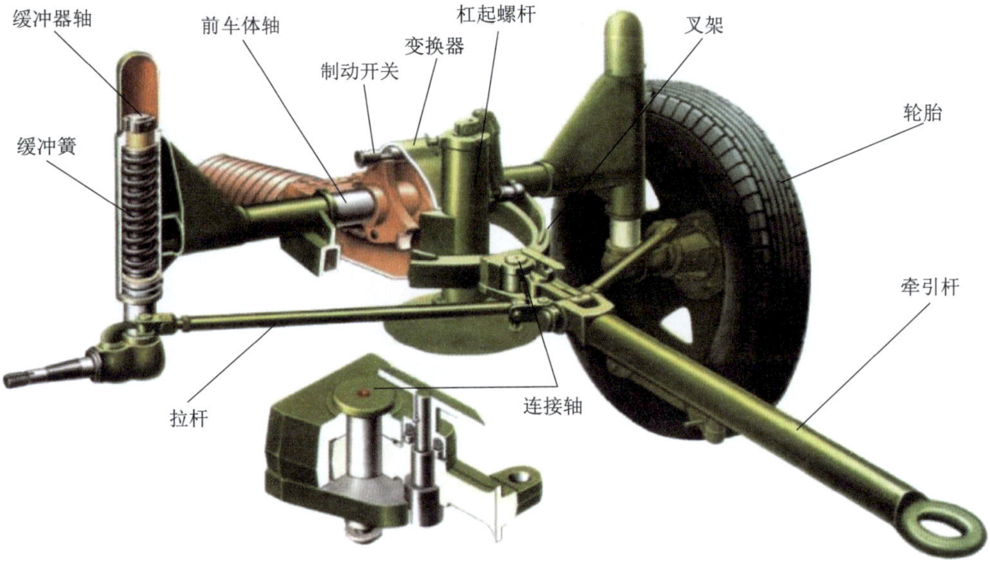

图 1.50 前车体

(1)车箱体

车箱体上方用螺栓固定着固定盖，固定盖上装有起落变换器的制动开关。车箱体后端焊有平衡轴。前车体可相对炮床左右各有 11°的转动角，以保证 4 个车轮能同时着地，保持行驶平稳。

(2)车轮

车轮用锥形滚柱轴承、垫圈、螺母等结合在车轮轴上。轮胎是实心的，内为海绵状橡胶。为防止轮盘螺母在减速时旋松，右边车轮用右旋螺母和螺钉，左边车轮用左旋螺母(有槽)和螺钉(端面有坑)。

(3)缓冲器

缓冲器用于行军时起缓冲作用，以减少高炮的震动。

(4)回转联动器

回转联动器用于行进时改变高炮行进方向；放列或撤去时操纵高炮起落；由牵引杆、连接钣、叉架、回转开关、拉杆和回转杠杆等组成。

牵引杆用轴与连接钣连接。牵引杆下方用轴结合着支杆，并有一固定座。支杆由驻栓，栓轴、弹簧、套筒等组成。在起落炮时，将支杆的驻栓卡在连接钣与叉架相连接的连接轴下端，使牵引杆与叉架连为一体，以操纵牵引杆进行高炮起落变换；行进时，应将支杆折回固定在牵引杆的固定座上。

回转开关由转把、驻栓、弹簧等组成。目前主要有两种，一种见图 1.51，其转把为偏心的，一边厚，一边薄；另一种如图 1.52 所示。

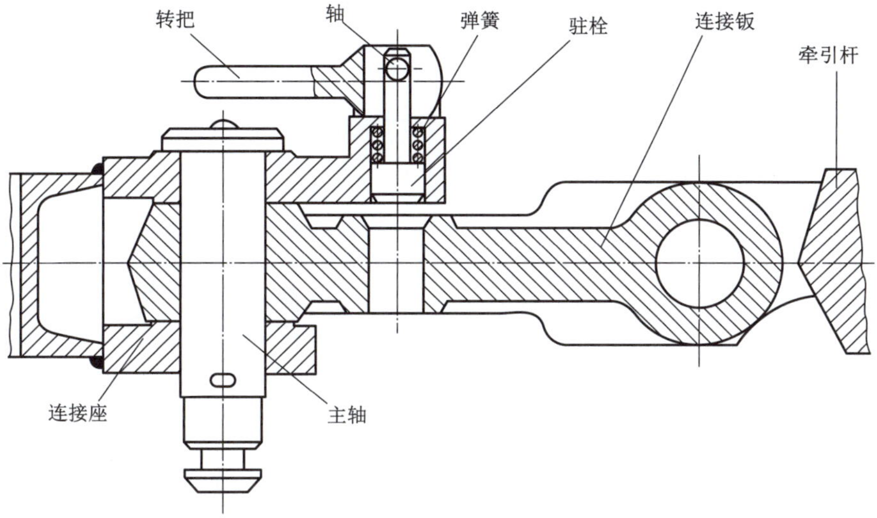

图 1.51　回转开关 1

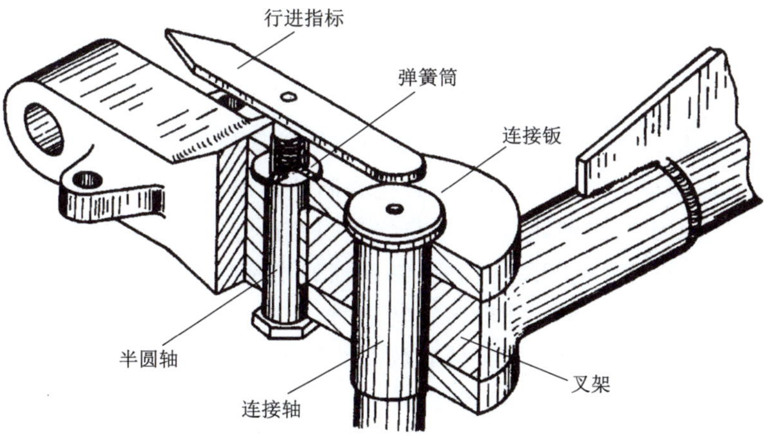

图 1.52　回转开关 2

行进时，转动回转开关的转把，使转把上刻有“行军”的一面朝上，“行军”指标朝牵引杆方向，此时，驻栓离开连接钣的驻栓孔，并压缩弹簧，牵引杆可以带连接钣左、右摆动。牵引杆摆动时，通过连接钣、拉杆使回转杠杆转动，带动两个车轮摆动，保证转弯灵活。连接钣与叉架配合，限制引杆左右最大各摆动 45°。

起落炮时，转动回转开关的转把，使转把上刻有“战斗”或厚的一面朝上。此时，驻栓在弹簧作用下卡入连接钣的驻栓孔内，使连接钣与叉架成为一体，牵引杆不能摆动，保证了起落炮时车轮不致歪倒。

5. 后车体

后车体与十字梁的纵梁是一体的，没有平衡轴和回转联动器。后车轮轴上没有回转杠杆，后轮轴只能相对于炮床上下移动而不摆动。后车体上装有挂炮的插轴及炮身支架。

6. 起落变换器

炮车在射击时必须保证高炮的稳定，而在行进时必须保证高炮具有良好的通行性。为了保证射击的稳定，必须降低高炮的重心；同时，为保证高炮具有良好的通行性能，又要求炮床离地面有一定的高度。所以，射击时要将高炮放列，行进时要将高炮撤去。起落变换器的用途就是便于高炮起落变换。

起落变换器又叫行进作业变换器，共两个，分别装在前、后车体内。前起落变换器由弹簧、压钣、压螺、拉杆及链条、制动开关等组成(图 1.53)。

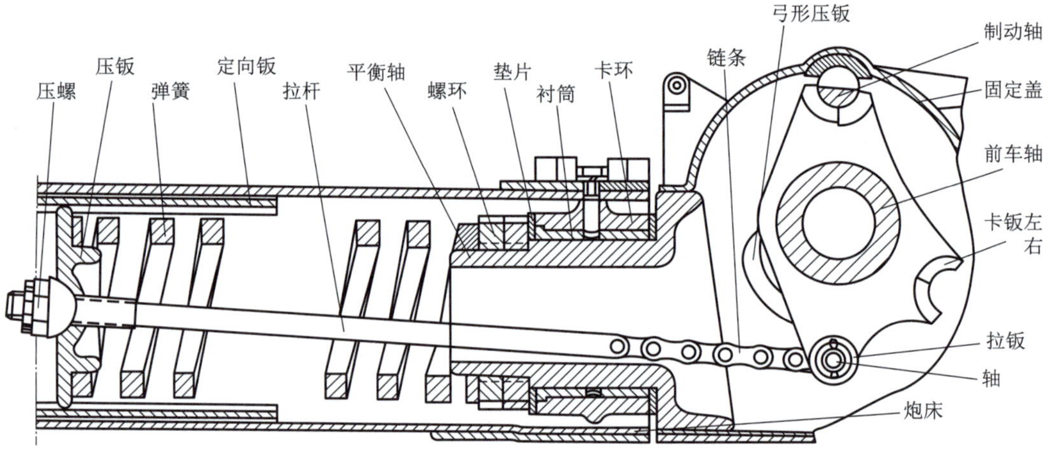

图 1.53 前起落变换器

压螺上插有开口销，以固定压螺，拧动压螺可以调整簧的预压力。

制动开关安装在前车体的固定盖上，由转把和制动轴组成。当转把放在“关”的位置时，制动轴的半圆部便与卡钣上的半圆缺口相卡，将炮车固定在行进或作业状态。

落炮时，转动转把使其放在“开”的位置，制动轴的半圆部便离开卡钣上的半圆缺口，然后操纵牵引杆使车轴向里转动落炮。车轴向里转动时，经拉钣、链条、拉杆和压螺带动钣压缩弹簧，使高炮平稳下落。到位后，转动转把使其放在“关”的位置，制动轴的半圆部卡入卡钣上的另一对半圆缺口内，使高炮保持在作业状态。

起炮时，打开制动开关，操纵牵引杆使车轴向外转动起炮，此时由于弹簧的伸张力推压钣向里，经压螺、拉杆、链条和拉钣也使车轴向外转动，以帮助炮手起炮。起炮后关好制动开关，使高炮保持在行进状态。

复习与思考

1. 37 mm 高炮的技术诸元有哪些？
2. 炮闩的大部组成是什么？
3. 将握把拉到最后，再放在后握把扣内，此时产生了哪 4 个动作？

4. 打开制动器的方法有几种?
5. 定位器中限制顶帽的圆弧面和星形铁的圆弧面均应朝哪个方向?
6. 黄铜滑块装在压弹机体上时,其斜面应朝哪个方向?
7. 当一管处于“保险”位置时,另一管能否发射?
8. 当保险器处于“解脱”位置且拉握把向后时,保险器能否形成自动保险?

第二章　高炮的操作

内容提要

本章以 37 mm 高炮的基本操作为重点，从高炮作业人员的角度出发，较为详细地讲解了炮班的编成、任务分工、手旗的运用、炮班的队形、就炮集合、炮后集合、放列和撤去操作的具体步骤以及安全注意事项；明确了炮手作业操作中的炮长指挥和作业职责、炮手职责和位置姿势规范、压弹和退弹、发射动作操作要领等，此外，还对高炮作业中的注意事项、作业完成后的主要工作也进行了阐述。

正确的操作是高炮正常运用的基础，也是安全作业的根本保证，所以必须按动作要领和操作规程进行操作。

第一节　炮班的编成及队形

一、炮班的编成

人工影响天气作业炮班由炮长 1 人，炮手 3 人组成。各操作手分别称为一炮手、二炮手和五炮手。

炮长：人工影响天气作业炮班的指挥员，兼任递弹手。

一炮手：方向瞄准手。位于方向机瞄准手座上。

二炮手：高低瞄准手。位于高低机瞄准手座上。

五炮手：炮弹装填手。位于装填机右(左)侧的炮盘上。

二、旗语

图 2.1　炮长指挥

手旗的运用要领是：右手持红旗，左手持黄旗，两臂自然下垂，旗杆与地面垂直。

运用手旗的原则是：在进入作业、指示目标、指挥射击时使用红旗；在高炮故障、停止射击、作业结束时使用黄旗。

人工影响天气作业过程中炮长下达的旗语口令主要有以下几种：

1. 炮后集合：将红旗置于胸前约 10 cm，旗杆与地面平行。
2. 就炮集合：平举红旗，指向炮口方向。
3. 就定位：将红旗指向高炮。
4. 基本诸元：将红旗指向基本射向。

5. ×炮好：取捷径向上举起红旗，旗杆与地面垂直（图 2.1）。

6. 放：将举起的红旗迅速下落。

7. 停止射击：取捷径向上举起黄旗，旗杆与地面垂直，到炮手执行或下达新口令为止。

三、炮班的队形

人工影响天气作业炮班在作业操作时，可以采用炮后集合和就炮集合两种集合队形。

1. 炮后集合

炮后集合是炮班操作前、后使用的队形。

炮长下达“炮后集合”的口令。听到口令后，各炮手迅速跑步到位，面朝炮口所指方向，五炮手对正牵引杆，距牵引环1～2 步，其余炮手站在五炮手（图 2.2 中⑤位置）左、右侧。左侧是二炮手（图 2.2 中②位置），右侧是一炮手（图 2.2 中①位置）。炮长（见图 2.2 中 S 位置）站在一炮手的右侧。各炮手到达位置后，自动向五炮手看齐，并按一、五、二的顺序报数，等二炮手报“二”时，全班自动稍息。炮长报“×炮好”。

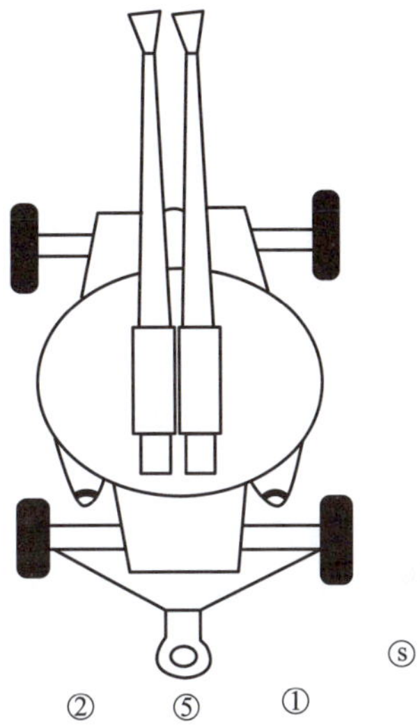

图 2.2　炮后集合时各炮手位置

2. 就炮集合

就炮集合是炮班落炮或推炮时使用的队形。

炮长下达“就炮集合”的口令。听口令后，各炮手迅速跑步到位（图 2.3），一、二炮手位于后车体的左、右车轮外侧，距离约半步；五炮手位于牵引杆左侧或右侧，面向牵引杆，距离约半步；炮长位于左后车轮后方，面向身管，距离身管约两步。各炮手跑 7 步到达规定的位置成跨立姿势，然后，炮长举红旗报“×炮好”。

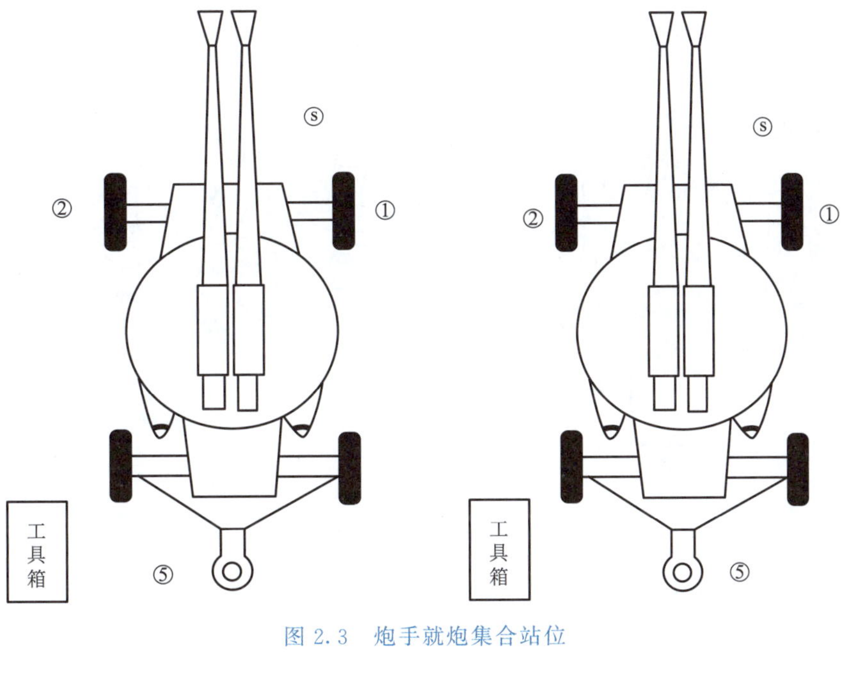

图 2.3　炮手就炮集合站位

第二节　放列、撤去操作

一、放列

放列就是将高炮由行进状态转为作业状态。固定防雹炮点的高炮在作业期间一般都是处于放列状态。

放列通常是在就炮集合的基础上进行。炮长下达“放列”的口令，然后由炮长和各炮手按照下列程序和要领进行操作。

人工影响天气高炮采用一名炮长和三名炮手协同对高炮后车体、前车体进行先、后放列的方式。

(一)后车体放列

一炮手、二炮手迅速站在后车体左、右内侧，打开炮身支架的固定器。二炮手将身管打到约 80°，一炮手、二炮手协同向外放倒炮身支架，再用卡环将炮身支架与底座连接起来。

而后一炮手、二炮手分别站在后车体左(右)外侧，二炮手扶住炮身支架，一炮手打开制动开关，握住炮身支架。

五炮手到达后车体一炮手身后，准备协助一炮手、二炮手操作炮身支架。

一炮手、二炮手、五炮手协同将炮身支架抬起后向里推，同时一炮手、二炮手的左(右)脚要随着炮身支架的转动分别跨过车轴，炮床平稳落地后，一炮手迅速关上制动开关，报“好”。放列后，一炮手、二炮手协同将取出卡环，向外放倒炮身支架。五炮手、炮长分别达到左右炮脚两侧，面向炮脚，掀起炮衣，左(右)脚向侧前方跨一步或半蹲姿势，右(左)手手心向上，握住炮脚固定器转把，用力向后拉炮脚固定器，左(右)手向后打开炮脚，直到被固定器定位为止(图 2.4)；然后同时用力向上抬起护架(图 2.5)，炮长协助五炮手放到指定位置。

图 2.4　开炮脚姿势

图 2.5　接支杆姿势

放列前炮长重点做好以下检查：

1. 杠起螺杆履钣是否收到最上方。

2. 后制动开关应在“开”的位置上，并固定牢靠。

3. 高炮下方不应有被压物品，特别注意炮手的脚不要放在履钣下方。

在以上检查没有问题的情况下，炮长应握紧方向转轮（防止高炮转动），立即下达“放列”的口令。

（二）前车体放列

二炮手将炮身打低至 0°。五炮手站在牵引杆左侧，两手握住牵引杆，保持两前轮平正，无转向。一炮手、二炮手站在前车体左（右）外侧，二炮手将回转器的行进指标转向“战斗”位置，即箭头指向高炮，打开制动开关，一炮手、二炮手协同五炮手握住牵引杆（严禁抓扶连杆）。五炮手站在牵引杆左侧，两脚叉开，左手握住牵引环将牵引杆抬至水平位置，使牵引杆和叉架连为一体。

一炮手、二炮手用力将牵引杆抬起并向里推，同时一炮手、二炮手的右（左）脚要随着牵引杆分别跨过车轴，用力向里拉，炮床平稳落地后，五炮手迅速关上制动开关，报“好”。

二炮手解脱支杆，在一炮手、五炮手的协助下放下牵引杆。

放列前炮长重点做好以下检查：

（1）杠起螺杆履钣是否收到最上方。

（2）行进指标应确实处于“战斗”位置，支杆的连接应牢固。

（3）前制动开关应在“开”的位置上，并固定确实。

（4）高炮下方不应有被压物品。

在以上检查没有问题的情况下，炮长应握紧方向转轮（防止高炮转动），立即下达“放列”，的口令。

二、放列后的操作

放列后，五炮手、一炮手、炮长、二炮手分别到达前后左右杠起螺杆处，打开水准器护盖和杠起螺杆固定器，打杠起螺杆使车轮离地 10 cm，并在炮长和一炮手的指挥下，使炮床概略水平。

作业场地为土地时，插入驻锄钣。

炮长待各炮手动作完成后下达的命令：

（1）有作业任务时，炮长立即下达“就定位”的口令。听到命令后，各炮手迅速按要领到达各自的作业位置。各炮手齐报“好”。

（2）无作业任务时，炮长立即下达“炮后集合”的口令，完成放列任务。

三、撤去

将高炮由作业状态转为行进状态叫起炮。一般防雹、降雨结束需要起炮。

撤去通常是在就定位的基础上进行的，炮长下达“撤去”的口令，而后检查、指挥和协同炮手操作。

人工影响天气高炮采用一名炮长和三名炮手协同对高炮前车体、后车体进行先后撤去的方式。听到“撤去”的口令后，各炮手按下列程序和要领进行操作。

（一）前车体撤去

如驻锄钣打入地下，则由各炮手和炮长用铁铤撬起并固定在炮脚上，准备收杠起螺杆。

五炮手收起托弹盘。

五炮手、一炮手、炮长、二炮手分别到达前、后、左、右杠起螺杆处，收杠起螺杆，使履钣收到最上方。

一炮手一脚站在纵梁上，另一脚踩在车轴上，在五炮手协同下，接好牵引杆上的支杆。

五炮手打开制动开关报“好”，与一炮手一起握住牵引杆，二炮手到前车体的右内侧。

一炮手、五炮手在二炮手的协助下，同时向外推压牵引杆，直到高炮前车体到位后，一炮手关上制动开关，五炮手解脱支杆，并固定在牵引杆上，二炮手将回转器的行进指标转到“行军”位置，报“好”。

（二）后车体撤去

二炮手将炮身打到80°以上（防止撤去时方向转动），而后，一炮手、二炮手同时到后车体的左右内侧，配合将炮身支架用卡环固定在底座上，五炮手到后车体炮身支架外侧，打开制动开关报“好”。一炮手、二炮手一起握住炮身支架，面向后车体。一炮手、二炮手在五炮手的协助下，同时向外推压搬炮身支架，直到高炮后车体起到位后，一炮手关上制动开关，一炮手、二炮手取出炮身支架卡环，协同将炮身固定在支架上，报“好”。

各炮手同时收杠起螺杆，使履钣处于最上方。

撤去前炮长重点做好以下检查：

（1）后制动开关应在“开”的位置上。

（2）后制动开关固定后，应握紧方向转轮（防止方向转动），立即下达“撤去”的口令。

四、撤去后的操作

炮长戴好防火帽护套，穿好身管衣，系好中间小带。

一炮手系好身管衣后带。

五炮手、炮长取来炮衣支架，将支架上的四条腿插入插孔内。放下炮衣后下炮，分别收回并固定好左、右炮脚。

一炮手、二炮手扣好炮衣扣，系好大绳。

五炮手固定好大锤和钢钎。

各炮手操作完毕后：

（1）高炮需要牵引时，形成就炮集合的队形，炮长报“X炮好”。

（2）不需要牵引时，炮长下达“炮后集合”的口令，完成撤去任务。

五、放列、撤去的注意事项

炮长要根据本班人员的情况，在放列、撤去前对关键的环节必须进行认真的检查。

1. 放列、撤去时，制动开关应确实按规定卡到位，以防高炮自行起落伤人；牵引杆的支杆应连接牢固，以防伤人。

2. 在放列、撤去时行进指标必须在“战斗”位置并转到位，否则会造成车轮歪倒伤人。

车轮歪倒时的排除方法：歪斜不大时，可用人力扶起；歪斜较大时可打左、右杠起螺杆，使前车体恢复到行军状态，再转动行进指标，然后收起杠起螺杆，再进行放列。

3. 撤去后行进指标应转到“行军”位置，否则，行进时高炮不能转弯而损坏高炮（严重则翻炮)。

4. 要注意把住方向机转轮,防止高炮自行转动;打、收杠起螺杆应协调一致。

5. 放列时,脚不能置于炮床或履钣下面,以免压伤。

6. 一炮手、二炮手推炮身支架时,手不宜握得过低或太紧,防止压手或身体被支架带倒。

7. 放列、撤去时,炮手的头不能正对牵引杆,以防落炮时牵引杆打伤头部。

8. 一炮手、五炮手协助放倒牵引杆时,手不应落在牵引杆与连接钣处,以防压手。

第三节 炮手操作

一、炮长的指挥

(一)作业职责

1. 根据上级指示组织全班人员熟悉各种作业方法,使全班人员保持高昂的情绪和勇敢顽强的作风。

2. 组织全班人员迅速、准确地做好各项作业准备工作。

3. 正确而及时地下达口令,检查和纠正炮手的操作,灵活、机智、果断地处理训练(作业)中出现的各种情况。

4. 作业射击中,掌握作业时机,观察弹迹偏差并适时进行校正。

5. 作业中注意安全工作,维护纪律、使全班人员做到一切行动听指挥。

6. 作业结束后,组织清查弹药消耗,检查高炮有无故障,及时上报本班的情况,根据上级的指示做好再次作业的准备。

(二)指挥要领

指挥时,应通过各种方式及时、准确、果断地把上级的作业命令变为全班的作业行动,为此在作业指挥中,要掌握好听、看、指挥三个环节。

听:一是注意听雷声,二是听各炮手的报告,如后坐量、故障等报告。

看:一看天气过程的发展趋势;二看炮手是否捕捉住指定的目标;三看三、四炮手是否将炮弹压到输弹线上;四看有无事故苗头;五看炮手操作是否正确;六看炮身是否进入禁射界。

指挥:炮长用口令进行指挥,口令要正确、及时、清楚、宏亮,把上级的指示及时下达给炮手,督促炮手迅速、准确地执行。若炮手操作出现错误,应及时纠正。当出现不便看或看不清的情况时,可通过询问的方法了解情况。当出现高炮故障或其他原因不能实施作业时,应及时处理。指挥时,听、看、指挥要紧密结合,切不要顾此失彼。

二、一炮手、二炮手操作

(一)作业职责

1. 一炮手作业职责

负责在方向上搜捕、追随瞄准目标;报读后坐量。

2. 二炮手作业职责

(1)负责在高低上搜捕、追随瞄准目标。

(2)根据上级指挥员下达的发射弹数或现场天气情况进行发射;报读后坐量。

(二)位置姿势

1. 一炮手位置姿势

一炮手位于高炮摇架右侧方向瞄准手座上(图 2.6)。

听到“就定位”的口令后,迅速跑到高炮右侧。右手握住方向机转轮,左手扶住方向瞄准手座椅背,右脚踏在炮盘边沿,身体前倾,头稍向后,以右手的拉力,左手的撑力,脚的蹬力,将身体弹起;左脚伸入转轮传动箱内侧,脚掌放于变速踏板一侧,迅速坐下,右脚放于脚踏开关上。然后,检查保险器转把是否在保险位置,方向机是否灵活好用,大、小速能否转换。检查完后,两手掌心向下,虎口相对,紧握转轮转把,两肘稍向里合,略与肩同宽,背部靠紧椅背,两膝盖夹紧转轮传动箱体,两脚跟蹬紧脚踏开关和变速踏板下方的炮盘,臀部坐稳,上体正直,目视前方,报“一好”。

2. 二炮手位置姿势

二炮手位于高炮摇架左侧高低瞄准手座上(图 2.7)。

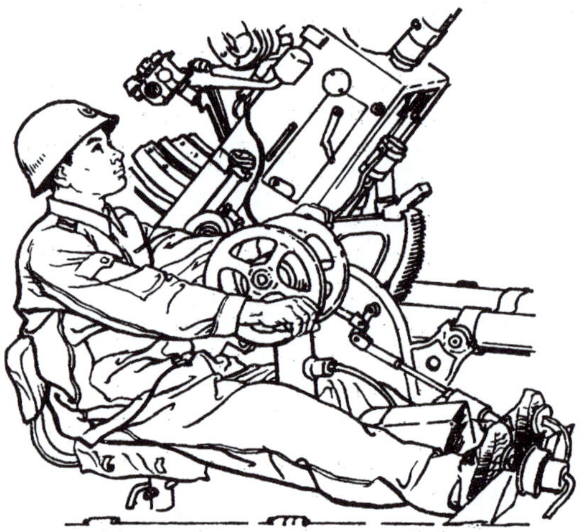

图 2.6 一炮手作业位置

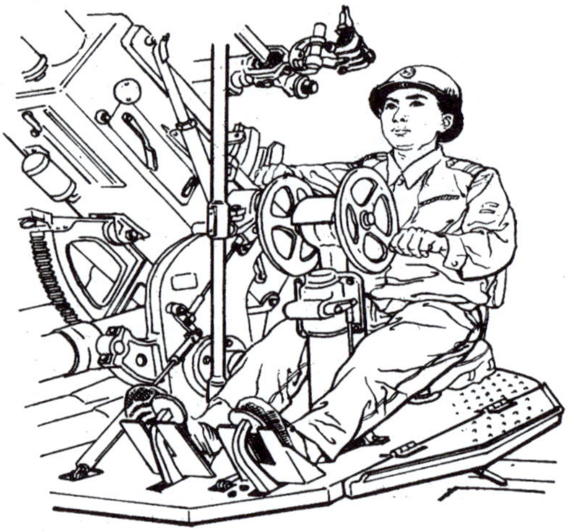

图 2.7 二炮手位置姿势

听到“就定位”的口令后,迅速跑到高炮左侧,左手握住高低机转轮,右手握住高低瞄准手座椅背,左脚踏在炮盘边沿,身体前倾,头稍向后,以左手的拉力,右手的撑力,脚的蹬力,将身体弹起;右脚伸入转轮传动箱内侧,脚掌放于发射踏板上,迅速坐下,左脚掌放于变速踏板一侧。然后,检查保险器转把是否在保险位置,高低机是否灵活好用,大、小速能否转换。检查完后,两手掌心向下,虎口相对紧握转轮转把,两膝盖夹紧转轮传动箱体,两脚跟蹬紧发射踏板和变速踏板下方的炮盘,臀部坐稳,上体正直,目视前方,报“二好”。

3. 一炮手、二炮手姿势要领

一炮手、二炮手的姿势可归纳为“四紧、一正直”,即手握紧,背靠紧,腿夹紧,脚跟蹬紧,上体正直。当听到“炮后集合”的口令时,一(二)炮手收回左(右)脚,左(右)手扶瞄准手座椅背,右(左)手抓住转轮,以右(左)脚的蹬力、右(左)手的拉力和左(右)手的撑力将身体撑起。下炮转身,跑步到达炮后集合的位置,报“一(二)”。

为了使一炮手、二炮手在各种条件下都能保持正确的操作姿势,当瞄准手座不合适时,一炮手、二炮手应进行调整，调整时取中等射击条件(射角 45°)调整方法是：高低调整时，先拧松固定螺，将固定轴转 90°(使一头的平面朝下)并抽出。然后，将瞄准手座调整到适当位置，插上固定轴，转动 90°，拧紧固定螺；前后调整时，先拧松固定转把，将瞄准手座前、后移动到适当位置，拧紧固定转把。

(三)一炮手和二炮手的兵器检查

当炮长下达“检查兵器”的口令后，一炮手、二炮手检查方向机，高低机转轮转动是否灵活，变速器转换是否正常，保险器转把是否在保险位置，后坐游标是否在最前方位置，二炮手将炮身打到 0°，配合炮长检查输弹线上有无阻碍，检查完毕后，将高炮打到基本诸元，一炮手、二炮手分别报“一好”“二好”。

(四)一炮手和二炮手搜捕、追随目标要领

为了确保人工影响天气作业安全，一炮手、二炮手必须牢记禁射区域的方位和射角。

一炮手、二炮手听到“捕捉目标”的口令后，应迅速摆头寻找目标，同时踩下变速踏板，用大速取捷径将炮身转至目标方向。随机松开变速踏板，改用小速接近目标，并报“目标捕住”。

其要领可归纳为：听清口令取捷径，迅速摆头找目标，猛起快转稳接近，捕住目标大声报。

(五)一炮手和二炮手瞄准、击发目标要领

1. 发射种类

按发射弹数的多少，发射种类分为：单发射、短点射和长点射。

单发射：每次每管发射炮弹 1 发。

短点射：每次每管发射炮弹 2～3 发，时间约为 1.0 s。

长点射：每次每管发射炮弹 4～6 发，时间约为 1.5～2.0 s。

2. 发射种类的掌握

掌握发射种类的方法通常有：数弹法、数秒法和感觉法。

数弹法：由开始发射听到炮响开始数起，数到离规定的弹数还差 1 发时，立即松开发射踏板，即为规定的发射弹数。

数秒法：即数秒计时法。按照踩下发射踏板时间的长短来掌握发射种类的一种方法，如数 1 — 2 — 3 — 4 为 1.00 s，每个数字为 0.25 s。数到 1 — 2 — 3 — 4，2 — 2 — 3 — 4 时松开发射踏板，时间为 1.75 s，即为长点射发射时间。

感觉法：即根据脚掌震动或高炮跳动的次数来掌握发射种类的一种方法。如长点射发射炮弹 4～6 发。发射时二炮手感觉脚掌震动了 4 次或高炮跳动了 4 次，立即松开发射踏板，此时发射的炮弹正好是 5 发。

3. 击发要领

击发的动作要领是：当听到炮长下达发射的预令时(如“长点射”或“短点射”)，一炮手、二炮手要将保险转把转至“击发”位置。(图 2.8)二炮手要踩下发射踏板的第一道火，呈待发状态，听到“放”的口令后，以后脚跟为支点，用脚掌的压力平稳地踩下发射踏板(严禁抬起脚跟踩发射踏板)，按规定的发射种类实施发射。发射时，由于高炮后坐会产生转轮加重现象，此时一炮手、二炮手应特别注意，保持正确的操作姿势，两臂要加大

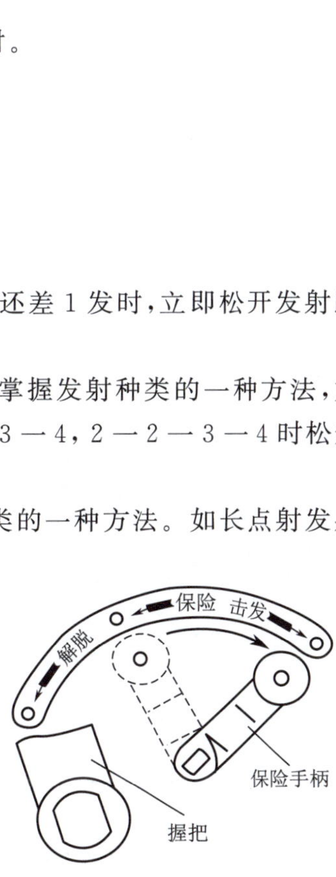

图 2.8 将保险手柄从“保险”转到“击发”

用力，控制好转轮。

其要领可归纳为：脚掌击发身不动，双手用力握转轮。

（六）报读后坐量的操作要领

在射击中，第一个点射之后，一炮手负责报读右侧后坐量，二炮手负责报读左侧后坐量。当指标所指的分划在150～179 mm之间时报"后坐好"，小于150 mm时报"后坐短"，大于179 mm时报"后坐长"。在后续射击中，一炮手、二炮手应随时注意观察高炮的后坐量，若后坐分划有所改变时，应及时上报。当高炮后坐量小于150 mm或大于179 mm时应立即停止发射，检查高炮。射击结束后，一炮手、二炮手要将后坐游标推到最前方。

（七）一炮手、二炮手的注意事项

1. 一炮手将方位对准禁射区时，应及时提醒二炮手，按照射界图指示调整好射角，避开禁射目标。

2. 二炮手应按炮长下达的发射种类，做到准确无误地踩下发射踏板。

3. 一炮手、二炮手在作业中，应时刻注意炮长的口令。

4. 一炮手、二炮手报读后坐量时，不应出现误读现象。

5. 一炮手、二炮手在作业时，应注意观察炮弹入云部位的同时，还应注意对空中观察，发现飞行物应立即停止射击。

三、五炮手操作

（一）五炮手的作业职责

1. 压弹、退弹，保证高炮连续发射。

2. 在人工解脱时将保险转把转至"解脱"位置并拉握把。

3. 在炮长口令下检查兵器。

（二）五炮手的位置姿势

装填机的左右侧都可以操作，位置对称，操作相同，手法相反，下面以右侧操作为例。

当五炮手位于装填机右侧时，听到"就定位"的口令后，先迈出左脚，身体前倾，左手扶牵引杆，右手扶车轮，右脚踏车轴，左脚跨过牵引杆，踏上炮床踏板，右脚向前一步踏在炮床踏板上。两脚叉开略呈八字形，右腿微曲，上体稍向前倾，右手抓握把，左手扶装填机后壁，站立稳固，报"五好"（图2.9）。

图 2.9 五炮手位置姿势

听到"炮后集合"的口令后，五炮手在一炮手、二炮手配合下关闭炮闩，送回输弹器，向左后转身，身体前倾，右手扶牵引杆，左手扶车轮，右脚跨过牵引杆，踏车轴顺势下炮，跑到炮后集合位置，报"五"。

（三）五炮手的兵器检查

当听到炮长下达"检查兵器"的口令后，五炮手打开上护盖看炮膛内有无炮弹，手拨活动梭子和不动梭子小齿查看是否正常，拉握把向后使输弹器体被发射卡锁卡住，炮闩呈打开状态，使炮长方便检查输弹线上有无阻碍，检查完毕后将握把送回到前握把扣内，报“五好”。

（四）压弹的操作要领

当听到“压弹”口令后，五炮手用左手握握把，稍向里推，两腿自然下蹲（前蹬、后弓），身体稍向前倾，双手用力后拉，直到输弹器体被发射卡锁卡住为止，然后将握把放入后握把扣内。拉握把后，迅速从炮长手中接过一夹炮弹（或在托弹盘上取一夹炮弹），左手掌心向下，握住药筒后部，右手心向上，四指并拢，第一关节微曲，托住药筒和弹丸结合部。压弹时，两手将最下面一发炮弹与装填机上沿平行，弹夹对准退夹槽，弹丸对准定向槽，使炮弹沿后壁方向，将左手虎口用力下压，使最下面一发炮弹落到输弹机上。用同样的要领接过（取过）第二夹炮弹，装入压弹机内，但不要用力太猛（图 2.10）。右手将握把送回前握把扣内，报“好”。

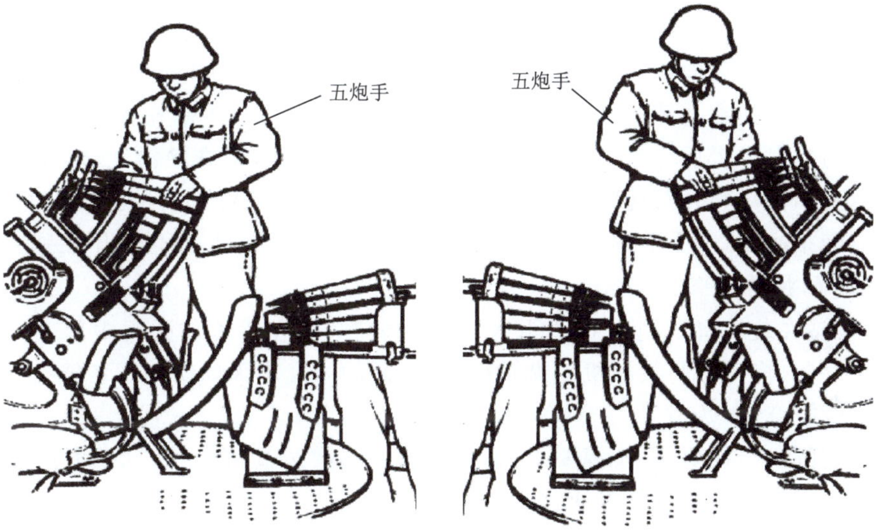

图 2.10 压弹要领（左、右）

在射击中五炮手应不断地往装填机内续弹，其要领与压第二夹炮弹相同。在低射角压弹时，身体稍向前倾，重心落于前脚，接弹后右臂适当提高；在高射角压弹时，身体稍向下蹲，重心落在后脚上。

（五）退弹的操作要领

听到“退弹”口令后，五炮手左手将握把拉到底，退出输弹机上的一发炮弹，由炮长接住。左手取下装填机内最上一发炮弹交给炮长。右手送回握把，左手拿退弹钣，使退弹钣的定向铁对准不动梭子的前侧（图 2.11），两手协助将退弹钣插入装填机内，然后均匀用力向上取出退弹钣。当最下面一发炮弹露出装填机时，右手迅速捏住退弹钣下沿（图 2.12），双手向上均匀用力取出炮弹，左臂迅速抵住弹夹上端，使退出炮弹略成水平（图 2.13），避免退弹钣内炮弹散落，然后将炮弹交给炮长，报“好”。

如不继续作业，右手将保险器转把推到“解脱”位置，左手将握把拉过后握把扣并两手控制，一炮手左手抬起关闩杠杆扳手，若此时高炮双管同时作业，则二炮手右手抬起关闩杠杆扳手，踩下发射踏板，协作送回输弹器，关闭炮闩，然后由一、二炮手将转把转至“保险”位置。

图 2.11　退弹钣对准梭子座

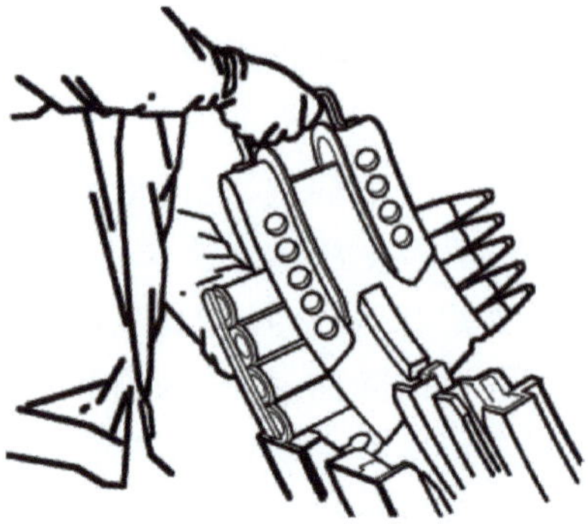

图 2.12　用手托住退弹钣下沿

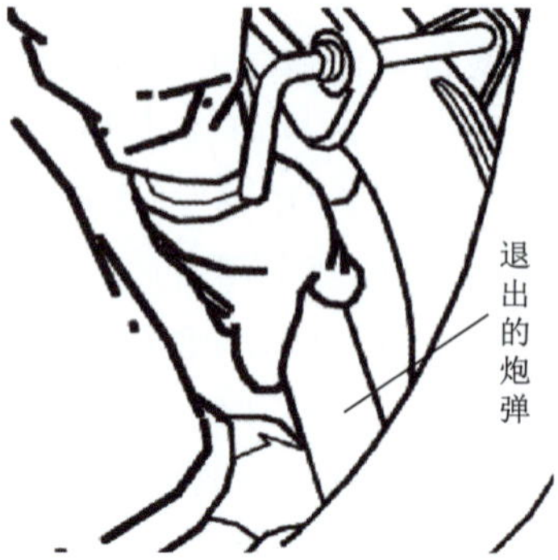

图 2.13　接住退出的炮弹

（六）弹夹压弹的操作要领

向弹夹压弹时，上体向下弯曲或蹲下，用两手的中指和拇指打开箱扣，掀开箱盖，左手取过一个弹夹，拇指压住弹夹上部的边沿，其余四指屈握弹夹的背面，手掌托弹夹的底部。同时，右手取过一发炮弹，对准最后一个半圆槽压在弹夹上。将弹夹依附在箱沿上，略向内倾斜，右手再取第二发炮弹，握住弹丸与药筒的结合部，使第二发炮弹的底缘部对准弹夹上的第二个半圆槽，弹丸一端稍抬高些，左手前移，压炮弹的起缘部，右手放下炮弹，使炮弹压在弹夹上。

（七）递弹的操作要领

以五炮手站在装填机右侧为例，炮长给五炮手递弹时，左手握住弹夹中部，右手托住药筒中部，使弹夹立起，炮弹略与装填机上沿平行，最下面的一发炮弹要略高于装填机的上沿，距离装填机的后壁约 20 cm 为宜。

炮长在取弹时，步伐要快，步幅要小，脚掌离地面不要过高，防止踩到发射后的药筒滑倒。同时要取捷径，但严禁从身管下方通过。

（八）五炮手的注意事项

1. 五炮手在执行“就定位”和“炮后集合”的动作时，（上炮、下炮）应防止被前车体拉杆绊倒摔伤。

2. 五炮手在作业时，当高炮方位需快速转时，脚要站稳，手扶紧装填机后壁，防止从炮盘上摔下。

3. 五炮手压弹时，应严格按照压弹的操作要领，防止挤伤手指。

4. 五炮手退弹时，动作应规范，防止炮弹从退弹钣内散落到地面和炮盘上。

5. 一炮手、二炮手、五炮手在作业中，应各尽其责，动作协调，配合默契，真正做到科学作业、安全作业。

四、高炮作业中的注意事项

1. 作业中应遵守发射速度规定。身管过热时要更换身管。

2. 射击中出现故障，应先关闭保险，打高射角 45°以上，再检查排除故障。

3. 高炮作业时，炮弹在膛内不发火，在未拉握把开闩退弹前，禁止用起子在炮闩处乱捅或在炮口处用洗把杆、钢筋乱捅，以防高炮走火造成事故。

4. 高炮在作业过程中出现炮弹卡在炮膛退不下来故障时，应按操作规程处理。炮手在规定时间未处理完故障时，应停止工作远离高炮，待炮身完全冷却后再进行处理。

5. 退弹过程中人员不能站在炮口前方。

6. 注意防止炮弹从后方跌落。

7. 有故障的炮弹应留存。

五、高炮作业后的工作

（一）清理炮弹

1. 退出装填机内炮弹。

2. 检查炮膛、装填机、退壳槽内及炮盘下是否存在未发射的炮弹。若炮膛内存在炮弹，应严格按照安全规则退出。

3. 清点炮弹数量。

（二）清理发射后的炮弹药筒

1. 在退壳槽内、炮盘下及炮盘周边查找药筒。

2. 清点药筒数量。对射击后的药筒应清查好装箱上缴。

3. 每次发射炮弹数量与药筒数量之和应等于出库数量。在核查无误后，再进行后续工作。

4. 入库剩余炮弹和药筒，认真填写高炮作业记录。收回并整理好作业中剩余的炮弹，无作业任务应将炮弹装入塑料筒后装箱，或将炮弹别在弹夹上装箱。按填写要求将炮弹消耗数，将发现的故障及损坏等记录下来。

（三）清洗炮膛

应在身管尚未完全冷却之前，趁热清洗、擦拭身管。如不能及时擦洗则应趁热在炮膛内涂一层较厚的炮油。并在 24 h 内及时擦洗，以防火药残渣牢固地附着在炮膛内表面。

（四）起炮

将高炮由作业状态转为行进状态叫起炮。一般防雹、降雨结束时需要起炮。

若不作业，应将炮身支架固定，收起托弹盘，穿好炮衣。当有天气过程进行作业时，再打开炮衣、托弹盘、托架进行操作。

复习与思考

1. 炮班的基本队形有几种？

2. 叙述炮长的职责与指挥要领。

3. 叙述一炮手、五炮手、二炮手的操作要领。

4. 放列、撤去的注意事项有哪些？

5. 高炮作业中的注意事项有哪些？

6. 高炮作业后的工作有哪些？

第三章 高炮的检查和维护

内容提要

本章以高炮日常维护为重点，围绕基层作业点的工作需要，详细介绍了 37 mm 高炮完整状态下的技术检查、故障分析与排除方法以及高炮的维护保养等内容。给出了炮身、炮闩、装填机、驻退机、复进机、摇架、高低机、方向机、平衡机、炮车和随动装置等自动机技术检查的具体数据和检查方法。同时，对高炮主要部件的常见故障进行了分析，提出了排除故障的方法。此外，还对高炮的油料使用、保养方法、保管原则进行了介绍。

第一节 完整状态下的技术检查

高炮的各项技术要求是衡量高炮作业准备好坏的质量标准，通过技术检查可及时发现故障苗头，以便采取各种有力措施，使高炮在作业时不出或少出故障。为此，要熟练地掌握高炮的技术要求和检查方法。

目前我国用于人工影响天气作业的 37 mm 高炮大部分是部队退役高炮，没有系统进厂维修，部分高炮技术性能下降，配合间隙加大，弹簧弹性减弱、变形，甚至有的零部件缺失、损坏，在作业中容易造成故障，从而危及作业人员的人身安全。2018 年 1 月，中国气象局会同中央军委国防动员部等部门共同发文明确：人工影响天气作业高炮检测维修纳入军队保障。

一、自动机的技术检查

（一）炮身

1. 检查炮膛挂铜和锈蚀

挂铜是从弹带上磨下的铜粉，在高温作用下，粘在膛壁上逐渐形成的。从外表看，炮膛挂铜和生锈基本相似，需要详细观察才能区别开。生锈和挂铜都是暗红色。挂铜一般出现在膛线底部棱角处。为了确实弄清是否挂铜，可以擦拭炮膛，若愈擦愈亮则说明是挂铜。

炮膛内的挂铜和锈蚀可用窥膛镜（图 3.1）或身管检测仪（图 3.2）查看。

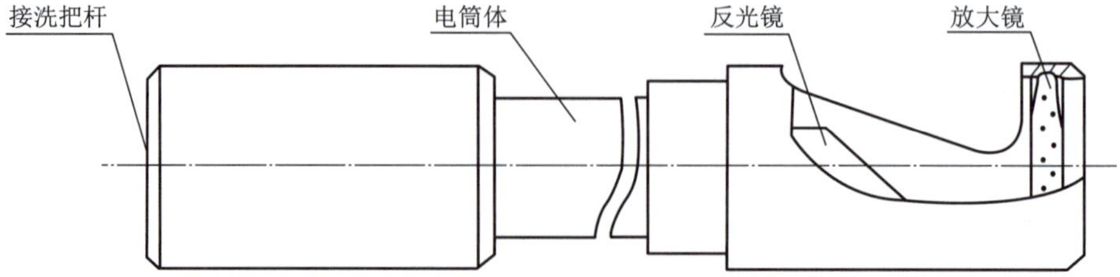

图 3.1 窥膛镜

用简易窥膛镜的检查方法是：

(1)旋下电池筒装入 3 节二号电池，然后再旋上，但不旋到位，使电珠不发光。

(2)将简易窥膛镜旋接在洗把杆上。

(3)卸下身管，擦净炮膛，根据膛内疵病的就近位置来确定从炮口或从药室处插入简易窥膛镜，插入前旋紧电池筒使电珠发亮；然后用肉眼从炮口或药室处观察简易窥膛镜上的放大镜，由另一人配合借洗把杆在膛内移动或转动简易窥膛镜。

炮膛内不允许有锈蚀和存在严重挂铜(铜层厚度不得超过 0.25 mm)，否则将影响弹丸运动，容易引起身管膨胀，甚至引起膛炸。

2. 检查身管上有无裂缝和破孔

身管表面如有裂缝或破孔，射击时就不能承受强大的火药气体压力，可能引起膛炸。因此，有裂缝和破孔的身管禁止射击。

3. 检查身管弯曲和炮膛内凸起

身管不允许有超过直度径规规定范围的弯曲，炮膛内不应有凸起。

4. 检查炮膛膨胀部位的阴线直径、阳线剥落或断裂情况

炮膛膨胀部位的阴线直径不应大于 38.5 mm。

炮膛内不影响弹丸正确运动的阳线剥落、断裂其长度不允许超过 1 倍口径。

5. 检查药室增长量

药室增长量不应大于 22 mm。药室增长会使弹丸的初速下降，而影响射击高度。所以当药室增长量超过 22 mm 时，身管则报废。

身管检测仪 (图 3.2)用于检查炮膛内表面及阴(阳)线膨胀、磨损的情况。可采用身管检测仪进行以上炮身技术状况的检查，详情见第十二章第二节。

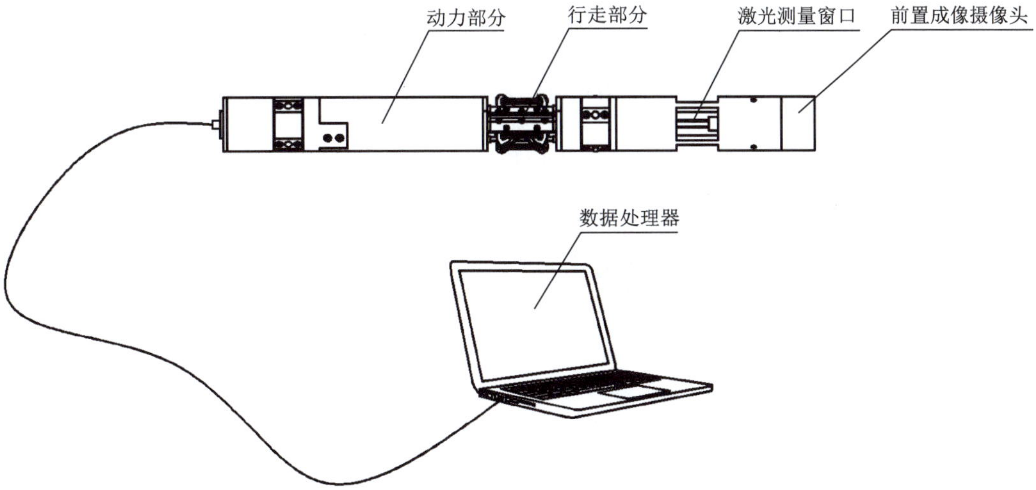

图 3.2　37 mm 高射炮身管检测仪

6. 检查防火帽

防火帽拧紧后，应被垫圈固定住，防火帽前端面的刻线应与身管前端面的刻线对正；并且火帽后端面与垫圈之间应有 0.1～1.0 mm 间隙(标准垫圈厚 1 mm)，以保证防火帽内端面与身管前端面靠紧，防止火药气体吹坏防火帽的螺纹。采用塞尺测量防火帽后端面与垫圈之间

的间隙。

药室增长会使弹丸的初速下降，而影响射击高度。所以当药室增长量超过 22.0 mm 时，身管则报废。

采用药室测量器(图 3.3)的检查方法如下：

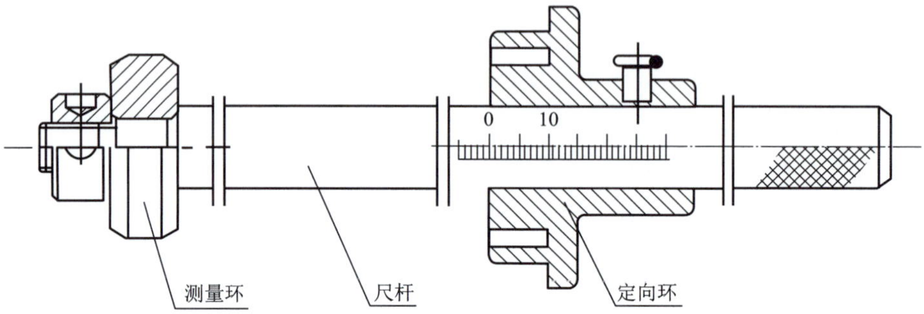

图 3.3　药室测量器

(1)卸下身管，将药室及阳线起始端擦拭干净。

(2)将测量环放入药室内，定向环底缘紧靠身管后端面，用约 20 kg 之力推推把，使测量环与阳线起始端接触，此时察看端面所指示的分划值，即为药室的增长量。

7. 防火帽不应松动并应被垫圈的齿锁住。

(二)炮闩

1. 身管后端面与闩体镜面之间隙不应大于 6.25 mm，具体见图 3.4。

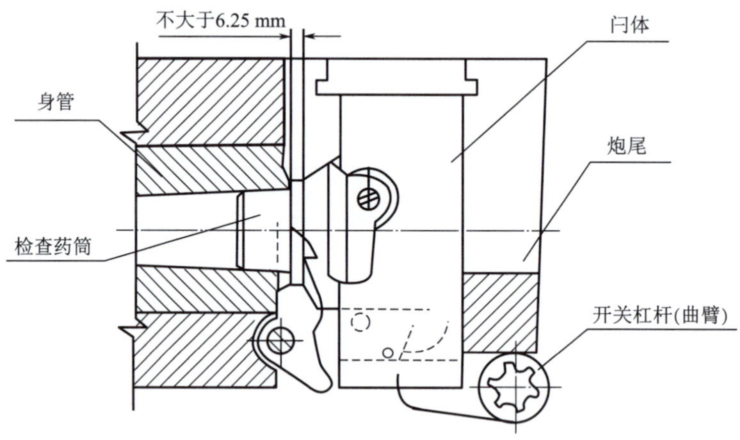

图 3.4　身管后端面及其与闩体镜面的间隙

检查方法：

应采用教练弹或闩体镜面间隙检查药筒进行检测。

(1)采用教练弹的检测方法

将教练弹输入炮膛，使药筒底缘部紧贴身管后端面，用塞尺测量药筒底缘与闩体镜面的间隙，此间隙加上药筒底缘厚度应不大于 6.25 mm。

(2)用闩体镜面间隙检查药筒的检查测方法(图 3.5)

① 将通过药筒底缘片(厚 5.12 mm)旋接在定向环上，并且卸下抽筒子，打开炮闩，将闩体

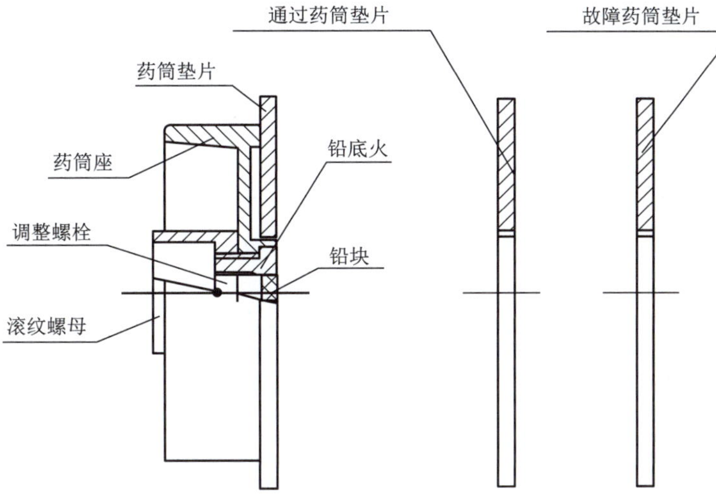

图 3.5　闩体镜面间隙与闩体下垂量组合量规

镜面间隙检查药筒放入药室内；然后手握握把，使其慢慢放回，此时炮闩应关闭到位。

② 将故障药筒底缘片(厚 6.25 mm)旋接在定向环上，将其放入药室内后慢慢放回握把时，炮闩不应关闭到位。

2. 闩体下垂量不应大于 1.35 mm(两次击痕尺寸不应大于 5.70 mm)

检查方法：应采用教练弹或闩体下垂量检查药筒进行检测。

3. 击针突出量应为 2.44～2.75 mm。击针簧自由长度应为 69～76 mm

检查方法：

卸下炮闩，压下击发卡锁，放出击针。用击针突出量检查规检查(垂直放在闩体镜面上)，深缺口(2.75 mm)应能通过，浅缺口(2.44 mm)不应通过。见图 3.6。

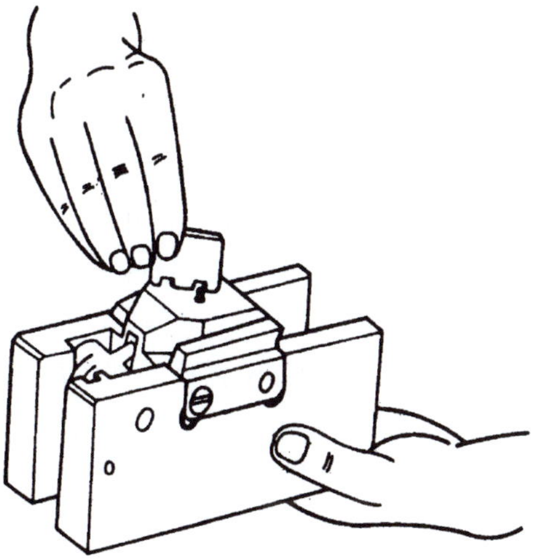

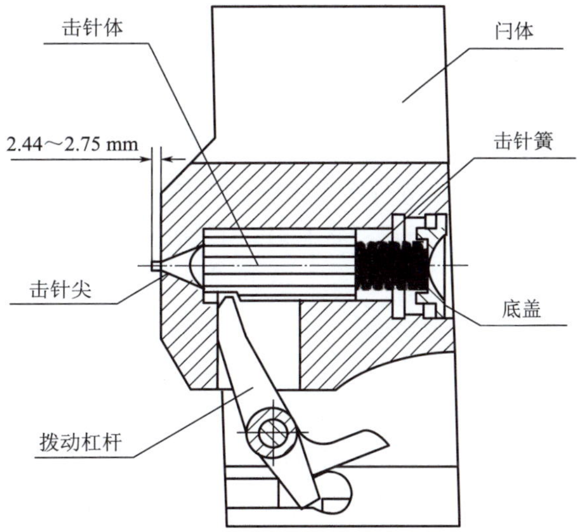

图 3.6　检查击针突出量

击针突出量也可用卡尺进行测量。

4. 开闩时，击针应被拨回；呈开闩状态时，拨动杠杆的短角与击发卡锁的间隙应为 0.15～1.10 mm，如图 3.7 所示；用起子压击发卡锁，放手后击发卡锁应迅速恢复原位。

检查方法：

打开炮闩，卸下机箱下盖，检查击针和击发卡锁，并用塞尺测量拨动杠杆短角与击发卡锁之间的间隙。

5. 关闩状态时：闩体与闩室间隙应为 0.04～0.70 mm；闩体在闩体室内上下串动量为 0.20～1.20 mm(图 3.8)。

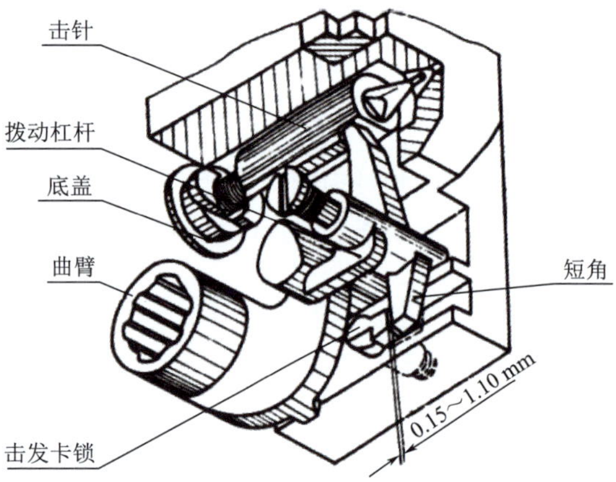

图 3.7　拨动杠杆的短角与击发卡锁的间隙

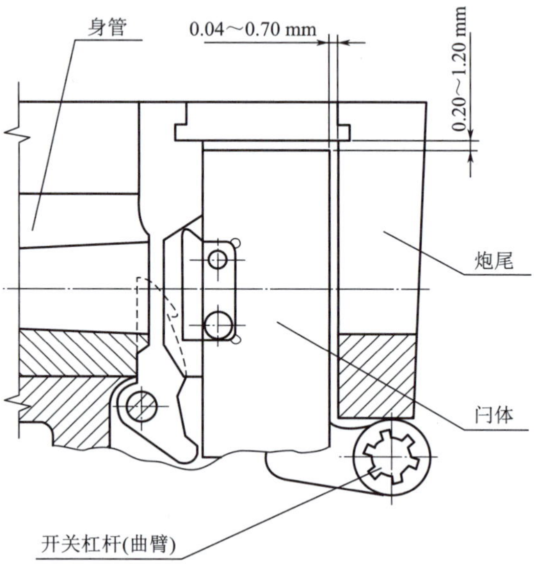

图 3.8　闩体与闩室间隙

6. 抽筒子应能单独确实地钩住闩体。

检查方法：

将握把向后拉到位再放回，炮闩应被抽筒子抓住。用手指分别抓住左、右抽筒子冲臂前后晃动，左、右抽筒子都不应有松动感。

开闩后，打脱左抽筒子，右抽筒子应能确实钩住闩体，再打脱右抽筒子，闩体应有力地关闭。再次开闩，用同样方法检查左抽筒子。

7. 炮闩处于开闩状态时，用手轻按抽筒子冲臂，两抽筒子均不应从冲铁上脱开。

8. 为了保证顺利输弹，在开闩状态时，闩体输弹槽超出炮尾输弹槽的高度不应大于 0.8 mm。

检查方法：

打开机箱上盖，将一直尺纵放在闩体输弹槽和炮尾输弹槽上，压着闩体输弹槽一端的尺子(使直尺与闩体输弹槽一致)，用塞尺测量直尺与炮尾输弹槽之间的间隙，即得闩体输弹槽的高出量。

9. 炮闩成开闩状态时向上提手关闩装置的扳手，闩体应迅速关闩到位，击针应击发。

10. 闭锁器弹簧筒不应晃动；与拉钩杆之间隙不应小于 0.5 mm(图 3.9)。

(三)装填机

1. 压弹机体前壁到后壁的距离应为 386.5～388.0 mm。在拨弹器体轴中心线 130.0 mm 以上的部位，允许达到 393.0 mm，(图 3.10)。

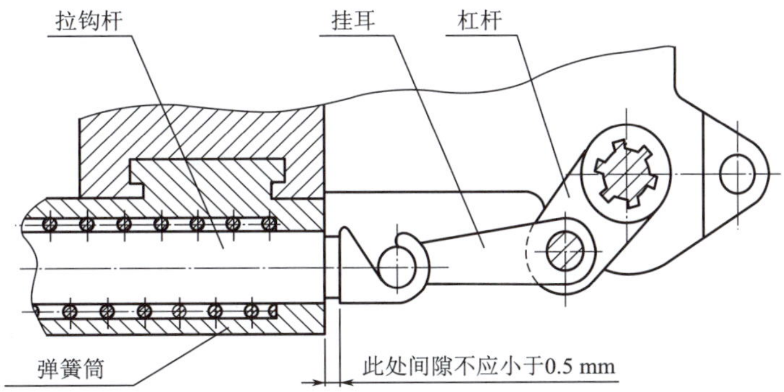

图 3.9 闭锁器弹簧筒及其与拉钩杆的间隙

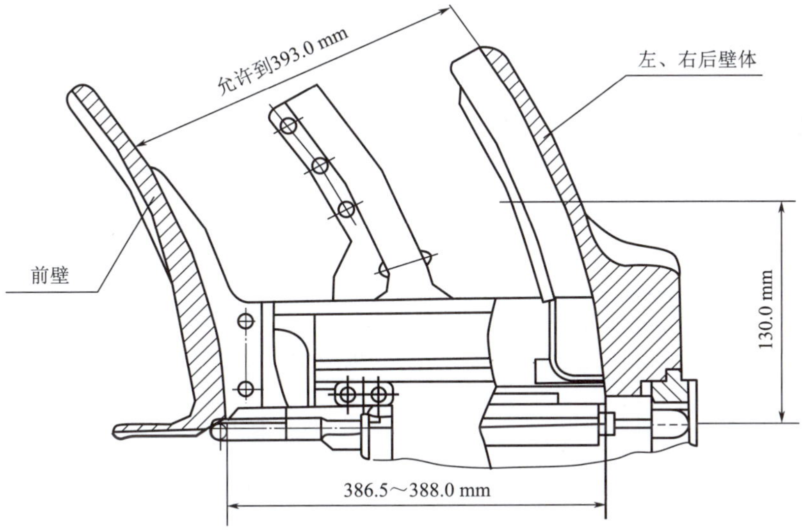

图 3.10 压弹机体前壁到后壁的距离

检查方法：

应采用前后壁距离测量尺(图 3.11)进行检查。

(1)卸下装填机。

(2)将测量尺长度调至 386.5 mm，按炮弹在压弹机内时的位置方向将测量尺放入压弹机体内，应能顺利通过。

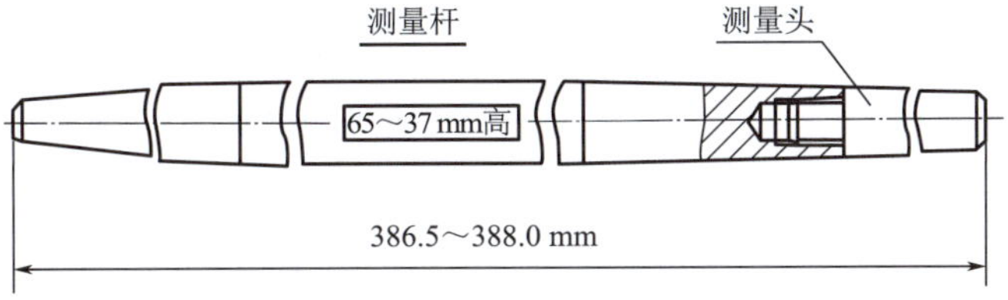

图 3.11 前后壁距离测量尺

(3)将测量尺长度调至 388.0 mm，并放入压弹机体内，也应顺利通过。

(4)将测量尺长度调至比 388.0 mm 稍长一点，此时在拨弹器体轴中心线以上 130.0 mm 的以下部位应不能通过，130.0 mm 以上的部位允许通过，但不能超过 393.0 mm。

2. 活动梭子上下串动量不应大于 1.0 mm。

检查方法：

将活动梭子向下压，用钢钣尺或卡尺测量出活动梭子上端面到压弹机体滑槽上端面的距离，保持钢钣尺或卡尺不动，向上提活动梭子，再测出一个距离，两距离之差，即为活动梭子的上下串动量。

3. 压弹器小齿的弹簧不应失效，压下小齿再放手后，小齿应迅速恢复原位(下方 1～3 小齿要求从严)

4. 提起活动梭子时，最下方小齿同炮弹的间隙不应大于 2 mm。

检查方法：

将一发教练弹装入压弹机体内，然后向上提起活动梭子进行观察。不但要观察间隙的大小，而且要观察小齿头部是否磨圆。

5. 活动梭子保险器的动作应确实，保险弹簧不应失效。

用加力杆向上撬活动梭子的小齿(以摇架为支点)，保险器应起“保险”作用，再用锤子垫上紫铜冲子向下打压弹钣，保险器应恢复原位，并听到响声。

6. 压弹机前壁定向钣与输弹机体弧面的距离应在 54～55 mm 范围内(图 3.12)。

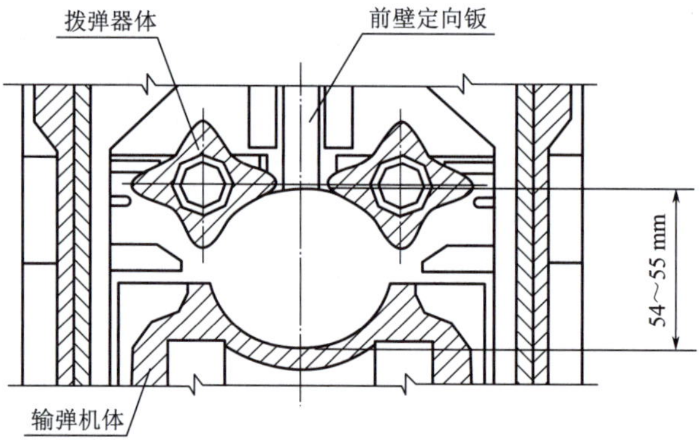

图 3.12 前壁定向钣与输弹机体两弧面间的距离

检查方法：

应采用输弹槽检查规(图 3.13)或教练弹进行检查。

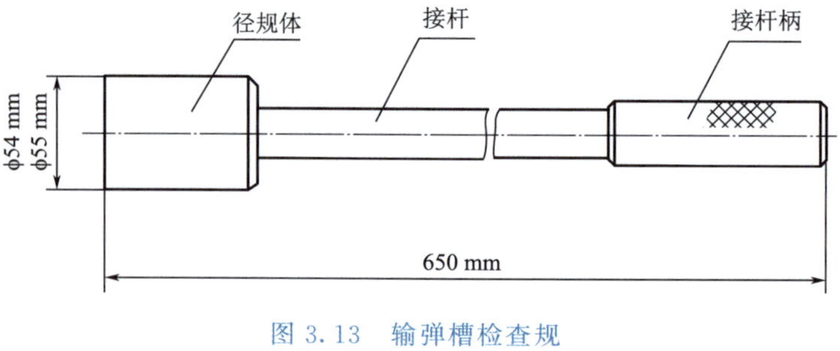

图 3.13 输弹槽检查规

(1)用输弹槽检查规的检查方法。

在压弹机体内装 5 发教练弹，卸下后壁上的退壳筒和自动开闩盖，将直径为 54 mm 的输弹槽检查规放在输弹机体的输弹槽上，并向前推，应能顺利通过；再将直径为 55 mm 的输弹槽检查样柱放在输弹机体的输弹槽上，并向前推，应不能通过。

(2)用教练弹的检查方法

在压弹机体内装 5 发教练弹，打开炮闩，并将一发教练弹放在输弹机体的输弹槽上，向前推，观察教练弹底缘与拨弹器体及前壁定向钣的间隙。

7. 输弹机弹簧自由长度应为 471～531 mm。

8. 输弹器体定向凸起部与输弹机体滑槽的配合间隙应为 0.20～0.80 mm；输弹机体滑槽与青铜滑钣的配合间隙应为 0.02～0.70 mm（图 3.14）。

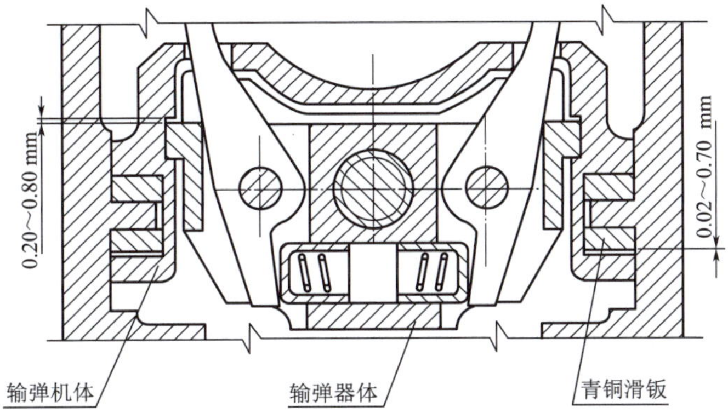

图 3.14　输弹机体滑槽与输弹器体定向凸部及青铜滑钣的间隙

9. 输弹机左、右卡钣工作面不一致性应不大于 0.5 mm；输弹机左、右卡钣突出高度应在 4.5～6.0 mm 范围内（图 3.15）。

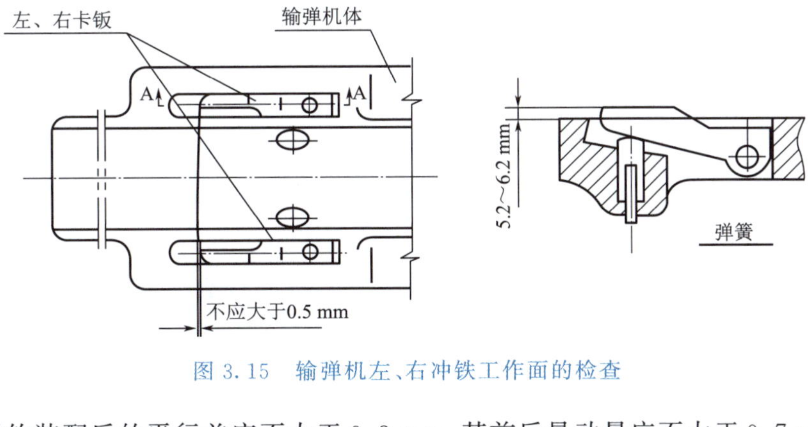

图 3.15　输弹机左、右冲铁工作面的检查

10. 输弹钩装配后的平行差应不大于 0.3 mm；其前后晃动量应不大于 0.7 mm；输弹面上口厚度应不小于 4.0 mm（图 3.16）。

11. 将握把向后拉到位时，两输弹钩张开之距离应不小于 56 mm；输弹钩与输弹机体槽的后方间隙应不小于 2 mm（图 3.17）。

12. 左、右制动栓动作应确实。在制动栓关闭时，左、右制动栓的上突出角与拨弹器体的间隙应为 0.4～1.5 mm，左、右制动栓的下突出角工作面的不一致性应不大于 0.5 mm，位置改变量应不大于 2.0 mm。当制动栓打开时，拨弹器体只能转动 90°（图 3.18）。

13. 发射卡锁、中卡锁和控制卡锁的检查。

(1)发射卡锁与输弹器体的扣合量不应小于 3 mm。

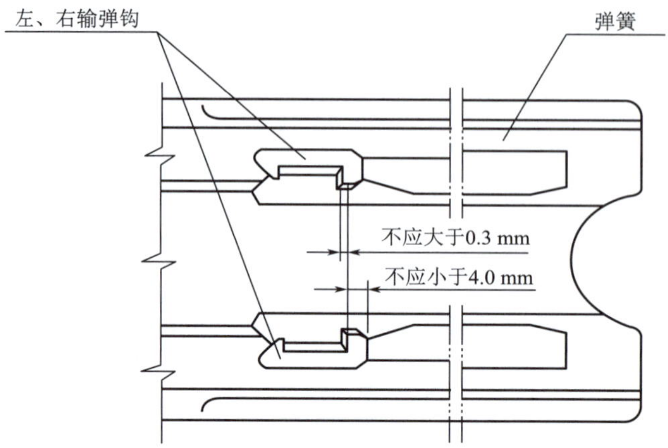

图 3.16 左、右输弹钩平行差的检查

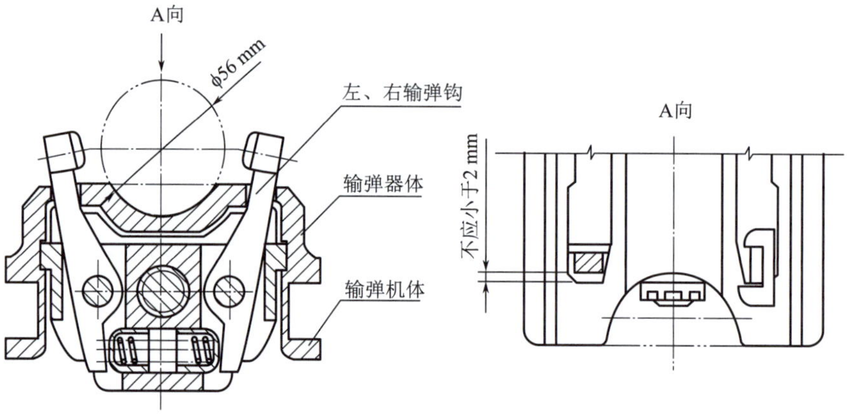

图 3.17 输弹钩张开量的检查

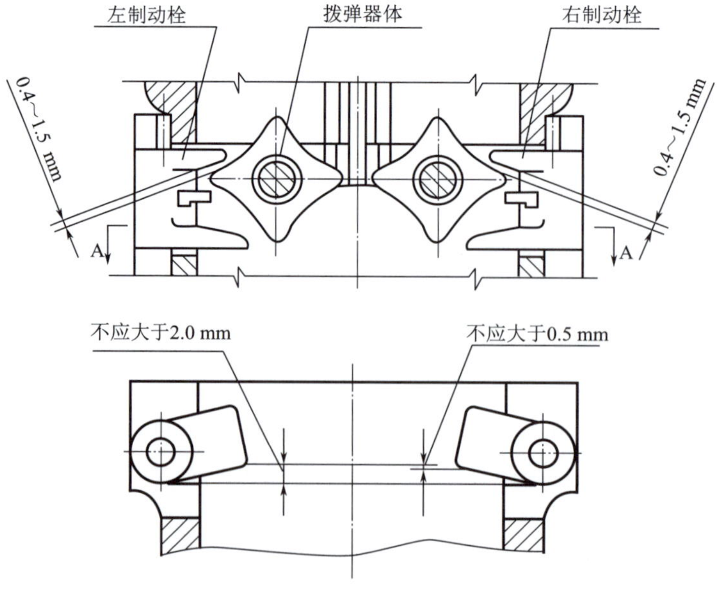

图 3.18 左、右制动栓突出角的检查

检查方法：

在发射卡锁后端面上涂上红丹粉，拉握把向后，使发射卡锁扣住输弹器体，放回握把和输弹器体，测出发射卡锁后端面红丹粉被抹去的高度(以最高处算)即为二者之间的扣合量。

(2)左、右中卡锁应高出左、右发射卡锁 0.6～0.8 mm 其工作面对发射卡锁的突出量应为出 1.9～3.1 mm，(图 3.19)。

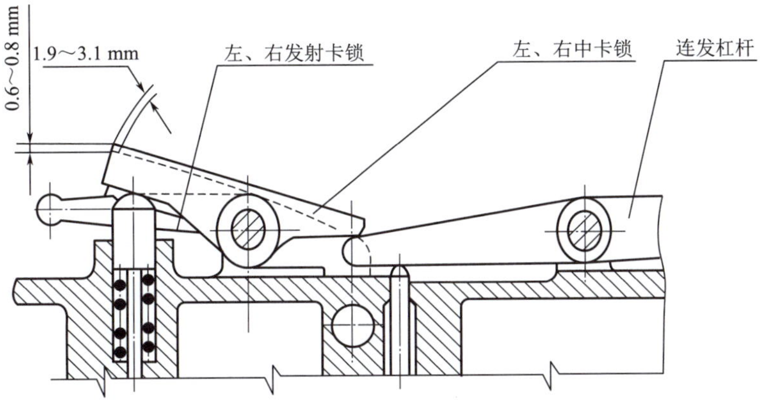

图 3.19　左、右中卡锁工作面高度的检查

(3)控制卡锁技术要求及调整方法

① 右炮连发卡锁比控制卡锁应高出 0.1～0.6 mm。

检查方法：

拔下左、右炮输弹机连接轴，将输弹机后移约 30.0 mm，抬起前端，使连发杠杆前端抬起。然后用自制的样钣测量右炮连发卡锁后端高出控制卡锁的高度。

② 有控制卡锁的高炮，在炮身复进到位时，控制卡锁顶端与右输弹器体下方的间隙应大于左连发锁顶端与左输弹器体下方间隙 0.6～0.9 mm(图 3.20)。

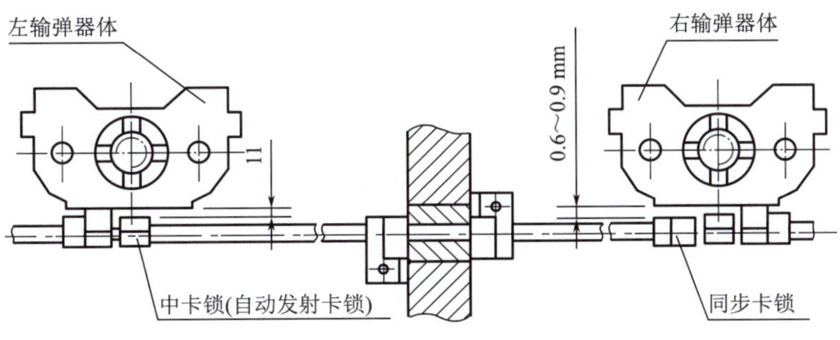

图 3.20　控制卡锁与输弹器体下方的间隙

检查方法：

控制卡锁与右输弹器体下方的间隙，检查时炮身应复进到位，卸下摇架后壁，首先用塞尺测出，左连发锁顶端与左输弹器体下方的间隙数值为“H”。接着用塞尺检查控制卡锁与右输弹器体下方的间隙应为“H＋0.6～0.9 mm”经射击中仍有不同步现象可继续调整间隙直至两身管同步为止。

14. 拉握把向后时，拨动器的两拨动杠杆应能同时与输弹器体接触。

检查方法：

在两拨动杠杆的滑轮上涂上红丹粉，拉握把向后，当拨动杠杆刚与输弹器体接触时，即放回握把，察看输弹器体上的红丹粉印，两边都有印痕，表示两拨动杠杆能同时接触输弹器体。

15. 弹簧杆突出与炮耳轴本体端面的距离：不踩踏板时，不应小于 18.0 mm，发射杠杆与弹簧杆之间间隙不应小于 0.5 mm，踩下踏板到位时，弹簧杆对炮耳轴本体端面的突出量不应小于 3.0 mm。松开踏板后，击发机构各零件应有力地恢复原位(图 3.21)。

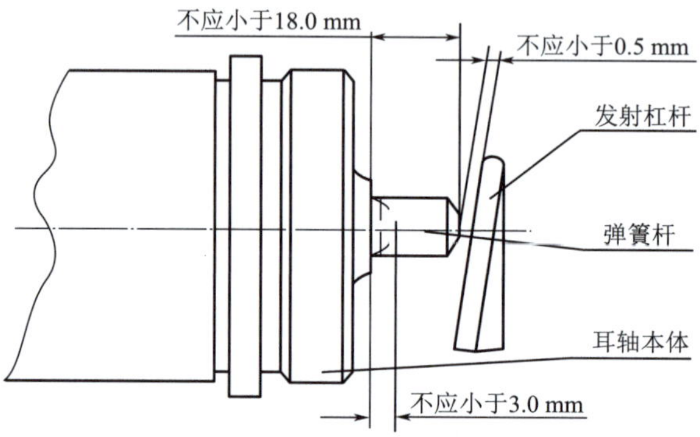

图 3.21 弹簧杆突出炮耳轴端面的距离

检查方法：

松开发射踏板，用塞尺测出发射杠杆与弹簧杆之间的间隙。

16. 用人工发射时，左、右炮弹簧筒的曳杆均不应从弹簧筒内向外伸长，并且两输弹器体应同时被放开。

检查方法：

拉两个握把向后，使左、右炮弹器体均被其发射长锁卡住，然后放回握把，打开保险，慢慢踩下发射踏板，观察左、右炮弹簧筒的曳杆是否向外伸长，两输弹器体是否同时被放开(可听声音鉴别，要求响声一致)。

如果踩下发射踏板时，曳杆向外伸长而不能发射，说明弹簧筒内的弹簧预压不足，应拧紧螺筒来调整。

17. 当左炮管的保险器位于“击发”位置，右炮管的保险器位于“保险”位置，踩下发射踏板后左炮管可靠地发射，右炮管的曳杆应从弹簧筒内向外伸长。然后互换左、右炮管保险器的“保险”和“击发”位置，再检查右炮管。

18. 退壳筒与退壳槽在全射角范围内不允许发生摩擦。

(四)复进机

复进簧不应失效。复进簧弹预压力应不小于 2400 N(245 kgf[1])。

检查方法：

高炮处于完整结合状态下，将炮身打高至最高点，拉握把向后到位，闩体应能被抽筒子抓住，呈待发状态。低于 66°，抽筒子挂不住闩体，复进簧不合格，应更换复进簧。

(五)驻退机

1. 每个驻退机内应注满 0.5 L 的驻退液，不应有漏液现象；活塞杆螺母应被垫圈固定；二

---

1 kgf(千克力)是一种力的单位，指 1 kg 物质在地球上受到的地心引力。1 kgf=9.8 N(牛顿)。

号驻退液与四号驻退液不能混用。

检查方法：

将炮身射角打到－3°，拧下注液孔的螺塞，察看液面是否与注液孔的内下缘齐平，齐平则说明液量为 0.5 L。

2. 驻退液不应变质。

检查方法：

将炮身打低到－3°，拧下注液孔螺塞，此时，液面与注液孔的下缘齐平即可。四号驻退液的 pH 值应呈弱碱性，二号驻退液的 pH 值应为 8.4～11.8。用甲酚红试纸或酚酞溶液检查时应呈深红色。

3. 驻退机结合在高炮上以后，机筒应能转动。活塞杆上的刻线到机筒后端面的距离应为 28～30 mm，允许调整到 33 mm。后期炮活塞杆螺母应被开口销固定确实(图 3.22)。

检查方法：

用驻退机检查规(图 3.23)检查活塞杆上的刻线到机筒后端面的距离，或用钢钣尺检查。

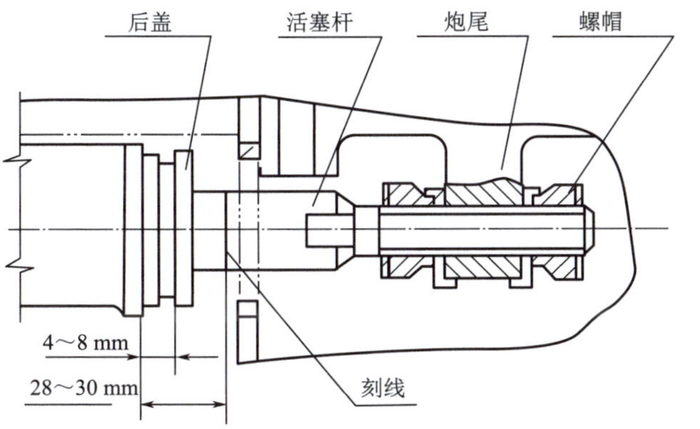

图 3.22　驻退机装配后活塞杆的距离

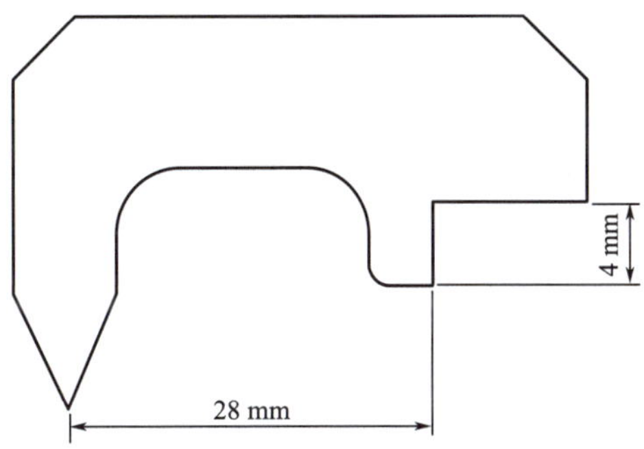

图 3.23　驻退机活塞杆露出长度检查规

4. 在保证驻退机正常结合的情况下，后盖螺纹调整余量为 4～8 mm。

(六)自动机的联动检查

1. 第一次装填和发射的联动检查

检查方法：

(1)将左、右握把分别向后拉到位，此时两炮闩应被打开，两输弹器体应能被发射卡锁卡住。

(2)左、右握把处于后握把扣内时，教练弹应能压到输弹线上，并被输弹钩抓住。

(3)不打开保险踩发射踏板时，两输弹器体不应向前，曳杆应从弹簧筒内向外伸长。

(4)放回握把，打开左、右保险，踩下发射踏板，两输弹机上的炮弹应同时进膛，两炮闩应同时关闭击发。

2. 自动压弹和输弹的联动检查

检查方法：

应用人工后坐器(图 3.24)或液压人工后坐器进行检查。

安装人工后坐器，将炮身打至 70°左右。在第一发装填、发射联动检查的基础上，踩住发射

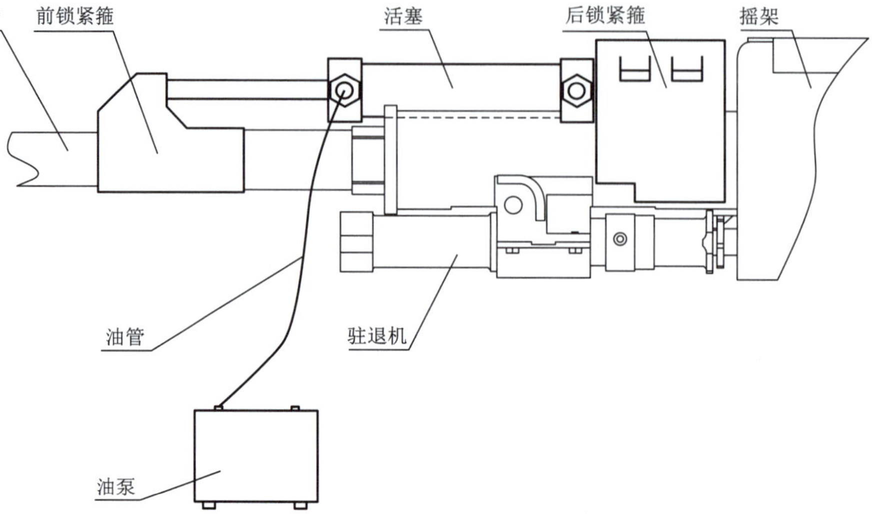

图 3.24　37 mm 高炮人工后坐器

踏板，然后进行人工后坐检查。

运行人工后坐器，使炮身后坐 150～175 mm，在后坐过程中应能打开炮闩、抽出教练弹。

关闭人工后坐器，炮身应能平稳地复进到位，同时压下一发教练弹，并输入炮膛，关闩、击发。

人工后坐应进行 2～3 次，以确定联动正常。

3. 利用人工后坐对压弹机上活动梭子保险器进行动作确实性检查

先在输弹槽内放入一发教练弹，打开保险，当炮身复进关闩后不应击发。

当炮身后坐时，保险器应能自动解脱保险。

二、瞄准机的技术检查

1. 高低机和方向机动作应平稳、灵活、无卡滞，转轮起动力应不大于 93.1 N(9.5 kgf)；高低机和方向机的空回量应不大于转轮的 1/24 圈。

2. 平衡机调整好后，应留有调整余量，其余量应不小于 15 mm（或弹簧杆露出螺帽之长度应不大于 45 mm)；平衡机弹簧在机筒内伸缩时允许有不影响动作的轻微响声；高低机打高打低时的力量应大致相等(图 3.25)。

三、炮车的技术检查

1. 行进、作业转换动作应能顺利进行，转换时平衡缓冲弹簧不应有卡滞响声。

2. 牵引杆向左、右推到位，拉杆和叉形接头与连接架座不应相碰，拉杆连接螺纹的螺扣不应过松，拉杆用螺帽固定后应无松动，叉形接头插销应固定确实。

高炮呈起炮状态，在前方杠起螺杆履钣下放置垫木，转动转把顶起高炮，使前车轮离地。向左(右)推牵引杆到位，查看拉杆和叉形接头与连接座是否相碰。

拧松拉杆的固定螺帽，检查拉杆与接头的连接螺纹是否过松(螺纹过松，易在牵引中滑丝造成翻炮)。检查后，要将固定螺帽拧紧，叉形接头的插销应用开口销固定。

3. 瞄准具拆除后，应配置相应重量的配重铁(或加装供弹机)。

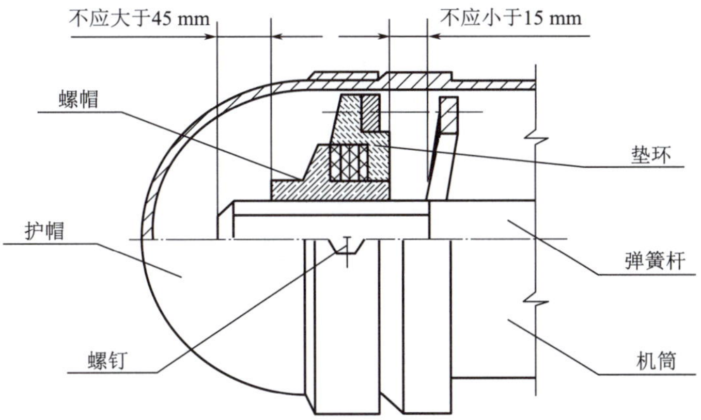

图 3.25 平衡机调整余量的检查

4. 车轮应转动灵活,轮毂上的双头螺栓不应松动。

5. 重要螺旋压缩弹簧不应失效、变形和断裂,其自由长度和弹力应符合规定,小齿簧、制动栓簧等扭力簧在按压小齿和制动栓时应有力回复原位。

6. 各零、部件上不允许有影响动作的严重锈蚀,各固定件(销轴、驻栓、键等)应固定确实,橡胶件不应有失效、破裂等现象,油料不应变质。

7. 水准气泡应完好。

8. 履钣固定座应能将履钣固定确实。

四、随动装置的技术检查(自动化改造后的高炮)

1. 防静电接地电阻不大于 100 Ω,接地线应牢固。采用接地电阻测试仪测量接地电阻。

2. 电缆线各导体之间、导体对地之间的绝缘电阻应不小于 0.5 MΩ。用万用表检查各导线之间及导线对地之间的绝缘电阻。

3. 高低与方位执行电机工作时应平稳、无异常响声,其绝缘电阻应不小于 0.5 MΩ。用万用表测量电机绝缘电阻,测量时把电机从电路中断开,其绝缘电阻应不小于 0.5 MΩ。

4. 编码器工作时应无异常响声,无跳数的现象,在断电的情况下绝缘电阻应不小于 1 MΩ。

编码器在正常上电情况下,打开控制终端监测界面,缓慢转动编码器,编码器的码值应连续变化,不应有跳数现象。

用万用表测量编码器绝缘电阻,电阻值应不小于 1 MΩ。

5. 计数器计数应准确,计数误差应不大于 1/500。

比对实际作业用弹数量与计数器采集数量是否一致。

6. 电磁铁工作应正常,衔铁活动应灵活,不应有卡滞现象。

7. 后坐量检测误差应不大于 0.5 mm。

先将装填机拆下,用手摇晃后坐标尺传感器,应无明显松动。通电后,查看终端显示的数值与后坐分划尺指示的刻度应一致,误差应不大于 0.5 mm。若不一致,则予以调整。

8. 自动控制系统

(1)各按钮开关动作应灵活,功能应可靠。

(2)指示灯和终端显示触控区工作应正常。

(3)系统应具备禁射区设置功能。

(4)发射时方向机的锁定力矩应不小于 500 N。

(5)射角和方位角零位应准确,误差应不大于 0.8°。

9. 电缆外表应无破损和严重老化,无短路和断路。电缆与电缆头、电缆头与插头、电缆插头与连接体连接应牢固可靠,接插部分不应氧化和变形。

10. 供电电源:交流电源应为 220 V±11.5 V,直流电源满负荷工作时应为 24 V±4.0 V 或 36 V±4.0 V;电池或 UPS 工作应正常。

11. 射角、方位角、发射炮弹数、作业时间等作业数据应能实时采集。

五、已加装供弹机、供弹斗、外挂输弹装置的应符合下列要求

1. 平衡机座在摇架上固定应牢固,衬铁与平衡基座应固定确实,衬铁与摇架不应脱焊。

2. 压盖应被栓固定;中心轴应固定在平衡基座上,螺母应紧定有力,弹簧垫圈不应失效,开口销应完好。

3. 推板不应变形。

4. 向外拉左、右回转臂手柄,应感觉有力;初始拉力不小于 93.1 N(9.5 kgf),末端拉力不小于 254.8 N(26.0 kgf)。

5. 旋转臂应能被限位器固定在供弹机外侧,限制器弹簧应有力。

6. 钢丝绳应完好、不起毛刺。

7. 压弹机构的滑动钣应被固定确实。

8. 活动梭钩部无严重磨损和变形,与下方脱开后,活动梭应滑动自如。

9. 供弹机固定梭、活动梭与下方压弹机固定梭子、活动梭子的小齿齿面高度应一致。

10. 小齿不应变形,扭簧不应失效。

11. 活动梭下端的钩部应全部进入压弹机活动梭子上端孔内,上下连接后,活动梭上下串动量不大于 1.5 mm。

12. 固定器应能将左、右供弹机牢固固定在后壁上,卡锁应确实将棘轮固定,卡锁簧不应失效。

13. 供弹机应能被支撑臂固定,压缩支撑臂弹簧,供弹机应能解脱。

14. 供弹机推弹、压弹动作应确实可靠,供弹过程中不应出现卡弹、掉弹现象。

注:①进行高炮技术检测按《人工影响天气作业用 37 mm 高炮检测规范》(QX/T 18—2020)执行。

②高炮大修按《1965 年式双管 37 毫米高射机关炮工厂修理技术规程》验收。

第二节　故障分析判断与排除

高炮在使用一定时期后,机械零件会逐步磨损以至损坏,造成工作性能和精度的降低,以致产生故障而影响训练和作业任务的完成。为了更好地完成训练及作业任务,这就要求我们对高炮产生的故障要及时进行排除,使高炮经常处于良好的技术状况。

一、故障分析判断与排除的基本原则

(一)分析判断故障的基本原则

1. 看清现象,弄清情况。

2. 科学分析,认真检查。

3. 综合研究,找出原因。

(二)排除故障的基本原则

1. 根据情况灵活处理。

2. 由简到繁、尽量少拆。

3. 修件及配件要注意尺寸和热处理。

4. 以换件修理为主。

二、自动机的故障分析判断与排除

(一)炮身

炮身主要受高温、高压、高速气体的作用,所以它的故障就带有与“三高”有关的特点。

1. 炮膛的烧蚀和磨损

随着发射次数的增多,炮膛表面金属会渐渐硬化变脆,出现裂纹,严重时会一块块剥落下来,炮膛的烧蚀与磨损,在膛线起始部位尤其严重,其主要表现是:膛线起始部位的阳线渐渐磨平,药室长度不断增长。药室增长后,会引起弹丸的初速降低,弹道性能下降。

炮膛的烧蚀与磨损是不可避免的,但烧蚀、磨损的快和慢是可以改变的,对于炮膛来说,只要做好以下几点就可以延缓烧蚀与磨损。

(1)保持炮膛及炮弹的清洁。

(2)妥善保管炮弹,如将炮弹放在阴凉处,防止暴晒等。

(3)在特殊情况,也应严格遵守极限发射速度(表 3.1)的规定。

表 3.1 极限发射速度表

作业持续时间	20 s	40 s	1 min	2 min	5 min	15 min	30 min	1 h	2 h
一管极限发射发数	45	70	90	120	200	250	300	450	750

2. 炮膛膨胀

炮膛膨胀是由于膛压过高,使应力超过身管的弹性极限而产生的永久变形。当应力超过身管的强度极限时,就会发生膛炸。由于膨胀后该处直径增大,弹丸通过时,就有部分火药气体经弹丸与膛面之间的空隙跑掉,从而引起膛压降低,初速、旋速下降,影响射击精度。

(1)炮膛膨胀的原因及预防措施

炮膛膨胀主要是由于弹丸在膛内运动受到阻碍,使膛压升高而造成的。影响弹丸在膛内运动的一般原因及预防措施有:

① 炮膛脏污

射击前必须擦净炮膛,射击中也应保持炮膛的清洁。

② 弹丸有碰伤

射击前应对弹丸进行严格检查，要特别注意弹丸定心部和弹带的状况，发现故障及时排除。严禁使用有故障的炮弹射击。

此外，在高温火药气体的作用下，易使弹带上的一部分铜微粒附着在炮膛表面上，形成挂铜。轻微的挂铜对弹丸在膛内运动不仅没有妨碍，而且还可以避免火药气体直接冲刷膛面，起到一定的护膛作用。

高炮使用的炮弹都带有除铜剂，因此，通常只引起轻微的挂铜。如果再从使用、维护方面去注意（如及时擦拭炮膛），一般可使挂铜保持在轻微的范围内，而不需采取专门的除铜措施。

（2）对膨胀身管的处理

膨胀处的阴线直径大于或接近 38.5 mm，膨胀已暴露到外表面或未暴露外表面时，都应更换身管。

3. 身管压坑

身管外表压坑未超过允许深度，而且周围无裂缝时，可继续使用。超过时，应更换身管。

4. 炮身等级的评定

主要是根据药室增长量和炮身的损伤情况确定的。药室的增长量是炮膛烧蚀和磨损的主要表现。烧蚀和磨损是炮身寿命丧失的基本原因。在炮身无损伤的情况下可按药室增长量来评定炮身等级（表 3.2）。

表 3.2　身管等级评定表

药室增长量	5 mm 以下	12 mm	22 mm	22 mm 以上
炮身等级	1 级堪用	2 级堪用	3 级堪用	4 级废品

（二）炮闩、装填机、复进机、驻退机

高炮在发射过程中，炮闩、装填机的动作都较快。且摇架、炮闩、装填机三者之间又有密切联系和相互影响。所以有时在炮闩上反映出来的故障现象，但原因却出在压弹机上，这就要求我们通过现象看本质，进行科学的分析。

1. 拉握把困难，或输弹器体拨不到位

故障现象：拉握把困难，输弹器体拨不到位，退不出教练弹。

故障原因及排除方法：

（1）握把轴与摇架孔内的衬筒磨损或咬伤

清除衬筒和握把轴上的凸起金属，测量衬筒的孔径与握把轴径之差，大于 0.5 mm 时，应更换衬筒。

（2）握把轴的歪柄和拨动杠杆的歪柄压损

在压损的表面上，用焊条堆焊。

（3）拨动器的拨动杠杆轴弯曲或扭曲

矫直或更换拨动杠杆轴。

（4）拨动器的两拨动杠杆与输弹器体的接触处磨损，或两拨动杠杆变形

磨损时应更换小滑轮，没有滑轮的可以另行改装成滑轮式的；变形时应进行矫正。

（5）握把器的连接条弯曲、连接条与开关轴接触的凸出铁磨损

弯曲时应进行矫直；磨损时应进行焊修。

(6)教练炮弹筒变形而退不出教练弹造成拉握把困难，这是训练中最常见的原因。

此外，开关轴和炮尾上的开关轴孔擦伤、闭锁器套筒松动等都会引起这一故障。

2. 第一次装填时，炮弹压不到输弹线上

故障现象：拉握把向后到位并放入后握把扣内，而炮弹压不下去。

故障原因及排除方法：

(1)压弹要领不正确，使炮弹在压弹机内歪斜，弹底缘前后错开，造成“骑马弹”(上、下或左、右倾斜)，因而压不下炮弹。

应采用大起子将炮弹拨正或退弹重压(图 3.26)。

注意：整夹炮弹都要对正压弹机后面的退夹槽和前面的定向槽，前后拿正，避免“骑马弹”。

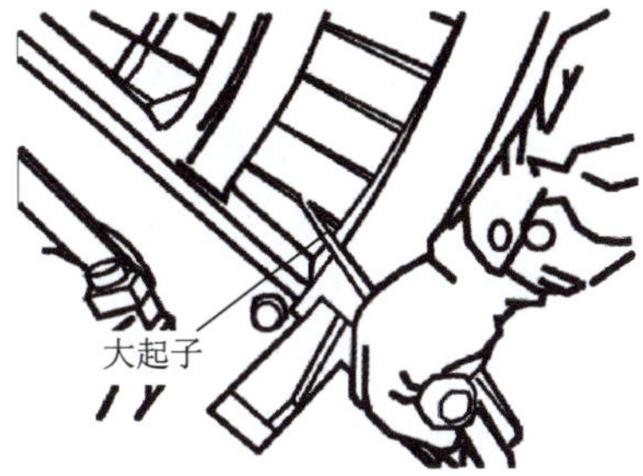

图 3.26 用大起子拨正骑马弹

(2)压弹机退夹槽导钣磨损，压弹时不能将弹夹上的卡笋压到位，卡笋放不开炮弹，应在退夹槽导钣上安装镶条。

(3)拨动器连接耳、连接条的孔与连接轴磨损，或活动杆与制动器的小杠杆接触的部位磨损，致使制动器转动角度不够。

(4)拨动器和制动器的 7 个锥形销，任何一个脱落或折断，都会造成拉握把时动作的传导中断，制动器打不开，上凸出角挡住拨弹器体，使炮弹压不到输弹机上。

应及时上报，更换锥形销。

(5)制动器扭簧从孔中脱出，使制动器不能恢复原位。

应重新结合或更换扭簧。

3. 连续射击时，炮弹压不到输弹线上

故障现象：在连续射击过程中，活动梭子起保险作用(即“跳梭子”)使高炮停射。

故障原因及排除方法：

只有压弹力大于压弹阻力，才能压下炮弹。连续射击过程中压不下炮弹，说明压弹阻力大于压弹力。因此，可以从压弹阻力增大和压弹力量不足两个方面来分析这个故障。

(1)压弹阻力增大

① 拨弹器体转不动或转动角度不够。

输弹机冲铁和制动器下凸出角磨损：应焊修冲铁和下凸出角。

输弹机冲铁弹簧失效，冲铁轴的锥形销折断或脱出。应更换弹簧、锥形销。

制动器扭簧失效，折断或扭簧从插孔内脱出；在射击过程中制动器体及小杠杆上的锥形销折断或脱落；制动器轴弯曲。在这种情况下，制动器被冲开后不能恢复原位，使活动杠杆挡住拨弹器体。

扭簧失效或折断：应更换，脱落后重新结合。锥形销折断或脱落：应更换。

拨弹器体在轴上转动困难：制转器限制顶帽、星形铁装反，应重新结合。拨弹器体轴前端螺钉拧得过紧。应调整到 0.1～0.4 mm。

② 炮弹在压弹机内产生“骑马弹”。应当用大起子拨正，或退弹重压。

③ 弹夹运动困难。应刮修退夹槽。

④ 抽筒慢，致使在复进压弹时，拨弹器体被药筒顶住，不能转动，压不下炮弹。应退出药筒，重新压弹、发射；并应注意擦净炮膛、炮弹等；抽筒子冲臂磨损或损坏应更换。

(2)压弹力量不足

① 活动梭子的小齿扭簧失效,小齿有毛刺或变形,使小齿不能恢复原位。清除小齿上的凸起金属,更换小齿扭簧。

② 活动梭子的小齿磨损,应更换或焊修小齿。

③ 活动梭子的保险器弹簧失效,应更换保险器弹簧。

此外,活动梭子的滑轮损坏或滑轮轴折断,都会产生压不下炮弹的故障。

4. 卡弹

故障现象:在射击过程中,炮弹被卡在输弹线上没有进膛,使高炮停射。

故障原因及排除方法:

(1)关闩过早或关闩迟缓

当炮弹尚未完全进入炮膛时,由于关闩过早,闩体迅速向上,将炮弹卡住;或炮弹进膛后,由于关闩迟缓,药筒底缘部撞击身管后端面而产生返跳,此时闩体刚好向上,也会将炮弹卡住。

(2)拨弹器体下垂

① 拨弹器体轴同压弹机左右侧壁的间隙过大,应按技术要求进行调整。

② 拨弹器体的顶轴或拨弹器体轴的轴头松动,应用铆钉重新固定。

③ 星形铁与拨弹器体的顶轴磨损,应清理星形铁的方孔,焊修顶轴。

(3)左、右制动器体的上凸出角与左、右拨弹器体的棱角磨损。当两者的间隙大于1.5 mm时,应堆焊左、右制动器体的上凸出角。修复后,间隙应为0.4～1.5 mm。

(4)制动器的活动杠杆与拨弹器体接触处磨损。当拨弹器体轴的转动角度过大时,应焊修活动杠杆。

(5)拨弹器体轴上的孔与固定螺钉磨损,或制转器弹簧失效。当拨弹器体轴上的孔和固定螺钉的直径差大于0.7 mm时,应配制螺钉。弹簧失效时,应更换。

(6)压弹机前壁定向钣松动或弯曲。定向钣松动,应固定紧。

5. 关闩过早

故障现象:高炮停射;炮闩关闭(闭锁器顶帽露出摇架);炮弹从输弹线上掉出,而且引信盖片被撞坏。

故障原因及排除方法:

在正常情况下,炮弹应当入膛,冲倒抽筒子,炮闩才能关闭。所谓过早关闩、提前关闩和自行关闩,则是指在射击过程中药筒底缘未冲开抽筒子,炮闩就关闭了。因此,引起关闩过早的原因,主要是由于抽筒子与冲铁钩得不紧,受到震动,两者脱离造成的。

(1)抽筒子抓钩与冲铁接触处磨损。

应更换抽筒子。更换后应修锉抽筒子中部及钩部,使之达到要求。

下部突起部和中部支撑面磨损时,应用焊条堆焊后加工恢复新品尺寸。上抓钩磨损或折断时应更换。

(2)冲铁在闩体上松动,应清理冲铁上的毛刺,拧紧冲铁螺丝并点铆。

(3)抽筒子夹锁弹簧失效,使抽筒子后倒力不够,应更换弹簧。

(4)抽筒子轴折断,应更换抽筒子轴。

(5)炮闩没有开到位

① 手拉握把向后不到位,送握把时炮闩又自行关闭。主要是操作不当造成,拉握把向后

应越过后握把扣。

② 后坐过短，开关轴滑轮损坏或磨损，后坐时炮闩不能开到位，抽筒子抓钩抓不到闩体，在复进时炮闩自行关闩。

(6)闩体在炮尾闩体室内前后晃动过大

闩体晃动是由于闩体前后定向面与闩体室磨损造成的。闩体与闩体室磨损量过大时，会使抽筒子钩不住冲铁，造成关闩过早。特别是使用时间较长的高炮，出现这种情况较多。

应当焊修闩体定向面，或在闩体后定向面安镶条。

6. 掉弹

故障现象：炮弹掉出，使高炮停射。

故障原因及排除方法：

掉弹分压弹掉弹和输弹掉弹两种情况。

炮闩自行关闭使炮弹不能入膛而产生掉弹。但若不能关闭，即便炮弹入膛了也还要掉下来。所以，为了迅速判断、排除故障，当遇到掉弹故障时，应首先看炮闩是否已关闭。如已经关闭，则应查看引信盖片和击针底盖是否撞坏，若已撞坏就是自行关闭造成的掉弹；如果炮闩没关闭，应检查是否能关闭，若不能关闭原因就是它造成的掉弹，不能关闭的原因较常见的是：抽筒子爪折断、输弹无力。如果上述两种情况不存在，应继续射击或用人工后坐器进行联动检查。到底是压弹掉弹还是输弹掉弹应加以区分，方法是：使高炮继续射击或用人工后坐器进行联动检查，并打开摇架机箱上盖进行观察，如复进时看不见炮弹而掉弹是压弹掉弹；如看见炮弹又掉弹则是输弹掉弹。

区别以上两种故障以后，就要进一步分析产生故障的原因。

(1)压弹掉弹

所谓压弹掉弹，就是在压弹过程中产生的掉弹。正常压弹时，炮弹底缘应落在输弹钩内，如果压下的炮弹未被输弹钩抓住，就会产生压弹掉弹。具体原因如下：

① 压弹机后壁定向带磨损

高射角时，压下的炮弹因自身重量后移，炮弹底缘部落在输弹钩后面，因此，产生压弹掉弹。

后壁定向带磨损时，可在定向带的下端进行铜焊。也可采用在后壁上加装镶条。

② 压弹迟缓

活动梭子的滑轮或最下方的小齿磨损。活动梭子的上下串动量大于 1 mm 时，应更换滑轮；活动梭子最下方的小齿与炮弹的间隙大于 2 mm 时，应焊修或更换小齿。

活动梭子保险器的弹簧失效。应更换弹簧。

限制顶帽的棱角磨圆，限制顶帽、星形铁装反。限制顶帽棱角磨圆应焊修或更换。限制顶帽、星形铁装反应重新结合。

拨弹器体轴前端螺钉拧得过紧，使拨弹器体轴转动困难。应调整到 0.1～0.4 mm。

如果压弹迟缓，当输弹器体已经向前运动时，炮弹才落下来，不能落在输弹钩内，因而产生压弹掉弹。

③ 输弹器体不能被连发卡锁卡住或卡不牢

连发卡锁与输弹器体的接触处磨损。应更换连发卡锁。

连发卡锁过低。应用调整螺钉调整，使连发卡锁高出发射卡锁 0.6～1.0 mm。

如果连发卡锁与输弹器体接触处磨损、连发卡锁调整得过低或卡锁弹簧失效，复进时连发卡锁卡不住输弹器体，炮弹底缘部便不能落在输弹钩内，造成压弹掉弹。炮弹还没有压到输弹槽上，输弹器体已经向前，通常将此现象称为输弹器体过早向前。

黄铜滑块和输弹机体的滑轮槽或黄铜滑块和滑块座磨损。黄铜滑块和滑轮槽的尺寸差大于 0.7 mm，应更换黄铜滑块。

④ 输弹钩抓不住炮弹

输弹钩或输弹钩轴损坏，输弹钩弹簧失效。此时炮弹虽然压下来了，但输弹钩抓不住炮弹，从而产生掉弹。

输弹钩的孔与轴磨损、输弹机弹簧杆螺帽松动，造成输弹钩向前倾斜，炮弹底缘部落不到输弹钩内，应换以备品。螺帽松动应拧紧，并用开口销固定确实。

(2)输弹掉弹

所谓输弹掉弹，就是在输弹过程中炮弹从输弹机上掉落下来。在正常的情况下，输弹力必须大于输弹阻力，才能把炮弹输送到炮膛内。当输弹阻力增大或输弹力量不足时，就会产生输弹掉弹。

① 输弹阻力增大

拨弹器体轴未固定合适，或拨弹器体轴的铜衬筒磨损都会使拨弹器体下垂，与输弹槽上的炮弹发生摩擦。

压弹机前壁定向钣松动或弯曲。定向钣松动时，应固定紧；弯曲时，应矫正。

输弹机体、炮尾、炮闩的输弹槽不一致。即在开闩状态下，输弹机、炮尾和闩体的输弹槽不一致，使炮弹运动受阻。具体原因如下：

输弹机体和炮尾上的孔同连接轴磨损，使输弹机体输弹槽低于炮尾输弹槽。

抽筒子抓钩与冲铁的接触处磨损，使闩体输弹槽高于炮尾输弹槽，应更换抽筒子。

压弹机体内两黄铜滑块的上平面不同高，造成输弹机体输弹槽与炮尾输弹槽左右不一致，应修锉黄铜滑块。

左右输弹钩工作面的错开量过大，使炮弹不能沿输弹槽的轴线向前运动。

输弹钩弹簧折断或失效，使输弹钩抓不住炮弹，炮弹松落在输弹线上而掉落，应换弹簧。

炮闩过早关闭，上膛的炮弹被闩体碰回，造成掉弹。

射击后抽不出药筒，上膛的炮弹被药筒碰回，造成掉弹。

炮弹进膛后，炮闩不能关闭或关闭迟缓，也会造成输弹掉弹。

② 输弹力量不足

输弹簧失效、折断，或弹簧杆折断，炮弹上膛时冲力太小，冲不倒抽筒子，炮闩不能关闩，炮弹即掉出，应更换输弹簧或弹簧杆。

输弹钩左右装反，输弹时无力带炮弹进膛，应重新结合，使尖端向前，斜面朝里。

7. 炮弹进膛后，炮闩不能关闭或关闭迟缓

故障现象：高炮停射、闭锁器顶帽未露出摇架。如果关闩迟缓还会造成卡弹。

故障原因及排除方法：

在正常情况下，关闩力必须大于关闩阻力，炮闩才能关闭；当关闩阻力大于关闩力的时候，炮闩就不能关闭或关闭不到位，或关闭迟缓。因此，应当从关闩阻力增大和关闩力量不足这两个方面来分析。

(1)关闩阻力增大

① 炮弹底火凸出,挤住了闩体,应将底火拧平。

② 药筒弹丸与药筒结合处有松动或歪斜;弹丸定心部生锈。

③ 闩体及炮尾闩体室缺油或太脏,使闩体和炮尾之间的摩擦力增大,应分解炮闩进行擦拭和涂油。

④ 闩体有毛刺或拨动杠杆未拧到位,应修锉炮闩,将拨动杠杆轴拧到位。

⑤ 开关轴和炮尾上的开关轴孔擦伤,开关轴转动困难,使关闩阻力增大。轻微擦伤时,应除去凸起金属;严重擦伤时,可在炮尾开关轴孔内镶套和更换开关轴。

⑥ 身管装反,使抽筒子爪不能进入身管后端面的抽筒子缺口内,应将身管转 180°刻线在上方位置并固定确实。

⑦ 复进簧失效致使复进簧推不到位,开关轴转不到位,使炮弹楔住闩体,应更换复进簧。

在作业过程中,由于炮弹底火凸出、药筒变形、药室过脏,容易发生炮弹楔住闩体,炮闩不能封闭炮膛,向后拉握把打不开炮闩,并且自动机一起向后移动的故障。此故障是因为炮闩没关到位,击针也不能打击底火,所以炮手应首先迅速设法打开炮闩退出膛内炮弹。如果出现拉握把打不开炮闩的情况,可一人向后用力拉住握把,以防止闩体上升到位发生走火事故;然后另一人取下上盖,用木棒向下冲击炮闩即可打开炮闩,退出膛内炮弹。如开闩后还退不出膛内炮弹,可打平炮身,开闩状态用预先装上退弹器的洗把杆退出炮弹。

排除炮弹楔住闩体故障的时间要求:依据多起炮弹楔住闩体故障没有排除而出现炸膛事故的调查总结,并征求一线老炮手的意见,要求防雹作业连续发射 30 发以下出现炮弹楔住闩体故障,应在 1.5 min 内处理完毕;连续发射 30 发以上出现炮弹楔住闩体故障,应在 1.0 min 内处理完毕;增雨作业不连续发射炮弹出现炮弹楔住闩体故障,应在 1.5 min 内处理完毕。在规定时间内没排除掉此故障,炮手应迅速打高炮身 45°以上撤离高炮,待炮膛完全冷却后再进行处理,防止身管过热引起炮弹自燃爆炸事故的发生。

(2)关闩力不足

① 闭锁器的闭锁簧失效或折断。应更换闭锁簧。闭锁簧折断若无备品时,可将断头向外,平头相对结合好,暂时使用。

② 闭锁器拉钩杆的钩部变形或折断。钩部变形时,可不加热矫正;折断时,应更换拉钩杆。

③ 闭锁器套筒同炮尾的结合处脱焊,使闭锁器套筒松动,产生歪斜。应把套筒放正,重新点焊。

④ 如果抽筒子爪折断,则炮弹入膛后不能冲倒抽筒子,也会造成不关闩。应更换抽筒子。

8. 不发火

故障现象:闩体已关闩到位(闭锁器顶帽已全部露出摇架),膛内有炮弹,打不响。

为了防止因迟发火而造成事故,应打高炮身 45°以上,关闭保险,停射 50 s,拉握把退出炮膛内的炮弹,并用手接住迅速放到远处。炮弹留膛时间不应超过 1.0 min,来防止因身管过热引起炮弹自燃事故发生。

故障原因及排除方法:

对炮弹不发火的故障,应当从内因和外因两方面来分析。出现不发火故障时,首先应检查炮弹底火,如果被击针撞得孔较深又正,即是炮弹有故障;如果孔很浅或没有孔,或孔不正,则是击发装置或闭锁装置的故障。

内因：

(1)炮弹底火或发射药受潮，应更换炮弹。

(2)底火深陷。若下陷量大于 0.50 mm，击针撞击底火深度不够，也不能发火，应换炮弹。

外因：

(1)如果底火上无击痕或击痕浅，可能有以下原因：

① 击针尖磨损或折断、击针簧失效或折断。击针室太脏，使击针运动不灵活。

应更换击针尖或击针簧，擦净炮闩。

② 拨动杠杆不能被击发卡锁卡住，又可分为两种情形：

拨动杠杆的长角同击针定向键接触处磨损、曲角同曲臂的接触处磨损，致使击针的拨回量不够。更换拨动杠杆。

击发卡锁卡不住短角，使击针不能形成待发状态，而缓慢打击底火也可能不发火。其原因是击发卡锁簧失效、击发卡锁在卡锁室内卡滞，应更换击发卡锁簧，擦净击发卡锁室。

③ 关闩时曲臂转不到位而压不平击发卡锁，击发卡锁不能放开拨动杠杆的短角，应更换击发卡锁。

④ 闭锁器套筒后端面与拉钩杆端面之间无间隙。

两者之间无间隙是拉钩杆钩部变形问题，应更换拉钩杆，使闭锁器套筒后端面与拉钩杆端面之间要有不少于 0.50 mm 的间隙。

(2)如果底火的击痕不正，其主要原因是闩体下垂量过大。

当闩体下垂量超过 1.25 mm 时，应更换曲臂。

9. 射击后抽不出药筒

故障现象：射击后药筒抽不出来或抽筒慢，还可以造成压不下炮弹或掉弹故障。

故障原因及排除方法：

在正常情况下必须抽筒力大于抽筒阻力，才能把药筒抽出，如果抽筒力不足或抽筒阻力增大，药筒就抽不出来。

出现抽不出药筒的故障时，首先应查看炮闩是否打开(查看闭锁器顶帽是否缩回摇架)，如未打开，说明抽筒力不足，打开说明抽筒阻力大。

(1)抽筒力不足

① 自动开闩盖未固定确实，射击时自动脱出，应重新固定。

② 开关轴上的滑轮损坏或与自动开闩盖曲线滑道磨损，应更换滑轮。

③ 后坐过短。以上原因造成的故障现象是闩体不能自动打开或开不到位，闩体冲铁撞不到抽筒子冲臂，或者撞击无力，以致抽筒力不足。

④ 抽筒子爪折断或抽筒子下方的冲臂磨损。应更换抽筒子；冲臂磨损时，可用焊条焊修。

⑤ 冲铁崩落或松动。

应更换冲铁或拧紧螺钉，如圆柱销松动时，应更换加粗的销子。

(2)抽筒阻力增大

① 压弹机前壁定向钣松动、弯曲或拨弹器体下垂。

② 输弹机体的输弹槽高于炮尾的输弹槽。更换压弹机内的黄铜滑块。

③ 药筒膨胀和药室过脏。应退出药筒，擦拭药室。

10. 后坐过长

故障现象:后坐长度达到 179 mm 以上。

应停止射击,查看后坐标尺的游标簧片是否失效。如果簧片没有失效,即为后坐过长的故障。在作业过程中出现这个故障时,可以把活塞杆向外调出一些,继续射击。

故障原因及排除方法。

总的原因是后坐阻力减小,具体原因可能有以下几点:

(1)活塞杆露出过短。应将活塞杆露出长度调长一些。

(2)驻退液不足,或驻退液变质,使驻退机液压阻力减小。应注满或更换驻退液。方法是:将炮身打到$-3°$,拧下注液孔螺塞,用漏斗向驻退机内注驻退液,使液面与注液孔内下缘齐平。

(3)复进簧失效。应更换复进簧,作业中可以换备份身管。

11. 后坐过短

故障现象:后坐长度小于 150 mm。也可能因后坐过短而产生不开闩,不抽筒等故障,高炮停射。

应进行检查,如属于驻退机问题可将活塞杆向里调短一些,再进行射击。

故障原因及排除方法:

总的原因是后坐阻力过大,使后坐部分运动的受阻,具体原因可能有以下几点:

(1)活塞杆露出过长。

后坐时活塞在枢轴杆较粗的地方运动的时间增长,使活塞后面的驻退液向前流动较困难,增大了后坐阻力。应将活塞杆露出长度调短一些。

(2)紧塞器后盖压得过紧,紧塞垫和皮碗箍紧了活塞杆,使活塞杆移动困难。应将紧塞器后盖稍拧松一些,使拉出或推入活塞杆的力不要大于 392 N,而且不得漏液。

(3)后坐部分摩擦阻力过大。

炮尾青铜滑钣同摇架的定向滑道擦伤;复进机驻环与摇架颈筒等摩擦表面上擦伤,都会使后坐部分运动困难,造成后坐过短,应清除擦伤和擦拭涂油。

(4)自动开闩盖脱落。应重新结合,并固定确实。

(5)复进簧涂油过多,阻碍了炮身向后运动,应进行擦拭去油。

12. 复进不到位或复进缓慢

故障现象:故障初期表现为复进缓慢,射速减低。严重时不能复进到位(复进机驻环缩在摇架颈筒内),高炮不能发射。

故障原因及排除方法:

总的原因是复进阻力过大,甚至使复进部分卡住;或者是复进力减小。具体原因可能有以下几点:

(1)复进阻力过大

① 紧塞垫和皮碗被紧塞器后盖压得过紧,应适当拧松紧塞器后盖,但不得漏液。

② 活塞杆露出过短,应将活塞杆露出长度调长一些。

③ 炮尾与输弹机体的连接轴簧片失效,连接轴脱出,应更换簧片或连接轴。

④ 复进部分摩擦阻力过大,其原因是:油泥过多或有擦伤。复进机内的炮脂过多对后坐、复进都有影响,应清除擦伤或擦拭涂油。

(2)复进力减小。复进簧失效,应更换复进簧。作业中可换用备用身管。

13. 射击时两炮管不同步发射

双 37 mm 高炮在射击中,常出现发射不一致或一管发射另一管不发射的故障,这种故障称为不同步发射。

不同步故障的现象有以下两种:

(1)第一次发射时不同步

现象:第一次发射时,两输弹器体不同时向前输弹。

故障原因:是由发射机构调整不当造成的,所以应在发射机构中进行调整。

调整方法:

① 根据检查结果,如右炮慢、左炮快是右炮发射机构调得过长或左炮过短造成。踏下发射踏板查看右曳杆是否从弹簧筒内伸出,如伸出,说明弹簧压力不足,应将弹簧上盖拧紧,进行排除。

② 当保证曳杆不伸出时,说明右炮调整杆过长而造成,应将调整杆调短进行排除。先拧松固定螺母,再进行调整。

③ 在将调整杆调整后,应保证松开发射踏板时,右炮弹簧杆与击发杠杆之间隙不小于 0.5 mm。踏下发射踏板到位时,弹簧杆对炮耳轴本体断面的突出量不应小于 3.0 mm。在保证右炮间隙的基础上,还不能同步时,再将左炮调整杆调长。

④ 反复进行慢踩发射踏板检查、调整,直到两输弹器体向前一致,即保证了第一次发射时同步。

(2)连发时的不同步

现象:在连发射击中,两炮管不同步,出现一炮管前一炮管后的发射现象。

故障原因:主要是两管后座长度、复进速度不一致和连发同步装置没调整好造成。

调整方法:

① 根据两管的后座距离,可稍拉出一管驻退机活塞杆或推进另一管驻退机活塞杆,使其发射相一致。

② 高炮为完整结合状态,打低射角 0°以下。

③ 取下右炮退壳槽。

④ 查看左、右输弹器体被左、右发射卡锁卡住状态。

⑤ 调整时,先卸下右炮后壁。用专用套筒扳手,拧松同步装置调整螺上的固定帽,用专用起子拧调整螺杆,使控制卡锁大约与中卡锁齐平;将固定螺帽拧紧。

结合上后壁,退壳槽,按以上方法检查调整后,即可保证连发时的同步。

三、瞄准机的故障分析判断与排除

(一)高低机动作困难

首先应区分是打高打低都困难,还是单向动作困难。

1. 单向动作困难

如果高低机单向动作困难,是平衡机的问题。打低困难,原因是平衡机弹力过大;打高困难,原因是平衡机弹力不足。应当调整平衡机。调整时要把炮身打高,并使两个机筒的弹簧压缩程度相等,并且调整后弹簧杆螺纹应留有调整余量。调整无效或有不正常响声时,应分解平衡机进行检查。如果弹簧折断或弹性减弱，应予更换。

2. 双向动作困难

大、小速双向动作都困难。具体故障原因和排除方法如下：

(1)高低齿弧与高低齿轮啮合过紧。

将蜗轮装置从托架左侧钣上卸下，拧下固定偏心套筒的定位螺钉，转动偏心套筒，然后推身管上下转动，直到转动灵活为止，再把偏心套筒固定住。

(2)蜗杆与蜗轮啮合过紧。可用蜗轮装置的轴承套筒调整，使蜗轮与蜗杆啮合适当。

(3)大、小锥形齿轮啮合过紧。

先拧松左侧的紧定螺环，再拧紧右侧的紧定螺环使大锥形齿轮向左移动；小锥形齿轮用转轮箱体纵孔上方的螺环和下方的螺盖调整。

(4)转轮箱体内的上、下齿轮与变速箱体内的大、小速齿轮啮合过紧。用两箱体之间的垫片调整。

(5)高低机各轴上的锥形滚柱轴承压得过紧或锈死。应适当拧松轴两端的螺盖或擦拭清洗轴承。

(6)平衡机弹簧、弹簧杆弯曲或左右旋弹簧装错。弹簧弯曲应更换；弹簧杆弯曲可不加热矫直；左右旋弹簧装错应重新结合。

(7)炮耳轴轴承损坏、锈蚀或缺油，应更换或涂油。

3. 动作不均

其原因和排除方法是：

(1)高低机各传动轴弯曲，应不加热矫直或重制。

(2)高低齿轮与高低齿弧、蜗杆与蜗轮上有碰伤，应清除碰伤。

(3)平衡机筒内有碰伤或压坑。应清除碰伤或矫正压坑。

(二)方向机动作困难

1. 大、小锥形齿轮啮合过紧

用转轮箱体横孔两端的紧定螺环调整大锥形齿轮的左右位置，用轴承套筒调整小锥形齿轮的上下位置，使大小锥形齿轮啮合正确。

2. 大、小速齿轮与双齿轮啮合过紧，可用增加两箱体之间垫片的方法调整。

四、炮车的故障分析判断与排除

炮车在炮点上被风沙、泥水的侵蚀时间较长，容易脏污和生锈而造成动作困难。但只要加强对炮车的擦拭维护，经常分解炮脚、杠起螺杆、车轮、缓冲器等进行擦拭换油，并适时地给注油嘴里注油，是可以确保炮车动作良好和减少磨损的。

(一)高炮起落困难

1. 落炮容易，起炮困难

(1)起落变换器弹簧压得不紧。高炮成行进状态时，打开炮床侧面的盖板，拧紧拉杆上的压螺，压缩弹簧。调整后必须插好开口销。

(2)起落变换器弹簧失效或折断，应更换弹簧。

(3)起落变换器链条或拉杆折断，应更换。

2. 起、落炮都困难

(1)车轴转动不灵活。其原因是:车轴和轴瓦配合间隙过小或油泥过多。

(2)炮床变形、弹簧变形,使起落变换器弹簧伸、缩受阻,应修整更换。

(二)杠起螺杆转动困难

1. 轴承损坏,应更换轴承,轴承代号为 8206。

2. 杠起螺杆严重锈蚀,应分解擦拭除锈涂油。

3. 定向螺拧得过紧或变形,应修锉定向螺。

五、射击时常见故障及处理

射击时常见故障、可能原因及处理方法如表 3.3 所示。

表 3.3 射击时常见故障及处理

故障名称	故障现象	可能原因	处理方法
第一次装填时,炮弹压不到输弹线上	握把已拉到最后方并放在后握把扣内,炮弹仍压不下去	1. 炮弹歪斜卡在压弹机内(骑马弹) 2. 压弹机制动器未打开	1. 用螺丝刀将炮弹拨正后重新压弹 2. 修理制动器损坏的零件
连续射击时,炮弹压不到输弹线上	活动梭子呈保险状态	1. 炮弹歪斜卡在压弹机内 2. 制动器未打开使拨弹器体转不动 3. 抽筒慢,药筒顶住了拨弹器体 4. 活动梭子的保险簧失效	1. 用螺丝刀将炮弹拨正后重新压弹 2. 修理制动器损坏的零件 3. 拉握把开闩,用洗把杆将药筒推出 4. 更换损坏的保险簧
掉弹	第一发压弹后从输弹机后方掉下一发完整的炮弹	输弹钩没有抓住炮弹底缘	更换损坏或失效的零件
	射击过程中从输弹机后方掉下一发完整的炮弹	1. 输弹钩没有抓住炮弹底缘 2. 输弹力量不足或输弹阻力增大 3. 炮闩不能关闭	更换损坏或失效的零件
炮闩关不到位	闩体未碰到炮尾上的挡板,闭锁器顶帽未完全露出	1. 关闩力量不足如闭锁簧失效 2. 关闩阻力增大	1. 更换失效的闭锁簧 2. 查找阻力增大的原因,加以排除
关闩后不发火(底火瞎火)	炮弹已进膛,炮闩完全关闭,闭锁器顶帽已完全露出,但不发火(底火瞎火)	1. 炮弹底火失效或发射药受潮 2. 击发底火力量不足	1. 处理方法见上段对底火瞎火弹的处理 2. 更换损坏或失效的零件(详见炮弹说明书)
后坐过长超过 180 mm	在后坐游标不松动的情况下后坐长度超过 180 mm 注意:超过 180 mm 要停射	1. 驻退机液量不足 2. 驻退机活塞套磨损 3. 复进簧弹力减弱 4. 驻退液变质	1. 添加或更换驻退机液体 2. 修理或更换失效零件 3. 更换复进簧 4. 更换驻退液
复进不到位	复进机止环缩在摇架颈筒内	1. 复进簧弹力减弱 2. 复进阻力增大	1. 更换复进簧 2. 找出阻力增大原因并排除

第三节　维护保养

由于高炮在野外炮点长期受到风沙、雨雪、雾、严寒、酷热等不良自然条件的影响，特别是在快速发射过程中经常受到风雨交加恶劣天气的侵袭，造成零件容易锈蚀、磨损、变形、断裂、损坏，使高炮各机构性能和精度降低，产生故障，影响作业任务的完成。为了更好地完成作业任务，必须使高炮经常处于良好的技术状态，这就要求我们正确地使用和维护高炮。火炮的维护保养就是使火炮经常处于良好的作业状态，确保随时投入防雹增雨作业。

一、高炮的保养

(一)炮用油料

火炮使用油料的目的是减缓零件的磨损，防止零件锈蚀，从而延长火炮的使用寿命。应根据油料的性质，不同的地区、季节、气候，以及使用的具体部位等条件进行选用。常见的炮用油料类型如图 3.27 所示。

1. 石墨锂基脂

石墨锂基脂为黑色均匀软膏。具有良好的耐高温，抗极压性能，并有较好的耐水性。应涂在：防火帽与身管结合部、身管与炮尾结合处；在射击时涂于炮闩开关轴、自动开闩盖曲线滑道、炮耳轴、杠起螺杆及球轴、炮脚连接轴等高压高温摩擦部位，起抗压润滑作用，平时不用此脂。

图 3.27　炮用油料

2. 二号防护油

该油具有较低的凝固点和较好的防锈性能、润滑性能及去污能力。长期经常擦拭和短期(1 个月以内)存放的高炮炮膛、闩体、装填机及其他活动机件，未涂漆的金属表面及注油嘴等部位均涂此防护油。北方及高原地区常年用二号防护油，在最低气温达到－45 ℃的地区应涂三号防护油。

3. 多功能火炮通用润滑脂

用于各种高炮和炮弹引信螺纹等部位的润滑与防护，该润滑脂可满足高炮的使用要求。

(二)擦拭材料工具

1. 擦拭材料

(1)汽油或煤油

汽油主要用于洗刷轴承和较精密的零件。煤油用于洗刷一般零件，冬季可用来洗刷炮膛。

(2)擦拭除铜两用剂

用于擦拭作业后的炮膛,清除火药残渣和挂铜。擦拭除铜两用剂为有毒性的化学擦拭剂,切忌入口,擦拭时,注意勿使擦拭剂流入机械内部或洒落在涂漆部位,以免生锈和漆层脱落。

(3)擦拭布

2. 擦拭工具

洗把杆、洗把刷和洗把头。洗把刷用于往炮膛内涂油,洗把头用于擦拭炮膛。

(三)擦拭和涂油

1. 平时的擦拭

用擦拭布缠在洗把头上反复擦拭,除去旧油直到无污痕为止。然后用油布缠在洗把头上均匀地涂一层防护油。

2. 作业前的擦拭

用擦拭布缠在洗把头上反复擦拭,除去旧油直到无污痕为止。但禁止涂油,以减少射击时对炮膛烧蚀。

3. 射击后的擦拭

作业后炮膛的擦拭。作业后,炮膛尚未冷却时,应立即擦拭并涂油。情况不允许时,应趁炮膛尚未冷却时涂油,使火药残渣和酸性气体不致凝聚在膛面上,待情况允许时擦净涂油。

擦拭炮膛前应卸下炮闩和装填机而用锥形塞堵住药室部。

注意事项:

(1)最好在火炮作业状态下擦炮膛,在行进状态擦炮膛容易折断洗把杆。

(2)炮膛一定要擦净,如果不马上射击,还应当涂油。擦拭炮膛的目的是防锈。但是,如果没有擦净或未及时涂油,仍然会引起锈蚀,因此,炮膛必须擦净。

4. 涂油

给机构内部添油,主要是从注油嘴处注入,方向机和高低机还可以打开箱体或本体上的护盖向内部添油。从注油嘴注油时,应先压下注油嘴的钢珠检查,如有油冒出就不需要再注。否则应注油。注油时应注意:平油嘴注锭子油或防护油,长注油嘴注润滑油。

对不经常擦拭的部件和保管库存高炮应多涂润滑油,油层厚度可达 1~2 mm,以免干掉。对于炮闩、装填机、高低齿弧等活动机件,在使用时应涂少量的防护油。

二、高炮的保管

(一)保管高炮应做好“五防”工作

高炮的保管,应注意做好“五防”:防锈蚀,防磨损,防损坏,防松动,防弹簧失效。

根据作业任务情况及结构情况,尽量使弹簧处于伸张状态,以减少疲劳,避免弹簧失效。例如:关闭炮闩,以放松闭锁簧和击针簧;输弹器体位于前方位置,以放松输弹簧;炮身射角为65°~67°,以放松平衡簧;高炮处于行进状态,以放松起落变换器弹簧;车轮离地,以放松缓冲簧等。

(二)高炮的保管

1. 高炮在炮台上的保管

(1)作业炮场地应选在地势较高、平坦、干燥、易于排水、便于通行的位置。

(2)穿好各部位护套、炮衣,注意防日晒。

(3)炎热夏天,应将车轮盖好,以防止轮胎晒裂。

(4)为防止弹簧过度疲劳,在不影响作业任务的情况下,应尽量地适时放松弹簧。

2. 高炮入库的保管

(1)增雨防雹结束入库保管的高炮应并架排列存放,并留有 500 mm 的检查道。

(2)在库房保管的高炮,未涂漆的外露金属部件,应按要求涂油和包贴油纸。

(3)增雨防雹结束后留在作业点炮库保管的高炮,应卸下炮闩、输弹机贴上标记,交县人工影响天气办公室统一保管。

(4)各机构保管状态具体要求见表 3.4

表 3.4 37 高炮各机构保管状态要求

序号	机构名称	状态要求	目的
1	炮车	行进状态	放松变换器弹簧,便于出入库
2	车胎	用圆木支柱顶起离地 50 mm	放松车轮缓冲器簧,防止轮胎变形
3	牵引杆	立起	防止牵引环锈蚀
4	炮身	打至 65°(允许支架固定)	放松平衡机弹簧和小弹簧
5	炮闩	关闩	放松闭锁器弹簧
6	击发装置	击发(击发杠杆应放开击针)	放松击针弹簧
7	输弹器体	放开在前方位置	放松输弹簧
8	开闩握把	放在前握把扣内	统一、一致
9	保险器	放在解脱位置	整齐一致
10	随炮工具	编号统一保管	防丢失、损坏
11	炮衣	穿好大小炮衣系好绳带	防丢失、损坏
12	水准仪	寒季涂一层炮油	防止冻坏水准气泡

复习与思考

1. 炮闩部分检查有何具体要求?
2. 试述抽筒子的检查方法。
3. 试述第一次装填时,炮弹压不到输弹线上的故障原因及排除方法。
4. 试述连续射击时,炮弹压不到输弹线上的故障原因及排除方法。
5. 试述拉握把困难或输弹器体拨不到位的故障原因及排除方法。
6. 保管高炮应做好哪“五防”工作?

第四章 炮弹的构造和使用

内容提要

本章主要介绍了炮弹的分类和技术要求，炮弹的构造原理，炮弹标志，典型炮弹的技术参数，炮弹的使用、运输、储存和销毁的基础知识以及安全注意事项等。其中，炮弹的构造原理部分介绍了炮弹的基本构造，平时作业应用较多的几种型号炮弹的技术参数，新型炮弹的主要特点、构造原理，对炮弹的标识、炮弹在射击前的准备、炮弹发射作业要求、作业后炮弹的补充及整理等进行了明确。

人工增雨防雹弹（以下简称炮弹）是通过高炮射击，将弹丸发射到云层中爆炸，以爆炸和爆震产生的冲击波把催化剂播撒到云中，使催化剂产生大量人造冰核，通过催化剂的作用使雹云、雨云的机制产生转化，因而达到增雨防雹目的的一种民用炮弹，属危险爆炸物品。通过学习了解炮弹的构造和性能，可以使我们掌握其特点，以便正确地使用和保管，充分发挥其应有的作用，确保安全。

第一节 炮弹的分类和技术要求

人工影响天气弹药主要有人工增雨防雹弹、碘化银焰管、机载碘化银焰弹。这些弹药是通过地面、空中发射装置发射和焰炉点燃，实施人工影响天气作业的民用弹药。

目前国内增雨防雹炮弹生产工厂及其生产炮弹品种如表 4.1 所示。

表 4.1 增雨防雹炮弹生产工厂及其生产炮弹品种

生产工厂	弹 种
国营 152 厂	83 型、07 型、13 型、18 型、18A 型、20 型
吉林 3305 机械厂	JD-89 型、JD-17 型
国营 123 厂	ZBZ-D37-15 型、ZBZ-D57-Ⅰ型
江西 9343 厂	RY-18 型

一、炮弹的分类

根据炮弹特点，可进行如下分类。

1. 按引信结构划分有直爆炮弹、隔爆炮弹和单路发火、双路发火炮弹、四路发火炮弹、可装定时间电子引信炮弹。

JD-89 型、83 型为直爆单路发火炮弹；13 型、20 型和 ZBZ-15 型为隔爆双路发火炮弹，07 型为直爆双路发火炮弹，JD-17 型为直爆四路发火炮弹；18 型、18A 型为隔爆四路发火炮弹，

18A 型为可装定时间电子引信炮弹。

2. 按引信瞎火率划分有 3%、3‰、1‰和 0.1‰炮弹瞎火率。

JD-89 型、83 型为直爆单路发火炮弹，13 型和 ZBZ-15 型为隔爆双路发火炮弹，07 型为直爆双路发火炮弹，18 型为直爆四路发火炮弹。

JD-89 型、83 型为 3%炮弹瞎火率；07 型、13 型、ZBZ-15 型和 JD-17 型为 3‰炮弹瞎火率，20 型为 1‰炮弹瞎火率，18 型、18A 型为 0.1‰炮弹瞎火率。

3. 按炮弹弹丸破片大小划分为 50 g、30 g、14 g 和 10 g 以内重量。

JD-89 型为 50 g 以内，83 型、07 型为 30 g 以内；ZBZ-15 型、13 型、18 型和 JD-17 型为 14 g 以内；18A 型和 20 型为 10 g 以内。

4. 按炮弹自炸时间划分有 7～10 s、9～12 s、13～17 s、15～20 s 和 7～20 s 等秒数。

自炸时间 7～10 s 的有 83 型、07 型、ZBZ-15 型，9～12 s、13～17 s 的有 83 型、07 型、JD-89 型、ZBZ-15 型，15～20 s 的有 13 型、18 型、20 型，7～20 s 的有 18A 型。

5. 按炮弹口径划分为 37 mm 高炮弹和 57 mm 高炮弹。

6. 按炮弹用途划分为增雨防雹炮弹、短程训练弹和模拟教练弹。

二、技术要求

2016 年中国气象局发布了《增雨防雹高炮系统技术要求》(QX/T 358—2016)行业标准，其主要目的是分级设定弹药可靠性能指标，确定质量提高路线图。其中专门就人工影响天气用炮弹的安全性、可靠性提出了要求(表 4.2)。

表 4.2 增雨防雹高炮系统技术要求

要素	指标要求
高低射界	45°～85°
操控	遥控发射、连发
标识	条维码
最大射高	≥6700 m(37 mm) ≥8500 m(57 mm)
最大破片	A 级≤5 g，B 级≤10 g，C 级≤14 g
引信瞎火率	A 级≤1‱，B 级≤1‰，C 级≤3‰
有效作用高度	2000～8000 m
催化剂成核率	≥10^{11}/g(−10 ℃)

(一)炮弹安全性方面

1. 具备延期解除保险的隔爆机构，解决炮口炸；具备不少于 2 个保险件，双环境力解锁。

2. 最大破片要求分三级：

(1)A 级应小于或等于 5 g。

(2)B 级应小于或等于 10 g。

(3)C 级应小于或等于 14 g。

(二)可靠性方面

引信瞎火率分三级：

(1)A 级应小于或等于 1/10000。

(2)B 级应小于或等于 1/1000。

(3)C 级应小于或等于 3/1000。

为了提高炮弹的安全性,新研发的产品引信采用双环境力解锁(后坐力、离心力),达到 3/1000 要求并具备隔爆机构的炮弹有:重庆 152 厂的 13 型、18 型、18A 型、20 型,中兵 ZBZ-D37-15 型,ZBZ-D57-Ⅰ型以及江西 9343 厂的 RY-18。

达到 1/1000 要求并具备隔爆机构的炮弹有:18 型、18A 型、20 型。

为了提高作用可靠性,采用双引信结构,大幅提升产品的可靠性。重庆 152 厂研制的 18 型、18A 型具备弹头、弹底双引信,设计可靠性达 1/10000。

第二节 炮弹的构造原理

一、炮弹的基本构造

炮弹由引信、弹丸、药筒、发射装药、底火 5 个主要元件组成(图 4.1～图 4.4)。

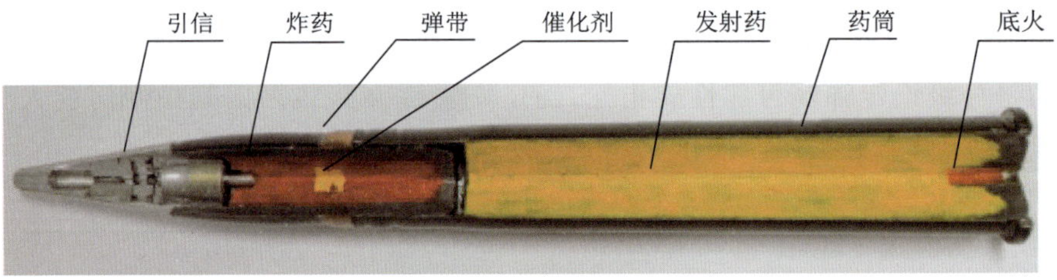

图 4.1 13 型炮弹

(1)引信。引信是利用感知目标信息和环境信息,在预定的条件下引爆弹丸的控制装置,是炮弹的“大脑”,由引信体、发火机构、药盘延时自炸机构、隔爆机构(83 型、JD89 型无隔爆机构)、离心保险机构和传爆机构等部件组成(图 4.5)。其作用原理是:装配状态下,引信的转动装置受到保险机构约束,转动装置处于隔离位置。发射时,在后坐力的作用下,引信发火机构的火帽运动戳击侧击针并发火,点燃时间药盘,药盘开始燃烧,与此同时,保险机构解除对转动装置的约束,转动装置在回转力矩的作用下转正,产品处于待发状态。当时间药盘燃烧完毕,输出火焰使火焰雷管作用,依次起爆传爆管、弹丸主装药。

(2)弹丸。弹丸通常由引信、弹体和装填物等组成(图 4.6),用以杀伤有生力量,摧毁目标,或完成其他战斗任务。弹体是容纳弹丸装填物并连接炮弹各零部件的壳体。37 mm 炮弹体分为弹头部、圆柱部、弹尾部等。圆柱部的两端有定心部、弹带。发射时弹带嵌入膛线,紧塞炮膛,密闭火药气体,同时导引弹丸高速旋转以满足飞行稳定的要求。定心部用于保证弹丸轴线与炮膛轴线一致,以使弹丸既能顺利装填,又能保证弹丸在膛内正确运动。弹带和定心部尺寸公差要求很严格,保管使用中应严防锈蚀和磕碰。弹丸内装有高能黑铝炸药(内装催化剂),用来使弹丸爆炸,爆炸形成强大的冲击波和爆轰,使催化剂形成冰晶核分散到云层中。

(3)药筒。药筒有以下主要作用:一是用于装发射药,二是连接弹丸和底火,三是在发射药

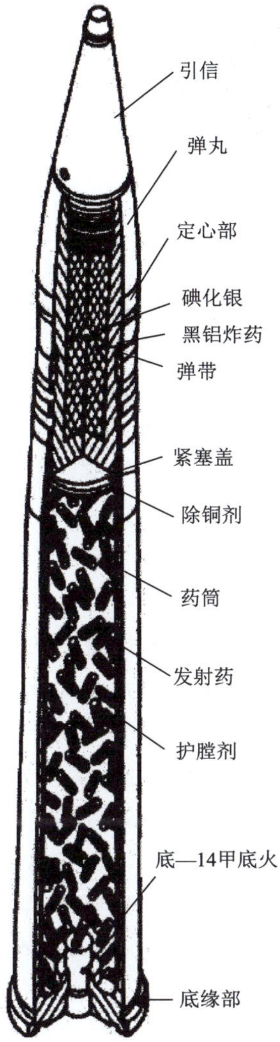

图 4.2　83 型、07 型炮弹

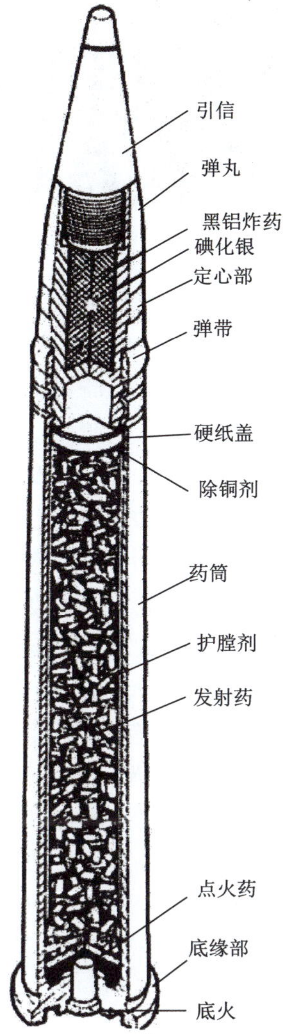

图 4.3　JD-89 型炮弹

图 4.4　ZBZ-D37-15 型炮弹

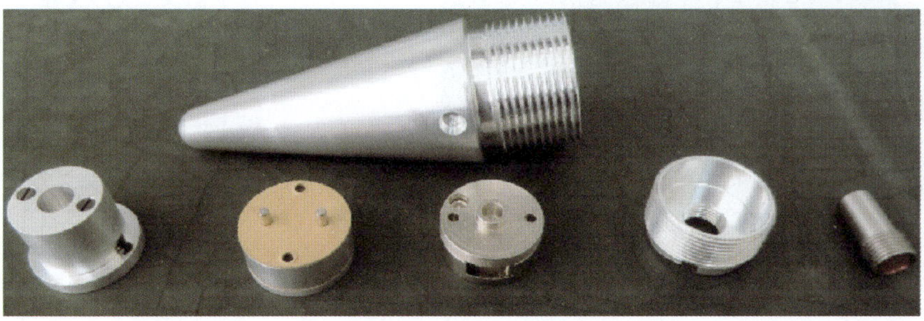

图 4.5　引信内结构

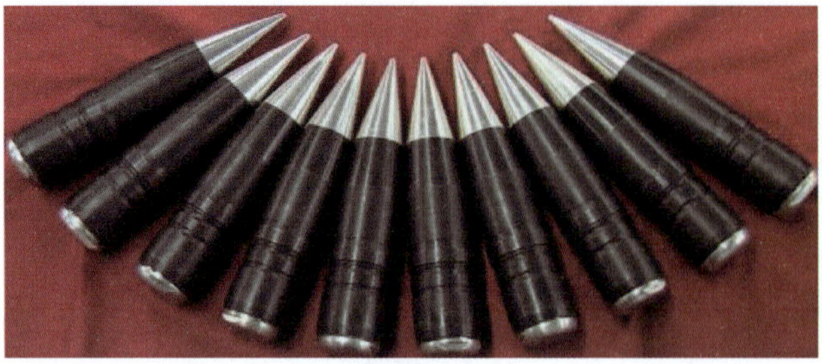

图 4.6　弹丸

时密闭火药气体和减少火药气体对炮膛的烧蚀。全弹装配时一般弹药筒和弹丸连接处涂硅橡胶等密封剂，以防发射药受潮。药筒表面一般涂漆防止锈蚀(图 4.7)。

药筒通常分为筒口、筒体和筒底等部分。筒口壁较薄，机械强度低，一是易于与弹丸紧口连接，二是在火药燃气压力作用下容易紧贴炮膛壁，消除缝隙，保证火药燃气不后泄。定装式药筒用于连接弹丸，其药筒口部端面与弹丸紧口槽配合，连接弹丸。筒体用来盛装发射药和其他辅助用品，是药筒的主体部分，在平时保护发射药不受潮、免碰坏。筒体外形为截锥形，其锥度直接影响装填和抽筒的性能。筒底部分由筒底、底缘、底火药室等组成，37 mm 炮弹靠筒底底缘定位。筒底厚度有一定强度要求，保证射击强度和开闩顺利。

(4)发射装药。发射药是具有一定形状、品号和一定重量的火药，放在药筒中的一定位置上。发射时，火药被点燃，迅速燃烧生成大量火药气体，产生很高的压力，推动弹丸前进。37 mm 炮弹常用的发射药品号为 7/14，即有 14 孔，两孔之间的弧厚为 0.7 mm，属于增面性燃烧发射药。是弹丸获得一定初速能量的来源。其主要成分为硝化纤维，常温下缓慢分解，温度越高分解越快，在潮湿密闭的条件下会加速分解，温度急剧上升，极端情况下可能发生自燃，造成严重的安全事故。因此，在日常保管中必须严格防潮、防暴晒。

(5)底火。底-14 甲底火压(旋)入药筒底部中央的底火室，用于发射时产生一定强度的火焰，点燃发射装药。一般由底火体、火帽、黑药、发火砧等组成。由于黑药易吸水失效，所以特别要注意防潮(图 4.8)。

图 4.7　药筒

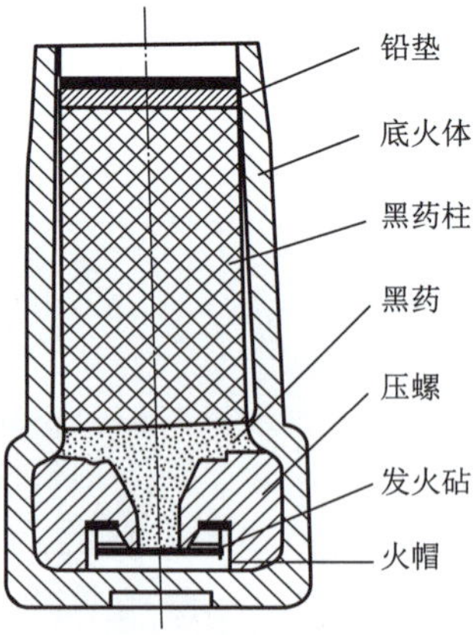

图 4.8　底-14 甲底火

二、炮弹的主要技术参数

各型炮弹的主要技术参数如表 4.3、表 4.4 所示。

表 4.3 炮弹的主要技术参数(一)

序号	诸元/单位		13 型	18 型	18A 型	20 型
1	平均初速/(m/s)		≥920	≥925	≥925	≥900
2	平均膛压/MPa		≤260	≤260	≤260	≤260
3	炮弹全长/mm		383.08～385.97	383.08～385.97	383.08～385.97	383.08～385.97
4	炮弹质量/kg		1.300	1.300	1.300	1.312
5	弹丸质量/kg		0.613	0.593	0.613	0.630
6	黑铝炸药质量/g		63.4	64.0	64.0	70.5
7	917 炸药质量/g					
8	传爆管数量		1	2	2	1
9	发射药参考质量/kg		0.202	0.200	0.200	0.200
10	碘化银含量/g		1	3	3	2
11	破片	最大弹体破片质量/g	≤14	≤10	≤10	≤10
12	引信炮口保险距离 /m		≥20	≥20	≥20	≥20
13	射高	有效作用高度/m	3000～6000	3000～6700	2000～6700	3000～6700
14	成冰核率	碘化银成冰核率/(个/g)	6.962×10^{11}(−10 ℃) 1.5×10^{9}(−20 ℃)	6.294×10^{11} (−10 ℃)	6.294×10^{11} (−10 ℃)	4.872×10^{11} (−10 ℃)
15	引信瞎火率		≤3 ‰	≤1/10000	≤1/10000	1 ‰
16	引信自炸时间/s		15～20	15～20	7～20	15～20
17	包装箱外形尺寸/mm		603×496×183	603×496×183	462×445×213	462×445×213
18	每箱数量/发		20	20	20	20
19	装弹木箱、塑料箱全重/kg		36	34	30	32

表 4.4 炮弹的主要技术参数(二)

序号	诸元/单位	RY-18 型	JD-17 型	ZBZ-D37-15 型
1	平均初速/(m/s)	≥890	≥930	≥866
2	平均膛压/MPa	≤280	≤274	≤280
3	炮弹全长/mm	384.97	382.02～384.97	381.97～386.17
4	炮弹质量/kg	1.366	1.178±6 g	1.407
5	弹丸质量/kg	0.667	0.425±6 g	0.702
6	黑铝炸药质量/g		34±5	
7	917 炸药质量/g			≥56
8	传爆管数量	2		/
9	发射药参考质量(kg)		0.202	0.202

续表

序号	诸元/单位		RY-18 型	JD-17 型	ZBZ-D37-15 型
10	碘化银含量/g		1	1	1
11	破片	最大弹体破片质量/g	≤10	≤14	≤10
12	引信炮口保险距离/m		≥20	≥20	≥15
13	落地后引信待发状态				≤1/2000
14	射高	有效作用高度/m	3000～6700	3000～6500	2000～6000
15	成冰核率	碘化银成冰核率/(个/g)	9×10^{11}(−10 ℃)	9×10^{11}(−10 ℃)	9×10^{9}(−10 ℃) 1.5×10^{9}(−20 ℃)
16	引信瞎火率		≤1 ‰	≤1 ‰	≤3 ‰
17	引信自炸时间/s		13～17	9～12;13～17	7～10;9～12;13～17
18	包装箱外形尺寸/mm		603×496×183	603×496×183	450×450×230
19	每箱数量发		20	20	25
20	装弹木箱、塑料箱全重/kg		36	38	41

三、典型炮弹介绍

(一)13 型人工增雨防雹弹

13 型人工增雨防雹弹(以下简称 13 型炮弹),从设计上彻底解决膛炸安全隐患和弹丸半爆问题,并进一步提高弹药的作用可靠性,以最大限度地降低人工影响天气作业中的安全事故率。

13 型炮弹为整装弹,主要由装药弹体、装药药筒、13 型炮弹引信组成。(图 4.9)。

图 4.9　13 型炮弹

装药弹体由钝黑铝炸药、催化剂、装配弹体(含弹体和导带)组成,装药药筒由单樟—7/14 发射药、底-14 甲撞击底火、药筒组成;13 型炮弹引信由发火装置、隔离安全机构、压螺、传爆管等组成(图 4.10)。

1. 隔爆安全机构

引信隔爆安全机构设计有垂直圆盘转子隔爆机构、直线运动式惯性保险机构和斜置离心保险机构,具备双环境力冗余保险、延期解除保险和隔爆功能,具有高可靠性、高安全性等特点,保证了产品勤务处理和使用过程的安全性。

作用原理是:装配状态,引信转动装置受到保险钢球和离心销的双重约束,针刺雷管处于隔离位置,保证产品勤务处理和使用过程的安全性。发射时,在后坐力的作用下,惯性筒压缩弹簧,解除保险钢球对转动装置的约束,但在后坐力的作用下,斜置离心销仍然将转动装置约束在隔离位置,弹丸飞出炮口后,随着斜置离心销受到的后坐力减小,在离心力的作用下,斜置

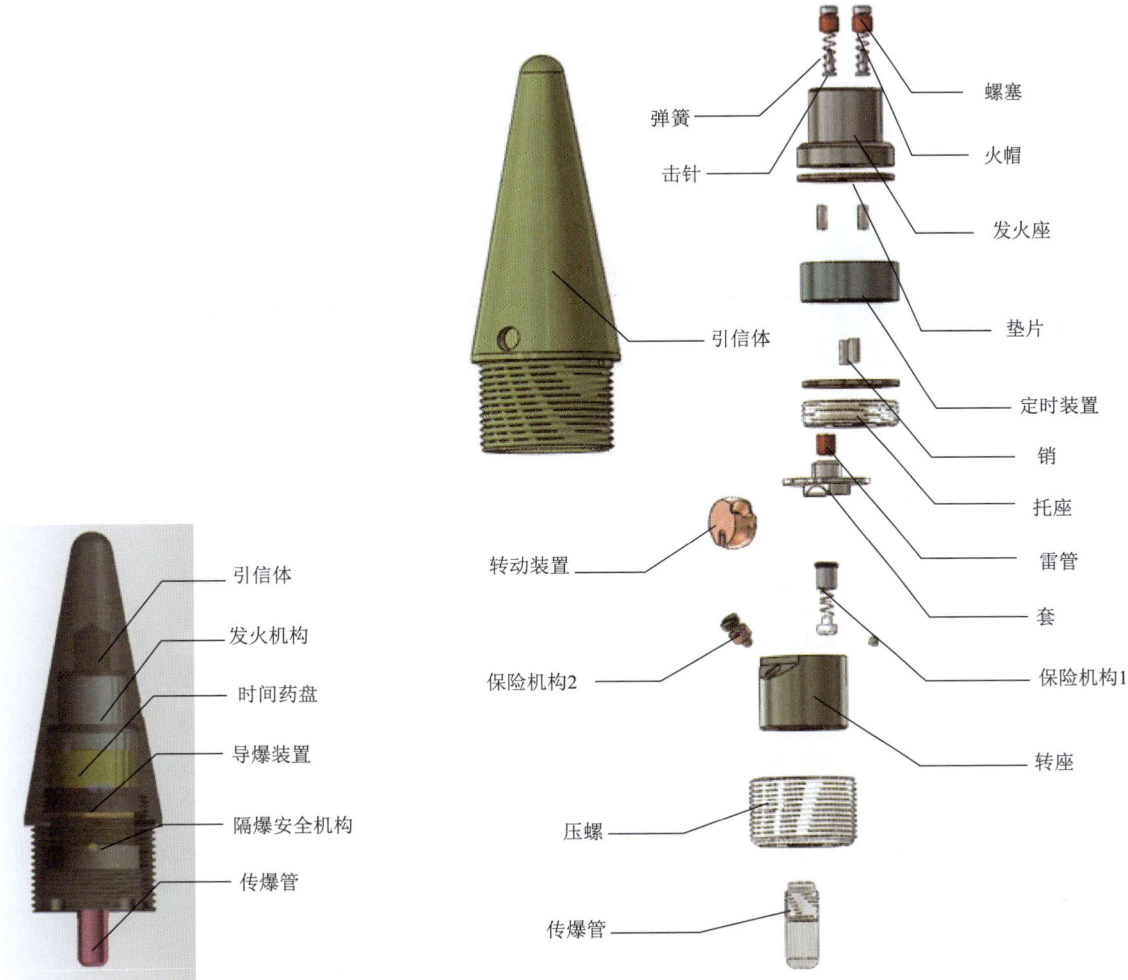

图 4.10　13 型炮弹引信

离心销解除对转动装置的约束，转动装置在回转力矩的作用下转正，引信处于待发状态。

2. 高可靠性自毁机构

引信设计为双点火通道配双通路时间药盘结构，通过并联双点火机构点燃并联双通道时间药盘，并联双通道时间药盘接受并联双点火机构任一火焰能量刺激都能被可靠点燃并共同作用；同时在设计上，大幅度增加引燃药的受焰面积，保证了 13 型人工增雨防雹弹引信作用高可靠性，瞎火率≤3/1000。

3. 13 型炮弹工作原理

平时，侧击针簧的抗力阻止火帽下移，火帽不会发火，保险销卡住回转体，使之不能转动，火焰雷管与传爆药处于隔爆位置。

发射时，在后坐力作用下，火帽压缩侧面击针簧向下运动与侧击针撞击而发火，火焰通过横向传火道点燃时间药盘，同时也通过下面的传火道点燃传火药柱，进而引燃保险药。

当弹丸离炮口 20 m 以后，保险药柱燃尽，火药保险塞在自身离心力及回转体的推动下外撤，解除对回转体的限制，回转体在回转力矩的作用下转正，使雷管上与火帽的传火孔下与传爆管对正，时间药盘经过一定时间燃烧将雷管引爆并经过传爆管使弹丸爆炸，完成整个作用过程。

（二）18 型炮弹

1．构造

18 型炮弹为定装式炮弹，主要由 18 型炮弹弹头引信、装药弹体、18 型炮弹弹底引信、装药药筒组成（图 4.11、图 4.12）。

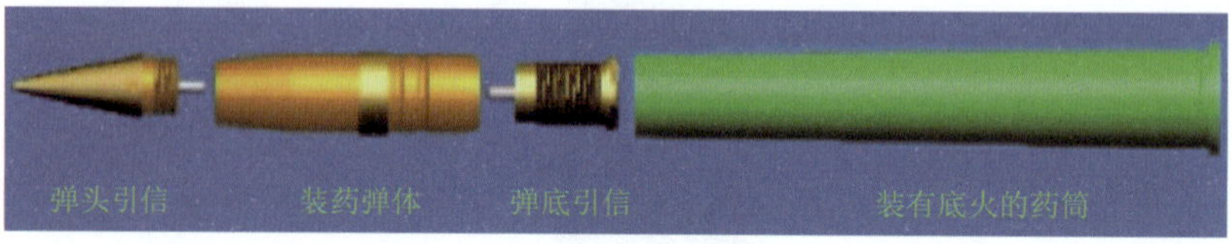

图 4.11　18 型炮弹整体构成

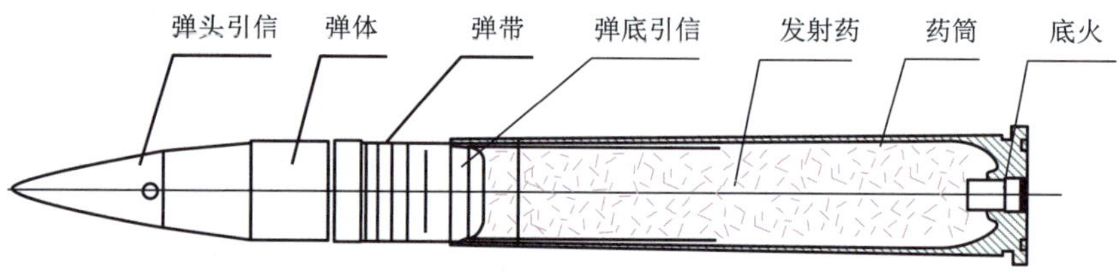

图 4.12　18 型炮弹结构图

装药弹体由钝黑铝炸药、催化剂（碘化银药饼）、装配弹体（含弹体和纯铁导带）组成。

装药药筒由 7/19 花发射药、底-14 甲撞击底火、37 mm 炮弹用钢制药筒、护膛衬里组成。

18 型炮弹弹头和弹底引信均由发火装置、隔爆安全机构、远距离解除保险机构、传爆序列等组成（图 4.13、图 4.14）。

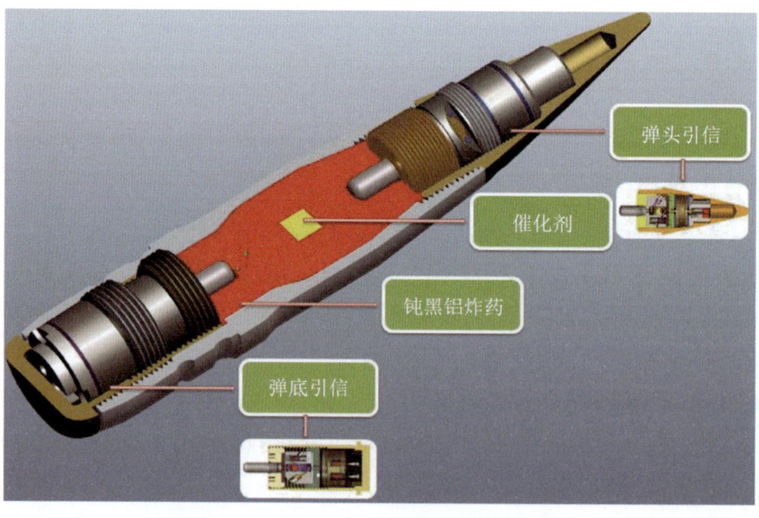

图 4.13　18 型炮弹弹丸

2．18 型炮弹特点

（1）可靠性

18 型炮弹是在小口径弹药中首次采用双引信弹丸结构设计（包含弹头和弹底引信），每个

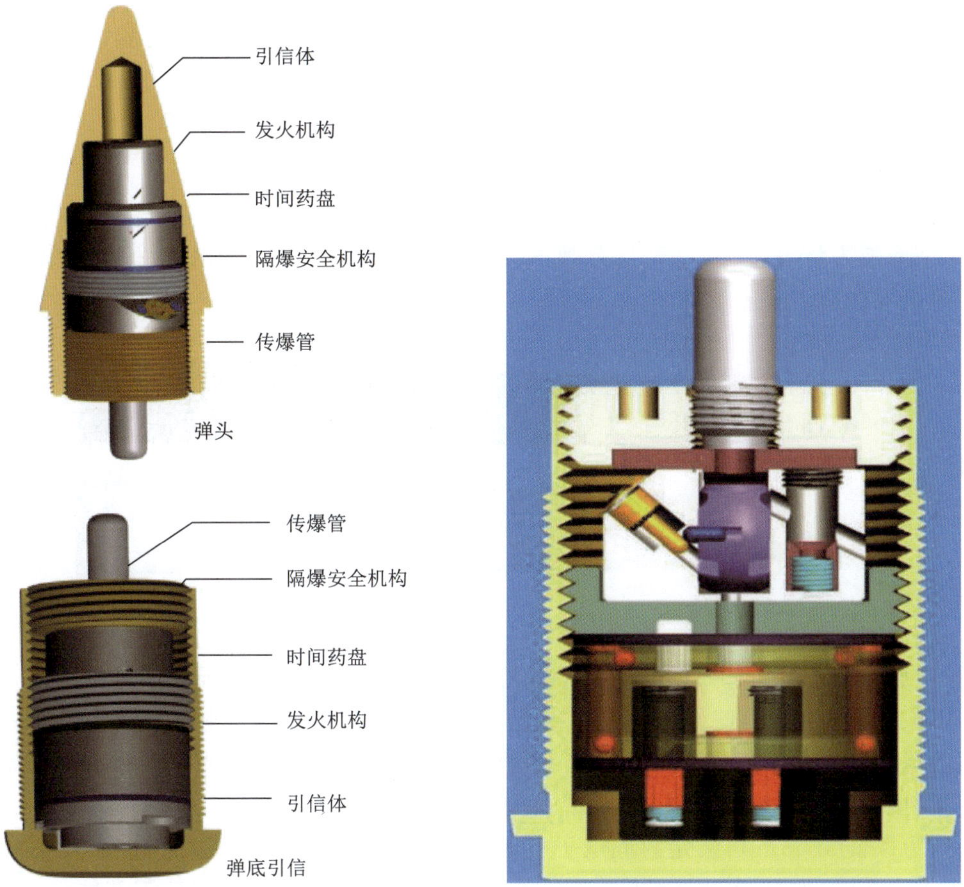

图 4.14　18 型炮弹头和弹底引信

引信均采用双点火通道配双通路时间药盘结构，通过并联双点火通道发火机构点燃并联双通道时间药盘，创新设计了弹底引信埋入式火焰反射点火高可靠性自毁机构，并联双通道时间药盘接受并联双发火机构任一火焰能量刺激都能被引燃，且双通道药盘同时可靠作用，保证引信综合瞎火率≤1/10000。

(2)作用效果

18 型炮弹通过优化弹丸装药，合理设计碘化银携带量和炸药量，其单发产品冰晶核成核数是现有 37 mm 炮弹的 2.71 倍；爆轰波作用体积是现有各型 37 mm 炮弹的 1.54～2.23 倍。

(3)破片重量

18 型炮弹最大破片重量≤10 g。

(4)使用安全性

弹头和弹底引信均设计有垂直圆盘转子隔爆安全机构、惯性保险机构和类准流体远解机构，为具有双环境力冗余保险和延期解除保险功能的隔爆型引信。

(5)作用时间范围

选用不同制式微气体延期药作为时间药盘燃烧药剂，可使作用时间(自毁时间)分别达到 9～12 s、13～17 s 和 15～20 s 等范围。

(6)弹药数字化管理

在全弹药筒上、塑料包装筒、包装箱建立了识别码系统，每一发全弹都有独立的识别码，包装筒和包装箱上识别码与全弹识别码一一对应，实现了每一发弹药从生产、验收、转运(运输)、仓储、发货、使用等信息的信息化、数字化管理。

(三)18A 型 37 mm 可装定时间人工增雨防雹弹

1. 产品组成及主要功能

18A 型炮弹为整装弹(图 4.15)，全弹由 37 mm 可装定电子时间引信、装药弹体、弹底引信、装药药筒等组成。

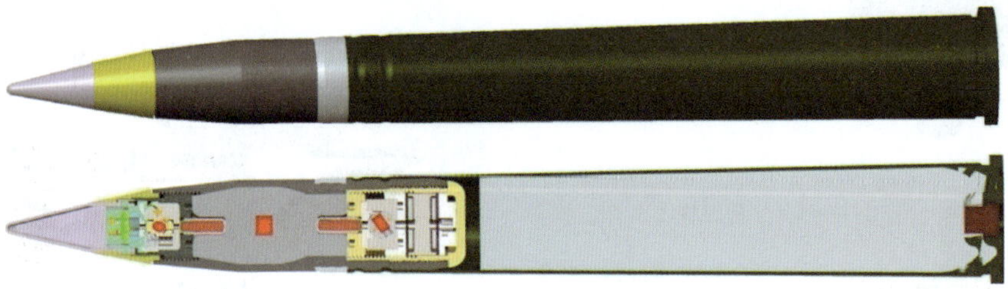

图 4.15　18A 型弹全弹结构

18A 型炮弹为 18 型炮弹改进型产品，其改进之处在于将 18 型炮弹弹头引信替换为 37 mm 可装定电子时间引信。37 mm 可装定电子时间引信由可编程电子时间部件、短延期传火装置、隔爆安全机构、传爆管等组成，可编程电子时间部件由充电及装定线圈、装定定时控制板、电源板、接电开关等组成。电子时间引信结构如图 4.16 所示。

同时，为保证 37 mm 可装定时间电子引信优先作用，将 18 型炮弹弹底引信(图 4.17)的作用时间由 15～20 s，调整为 22 s±3 s，其余零部件借用 18 型炮弹弹底引信零部件。

18A 型炮弹采用便携式装定器进行时间装定，其结构外形见图 4.18。为保证运输安全，在原 37 mm 炮弹塑料包装箱上增加防静电剂，在保证包装箱结构和强度不变情况下，使其具有防静电功能。

图 4.16　弹头电子时间引信

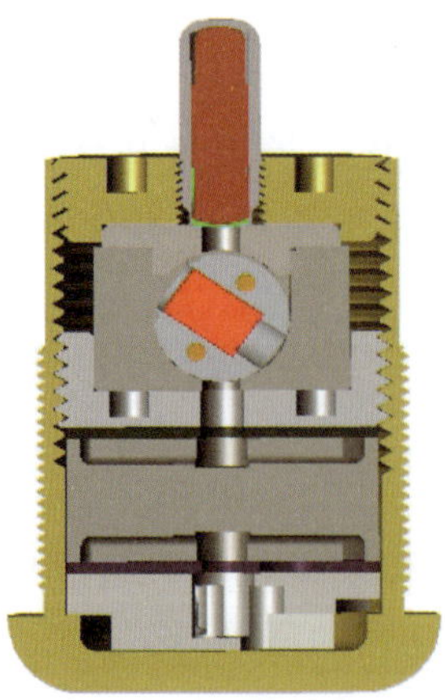

图 4.17　弹底引信

图 4.18　便携式装定器

2. 工作原理

18A 型炮弹仍以 37 mm 高炮为发射平台，采用雷达探测云层高度，根据云层高度和炮弹参数，计算弹丸到达云层最佳位置所需时间。采用便携式装定器，精准装定 37 mm 定炸高炮弹引信作用时间。通过火炮射击，将弹丸发射至云层中，引信按照装定时间引爆弹丸，爆炸冲击波分散弹丸内的催化剂，形成人造冰晶核，促使雹云、雨云转化，达到消雹、催雨的目的。

（四）20 型 37 mm 人工增雨防雹弹

1. 产品组成及主要功能

20 型炮弹为整装式炮弹（图 4.19），主要由 18 型炮弹弹头引信、装药弹体、装药药筒组成。装药弹体由钝黑铝炸药、催化剂（碘化银）、装配弹体（含弹体和纯铁导带）组成；装药药筒由 7/14 发射药、底-14 甲撞击底火、37 炮弹用钢制药筒、护膛衬纸组成；18 型炮弹弹头引信由发火装置、隔爆安全机构、压螺、传爆管等组成。

图 4.19　20 型弹全弹结构

2. 主要特点

（1）引信采用 18 型炮弹弹头引信，为具有延期解除保险功能的隔爆型引信，满足 1.5 m 无损落高及带包装的全弹 4.5 m 安全落高，作用时间是 15～20 s。18 型炮弹弹头引信能够完全起爆 20 型炮弹装药弹体，实现引信和弹丸作用的高可靠性。

（2）破片小，弹体最大破片重量小于等于 10 g。

（3）装有 2 g 碘化银，且炸药量大，冰晶核成核数多。单枚产品冰晶核成核数越多，其消雹增雨效能更高，同时，炸药量越大，爆炸威力越大，对冰雹云的作用效能也更大，其消雹效果也更好。

（五）RY-18 型人工增雨防雹弹

1. 主要技术参数：

口径	37 mm
弹丸质量	≈667 g
全弹长度	384.97 mm
全弹质量	≈1366 g
平均初速	≥890 m/s
最大射高	6700 m
催化剂质量	≈1 g
破片质量	≤10 g
引信类型	隔爆型时间引信
引信瞎火率	≤1‰

引信作用时间	13～17 s
炮口保险距离	20 m
使用环境温度	－40～＋50 ℃
长贮性	全弹贮存年限 5 a

2. 炮弹的构造

RY-18 型人工增雨防雹弹主要由弹丸和装药药筒组成(图 4.20)。

弹丸由装配弹体、炸药、碘化银和引信组成(图 4.21)。装药药筒由钢质药筒、底火、发射药、护膛衬纸、紧塞具和除铜剂组成。

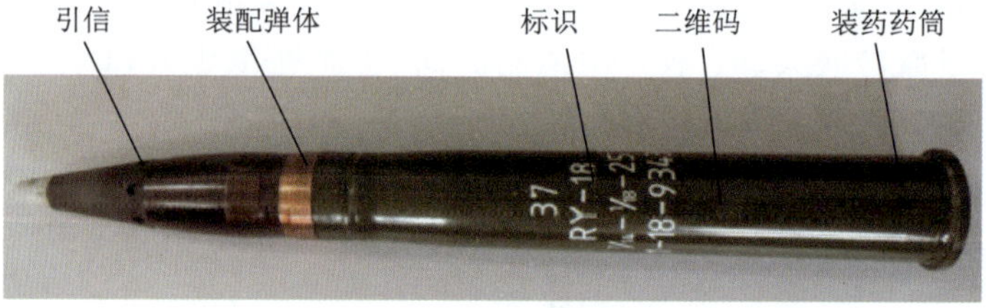

图 4.20　RY-18 型人工增雨防雹弹全弹图

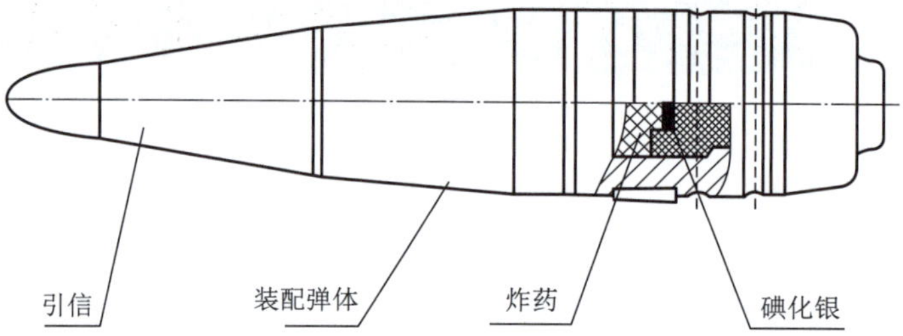

图 4.21　RY-18 型人工增雨防雹弹弹丸结构图

3. 引信的构造

引信划分为射频部件模块、发火体和时间药盘模块、隔离机构模块和传爆管等功能模块。引信结构如图 4.22 所示。

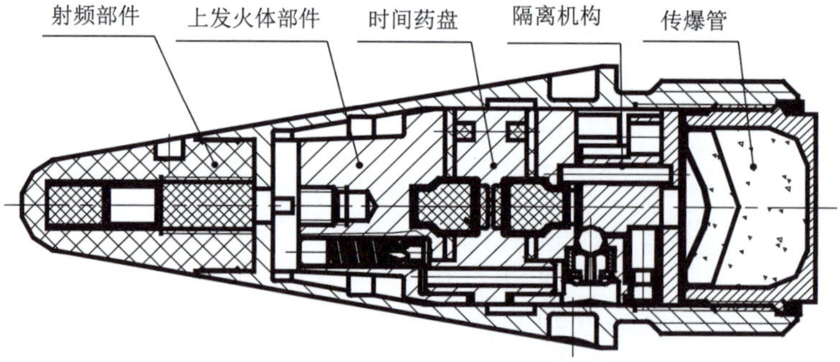

图 4.22　DRY18 型人工增雨防雹弹引信结构图

(1)射频部件模块(保留技术升级模块)

采用射频识别技术,配合智能管理系统,实现弹药管理的自动化。未封装的射频识别模块如图 4.23 所示。

(2)发火体和时间药盘模块

采用双点火双路双面时间药盘,实现冗余发火;采用双路起爆技术,实现冗余起爆,是提高可靠性的重要环节。发火体和时间药盘模块如图 4.24 所示。

图 4.23 未封装的射频识别模块

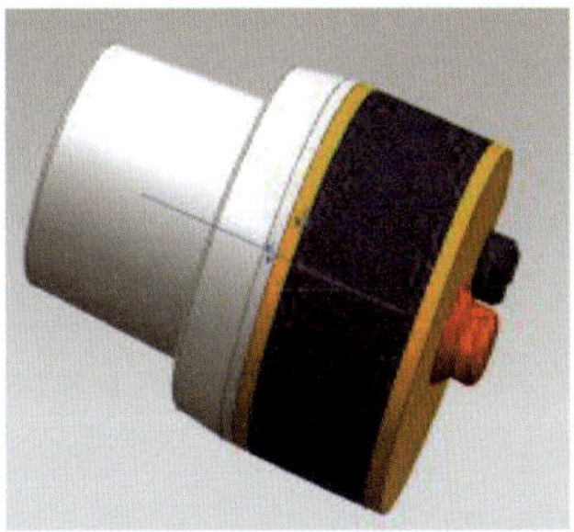

图 4.24 发火体和时间药盘模块

(3)隔离机构模块

隔离机构模块(图 4.25)采用离心保险机构和后坐惯性双火帽驱动的火药保险机构,实现冗余保险和延期解除保险,满足生产、运输、贮存和使用安全的指标要求。

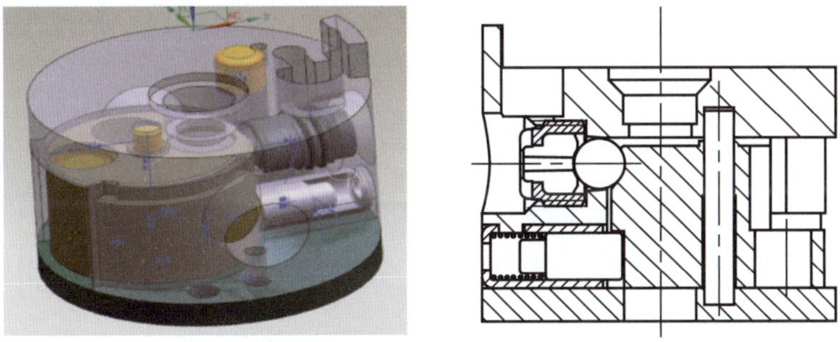

图 4.25 隔离机构模块

(4)传爆管

传爆管的作用是实现引信的爆轰输出功能,起爆战斗部。

4. 作用原理

发射时,火炮击针撞击药筒底部的底火,底火点燃发射药,发射药产生的高温、高压气体推动弹丸向前运动,使弹丸从药筒中拔出,弹丸在炮膛内做直线和旋转复合运动。在后坐力的作用下,引信的火帽下移刺激击针发火,点燃保险药和时间药盘的引燃药。同时在离心力作用下,离心销后撤到位,离心保险解除,解除第一道保险。

出炮口 20 m 以后,保险药燃烧完毕,释放钢球,钢球在离心力作用下后撤,解除第二道保险;随后,在离心力作用下偏心转子转动到位,隔爆解除。

13～17 s 后,时间药盘的引燃药燃烧完毕,中心起爆管爆炸,传爆管输出爆轰,起爆炸药柱,爆炸高温使碘化银气化,形成碘化银粒子,作为凝结核形成冰晶,达到增雨防雹的目的。

(六)ZBZ-D37-15 型 37 mm 高炮增雨防雹弹

ZBZ-D37-15 型 37 mm 高炮增雨防雹弹属中兵新型的人工影响天气产品,是军用技术民用化应用。该弹药具有高性能、高可靠性与安全性、催化成核率高以及播撒面积大、影响范围广等特点。

1. 主要技术参数和性能指标

弹径：	37 mm
发射方式：	37 mm 高炮
最大射高：	≥6 km
最大射程：	≥8 km
使用温度范围 ：	−20～+50 ℃
最大破片重量：	≤10 g
碘化银含量：	1 g
使用年限：	5 a
引信作用时间	7～10 s;9～12 s;13～17 s;
引信失效率	≤3 ‰
引信炮口保险距离	≥15 m
落地后引信待发状态	≤1/2000
最大破片重量：	≤10 g

2. 炮弹结构

ZBZ-D37-15 型增雨防雹弹由引信、弹体、发射装药组成，弹体内装有垫圈、药柱、催化剂柱；发射装药由发射药、药筒、底火及附件组成(图 4.26)。

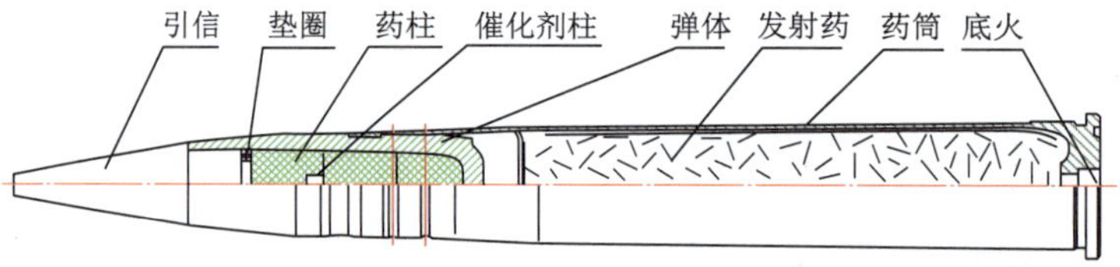

图 4.26 ZBZ-D37-15 型增雨防雹弹结构

(1)发射装药情况

37 mm 高炮增雨防雹弹发射装药采用制式 55 式 37 mm 榴弹装药结构，药筒、发射装药及底火等均不改动。

(2)弹体情况

炮弹弹体外形结构与制式 37 mm 无曳光榴弹基本相同，保证原弹气动外形基本不变。弹体材料采用应用于榴弹弹体用高破片率材料，形成破片均小于 10 g。

(3)引信情况

炮防弹引信采用药盘延期方案，发火机构采用双路冗余设计，安保机构由独立的成熟球转子和惯性保险销组成，保证实现双环境力解除保险要求，引信具有低成本及高可靠性、安全性特点。

(4)催化剂情况

炮弹催化剂为碘化银，装填量 1 g。

(5)工作原理

火炮击发底火后，底火工作引燃辅助药包进而引燃发射装药，发射装在火炮膛内燃烧形成高温、高压气体，推动弹丸在膛内向前运动，最终赋予弹丸一定初始速度飞出炮口，弹丸飞行至预定高度后，延期引信起爆装药弹丸，弹丸壳体在高能炸药爆轰作用下迅速破碎，碘化银催化剂燃成烟剂被抛撒到云中，其效果既起到过量催化作用，又具有爆炸冲击波产生震动效应，使之达到良好的防雹、增雨功效。

（七）中兵 ZBZ-D57-Ⅰ型 57 mm 高炮增雨防雹弹

57 mm 高炮增雨防雹弹是中兵新型的人工影响天气产品，是军用技术民用化应用，该弹药具有高性能、高可靠性与安全性、催化成核率高和播撒面积大、影响范围广等特点。

1. 57 mm 高炮增雨防雹弹主要技术参数和性能指标

弹径：	57 mm
发射方式：	57 高炮
发射角范围：	41°～85°
最大射高：	≥8 km
最大射程：	≥10 km
使用温度范围：	−20～+50 ℃
最大破片重量：	≤10 g
使用年限：	5 a
引信失效率	≤1 %
自毁装置失效率	≤1 %
引信及自毁装置炮口保险距离	≥25 m
落地后引信待发状态	≤1/2000
最大破片重量	≤10 g

2. 57 mm 高炮增雨防雹弹结构

57 mm 增雨防雹弹由引信、弹体、自毁装置、发射装药组成，弹体内装有垫片、药柱、碘化银催化剂；发射装药由发射药、药筒、底火及附件组成（图 4.27）。

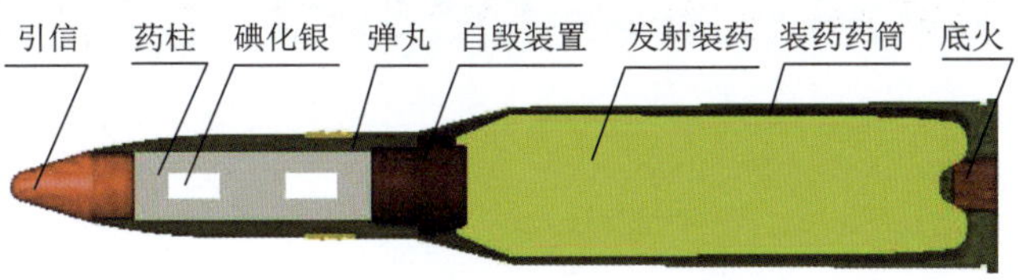

图 4.27 57 mm 高炮增雨防雹弹结构

（1）发射装药情况

发射装药及底火选用现有制式装备。

（2）弹体情况

57 mm 高炮增雨防雹弹弹体外形结构与制式 59 式 57 mm 榴弹相同，保证原弹气动外形不变，弹体材料采用应用于榴弹弹体用高破片率材料。

（3）引信、自毁装置情况

57 mm 高炮增雨防雹弹引信、自毁装置由发火机构、保险机构、传爆序列等组成。在运输、装卸、贮存、装弹、装填等勤务处理时，安全系统可确保引信的勤务处理安全性；发射时，发火机构受到火炮膛内压力，点燃延期药启动计时；保险机构受火炮膛内压力及弹丸飞行过程的旋转离心力，解除保险；延期药计时结束后，传爆序列作用起爆主装药。

(4)催化剂情况

57 mm 高炮增雨防雹弹催化剂以原 37 mm 高炮增雨防雹弹催化剂为基础,根据 57 mm 高炮弹药自身特性确定碘化银催化剂装填量为 8 g,实际弹药设计最大催化剂携带量为 50 g。

3. 工作原理

弹丸飞行至一定高度后,时间引信起爆弹丸,弹丸壳体在药柱作用下迅速破碎,催化剂被抛撒到云中,其效果既起到催化作用,又具有爆炸冲击波产生震动效应,使之达到良好的防雹、增雨功效。

自毁装置位于弹丸底部,作用原理是弹丸发射后延期机构工作,当引信在预定的工作时序未工作时,自毁装置作用实现空中自毁。

爆炸是物体的能量极快地释放或转化的过程,并伴有强烈的力学效应和破坏作用的现象。冰雹云是一种强对流云的形式,而冰雹的形成依赖于冰粒在云中上下运动,并逐渐增大,最终形成冰雹。因此,干扰冰雹云中垂直运动气流或直接破坏冰雹结构均可破坏冰雹的形成过程。炸药爆炸过程中扩展速度高达每秒几千米至近万米,所形成的温度为 3000～5000 ℃,压力高达 10^2～10^4 MPa,因而能引起爆炸气体产物的剧烈膨胀,并对周围介质做功。因此,爆炸中形成冲击波对周围介质做功是实现防雹作业的主要功能之一。

(八)人工增雨短程训练弹及特点

人工增雨短程训练弹(图 4.28)满足用户进行射击训练需求,实现与实弹射击相应的声、光效果,也能对火炮状态进行全面检查。人工增雨短程训练弹是以 37 mm 高炮为发射平台,其使用方法与 37 mm 炮弹完全一致。使用过程中,操作人员只要严格按照 37 mm 高炮操作规程,考虑到横风等不利气候条件,将炮口前方 500 m,左、右 200 m 范围作为碎片跌落区域,采用单发或连发射击,均能满足射击安全,到达训练和检测火炮的目的。

图 4.28 人工增雨短程训练弹

1. 射程更短

人工增雨短程训练弹与制式 37 mm 炮弹相比,射程缩短了 98%。短程效果明显。

2. 使用更安全

由于人工增雨短程训练弹弹丸本身不含火工品,避免了传统引信未能引爆炸药而存在的安全隐患。同时,弹体采用注塑而成,弹丸出炮口后,可靠解体,无弹丸落地安全隐患。

3. 无重金属污染

弹丸不含重金属粉末,有效地避免了粉尘大,重金属污染严重的问题。

4. 训练效果贴近实弹

可实现单发和连发射击,与实弹射击效果贴近,满足训练要求。

5. 弹炮匹配性好

人工增雨短程训练弹与实弹外形基本一致,且在无外接装置的情况下,能够保证弹药顺利装填和连续射击,复进装置、后坐、抛壳、续弹动作正常,弹炮匹配可靠。

6. 便于日常维护保养

射击时炮口方向近距离无伤人碎片，射击后，身管无烧蚀，利用随炮工具能够正常擦拭保养，达到身管日常保管要求。

第三节 炮弹的使用

炮弹在作业点的正确使用，既能保证有效发挥炮弹的增雨防雹作用，又可避免射击安全事故。要正确使用炮弹，首先应熟悉炮弹的标志、构造、性能方面的知识。同时，应熟悉有关炮弹使用的规章制度及注意事项，并在使用过程中严格遵守这些制度、规定。否则，轻者影响炮弹作用的发挥，重者可能发生恶性事故，导致高炮损坏和作业人员伤亡。

充分做好作业前的各种准备工作，对保证高炮的连续安全发射及预防事故的发生有着重要作用。同时，应具有分析一般作业射击故障的能力，并对于可能出现的作业射击故障采取有效的预防措施，尽量避免事故的发生。

一、炮弹的标识

炮弹的标识是喷涂在弹丸、药筒和炮弹箱上或者压印在引信、底火上的文字、数字和符号的总称。它是正确使用和管理炮弹的可视记号。

（一）弹体标识

弹体标识包括引信的型号及诸元、全弹装配诸元、弹药型号、二维码等信息（图 4.29）不同型号炮弹弹体标识见图 4.30、图 4.31、图 4.32。

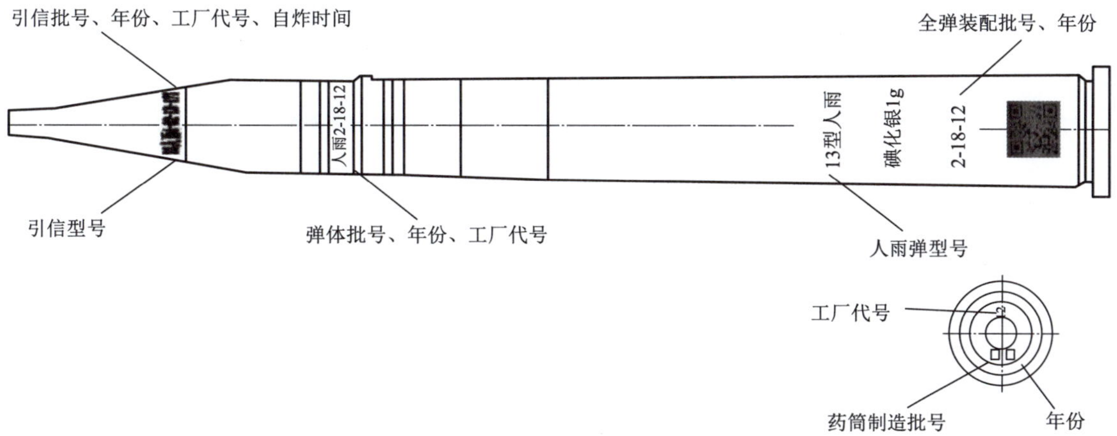

图 4.29 13 型炮弹弹体标识

（二）包装箱标识

在炮弹的包装箱上通常会用专用符号标明弹药的相关信息，一般包括适用装备年份和口径、弹药型号、装填物种类及质量、自炸时间、装箱数量和重量、全弹装配诸元、二维码等信息。不同型号炮弹包装箱标识见图 4.33、图 4.34、图 4.35、图 4.36。

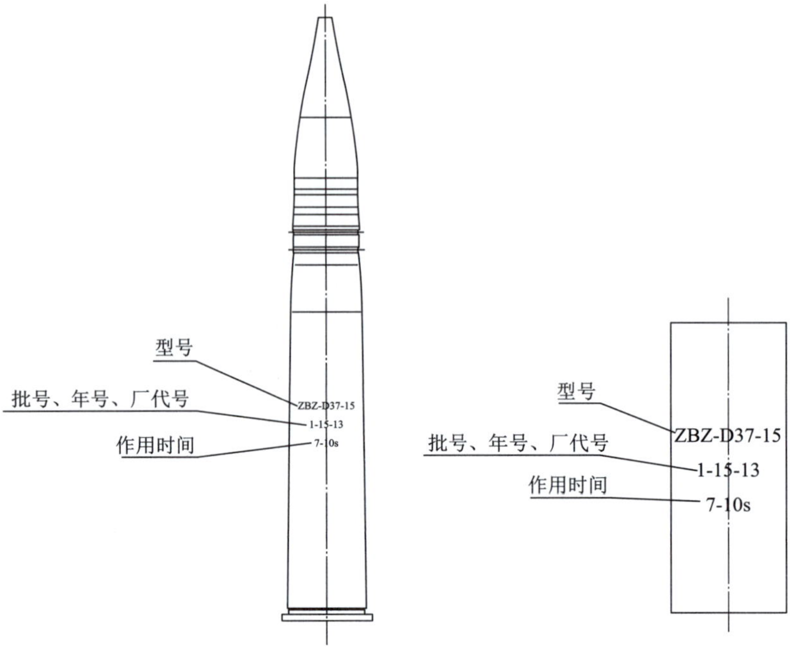

图 4.30 ZBZ-D37-15 型炮弹标识

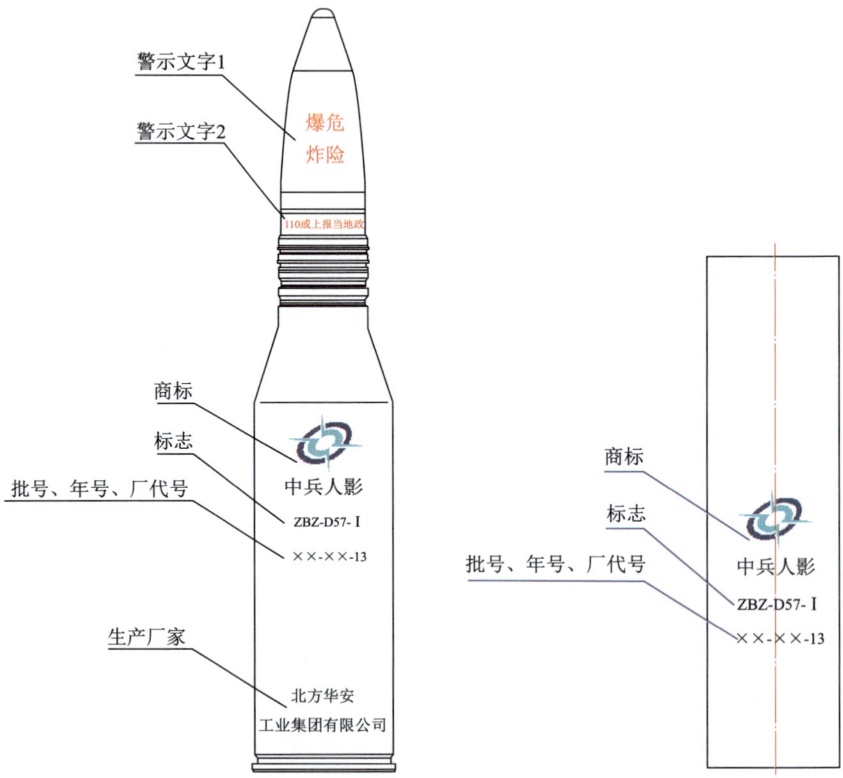

图 4.31 ZBZ-D57 型炮弹弹体标识

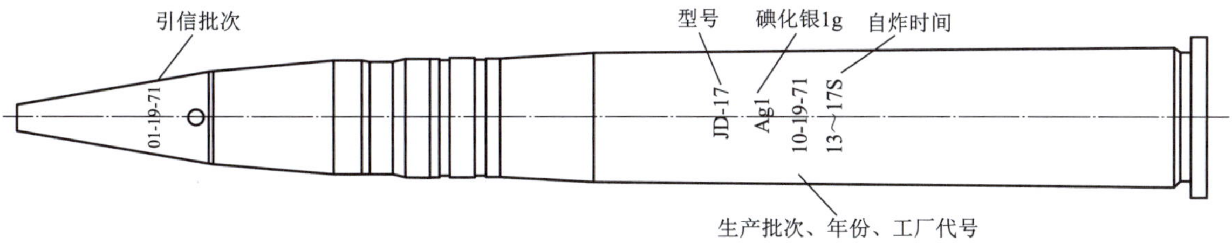

图 4.32　JD-17 型炮弹标识

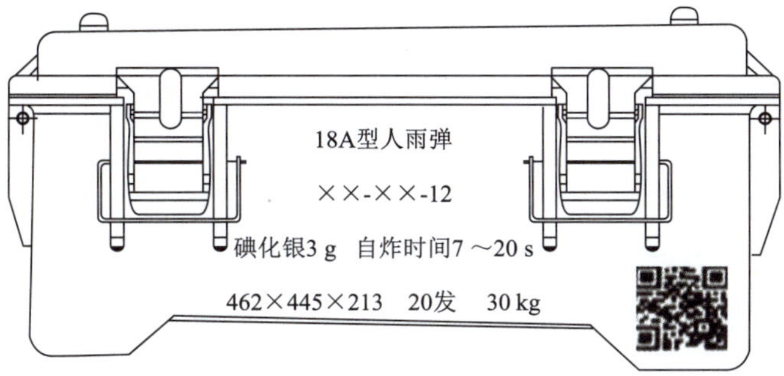

图 4.33　18A 型炮弹包装箱标识

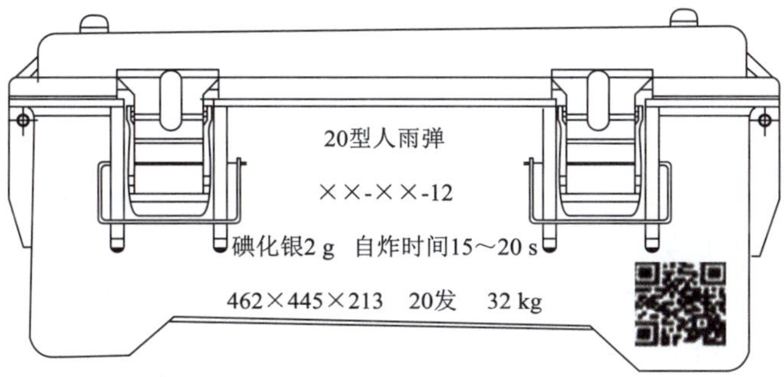

图 4.34　20 型炮弹包装箱标识

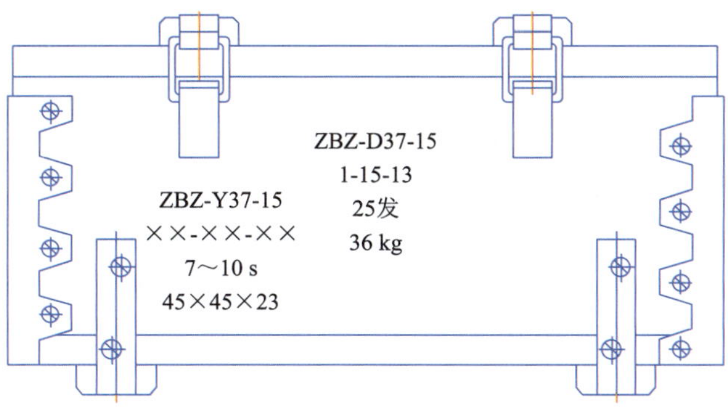

标志说明：

ZBZ-Y37-15——引信代号；××-××-××——引信生产批号、年号、工厂代号；7～10 s——作用时间（或 9～12 s、13～17 s）；45X45X45X23——包装箱外尺寸；ZBZ-D37-15——弹药代号；1-15-13——弹药生产批号、年号、工厂代号；25 发——每箱内产品发数；36 kg——包装重量

图 4.35　ZBZ-D37-15 型炮弹包装箱、标识说明

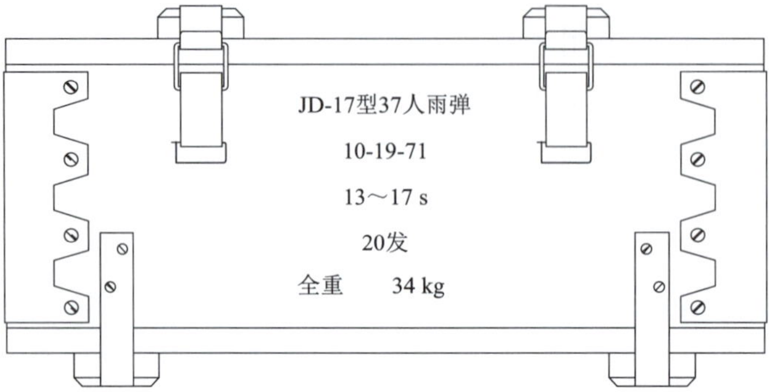

图 4.36 JD-17 型炮弹包装箱标识

二、炮弹在射击前的准备

(一)严格执行“用旧存新、用零存整”的原则

炮弹储存时间愈长，其质量变化就愈大，如火药的自然分解、金属生锈、零件失效等，即使在正常保管条件(适宜的温、湿度)下，也无法限制其变化，而只能减缓其变化速度。因此，炮弹使用时必须严格执行“用旧存新、用零存整”的原则。

(二)炮弹的选择

为了准确有效地进行人工催化作业，在购买炮弹时应依照本地区、本单位的用途和雹(雨)云的强中心高度，选择好炮弹引信自炸时间。在使用时，按照炮弹的使用原则，区分型号、批次、年限、自炸时间，结合上年已开封炮弹情况进行依次分类排队，选择使用。

(三)开启炮弹的密封

高炮作业分为防雹作业和增雨作业两种。二者在作业速度、时间、剂量上都有所不同。

防雹作业每次需要剂量多一些，这些炮弹的射击准备工作，特别是开启密封工作，必须在进入戒备状态前做好。因为雹云的出现常常是时间很短，要求作业播撒催化剂的速度比较快，这就要求提前启封一定数量的炮弹压在弹夹上随时准备作业，以满足快速作业的要求。

增雨作业每次需要剂量较少，所以，开启密封要尽量少一些，也可以一面启封，一面作业。这样既保证了作业需要，又不致启封过多。

开启密封的目的，是为了保证作业的需要，但开启密封不宜过多和过早。过多和过早容易引起底火、引信受潮，反而会影响作业。总之，在保障作业的前提下，要尽量防止过早和过多地开启密封。对已启封未使用的炮弹，擦拭后压在弹夹上，放在原炮弹箱中，在下次作业时优先安排使用。

(四)炮弹的擦拭保养

由于炮弹在保管过程中，外表往往落有尘土、污物，如果不擦拭干净，就会产生射击故障，影响作业时机。因此，在射击前必须要认真擦拭炮弹。对擦拭后又不立即使用的炮弹，应在炮弹上遮盖防尘布，以防灰尘落入。

(五)炮弹的检查

作业点炮弹的检查是保证高炮发射顺利进行,避免发生事故的一项重要工作。操作人员应严格细致地对每一发炮弹进行检查。作业点炮弹检查的时机,应从接收入库开始,到分类、开封、擦拭等环节,均需认真检查。检查中凡发现有下列情况之一的炮弹须禁止用于射击:

(1)炮弹引信盖片损坏后有漏气;

(2)引信点铆不牢固松动;

(3)弹丸与药筒结合处有松动、歪斜;

(4)弹丸有裂缝生锈;

(5)定心部的碰伤或压坑深度超过 1 mm;

(6)弹带碰伤超过凸出高度 1/2(只许有一处);

(7)药筒口部裂缝长度在 3~5 mm 范围超过 2 条(长度 3 mm 以下者数量不限);

(8)药筒上不允许存在深度大于 3 mm,且影响合膛的凹陷;

(9)底火凸出或凹入 0.5 mm。

(六)登记

作业前应将炮弹型号,装配批次、年份、工厂代号,引信批次、年份、自炸时间及弹丸批次、年份、工厂代号认真进行登记,以便在使用中发生问题后查找原因。

炮弹启封后的密封包装应按原样集中装箱,妥善保管,以备作业后对剩余炮弹进行恢复密封和包装时使用。

三、37 mm 高炮增雨防雹弹发射作业要求

(一)场地选择

作业场地除满足人工增雨防雹要求外,还应满足下列条件:

(1)确定作业点及作业区域时,应先根据弹道射表中最大理论落点及当地地理行政分布图,制定作业射界图,要求弹道下无人员密集区及重点设施。

(2)作业点应视野开阔,出炮口弹道上不得有无定期航线、障碍物(电杆、电线、树木、建筑物等),作业时人员应隐蔽在掩体里。

(3)作业场地周围应设立警戒标志和允许射击方位标志。

(4)作业点距离居民点 500 m 以上。

(5)理论落点(即引信瞎火时的落点)应尽可能远离居民区、国防设施、油库等。

(二)作业时间

作业组织必须按照空域申请程序,向当地空域管制部门履行申报手续,并登记备案。各作业点应在批准的时空范围开展作业,作业完毕应立即回复空域管制单位。

高炮操作人员必须听从指挥,严格遵守操作规程,在空域管制部门批准的空域、方向和时间内作业。未经申请、批准,严禁擅自作业。

(三)射击区安全注意事项

1. 组织作业的领导必须十分重视射击区的安全工作,并应经常对作业区的群众和有关指挥作业的领导进行教育,注意安全,作业前后应施放警报、发射信号弹或利用广播通知等手段,以示作业的开始和解除。

2. 射击区的选择应避免在人口密集区，射击时间应尽量选在人、畜活动稀少的时间进行，射击范围若在飞机航线上，为避免发生异常事故，应与有关单位取得联系选择合适的作业时间。

3. 每个射击作业点应有作业范围内（半径不小于 10 km）居民点、工业设施和油库等简易坐标图，作业时应避开上述目标，以防止破片和瞎火弹丸造成事故。

4. 射击期间，人、畜应进行有效的疏散或隐蔽，禁止人、畜在射击作业区活动。

5. 采用大射击角射击时，炮手及阵地附近人员应注意顶空安全，防止破片伤害。

6. 由于引信结构仅能自炸，少数弹丸在高空瞎火落地时（对土质的侵彻深度可达 1 m），爆炸可能性较小，但在引信及装药弹体内部机构中尚有火帽、炸药等火工品，因此，若地面发现未炸弹丸，应立即报告有关部门收集销毁，切勿擅自处理，以免发生意外。

7. 炮弹出炮口一段弹道上严禁有障碍物，以避免弹丸碰击障碍物发生早炸，炮位附近应根据情况设置警戒，禁止无关人员通行，弹药应注意安全，妥善保管。

8. 由于射角、射向、风速、风向的变化以及引信瞎火（包括半爆）的可能等诸多因素，使落弹区域增大，因此，在参考弹道曲线图的同时，应尽可能地增大实施安全措施的区域，以确保射击区的安全。

（四）37 mm 高炮增雨防雹弹作业操作流程

1. 包装检查

37 mm 高炮增雨防雹弹包装分为外包装和内包装两部分。外包装为木制包装箱，外包装检查内容主要包括检查包装箱铅封是否完好，包装箱是否存在水浸、破裂、变形问题，包装标志是否完整清晰，确定引信类型及生产年限是否满足使用要求。内包装为铝塑包装袋，内包装检查内容主要包括检查箱内弹药数量是否与外包装说明一致，箱内装箱资料是否与装箱清单一致，内包装袋是否破损、漏气。出现上述问题时，如通过检查能够确定产品状态可进行下一步操作，如不能确定产品状态则按相关技术管理文件要求，处理或入库封存待厂家处理。

2. 弹药检查

弹药检查的主要内容为，拆开弹药内外包装后，检查弹药表面是否干净无污物，弹药标志是否与内外包装一致，引信、弹体、药筒是否有明显的磕碰痕迹，表面漆层是否完好，是否有明显的锈蚀痕迹，引信与弹体连接是否存在松动、底火装配位置是否正确。

3. 装填及射击要求

压弹、装填、装弹过程中，弹药传递距离地面不要太高，步幅要小，速度要快，防止人员绊倒。

弹药装填到位后，锁定炮闩，操作人员接到发射指令后进行发射。高炮射击仰角应在 45°～81°。采用大射角（≥60°）射击时，炮手及阵地附近人员应注意顶空安全，防止破片伤害。发生底火瞎火时，不允许立即开炮闩，应等待 30 min 以后才允许打开炮闩，并做相应处理。

四、炮弹的使用操作步骤及方法

下面以 RY-18 型炮弹为例介绍炮弹的使用方法。

（一）去铅封和别针

先用手持机扫描箱子上的二维码，确认箱码是否无误。然后用剪刀或其他工具剪断铅封铁丝(图 4.37),并将铁丝抽出,用手拆开锁扣别针。

(二)开箱

用手松开锁扣,开启箱盖(图 4.38)。

(三)取出塑料筒

用手取出装有炮弹的塑料筒,取出过程中应使全弹引信部位朝上(图 4.39)。

图 4.37　去铅封

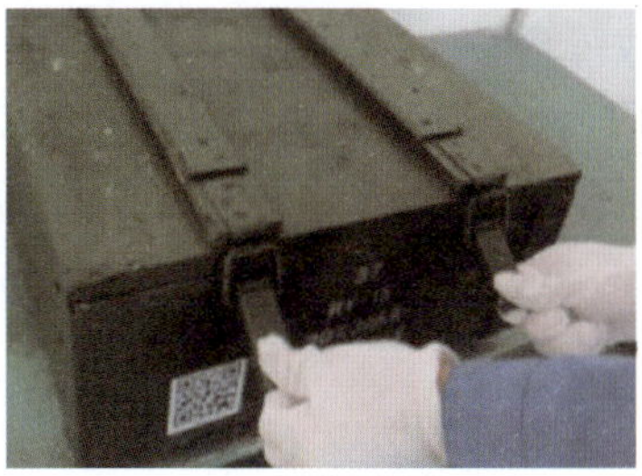

图 4.38　开箱

图 4.39　取出塑料筒

(四)打开塑料筒

用手持机扫描塑料筒上的二维码,确认产品编号无误。然后用剪刀或其他工具剪开或剖开塑料筒,剪开或剖开位置应位于筒盖下部约 10 mm 处,过程中不得损伤引信(图 4.40)。

(五)取出全弹

塑料筒口部向下略微倾斜,使炮弹弹体部分滑出,用手抓紧炮弹将其自塑料筒内抽出,抽出过程中不得磕碰引信和底火(图 4.41)。

(六)装填

双手持弹,引信朝向炮口,将炮弹放入弹夹中(图 4.42)。

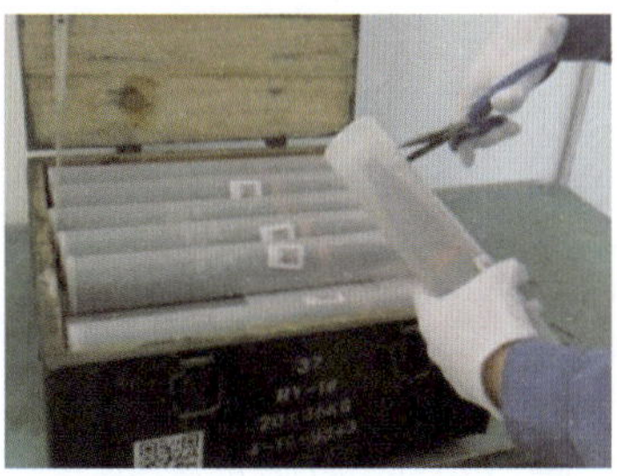

图 4.40　剪开塑料筒

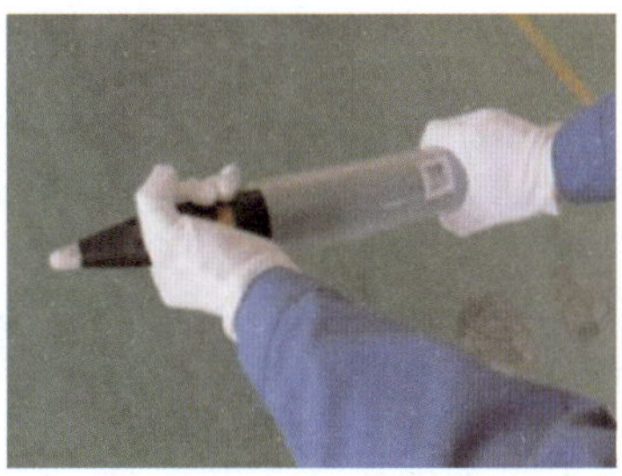

图 4.41　取出全弹

图 4.42　装填

五、炮弹在作业时可能出现的故障及预防

下面就作业射击过程中可能产生的故障及其原因进行介绍,以供作业人员预防和分析、排除故障时参考。

(一)影响发火可靠性的主要因素及预防

1. 装填不到位和不能关闩

炮弹装填不到位时,高炮就不能关闩和发火。除了装填力量不足外,还有以下原因:

(1)弹丸和药筒结合不到位或结合歪斜;

(2)底火凸出于药筒底平面;

(3)药筒体变形过大或底缘碰伤;

(4)定心部或弹带上有毛刺没锉掉;

(5)炮弹表面或高炮药室油垢太多;

(6)高炮闭锁机构有故障;

(7)其他影响装填和关闩的故障。

如何排除炮弹装填不到位和不能关闩的故障?当发现装填不到位时,应将炮弹退下来仔细检查,分析故障的原因。属于炮弹或高炮药室太脏的情况,应擦拭干净;属于底火凸出药筒底平面的炮弹,应放置一旁待处理;属于高炮闭锁机构的故障,应及时排除。

2. 不发火

射击时,虽经击发,但没有打响,就叫不发火(也叫底火"瞎火")。产生不发火,不仅贻误作业时机,还可能给农业生产造成不可估量的损失,而且如果处理不当,容易造成炮损人亡的恶性事故。因此,应力求避免这种故障的产生。

炮弹不发火主要有以下原因:

炮弹不发火的主要原因是底火、发射药受潮或者底火凹入较大;高炮击针磨损量较大或击针簧弹性衰减,击针不能有效击发底火。

出现不发火的故障时,一般情况下应用脚猛劲跺炮盘使高炮震动,看其是否发火。若仍不发火,则按不发火退弹规定退弹,以避免意外事故发生。

为了预防不发火的产生,一方面,生产企业应加强炮弹的密封措施;另一方面,应加强仓库以及作业点炮弹管理,使炮弹保持良好性能,严格控制启封数量以防受潮。另外,在作业前要对高炮击发、闭锁机构及炮膛、炮弹等进行仔细检查和擦拭。

3. 不爆

高炮发射后,弹丸在云层中没有爆炸,这种炮弹叫"未爆弹",也叫"引信瞎火弹"。出现这种故障,炮弹不但发挥不了增雨、防雹作用,而且对作业区人民生命财产造成严重威胁,对开展这项工作极为不利。引起引信瞎火的原因很多,也很复杂,根据目前炮弹引信的使用情况,经过理论分析,导致炮弹不爆的原因有:

(1)火帽"瞎火"。这是火帽本身性能因素。作为引信发火源,它的"瞎火",引信无法避免。

(2)火帽点火能力不够。这是由于火帽压药工艺所致,虽然火帽已发火,但输出能量不够,点不着延时药,属偶发因素。

(3)引信受潮失效。由于平时保管不当,密封破坏,较长时间受潮湿空气作用,使引信中的装药(火帽药剂、时间药剂、传爆药剂等)受潮,引起不发火、不易点燃、不易引爆,或者引信中的金属件锈蚀导致活动零件动作不正常、引信盖片破裂(摔碰过)、引信超贮存期限等因素均可造成引信瞎火,弹丸不爆。

(4)隔爆机构未转到位。

从上述产生未爆弹原因来看,只要注意密封防潮,不使用超过贮存期限或引信盖片破裂的炮弹等,未爆弹是可以避免或减少的,射击区的安全系数将会增大。

如发生未爆弹,原则上应及时、就地销毁。

4. 炮弹弹丸松动

原因:炮弹在生产过程中,由于结合设备磨损情况,造成弹丸与药筒松动;极限情况运输搬运过程中跌落、运输振动等原因造成的个别炮弹结合部松动。

5. 炮弹破损

原因:发射药筒在拉伸过程中存在缺陷,在使用时因膛压而造成药筒开裂;在操作过程中碰撞导致引信盖片受损。

(二)影响炮弹射击安全的主要因素及预防

1. 迟发火

发射时,操作人员已经击发,弹丸却没有马上飞出炮口,而是推迟了一些时间才发射出去,出现这种情况称为“迟发火”。产生迟发火往往是发射药燃烧不完全,在炮口有较大的火光,炮口附近有未燃烧完的药粒,通常会造成近弹,不仅影响炮口前方人、畜、建筑物的安全,而且有时由于开闩过早,还会造成伤人事故。因此,出现迟发火时,不能过早地开闩。应停 1 min 等高炮自动开闩,即等残余发射药燃烧完,火药气体全部从炮口喷出之后,再进行处理。

迟发火的原因是:

(1)底火、点火药和发射药受潮。

(2)雨淋或用煤油擦拭时,使水、油从药筒口部缝隙浸入发射药内部,致使发射药燃烧缓慢。

为了预防迟发火的发生,应加强仓库炮弹的管理,尤其是作业点炮弹的管理,严格控制温湿度的变化对炮弹的影响;加强密封保管,严格控制开启密封的数量;雨中作业要注意遮盖,以防炮弹受潮。

2. 弹丸留膛

击发发火后,发射药已燃烧,但弹丸未飞出炮膛,叫作“弹丸留膛”。弹丸留膛,很难退出,会严重地贻误作业时机。此时,如未能发现,而继续发射,将会造成严重的膛炸事故。产生此故障,要立即报告上级请示如何处理。上级未明确答复前,不得擅自进行排除。

(1)产生弹丸留膛的主要原因

① 发射药变质或严重受潮,燃速太慢,膛压太低,弹速太小。

② 点火药严重受潮,点火力太小,不能迅速地同时点燃发射药。

③ 炮膛未完全闭锁,发射药自燃,火药气体后泄。

④ 炮弹发射药量少于标准药量。

(2)避免弹丸留膛的措施

① 加强管理,防止炮弹点火药、发射药和药筒衬纸等受潮变质。

② 射击前要认真检查高炮和炮弹,发现身管变形、弹丸严重碰伤和复进簧力太弱等情况,应停止使用。

(3)处理弹丸留膛的方法

① 若遇弹丸留膛尚未起动,应先用结合在洗把杆上的退弹器退出。如用退弹器还退不出来,可用“退弹装药”(药量是正常药量的三分之二,为装填方便,可将药筒截短三分之一)将弹头抛射出去。发射时,高炮附近不应有其他人员和易燃物,并且在射击方向上注意安全。

② 若遇弹丸留膛已起动,应将弹丸留膛身管分解下来,更换新身管。弹丸留膛身管的处理应请爆破专业人员销毁。

3. 退弹、退壳困难

高炮在发射第一发、连发或炮弹用完时停射，炮弹或药筒留在膛内。按规则将炮身打高45°以上，振动高炮，不发火，拉握把退不下来膛内炮弹或药筒。

(1)产生退弹、退壳困难的原因

① 弹体变形，送弹时炮弹猛力进膛，变形部分被药室壁抵紧，抽筒或退弹时困难；

② 底火凸出或药筒底缘碰伤，高炮关闩时底火或底缘碰伤部分楔住炮闩；

③ 炮闩镜面和药室后端面之间的间隙过大。发射时药筒根部胀入间隙之中，楔住了炮闩，造成开闩、退壳都困难；

④ 高炮药室油垢太多或表面被烧蚀、锈蚀、损伤过大；

⑤ 射击时药筒产生裂缝(纵缝、横裂)；

⑥ 药筒壁在膛压很高的情况下膨胀太大。

(2)预防退弹、退壳难的措施

综合分析以上原因可以看出，要预防退弹退壳难，除了防止由于生产上的原因引起的药筒裂缝之外，主要的问题是做好射击前的准备工作，精心检查维护好高炮；擦拭干净炮弹和药室；对药筒入膛有影响的压坑或超过规定裂缝的都要挑出来；对弹底缘碰伤、底火凸出等影响关闩的炮弹要停止使用等。

4. 弹丸出炮口早炸

弹丸在出炮口不远的地方或没达到要求的时间就爆炸，叫做“出炮口早炸”。这种情况不仅达不到增雨防雹的目的，而且可能造成操作人员的伤亡。因此，早炸是需要特别注意的问题。

(1)早炸原因

① 使用了盖片破裂的引信。弹丸飞行时受到很大的迎面空气压力，若盖片破裂，空气压力在引信内形成涡流，加速了时间药剂的燃烧。

② 延时药剂自身燃烧速度太快。

(2)避免早炸的措施

① 由于在引信问题上引起早炸事故比较多，因此，应注意保护引信盖片不受损坏，同时应加强炮弹的质量管理及射击前的准备检查工作，以减少或避免早炸事故的发生。

② 使用新型隔爆炮弹。

5. 膛炸

射击时，产生膛炸有两种情况：一是弹丸在膛内爆炸，将身管炸裂或炸断。若弹体装药半爆，则身管产生膨胀或裂缝；二是火药气体压力、身管温度过高，膛压超过了身管所能承受的允许压力，使身管某一部分发生膨胀后产生开花状破孔。膛炸事故发生的概率虽然很小，但后果严重，一旦发生，不仅造成高炮损毁，而且造成人员伤亡。因此，应最大限度地减少或杜绝这种故障的发生。

(1)产生膛炸的主要原因

① 引信方面

引信受过大的振动，或从高处跌落过，使引信中火帽和传爆药等火工品松散或碎裂，感度增大，造成膛内起爆。

② 发射装药方面

发射药受过大振动冲击、碎裂，导致燃烧面积增大，燃速过快，使膛压超出高炮身管的允许压力。

使用长时间暴晒或储存时间过长的炮弹，造成发射药燃烧速度过快，使膛压超出高炮身管的允许压力。

③ 弹丸方面

弹丸内的炸药柱由于固定不牢，在勤务过程中又经过暴晒、震动、使药柱松动，碎裂。

弹壳上有裂缝和超过规定的砂眼。

④ 操作方面

射击时，超过极限发射速度，身管温度超过 400 ℃（颜色为紫蓝色），导致强度降低。

射击时膛内有堵塞物（擦炮布、泥土、严重挂铜等）阻碍了弹丸运动。

⑤ 高炮方面

身管有损伤、强度降低，射击时被胀破。

身管上有超过规定的压坑、弯曲等。

（2）避免膛炸的措施

从上述膛炸的原因可以看出，产生膛炸，多数是属于射击前的准备和操作方面的问题，属于产品固有质量方面的问题仅占少数。因此，须做到以下几点：

① 按规定把炮弹管理好，特别是在平时的勤务处理中严防对炮弹的强烈冲击振动，使炮弹保持良好的技术状态。

② 熟悉炮弹的使用注意事项，严格遵守有关使用规定和要求。

③ 严格遵守操作规程和安全规则，做好射击前的准备工作。仔细检查炮弹的质量情况和高炮的技术状况，发现异常情况要立即停止使用。

④ 使用新型隔爆炮弹。

6. 落地炸

落地炸通常是指弹丸在预定时间没有爆炸而在落地后意外爆炸的情况。落地炸现象一旦发生，往往容易造成落弹区人员伤亡、设施破坏。因此，应最大限度地减少或杜绝这种事故的发生。

（1）产生落地炸的主要原因

① 引信延时原因：引信延时药受潮，超过了预定延时时间，致使弹丸落地后弹丸爆炸。

② 地面原因：引信在空中瞎火，落到地面坚硬石头或水泥地面后，弹丸受到巨大撞击，引信内火帽、传爆药等敏感元件作用引起弹丸爆炸。

（2）避免落地炸的措施

① 炮弹生产厂在生产过程中，应加强对延时装置的质量控制。

② 炮弹在保管使用中要注意防潮。

（三）及时处理和上报

高炮、炮弹在射击中出现了故障、事故，或发射出去的弹丸瞎火及弹丸破片下落出现了事故，作业人员应及时处理和上报。若出现的故障较小，虽影响作业，但不影响安全，炮班能自行排除的故障就应自行排除，以免影响作业。对于较大的故障和事故，不论自身能否处理，都应及时逐级向上级有关部门报告。报告应详细说明发生事故或故障的时间、地点、人员、高炮、建筑物损伤情况以及高炮、炮弹使用前的状况，对事故原因的初步分析，已采取的措施和处理意见，尽可能避免事件的扩大，并从中吸取教训以防类似事故再次发生。

上报的主要内容：

(1)事故发生的时间、地点、人员、装备、任务。

(2)事故发生的概况：现场情况，遗留物状况(最好照相、摄像或绘图)，人员伤亡数量、受伤部位、程度，诊断结论，高炮损伤情况，建筑物破坏情况，弹丸或破片的大小，发生事故时的现象(火光、烟、喷出物)。

(3)应采取的措施：伤员的救治，家属的安抚、了解当地人民群众的思想是否稳定。

(4)使用前高炮、炮弹情况：高炮的号码，射击诸元、作业发数、作业了多少时间，炮弹及其元件的制造工厂、年份、批次、自炸时间，炮弹的来源和保管状况，以前使用中曾发生过什么问题等。

(5)作业点周围情况：地形、地物、村庄、距离、气象条件。

(6)使用人员的政治、业务素质、培训情况。

(7)调查高炮进点作业前，是否在开展人工影响天气工作区域进行了作业前的公告。

(8)原因分析：主要写事故发生的直接原因。

(9)经验教训：写通过事故的启发取得在管理上、作业上、故障排除上、事故抢救等方面的经验教训及防止类似事故的措施。

报告以后，上级未来检查处理之前，凡是可能危及人员安全的高炮及炮弹都应停止使用，并尽可能地保留现场和遗留物。

有关部门应及时组织对事故进行调查和原因分析论证，区分事故与设计、生产、储运和使用的因果关系，并最终为事故的全面处理提出参考意见。对发生事故的高炮、炮弹应提出处理方案(包括对库存剩余炮弹的处理方案，对高炮、炮弹设计改进的意见等)。若涉及单位管理、操作和炮弹储存方面的问题，也应对其提出相应的要求。

六、作业后炮弹的补充及整理

作业完毕，往往既是这次作业的结束，又是下次作业准备的开始。因此，要做到两方面：一是做好连续作业的准备，二是贯彻勤俭节约的原则。

(一)作业后炮弹的补充

1. 人工影响天气每一次天气过程的强弱直接决定作业炮弹消耗量的多少，因此，作业点要根据每次炮弹消耗、库存量及一次天气过程的经验用量申请炮弹的补充。县级人工影响天气办公室根据基层各个作业点作业后上报的情况及时补充炮弹。

2. 县级人工影响天气办公室也可以根据天气过程的强弱、影响的范围直接随时补充炮弹。

(二)作业后炮弹的整理

1. 每次作业结束后，操作人员首先应将装填机上没有用完的炮弹退出，存放到库房阴凉通风处，然后根据天气情况开启炮弹密封，把炮弹装上弹夹，将其排立放到原炮弹箱内，用盖布盖好，随时准备下一次作业天气的到来。

2. 增雨(防雹)结束后，炮手应将作业点上没有用完的炮弹按厂别、年代、批次、延时时间分别放在原塑料密封筒内，并用塑料胶带简易恢复密封后分别装箱、贴封、登记、入库。当箱内装不满时，应用原塑料密封筒将炮弹包装箱填满，以防搬运时炮弹在箱内晃动。

（三）剩余物资的回收及处理

天气过程过后，作业人员应将射击后剩余的炮弹药筒擦洗干净晾干，按统一数量放在原包装箱以便上交点数，塑料密封筒用绳子捆扎（同时应彻底清除危险品，以免再利用时发生爆炸），待送（拉）炮弹车辆送（拉）炮弹时清点上缴库房，并办理交接手续。

按规定上缴的木箱、塑料密封筒应及时进行清点处置，不得回流到作业点或挪作他用。

复习与思考

1. 炮弹的技术要求有哪些？
2. 炮弹的主要组成元件有哪些？
3. 18 型炮弹特点有哪些？
4. 什么是炮弹的标识？
5. 炮弹使用时必须严格遵守什么原则？
6. 检查中发现炮弹有哪些缺陷应禁止用于作业？
7. 作业后炮弹的整理应包括哪些内容？

第五章 高炮自动化作业系统

内容提要

本章重点介绍了 37 mm 高炮和 57 mm 高炮的自动化改造情况，讲述了所改造高炮的要点、改造高炮的主要功能和性能指标、构造原理、操作使用、故障排除、维护保养等内容。37 mm 高炮自动化作业系统共有 4 个，其名称分别是 DF37 mm 高射炮远程控制系统、中兵自动化 37 mm 高炮系统、ZBZ-P37 型人工影响天气作业用 37 mm 电控高炮和防雹增雨高炮控制系统(QN37-Ⅱ)，57 mm 高炮的自动化作业系统 1 个，名称为 ZBZ-P57 型人工影响天气作业用 57 mm 高炮自动控制系统。

第一节 DF37 mm 高射炮远程控制系统

DF37 mm 高射炮远程控制系统(图 5.1)，是在 65 式 37 mm 高炮的基础上，通过改进高炮的供弹机构，利用原有的电击发装置，结合计算机控制技术，对高炮射击过程中的主要参数进行监测、运算、记录、显示、传输及控制，实现对高炮安全作业的要求。

图 5.1 DF37 mm 高射炮远程控制系统

一、系统主要功能及性能指标

（一）主要功能

1. 开机后语音提示安全操作规程。

2. 可设置禁射区。作业时进入禁射区，系统自动识别、报警，并停止发射。

3. 远距离控制高炮的射角和方位角。

4. 自动控制发射模式和发射弹数。

5. 一次性能装填 60 发炮弹；可实现连续发射 58 发炮弹。

6. 作业中后坐量达到规定最大值时，系统报警，并自动停止发射。

7. 自动传输、记录作业信息（包括发射弹数、方位角、射角及后坐量等）。

8. 保留原有操作功能，在电控系统不能正常工作时，可使用传统操作方法完成作业。

（二）性能指标

1. 电源：AC220 V，50 Hz

2. 输入功率：1 kW

3. 电控炮身俯仰速度：4.3°/s

4. 电控炮身回转速度：13.24°～17.64°/s

5. 电控精度：±0.1°

6. 远程数据传输网络延时：3～5 s

7. 服务器保存数据时间：3 a

8. 绝缘电阻：≥20 MΩ

（三）系统组成

本系统主要由供弹机、电控系统和信息传输系统三部分组成。供弹机由左、右供弹机和平衡基座组成。

电控系统由高低机箱体、方向机箱体以及自动控制箱、电磁铁、回转接触装置、执行电机、电机编码器、射击计数器、喇叭箱、电缆和电源等组成，用于对火炮进行射角、方位以及发射控制。

信息传输系统由 GPRS-DTU 发射模块和 DF-14 防雹实时信息系统组成，用于将发射参数传输到指挥中心。

1. 供弹机

供弹机用于与压弹机配合，连续供弹 60 发。由左、右供弹机和平衡基座组成（图 5.2）。

（1）平衡基座

用于取消瞄准具后的平衡配重和连接供弹机，由底座、连接轴、压盖和固定螺母、锁紧垫片及连接螺钉组成。底座用螺栓固定在原瞄准具安装孔内，前上平面的孔用于安装炮衣支架。

（2）供弹机（左、右供弹机对称）

左右供弹机用于给压弹机供弹，由供弹箱、旋转臂组合、弹簧筒组合、上压弹机构、限制器和固定器等组成。

弹箱前端的支座与平衡基座的轴相连，后端下部焊接有卡板座，用于供弹机后端固定。供弹箱后端内侧焊接有滚轮座，上有滚轮和轴。后端外侧焊接有限制器座，用于连接限制器各零件。

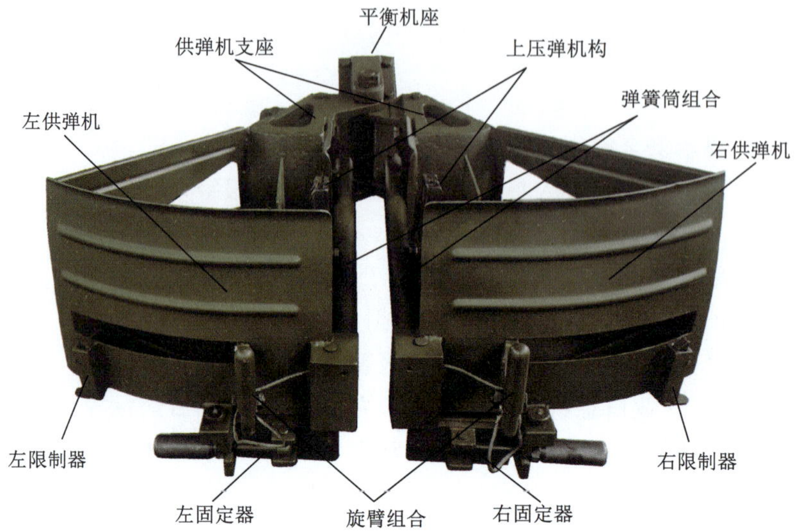

图 5.2　供弹机实物图

旋转臂组合用于将炮弹推向内侧进弹口，其上焊接有推板和手柄，前端用轴连接在供弹机的支座上，后端有孔用于穿钢丝绳赋予动力。

弹簧筒组合给供弹机提供动力。筒内安装供弹机弹簧，钢丝绳穿过弹簧和前端的弹簧帽与钢绳头焊接，弹簧筒前端用端盖和开口销堵塞。钢丝绳另一端穿过滚轮与旋转臂上的孔用卡固定(图 5.3)。这样，往外拉旋转臂手柄，弹簧就受到压缩，从而提供了一个反向的推力。

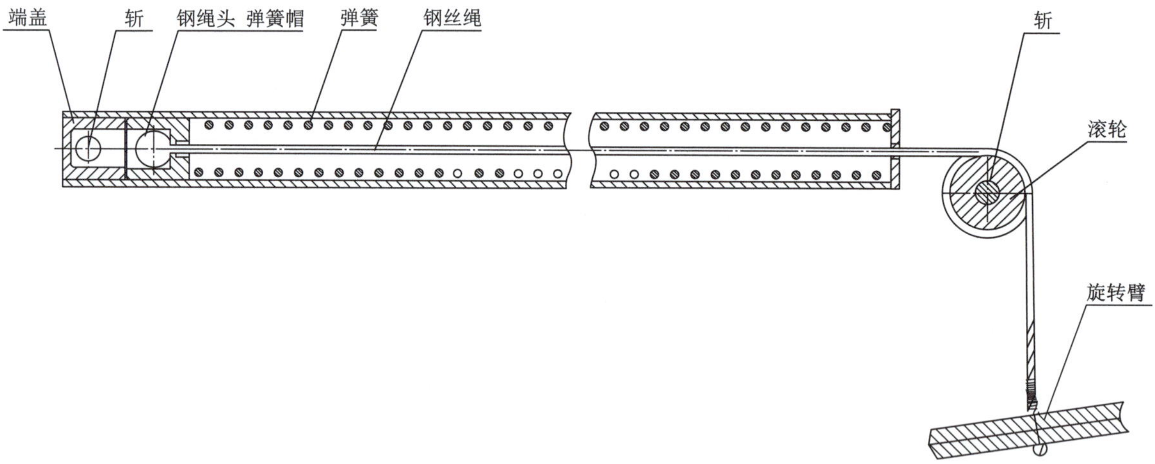

图 5.3　弹簧筒

限制器由座、定位滑杆、压杆、弹簧和螺塞组成(图 5.4)，用于装填炮弹时将旋转臂及推板固定在外侧，便于装填。

上压弹机构由导板座、滑板座、固定梭和滑动梭组成，与压弹机配合将供弹机进弹口的炮弹一发一发往下输送。导板座焊在供弹箱内侧，其上连接有滑板座，滑板座位置可以通过两个螺钉进行微调。固定梭固定在滑板座上，其上有小齿、弹簧和轴。滑动梭可在滑板座上滑动，下端的钩部与压弹机上的活动梭子滑动钣上端的孔相扣，连为一体。滑动梭上安装有小齿、弹

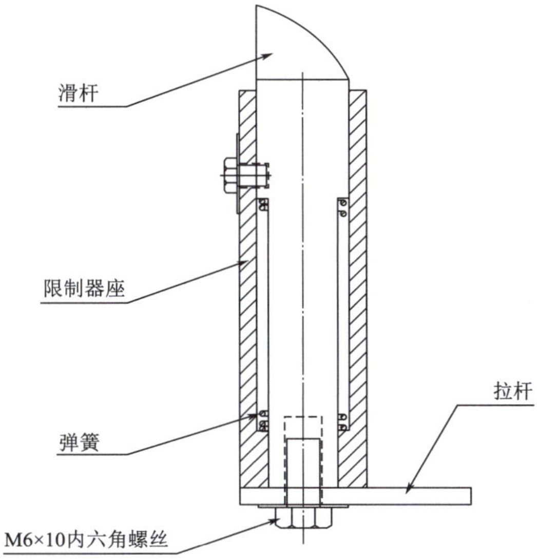

图 5.4　限制器

簧和轴(图 5.5)。

由于压弹机的活动梭子与供弹机上的活动梭子是相连的,这样就把供弹机上的炮弹连续不断地往下压。当供弹机内侧进弹口上的第一夹炮弹下去后,推板便在簧力的作用下把其余的炮弹往里推,第二夹炮弹便推入进弹口位置。

固定器用于将供弹机牢固定位,由卡板座、支座、拉杆、紧定手柄、轴和开口销组成(图 5.6)。支座用螺钉固定在压弹机的后壁上,螺钉用冲眼防松。旋松并转动固定器紧定手柄,可将供弹机往外打开一定的角度,以便于压弹机拆卸和卡弹时用退弹钣退弹。

图 5.5　上压弹机构

图 5.6　固定器

本供弹机使用的弹夹与以往 37 mm 高射炮使用的弹夹略有不同,后者不能用于前者。

(3)供弹机分解结合

① 分解

向下拉限制器拉杆,解除对旋转臂的限制,使弹簧筒弹簧伸张。旋松固定器紧定手柄,拧下平衡基座中心轴顶端的螺帽,拉开左、右供弹机,两人配合使力,平稳卸下左、右供弹机。

根据情况拆卸左、右供弹机弹簧。先拧松旋转臂上钢丝绳的连接螺钉,抽出钢丝绳;拆下弹簧筒前端的开口销和轴,取下端盖,并从前端先后取出弹簧帽、钢丝绳和弹簧。

② 结合

按照分解反顺序进行即可。需要注意:由于左、右供弹机支座上的孔与基座上的轴属于精密配合,因此装卸供弹机时需人工平稳、均匀用力。为使供弹机支座安装面与基座接触,应视情况添加垫片。

2. 电控系统

(1)用途和功能

电控系统的作用是远距离控制火炮进行作业,确保操作人员的人身安全。

(2)构造

电控系统由自动控制箱、电磁铁机构、执行电机、编码器、DF 数据处理器、射击计数器、后坐量记录仪、喇叭箱、通信电缆、应急发射盒和电源组成。

① 自动控制箱

自动控制箱是电控系统的神经中枢,主要集成了 PLC(programmable logic controller,可编程逻辑控制器)、触摸显示屏、步进电机驱动器、GPRS-DTU 通信模块以及开关电源等电气元件(图 5.7)。其中,PLC 作为通用工业控制计算机,除发布逻辑控制命令外,还能处理数据,包括数据的采集、存储、检索、变换、传输等;触摸显示屏可直观地输入命令,控制火炮射击和显示数据,实现人机友好交互;步进电机驱动器是用来控制执行电机的角位移和转动速度,进而控制高低机和方向机的运动。

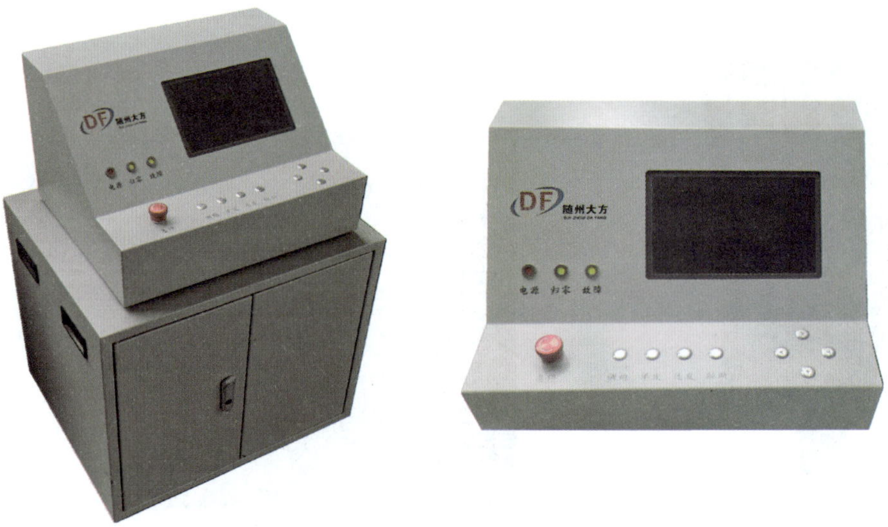

图 5.7 自动控制箱

系统所有的控制命令通过自动控制箱发出,然后接收并显示传感器回传的各种数据。控制箱的面板上有触摸显示屏和控制按钮，安装了两套发射操作系统。系统默认为机械按钮操作，当出现故障时，可以转换为触摸屏操作。

用户按使用系统权限不同分为四级，分别以1、2、3、4命名。其中1级为炮站作业人员，2级为人工影响天气系统的维护人员，3级为生产厂家的安装人员，4级为生产厂家的工程技术人员。

② 电磁铁机构

电磁铁机构由电磁铁和机械部分组成。固定于摇架机箱前下部，可将电能转化为机械能带动传动杠杆，使发射卡锁放开输弹器体，完成击发动作。

电磁铁为螺管式，平时衔铁在弹簧作用下离开铁芯，当电磁铁启动后，衔铁被磁力吸入铁芯，顶杆便将接触器的活动触头顶开，并保持电磁铁启动时的拉力。

机械部分由拨叉、传动杆、杠杆及调整螺钉组成(图5.8)，用于传递电磁铁的动作。

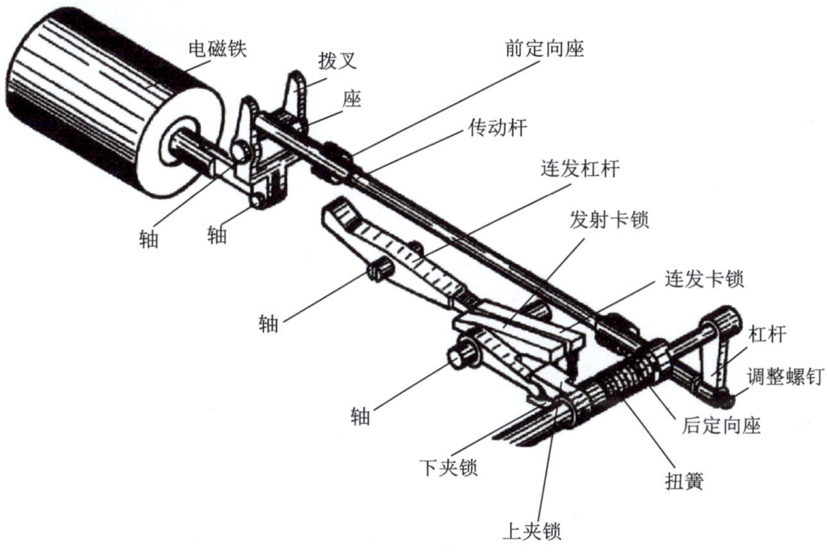

图5.8 电磁铁机构

③ 执行电机

执行电机为两个步进电机。分别安装在高低机与方向机上部箱体上，通过齿轮啮合，带动高低机和方向机运动(图5.9、图5.10)。

步进电机是将脉冲信号转变为角位移或线位移的开环控制元件。在非超载的情况下，电机的转速、停止的位置只取决于脉冲信号的频率和脉冲数，而不受负载变化的影响。即给电机加一个脉冲信号，电机则转过一个步距角。这一线性关系的存在，加上步进电机只有周期性的误差而无累积误差等特点，使得用步进电机来控制高低机和方向机运转角度变得相对容易。

④ 编码器

编码器(图5.11)安装在执行电机内部，其作用是将步进电机转动的角度值转换为高炮运动的角度值，并传回到自动控制箱，经PLC运算后，在触摸屏上显示当前高炮的位置。本系统采用的是绝对型编码器，它可实现编码与物理量一一对应关系。系统断电后，电机在外力的作用下转动，编码仍然能够记忆测出电机转过的角度，待系统通电后，可得到当前的角度值。

图 5.9　高低机执行电机

图 5.10　方向机执行电机

⑤ DF 数据处理器

DF 数据处理器(图 5.12)安装在上部托架的右侧,其主要作用是数模信号转换和通信信号放大,是系统数据传输的枢纽。

⑥ 射击计数器

射击计数器(图 5.13)采用涡流式接近开关,左右各一个,安装在摇架机箱前部外侧,对应炮尾部。其作用是射击时计算发射弹数,炮尾移动一次接近开关动作一次,然后传到自动控制箱进行处理。

图 5.11　电机编码器

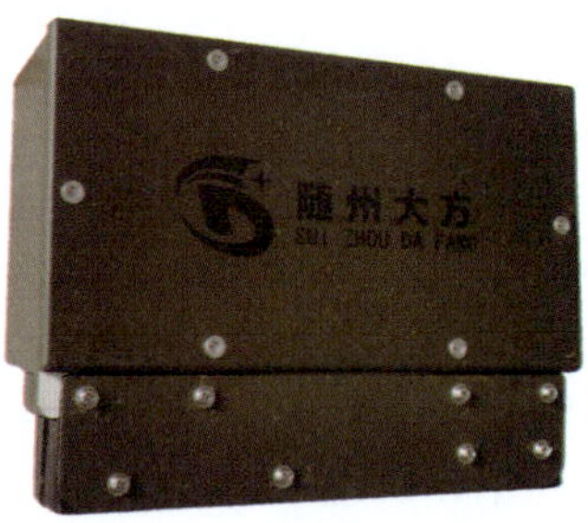

图 5.12　DF 数据处理器

图 5.13　射击计数器

⑦ 后坐量记录仪

后坐量记录仪(图 5.14)采用 LVDT(linear variable differential transformer,线性可变差动变压器)位移传感器,由一个初级线圈、两个次级线圈、铁芯、线圈骨架、外壳等部件组成。其铁芯与后坐标尺连接,测量身管在射击时的后坐量。当接近极限值时,系统自动报警;达到或超过极限值时,火炮自动停射。

⑧ 喇叭箱

喇叭箱(图 5.15)安装在炮床左后侧,用于开机后播放提示音,提醒作业人员进行射击前的安全操作。

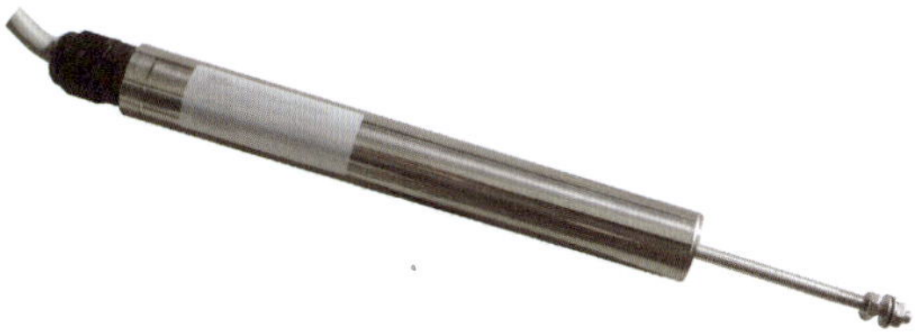

图 5.14　后坐量记录仪

图 5.15　喇叭箱

提示音为:“作业开始,首先请检查火炮膛内有无异物,将炮膛擦拭干净,然后按操作程序进行作业,注意控制空域允许时间。”。

⑨ 应急发射盒

应急发射盒(图 5.16)放置在自动控制箱工作台内,当控制箱发生故障无法使用时,在采用人工调整高炮的射角和方位角后,可以利用应急发射盒进行远程控制发射。在发射盒前端面有两个插口,使用时 4 芯插座连接电源电缆插头,16 芯插座连接通信电缆。

通信电缆用来传输、分配电能和传送电信号,一般为 20～30 m16 芯电缆,两端焊接航空插头,一端连接控制箱,另一端连接炮床前端纵梁左侧的插座。

本系统使用的电源为 220 V,50 Hz,为了防止停电,备有一台 2.5 kW 小型发电机或 UPS(uninterruptible power system,不间断电源系统)电源。

(四)信息传输系统

由 GPRS-DTU 通信模块(图 5.17)和 DF-14 防雹实时信息系统组成。GPRS-DTU 通信模块安装在自动控制箱内,卡槽内安装具有 GPRS 上网功能的手机通信卡。其作用是将作业参数(发射时间、射角、方位角、身管后坐量、本次发射弹数、累计发射弹数以及炮弹生产厂代号、生产年份、批次)及时地传输到指挥中心。

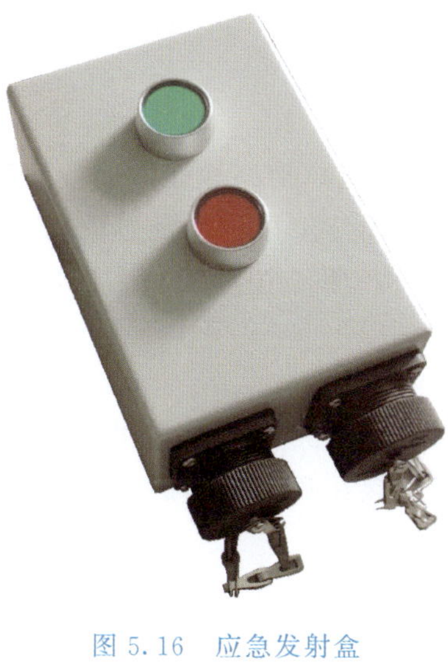

图 5.16　应急发射盒

图 5.17　GPRS-DTU 通信模块

DF-14防雹实时信息系统(图5.18),用来接收并管理各作业点传输过来的作业参数,分为管理员和用户两种角色。

图5.18 DF-14防雹实时信息系统主界面

管理员为生产厂家,负责对系统的正常运转进行基础配置(包括用户和作业点配置以及授权)和维护。用户一般为县级指挥中心,也可以是地(市)级、省级人工影响天气业务部门。指挥中心通过网络登录DF-14防雹实时信息系统,可以查看所属各炮站的作业情况,及时地掌握GPRS-DTU通信模块传输过来的作业信息。该系统采用云数据库,存储量大,支持超过百万条记录,可为增雨防雹的科研工作提供大量的数据支持。

(五)高炮安全锁定装置

安全锁定装置安装在高炮本体上,主要包括身份识别器、闩体锁定装置、供电装置三大部分。

1. 身份识别器

身份识别器用于识别授权的作业人员,具有信息储存、识别和控制功能,采用了数字密码和指纹电子等输入技术。由主盒体、主控板、电源、状态指示灯、开关按钮、航空通信插头以及充电接口等组成(图5.19)。

2. 闩体锁定装置

闩体锁定装置(图5.20)用于锁定闩体机构,进而不能拉动高炮握把进行发射操作。由身份识别器发出指令,通过驱动控制芯片校验后,驱动电动传动机构。身份识别成功,闩体锁定装置自动解锁。该装置由锁壳、锁主体、电机传动机构、驱动控制板、信号开关,以及锁杆等组成。

3. 供电装置

供电装置(图5.21)采用容量3050 mAh的定制款18650锂电池组供电,电池的容量保证连续开、关锁350次,不出现欠压告警指示。可选择直接在身份识别器上对电池进行充电,或取下电池进行充电。

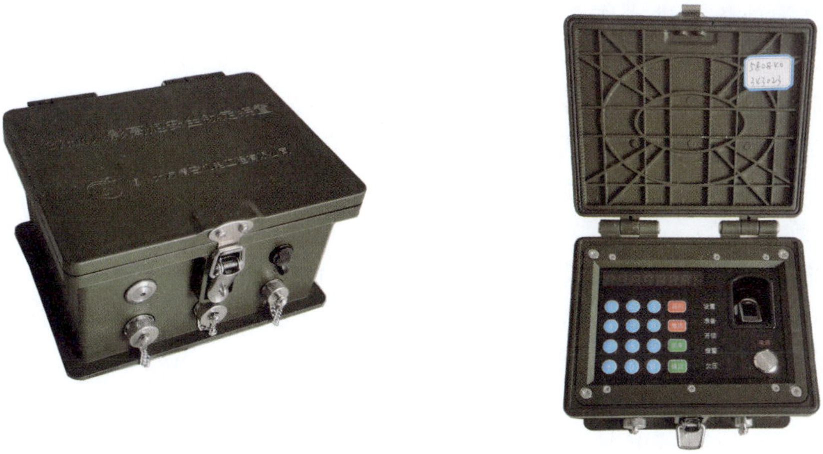

图 5.19 身份识别器

图 5.20 闩体锁定装置

图 5.21 供电装置

二、使用与操作

(一)炮班的编成与分工

本系统炮班由炮长 1 人,炮手 3 人组成。炮手按 1～3 顺序编号,称为一炮手、二炮手、三炮手。

炮手分工如下:

炮长——炮班的指挥员;

一炮手——自动控制箱操作手;

二炮手、三炮手——炮弹传递和装填手。

(二)炮班的队形

一般地,炮班有炮后集合、就炮集合和就定位三种作业队形。

1. 炮后集合:是炮班操作前和操作后集合的一种队形(图 5.22)。

口令:“炮后集合。”

动作：当高炮处于行进或作业状态时，从右至左依次为炮长(Ⓐ)，一炮手(①)、二炮手(②)、三炮手(③)。一炮手、二炮手对正牵引杆，其距离可根据地形而定，通常为 2～3 步，全班可根据地形成直线或弧线队形。各炮手跑步到规定位置后，自动向右看齐，然后稍息。需要报数时，炮长下达"报数"口令，炮手从右到左按 1、2、3 的顺序报数。

2. 就炮集合：是火炮落炮或起炮时使用的队形。

口令："就炮集合"

动作：各炮手跑步就位，两脚叉开与肩同宽。炮长位于身管的右侧；一炮手位于牵引杆左侧，距离约半步；二炮手位于前车体右内侧，距离约半步；三炮手位于前车体左内侧，距离约半步(图 5.23)。到位后，自动转身面向高炮(按高炮射击方向分左、右)。

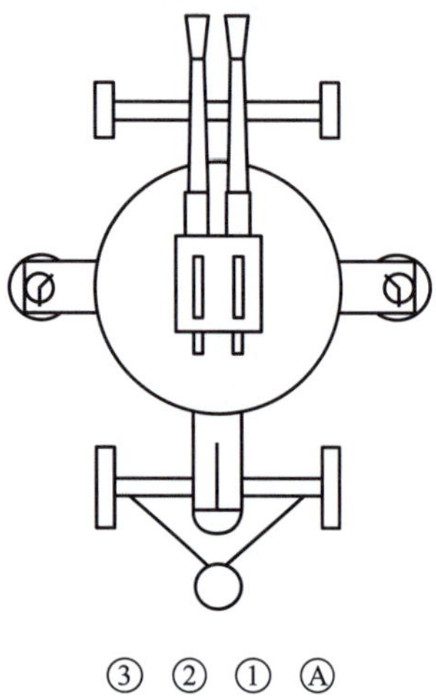

图 5.22 炮后集合

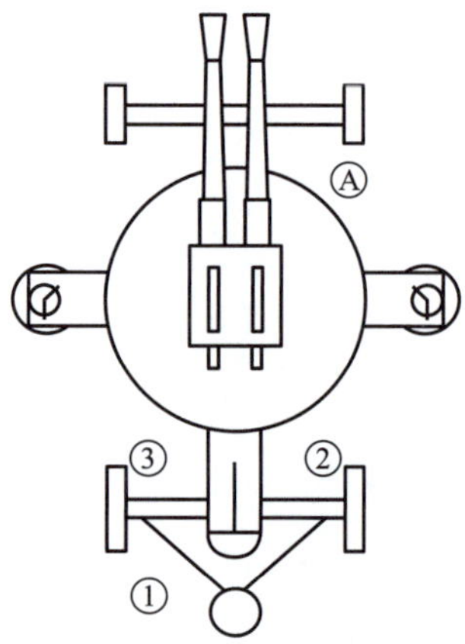

图 5.23 就炮集合

3. 就定位：作业时各自的位置

口令："就定位"。

就定位时各炮手分别到达各自的作业岗位，各炮手位置如图 5.24 所示。

(三)各炮手的职责要求

1. 炮长的职责要求

①熟悉高炮和人工影响天气相关业务，熟练掌握各种作业方法；②根据上级指令，迅速组织作业，指挥得当；③作业中注意观察，把握时机，准确下达口令，及时修正作业参数；④检查纠正全班人员严格遵守操作规程，做到安全作业，排除作业中出现的故障。⑤组织好装备的维护保养，及时上报情况。

2. 一炮手的职责要求

①熟悉各种天气的作业方法，能根据上级指令准确进行作业，不误时机；②熟练掌握自动控制箱的各种操作要领；

③熟悉电控系统的连接、检查和维护，会排除简单的电路故障。

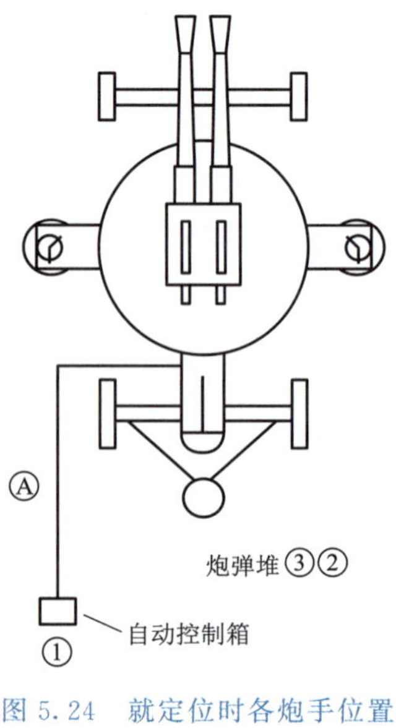

图 5.24 就定位时各炮手位置

3. 二炮手、三炮手的职责要求

①负责炮弹的启封、检查、装弹(弹夹)、递送和射击后的规整;②熟练掌握炮弹装填和退弹的要领;③严格遵守炮弹操作过程中的安全措施和操作规程;④协助炮长进行故障排除。

(四)放列与撤去

1. 放列(落炮)

放列就是将高炮由行进状态转为作业状态。固定防雹炮点的高炮在作业期间一般都是处于放列状态,放列要领与原 37mm 高炮相同(具体操作要领见第二章第二节)。放列后接好电缆和自动控制箱。

2. 撤去(起炮)

撤去就是将火炮由作业状态转为行进状态。固定防雹炮点的火炮在作业完毕后通常处于撤去状态。撤去要领与原 37mm 高炮相同(具体操作要领见第二章第二节)。撤去后收起电缆和自动控制箱。

(五)高炮射向零位的规正

为了保证射击精度,要求高炮在射角和方位上各有一个起始点即基准,也称零位。设定炮膛轴线处于水平面时为射角的零位,炮膛轴线指向正北方向时为方位零位。当炮膛轴线与炮床均处于水平面时,此时射角零位是正确的。当炮膛轴线与正北方向重合或平行时,此时方位零位是正确的。

炮床水平规正后,进行方位角零位规正。用 GPS-RTK 定位仪在地面上找出正北方位,然后用铅垂线使两个身管轴线的对称线与之重合。调整炮床位置,将履钣固定在炮位上。高炮射角和方位角的零位都确定后,开机调整自动控制箱使之归零。

(六)装填和退弹

本系统每门炮配 4 名炮手,其中炮长负责指挥;一炮手为自动控制箱操作手,二炮手、三炮手装填手,负责退弹和递弹。

1. 装填

高炮位于射角 50°左右。

(1)装填右炮

二炮手跨上炮盘踏板,将右握把(以射击方向)拉到最后方,然后放入后握把扣内,再将右供弹机手柄拉向外侧,被限制器的定位滑杆挡住。此时,炮闩被打开,输弹器体被发射卡锁卡住留在后方,供弹机旋转臂及推钣处于供弹机箱的外侧。

三炮手随即执行递弹任务,二炮手往供弹机装填炮弹。装填时,右手在下方托住最下一发炮弹药筒部,左手握住上方炮弹药筒距弹夹 4~6 cm 处,并使弹头朝前对向进弹口,弹夹对正退夹槽,保持炮弹与压弹机平行,放入压弹机内。为防止弹头部进入时错开,应将右手从供弹机下方压弹机的空隙处向上托住炮弹并扶正,然后迅速抽出右手,左手向下猛压炮弹,使最下边的一发炮弹落到输弹槽上。压下第一夹炮弹后,再压第二夹。第三、第四、第五夹弹可在供弹箱由里至外排列,最后,第六夹弹压在第二夹弹的上方。然后把住手柄,解脱拉杆对回转臂的限制,将握把送回,放于前握把扣内。

(2)再装填左炮

三炮手跨上炮盘踏板,将左握把(以射击方向)拉到最后方,然后放入后握把扣内,再将左供弹机手柄拉向外侧，被限制器的定位滑杆挡住。此时，炮闩被打开，输弹器体被发射卡锁卡住留在后方，供弹机旋转臂及推板处于供弹机箱的外侧，便于装填炮弹。

二炮手随即执行递弹任务，三炮手往供弹机装填炮弹。装填时，左手在下方托住最下一发炮弹药筒部，右手握住上方炮弹药筒距弹夹 4～6 cm 处，并使弹头朝前对向进弹口，弹夹对正退夹槽，保持炮弹与压弹机平行，放入压弹机内。为防止弹头部进入时错开，应将左手从供弹机下方压弹机的空隙处向上托住炮弹并扶正，然后迅速抽出左手，右手向下猛压炮弹，使最下边的一发炮弹落到输弹槽上。压下第一夹炮弹后，再压第二夹。第三、第四、第五夹弹可在供弹箱由里至外排列，最后，第六夹弹压在第二夹弹的上方。然后把住手柄，解脱拉杆对回转臂的限制，将握把送回，放于前握把扣内。

2. 退弹

有两种情况需要退弹：一种是射击中出现卡弹等故障，需要把全部炮弹取出；二是射击结束，需要把剩余炮弹退出。

退弹的步骤和要领是：

(1)关闭电源，将炮身打到 50°；

如果供弹机进弹口有一夹炮弹：

① 先取出供弹机弹箱内的炮弹，交给递弹手或者放在托弹盘上；

② 用两个取弹钣分别插入上滑动梭与炮弹两侧到位，取出最上一夹弹。

如果供弹机进弹口没有炮弹：

① 脱离上滑动梭下端的钩与压弹机活动梭子的连接，松开供弹机固定器手柄，往外打开压弹机到位；

② 用退弹钣退出压弹机内的炮弹；

③ 将握把拉到最后方，退出输弹机上的炮弹；为防止碰伤炮弹，应用手从后壁处接住；

④ 向后拉握把，另一名炮手向上抬关闩杠杆的扳手，使抽筒子放开闩体；在炮耳轴处向里压发射杠杆，使发射卡锁放开输弹器体，然后慢慢送回握把。这样操作可以减少机件不必要的冲击和磨损，延长机件的使用寿命。

(七)自动控制箱操作

1. 检查与开机

(1)开机前的检查

① 检查电源电缆、通信电缆及炮上所有的线缆上的插头、接头连接是否完好，电缆有无明显破损，用兆欧表检查线芯与地及线芯之间有无漏电、短路或者断路，绝缘是否符合要求。

② 检查控制箱外观是否完好，各种控制按钮及触摸屏应无损，安装正确，不能有污物，应保持整洁。

③ 执行电机、编码器、电磁铁、接近开关不应有损坏、变形，安装应正确牢固可靠。

④ 检查电源是否正常，把整个系统连接好后，将电源插头插入电源插座，此时自动控制箱上的电源指示灯亮，说明电源正常。

(2)开机和进入系统

打开电源开关，注意观察各种电器元件有无异常声音及气味。(若有异常应立即关闭电源)。此时系统开始启动，同时作业提示音开始响起，当提示音结束，触摸屏上的各种警示画面应正常退出，测试触摸屏应能正常操作，至此系统启动完成，进入系统主界面。

2. 二级用户操作

(1)输入用户名和密码(图 5.25)。

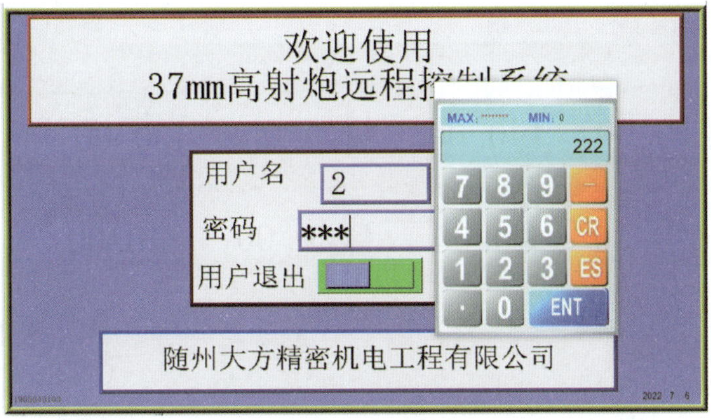

图 5.25　二级用户的用户名和密码输入界面

(2)时间调整和零位校正(图 5.26)。

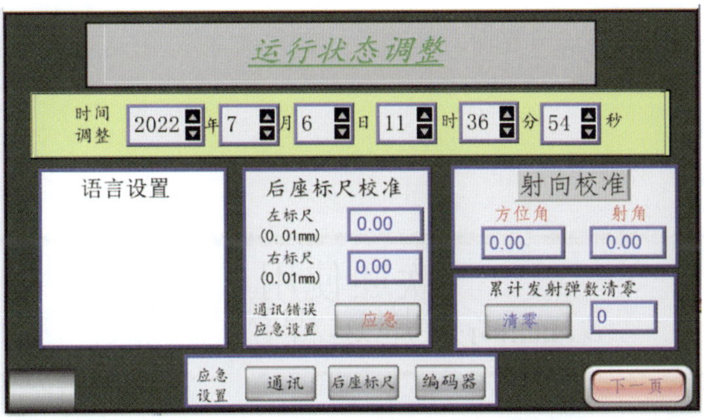

图 5.26　时间调整和零位校正界面

(3)作业记录查看与清零(图 5.27)。

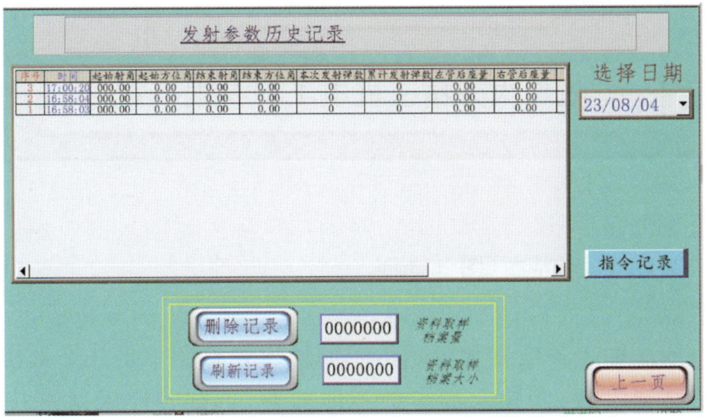

图 5.27　作业记录查看与清零界面

(4)电子限位与禁射区设置(图 5.28)。

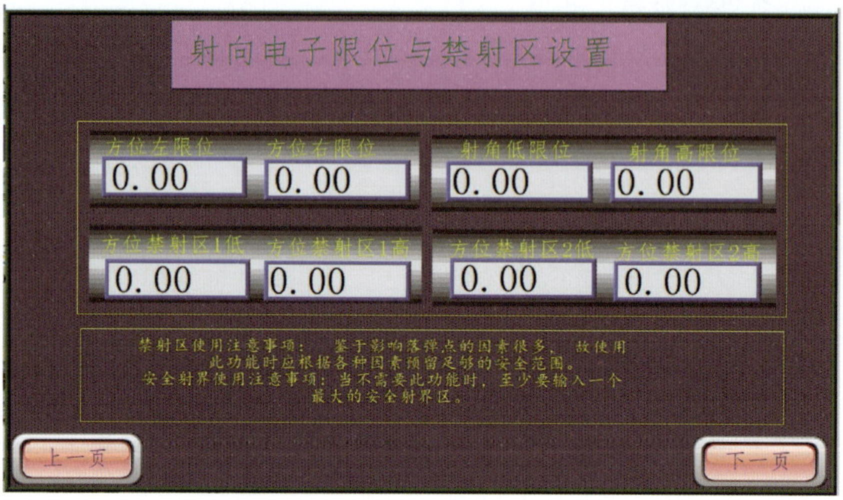

图 5.28 电子限位与禁射区设置界面

(5)密码设置

点击“密码”即进入密码修改界面。修改后，点击“确认”。下次进入作业界面就需要输入新的密码。

3. 一级用户操作

(1)输入用户名与密码(图 5.29)

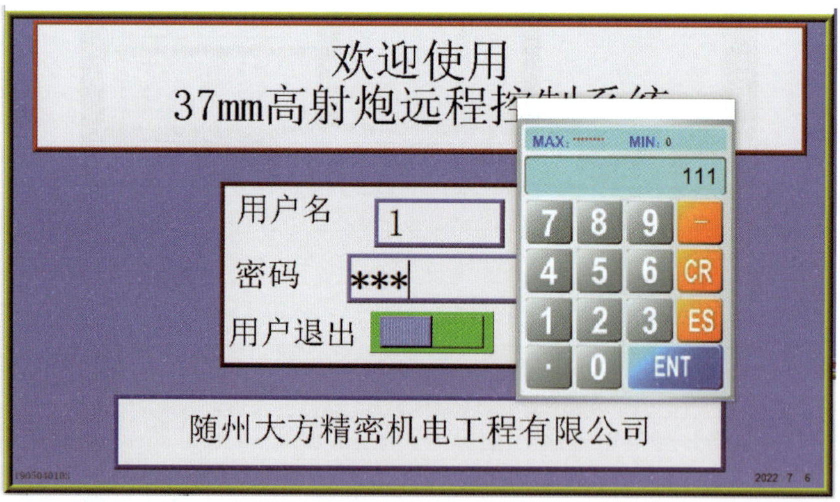

图 5.29 一级用户的用户名与密码输入界面

系统自动进入“参数设定”界面(图 5.30)。

(2)输入射击参数

按照光标提示，依次输入各项参数，注意：①如果炮弹参数不足 3 个批次，其下的可填“0”；②左、右管弹数设定必须一致；③输入的参数不能遗漏，否则程序无法进行。输入完毕，按下“模式”，画面跳转到“发射模式设定”界面(图 5.31)：

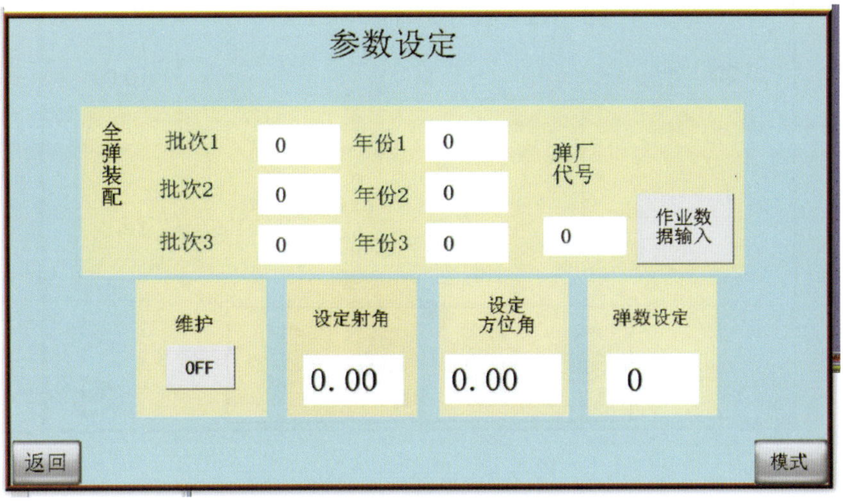

图 5.30　参数设定界面

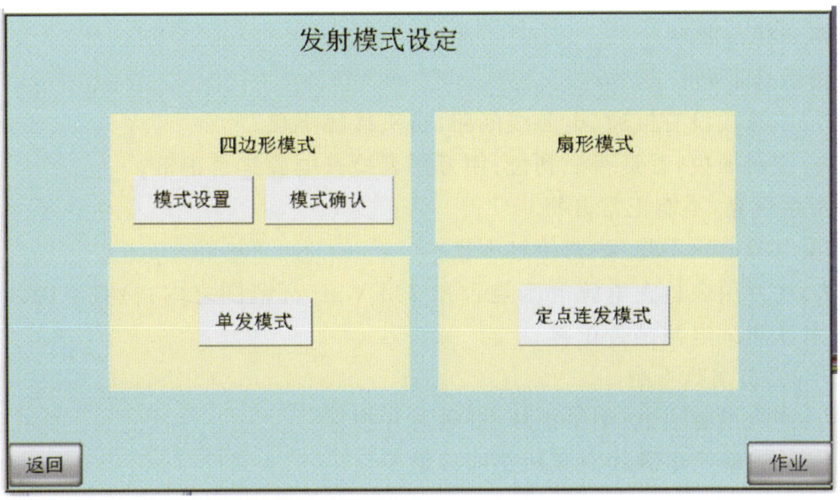

图 5.31　“发射模式设定”界面

(3)选定发射模式

选定“单发模式”和“定点连发模式”，按下“作业”，系统便进入“发射作业”界面(图 5.32)；选定其他模式，系统须先进入其他模式数据设定界面，设定数据后再进入“作业界面”。按下“返回”，画面跳转到“参数设置”界面：

(4)发射作业

① 按下调炮按钮，赋予炮身设定的首发射角和方位角。

② 如果是单发发射，按下“单发”按钮；如果是连发发射，同时按下“连发”和“辅助发射”按钮。

系统默认为机械按钮操作，当出现故障时，可以按下“射击作业”界面右下方的“触摸屏”键，转换为触摸屏操作。

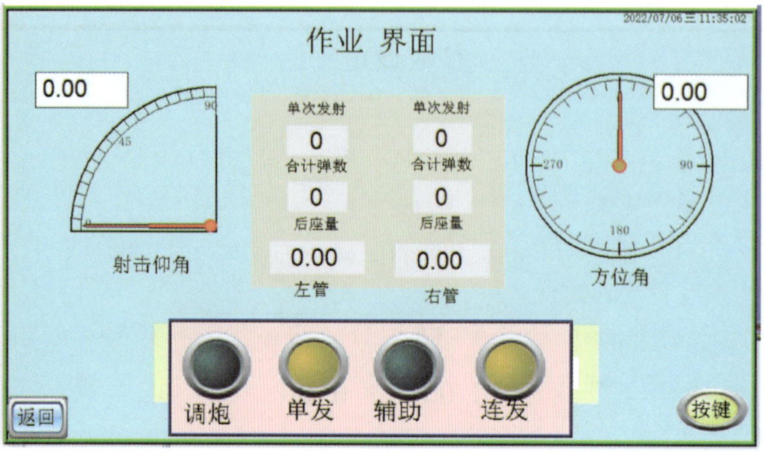

图 5.32 “发射作业”界面

三、故障排除与技术维护

(一)故障分析与排除

1. 电源指示灯不亮

原因分析:电源线没有接通、电源线断路、接头接触不良。

解决方法:重新插拔,看是否插到位;用万用表检查电源是否正常。

2. 电源指示灯亮,不能正常开机

原因分析:电源电压不稳、线路接触不良。

解决方法:用万用表检查电源电压是否在 220 V±5%范围之内;检查电源线是否接触不良;换应急发射盒测试电源是否正常。

3. 正常开机后,喇叭不响

原因分析:喇叭没有通电、喇叭损坏、音乐芯片损坏。

解决方法:检查喇叭电源线有无短路或接触不良。

4. 开机后编码器通信报警

原因分析:数据处理器无 24 V 电、通信线路断路或接触不良、编码器损坏;信号中继器损坏;PLC 模块损坏。

解决方法:检查 24 V 电源线有无断路情况、检查断点并修复,更换损坏的编码器、信号中继器或 PLC 模块。

5. 作业界面中角度值显示不正确

原因分析:调试时角度设置不正确、编码器乱码。

解决方法:重新校正射角和方位角的零位;编码器乱码,需更换编码器。

6. 电机起动时,振动不转

原因分析:电机卡死、电机断路、电机缺相。

解决方法:检查线路,更换电机。

7. 电机不转

原因分析:电线同时断两相以上。电机损坏。电机驱动器损坏。

解决方法:检查线路,更换电机,更换自动控制箱。

8. 电机噪声大

原因分析:电机线圈短路。

解决方法:更换电机。

9. 触摸屏显示没有计数

原因分析:24 V 电源无电、信号线中断、计数器损坏、PLC 损坏。

解决方法:检查 24 V 电源,信号线,更换计数器或自动控制箱。

10. 指挥中心没有接收到数据

原因分析:电话卡欠费、通信网络信号不良、电脑无网络、GPRS-DTU 通信模块损坏。

解决方法:电话卡充值,检查通信网络,检查电脑网络,更换 GPRS-DTU 通信模块。

11. 按发射按钮后,电磁铁没有击发

原因分析:进入到禁射区。

调炮后没有解锁。物理按键失灵、后坐量超过极限、卡弹。

解决方法:查看是否进入到设定的禁射区并修正。查看调炮按钮是否解锁。改用触摸屏按键或者用应急发射盒。查看后坐量是否超过极限。压弹时产生“骑马弹”,用大起子将“骑马弹”拨正归位。检查是否有其他卡弹现象并处理。

12. 射击过程中,炮弹压不到输弹线上,导致供弹不连续

原因分析:平衡基座安装螺栓松动,致使供弹机安装位置不正确;供弹机弹簧失效;钢丝绳头端脱焊或未固定紧;旋转臂或推钣变形。

解决方法:查看分析具体原因,分别进行调整、固定和换件、矫正处理。

(二)维护保养

潮湿能造成电气部分发霉变质和漏电、短路,因此,防潮是维护电子元器件的一项重要措施。平时,要穿好炮衣、关好箱护盖,以防潮气侵入。当遇雨雪和较大的霜雾之后,应及时将炮衣脱下进行通风。

电气部分的擦拭以除尘、干燥为主,电缆插头、触点等部位应当用脱脂棉蘸少量乙醇进行擦拭。触摸屏要用干净绒布进行擦拭。

自动控制箱、发电机和电缆等电器件应放在通风、隔热、防震的条件下保管。在炎热天气,要防止执行电机、电机编码器等电器件受阳光的直接照射。

另外,电子元器件随着使用时间的增长会逐渐老化,要适时进行通电,电控系统要定期进行测试。

第二节　ZBZ-P37 型人工影响天气作业用 37 mm 电控高炮

ZBZ-P37 型人工影响天气作业用 37 mm 电控高炮(图 5.33)是兰州北方机电有限公司利用目前在用的 65 式双 37 mm 高炮改造的。有 ZBZ-P37-Ⅰ型、ZBZ-P37-Ⅱ型、ZBZ-P37-ⅡC 型多种型号。ZBZ-P37-Ⅱ型人工影响天气作业用 37 mm 电控高炮在 ZBZ-P37 型人工影响天气作业用 37 mm 电控高炮的基础上增加计数功能(计量发射弹数),定位装置、新式手持控制器(可进行安全射界设置、作业数据预装定、扇形射界射击)、电源箱(代替市电为火炮供电),以

及数据采集与数据上传功能。该炮具有安全可靠、操作简便、供电安全、可视化操作等特点。

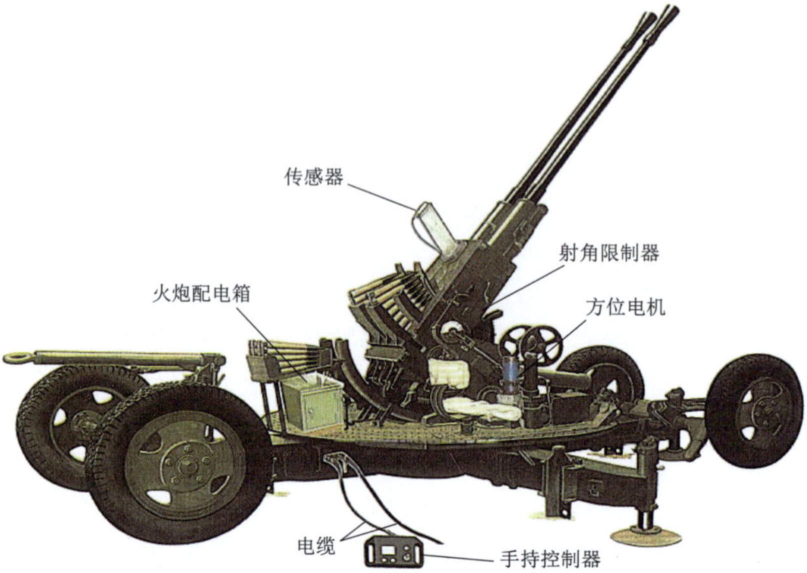

图 5.33 ZBZ-P37 型人工影响天气作业用 37 mm 电控高炮全貌

一、系统概述

ZBZ-P37 人工影响天气作业用 37 mm 电控高炮最大限度地利用了原炮的机械传动系统，通过动力输入点的选择，保证了电动驱动和手动驱动两种形式工作。而离合器系统将两者有效隔离，使两者既不产生相互干扰，又能达到保护人工操作时人员安全的目的。

高炮电器控制器采用市电 220 V 供电，传动电机采用 24V 直流伺服电机，电机转速为 1500 转/min，回转导电装置采用孔式导电滑环；控制器采用手持模式；控制器与高炮距离≥30 m，采用有线控制，操控不受其他无线电波干扰；高炮上有高亮度液晶屏显示，可分别显示方位、高低角数值；电控精度±1°。

高炮控制器采用操作杆控制高炮的方位、高低转动，可在高炮方位转动时进行随机发射。高炮控制器有击发保险装置，以保证安全，避免误操作引发事故。高炮装有配电箱、方位电机、高低电机、传感器、角度数字显示面板、手持控制器（图 5.34）。

电控高炮主要技术指标：

(1)外形尺寸：6475 mm×1796 mm×2440 mm

(2)重量：小于 2650 kg

(3)高低射界：手动：－10°～85°，电动：40°～80°

(4)方向射界：手动：0°～360°，电动：0°～360°

(5)方向平稳瞄准速度(电动)：电动：6°～8°/s

(6)高低平稳瞄准速度(电动)：电动：3°～5°/s

(7)瞄准机手轮力：人工转动方式：高低机：8.5 kgf，方向机：12 kgf

(8)全炮绝缘电阻：均不应小于 1 MΩ

(9)电源：220 V/50 Hz /AC

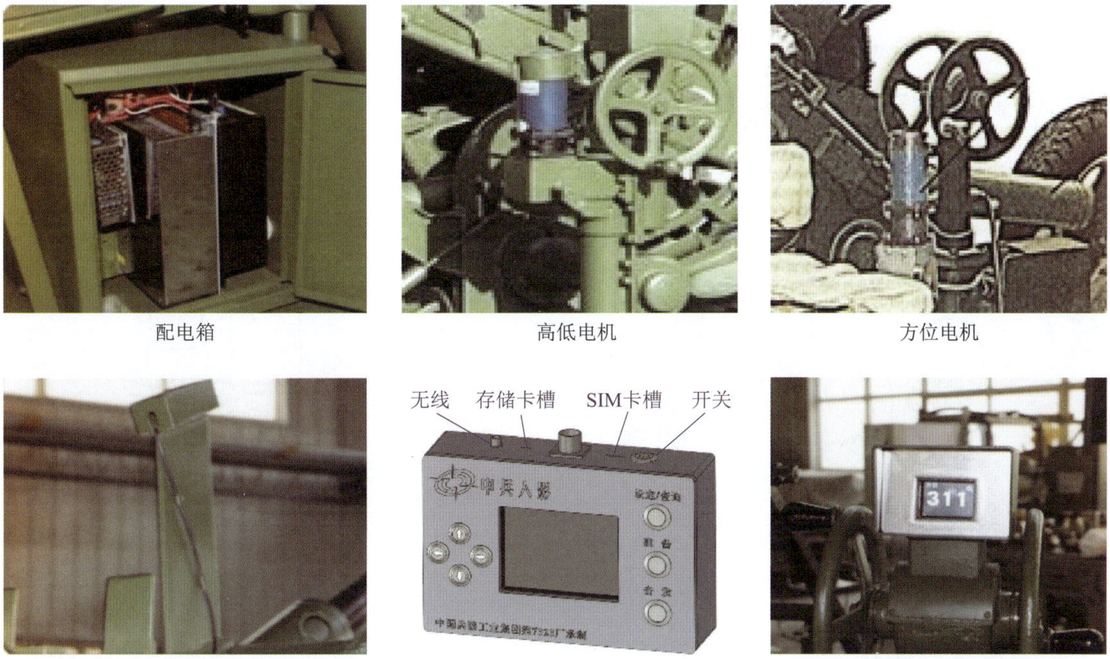

配电箱　高低电机　方位电机

传感器带GPS　手持控制器　角度数字显示面板

图 5.34　电控高炮主要部件

(10)电动工作温度：−10～45 ℃

(11)最大功耗：小于 1.2 kW

(12)方位角零位：磁方位正北

二、用途和组成

ZBZ-P37 型人工影响天气作业用 37 mm 电控高炮，作业时人炮分离操作(间距约 30 m)，提高安全性，即用手持控制器通过线缆和配电箱控制高炮高低、方位转动，并在转动过程中同时按下“准备”和“击发”按钮进行射击。

ZBZ-P37 型人工影响天气作业用 37 mm 电控高炮由双 37 mm 高炮、高低机电传动机构、方向机电传动机构、角度传感器、导电滑环、角度显示器、击发电磁铁、限位装置、配电箱、手持控制器等组成。

(一)高低机电传动机构(图 5.35)

在变速齿轮箱上开接口安装电传动箱体和直流恒速电机。拆除高低机锥齿轮箱中的上齿轮，用套筒代替，实现相互兼容的传动方式；借用原有螺孔将电传动箱体与齿轮变速箱、锥齿轮箱固定；设计卡销式转换手柄，借用原变速拉杆部分，使得手动-电动的转换。

(二)方向机电传动机构(图 5.36)

拆除原炮方向机变速齿轮箱体中的小速齿轮，原小速齿轮位置用套筒代替；借用原有螺孔将电传动箱体和直流恒速电机与齿轮箱、变速齿轮箱体固定；实现一个转换手柄控制两个连接筒与齿轮的啮合和解脱。

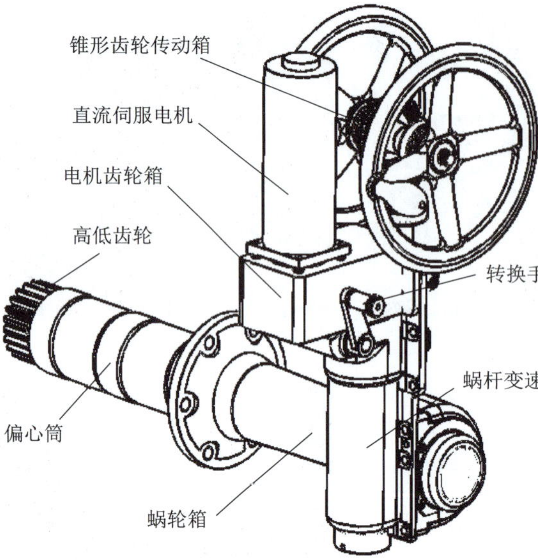

图 5.35　高低机电传动机构

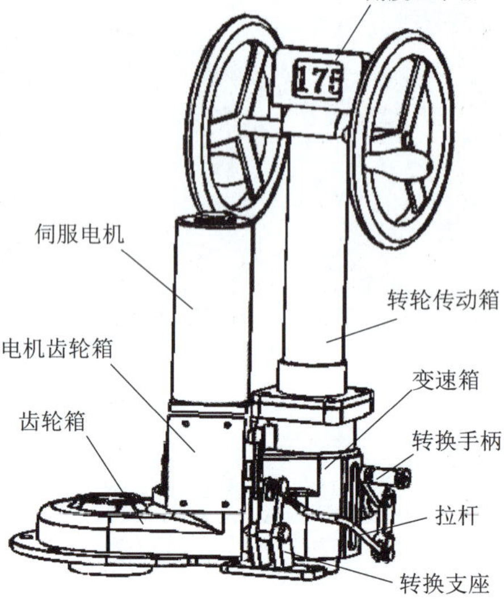

图 5.36　方向机电传动机构

（三）角度传感器

角度传感器（图 5.37）安装在高炮炮身上部的支架上方，安装距离大于 400 mm。角度传感器精度为±1°。选择 DCM260B 三维电子罗盘作为角度传感器。其采用硬磁和软磁校准算法，在有磁场干扰的环境中也能正常工作；使用三轴加速度计对大范围内的倾斜角进行补偿，保证在倾斜角度+85°依然提供高精度数据；同时，体积小，功耗低，抗震性强，在恶劣的条件下能够正常工作。传感器与火炮配电箱和角度显示器通过电缆连接，连接信号制式为 RS485。

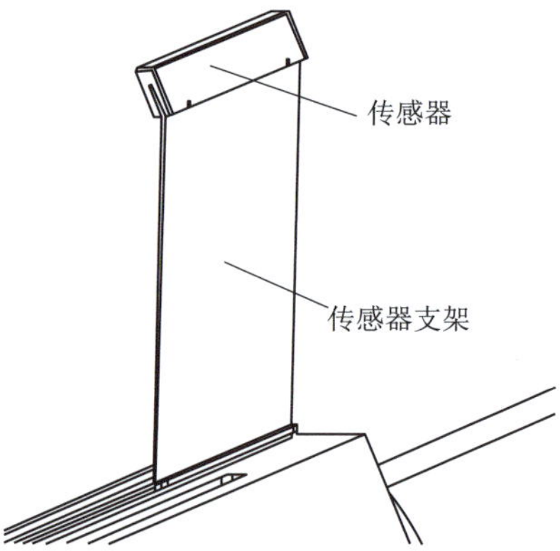

图 5.37　角度传感器

（四）导电滑环

选择 SRH1254-12 孔式导电滑环（图 5.38），将高炮回转部分与固定部分的电路连接起来，使高炮在方向射界内任意转动时，保持电路畅通，防止扭断电缆。

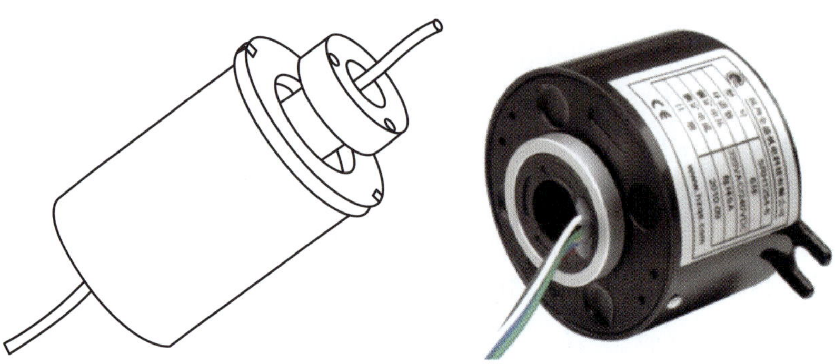

图 5.38　孔式导电滑环

(五)角度显示器

采用DMI820数显倾角仪,作为角度显示装置,分别用于高炮上的方位、高低角度显示和手持控制器的方位、高低角度显示。其采用微机械控制原理,双核测量单元,具有响应速度快、数据稳定等特点。

角度显示器的传输路径:

(1)高炮转动时由传感器将转动角度(高低、方位)传输给角度显示器显示屏,角度显示器显示屏则不断显示转动时的角度值。

(2)在与控制器电缆连接时,手持控制器显示屏上同步实时显示角度,便于操作人员观察,择机发射。

(3)高炮上的显示器分别安装在方向机、高低机转轮箱的上方醒目位置。

(4)角度显示器能够显示GPS的定位成功信息。

(六)击发电磁铁

击发电磁铁采用原炮电磁铁,为圆筒形推拉式直流电磁铁,工作电压为30 V,额定吸力不小于30 kgf,电磁铁芯行程12 mm,启动电流12.5 A,工作电流2.5 A。

(七)限位装置

电动时限位装置(图5.39)将高炮射角限制在安全射角40°~80°。

(八)高炮配电箱

高炮配电箱(图5.40)将220 V交流电转换为24 V,30 V直流电供给高低、方位电机与击发电磁铁。

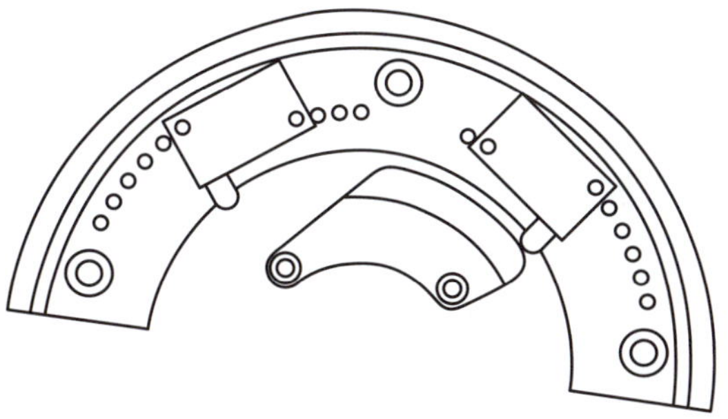

图5.39 限位装置

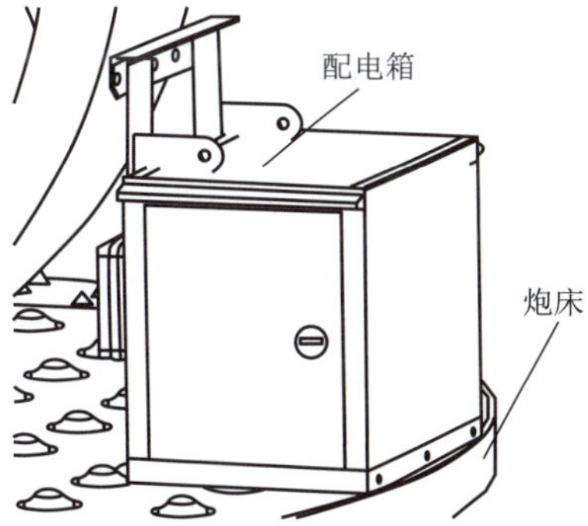

图5.40 高炮配电箱

外接电源箱在使用过程中需注意以下事项:

(1)使用前需检查外接电源箱的地线接地且接地可靠,保证安全;

(2)使用前检查“蓄电池24 V DC”电压表、“输出电压220 V AC”电压表的电压值。若蓄电池电压低于“21 V”,需给蓄电池充电后再使用。

(3)蓄电池充电时需将充电机正面输出电压调节旋钮置于“24 V”的位置,且须将“蓄电池开关”置于“关”的位置,即在蓄电池充电过程中不允许用蓄电池给高炮供电;充电结束后,应拔掉充电机充电插头,放置在通风干燥处即可;

(4)使用时先将高炮电缆插头插入逆变电源插孔处,再依次打开“蓄电池开关”和逆变电源“开关”后给高炮供电。逆变器为离网逆变电源,220 V AC输出端不得与其他电源相连接(例如市电等)；

(5)使用后需关闭逆变电源开关、蓄电池开关,避免过多的空载损耗。

(九)手持控制器(作业控制终端)

手持控制器(图 5.41)以 DMI820 数显倾角仪为核心处理器,完成通信接口变换、信号调理、数字逻辑驱动、DA 转换控制输出等功能,外围电路解决电源管理,通过 30 m 长的连接电缆与高炮相连。其作业终端如图 5.42 所示。

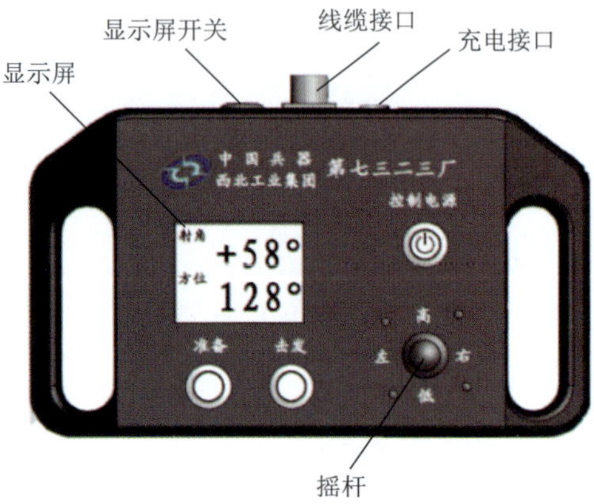

图 5.41 手持控制器

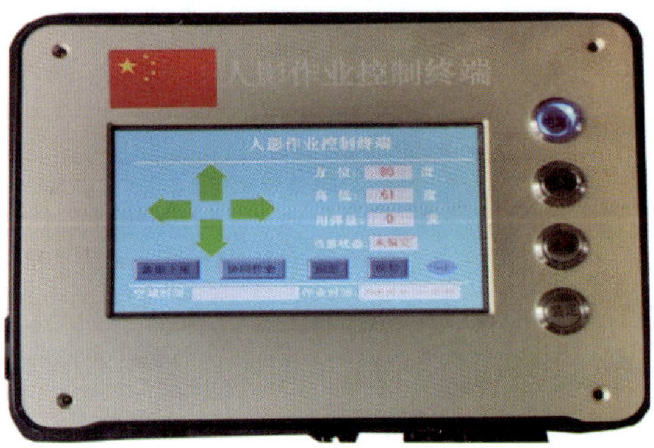

图 5.42 作业控制终端

其特点：

(1)摇杆式控制,界面简洁,操作简单。

(2)具有自锁式双按键击发控制,防止误操作。

(3)体积小,携带方便。

(4)实现对高低、方位电机、击发电磁铁实施控制。

(5)液晶显示屏,能够实时显示火炮高低角、方位角的角度值。

(十)ZBZ-S37-Ⅰ型人工影响天气用 37 mm 高炮安全锁定装置

高炮安全锁定装置由左右闩体锁定装置(图 5.43)和控制盒(图 5.44)组成。控制盒由身份识别器(指纹识别器、数字密码键盘)、液晶显示屏、电源开关、供电装置、数据传输单元构成。

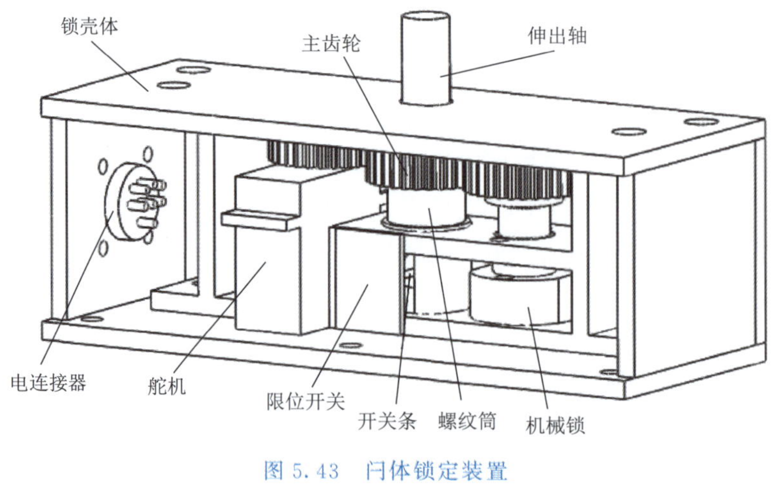

图 5.43 闩体锁定装置

应急解锁装置集成在闩体锁定装置中。在断电或密码开锁失败情况下，可通过使用机械锁应急钥匙应急开锁。揭掉应急锁孔上防潮防尘封贴，将钥匙插入锁孔顺时针旋转至开锁状态。

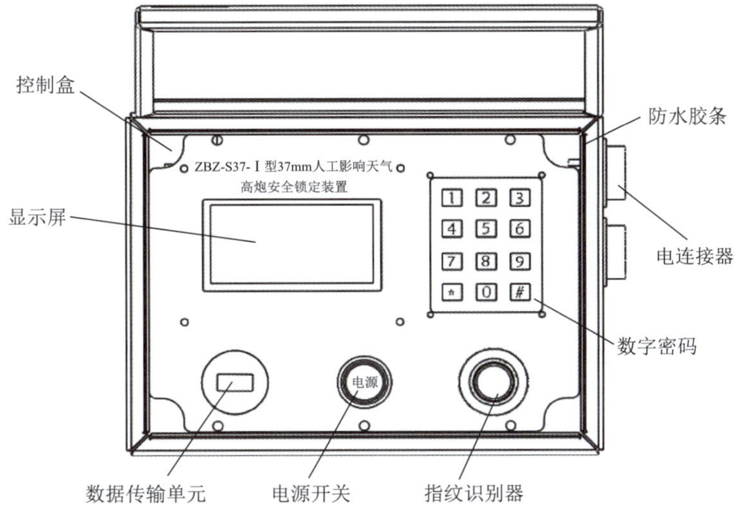

图 5.44　控制盒

安全锁安装：在摇架底部左右下护盖外侧制作安装孔，打开闩体锁定装置底钣总成，通过螺栓将锁壳体固定在摇架上，再用防撬螺栓将底钣总成进行装配（图 5.45）。

控制盒安装在托架上，用抗干扰电缆将控制盒与闩体锁定装置连接，控制信号传输距离不小于 50 m。

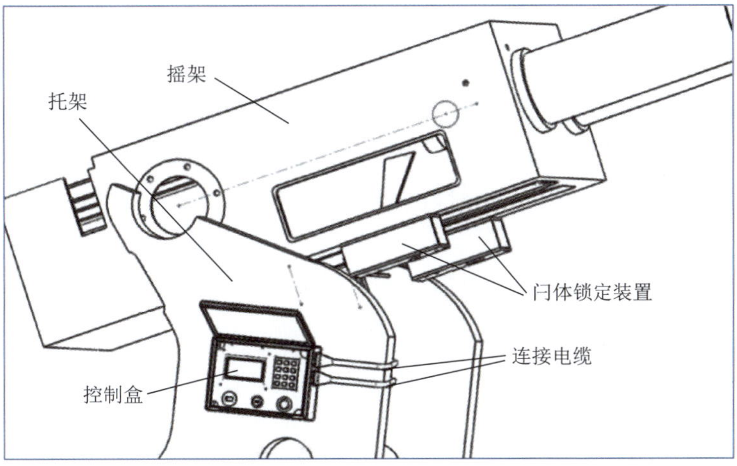

图 5.45　高炮安全锁定装置在炮上位置

三、使用与操作

（一）使用前必须准备的工作

1. 擦拭并查看炮膛。

2. 检查身管的固定情况。

3. 检查驻退机的固定及液量。

4. 检查后坐标尺的固定并将游标推到最前方。

5. 检查调整炮床水平，各水准器泡应在刻度中心。

(二)使用中的注意事项

1. 射击中装填时要小心，勿使炮弹碰撞在其他物体上。

2. 射击时注意观察后坐长度，后坐量应处于后坐标尺 150～179 mm 区间范围内。

3. 当炮身温度过热时应停止射击，并对身管进行冷却。

(三)使用后的注意事项

1. 作业停止后应使火炮及时断电。

2. 排除射击中出现的故障。

3. 擦拭炮膛和炮闩等处。

4. 整理好附品工具。

(四)其他注意事项

1. 产品使用前，请务必仔细阅读使用说明书。

2. 为避免人体被电击或产品被损坏，请在对电气元件线路连接或检查时务必切断电源。

3. 在极恶劣天气环境下应切断电源进行人工操作使用。

(五)电动操作发射

1. 作业准备操作

作业准备操作(落炮、起炮、规正炮床水平、确定和标示禁射界；压弹、装填和退弹)步骤和方法同原 37 mm 高炮。

2. ZBZ-P37 型人工影响天气作业用 37 mm 电控高炮通电操作流程

(1)检查高炮状况，调整高炮高低射角电机和方位角电机离合器，使其处于电动状态。

(2)接电：接电前，应检查电路连接正常，无损伤、无断线、电缆连接可靠无误，接入 220 V 电源，手持控制器插座与控制箱面板之间用信号电缆线连接(连接航空插头和插座时两条红线对准进行连接)，经检查无误后，方可打开火炮配电箱电源开关。此时，高炮上两个显示器即刻显示高炮角度状态。

(3)按下手持控制器的“显示器电源”，其显示器即刻显示高炮实际方位状况数值；按下“电源开关”键，此时，手持控制器方可对高炮进行操作。

(4)检查电发射装置

为了保证操作过程的安全可靠，手持控制器上设有“准备”和“击发”两个按钮，只有同时按下两个按钮，方可进行发射。

(5)作业完成后，必须关闭手持控制器上的“控制电源”“显示器电源”开关。防止手持控制器显示器电池继续损耗电量。然后关闭高炮配电箱电源开关。人工影响天气作业结束后，应拔出电源和信号电缆，回收至室内保管。

3. 手持控制器电动发射(固定位置时发射)：

(1)在高炮停止位置和射击方向角度要求一致时，调炮结束。

(2)同时按下“准备”和“击发”两个按钮，进行发射。

4. 手持控制器电动发射(转动时发射)

(1)在高炮高低射角调整完成时。

(2)右手控制方位电机进行工作,火炮在转动中。

(3)炮口指向目标云团时,左手两个手指同时按下"准备"和"击发"两个按钮,可达到高炮在转动中实现连续发射的目的,提高作业效率。同时,炮弹在空中炸点呈扇形散布,高炮在方位角转动中每秒约转动 6°～8°,每秒约发射 3 发。

(六)人工操作发射

人工操作方式与原高炮相同。

退弹是在射击任务完成、停止射击后进行。在电发射状态停止射击时,应先关闭电源,再按高炮操作规范执行退弹任务,防止误发射。

对射击时未能发射的故障炮炮弹进行退弹应由专业人员指导进行。

四、维护保养

电控高炮的维护保养,应遵循以下几点:

(1)场地应选在地面坚实、平坦、干燥,周围应挖好排水沟,使之不易积水。

(2)炮位上应设置木架或垫木,以便放置炮衣、支架、洗把杆等附品。

(3)平时状态应穿好炮衣等防护品,关闭炮闩,解脱输弹簧,打开炮身 65°左右,以放松平衡机弹簧。

(4)放置时不得与挥发性、腐蚀性物质混放。

(5)要注意预防自然灾害的侵袭,达到无丢失、无损坏、无锈蚀、无霉烂变质。

(6)应勤检查、勤擦拭、勤换油,金属外露部分应涂防护油脂。

(7)遇到雨雪天气应及时穿上炮衣,天晴后应及时脱下炮衣晾晒,并认真擦拭涂油。

其他注意事项:

(1)使用前,请仔细阅读使用说明书。

(2)为避免人体被电击或产品被损坏,对电气元件线路连接或检查时务必切断电源。

(3)在恶劣天气环境下应切断电源进行人工操作使用。

(4)高炮在使用过程中出现异常情况,请寻求专业维修人员处理,不得自行拆卸修理。

(5)如手持控制器液晶屏无信号显示,应用该炮配备专用充电器给蓄电池充电。

(6)当环境温度低于－30 ℃或高于 50 ℃时,应采取相应措施改善储存条件。

第三节　中兵自动化 37 mm 高炮系统

中兵自动化 37 mm 高炮系统是对已有的 37 mm 高炮进行自动化改造,从而使 37 mm 高炮具有远距离改变射高、射向、击发等功能。并且增加了射击发数显示;后坐超长保护;远程圆形、扇形、"工"字形制式射击。还装备有信息采集器,可将发射诸元、装填信息等数据传输至指挥中心。

一、系统概述

自动化 37 mm 高炮主要部件如图 5.46 和图 5.47 所示

图 5.46　高炮左侧示意图

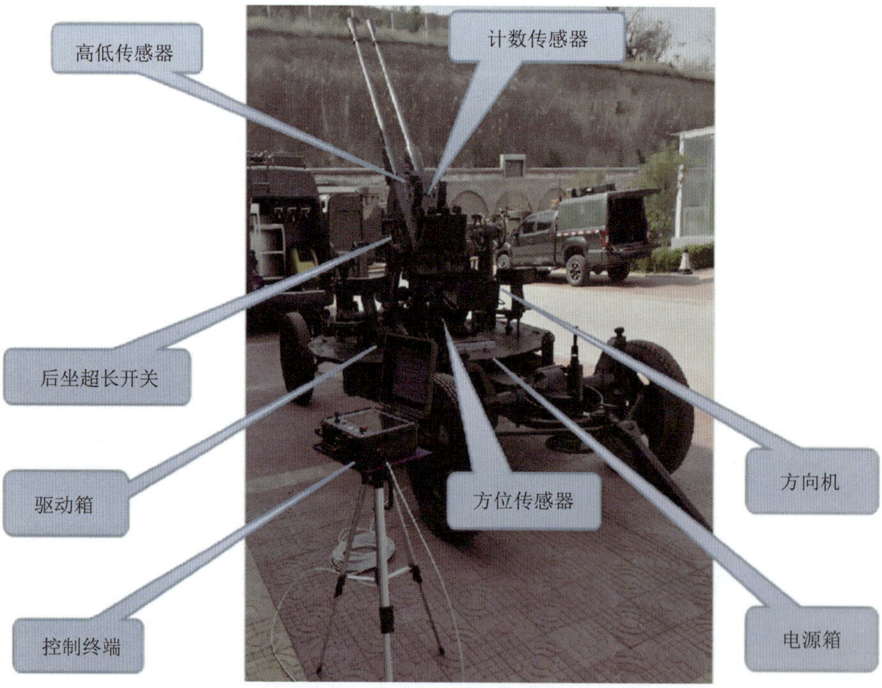

图 5.47　高炮后侧示意图

1. 高低机改造

在高低机上加装高低手动、自动转换销(图 5.48)。当转换销在手动位置时,可摇动高低手轮改变高低射角。拔出转换销转至自动挡位,再将转换销放下锁死,即可调至自动模式。

(转换时若转换销拨动困难,轻摇手轮,即可实现拨动)转换后高低手轮不会改变高低射角,可通过控制终端进行半自动、自动高低调炮。

图 5.48　高低部件改造

在炮身上方装有高低传感器(图 5.49),在自动调炮时可返回高低角度值给控制终端。

2. 方向机改造

在方向机上加装方向手动、自动转换箱(图 5.50)。当转换销在手动位置时,可摇动方向手轮改变射向。拔出转换销转至自动挡位,再将转换销放下锁死,即可调至自动模式(转换时若转换销拨动困难,轻摇手轮,即可实现拨动)。转换后摇动方向手轮不会改变射向,可通过控制终端进行半自动、自动方向调炮。

图 5.49　高低传感器

图 5.50　方向机部件改造

将原有的瞄准具拆除，并装上方向传感器(图 5.51)，在自动调炮时可通过计数传感器(图 5.52)返回方向角度值给控制终端。

图 5.51　方向传感器

图 5.52　计数传感器位置

3. 射击发数

在炮身上方装有射击计数开关，用来记录射击发数。每次射击后坐时，将触发射击计数开关，在控制终端上将会记录一次击发。

4. 击发限位

在高低齿弧下方安装击发限位开关(图 5.53)，高低齿弧上装有限位挡钣。高低射角小于45°时，击发电磁铁将不会通电，不能使用电击发。只有射角在 45°～80°才允许电击发。

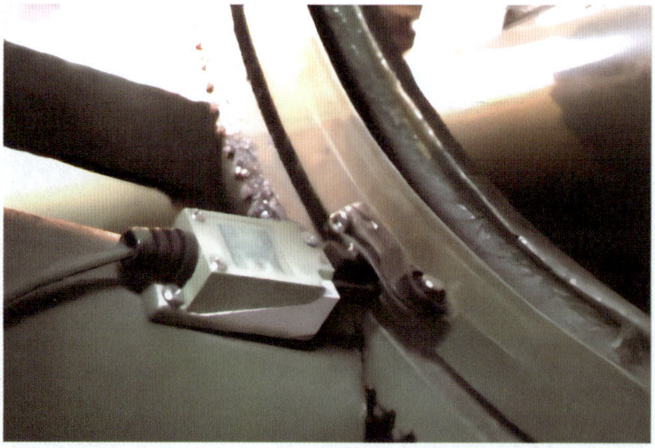

图 5.53　击发限位开关

5. 控制箱、驱动箱、电源箱

在炮床上安装有控制箱。控制箱内装有控制电路板、驱动电路、击发电路等。电路板可接收、发送数据，从而完成自动、半自动调炮、击发；制式射击模式选择、击发；接收高低、方向传感器数据，再将数据发送给控制终端，用来显示高低、方向角度数值；接收后坐超长限位开关数据，再将数据发送给控制终端；接收击发限位开关数据，再将数据发送给控制终端。驱动箱(图 5.54)内装有驱动电路、击发电路等。电源箱内装有供电电源(24 V 锂电池)，电压-电量表等供电电路。

6. 信息采集器

信息采集器(图 5.55)通过电缆与电源箱连接。每次操作时在上电以后，控制终端上输入的所有信息就会自动传输到指挥中心的显示器上。从而实现远程监控、控制。

图 5.54 驱动箱

图 5.55 信息采集器

7. 控制终端

控制终端通过电缆连接在配电箱上，用于完成高低、方向调炮、击发、制式发射、调速、复位等动作，以及后坐超长报警、射击发数、高低、方向调炮值等数值显示。图 5.56 为二代作业控制终端，为盒式；现三代已升级为柜台式(图 5.57)。

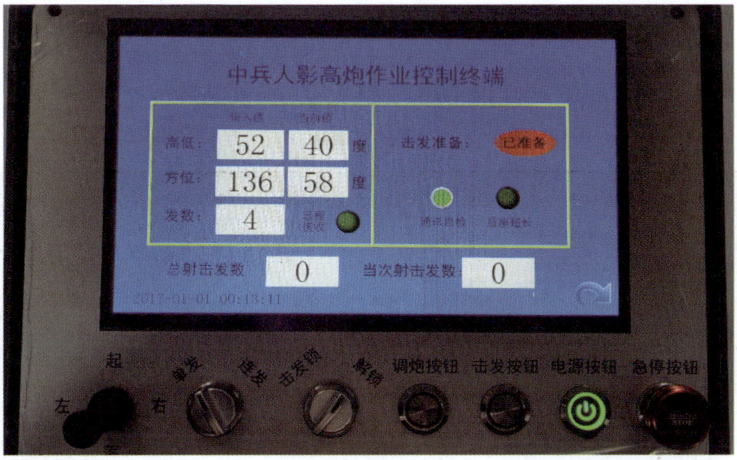

图 5.56 作业控制终端

二、操作使用

(一)连接电缆

在作业前需连接控制电缆、通信电缆、电源电缆。

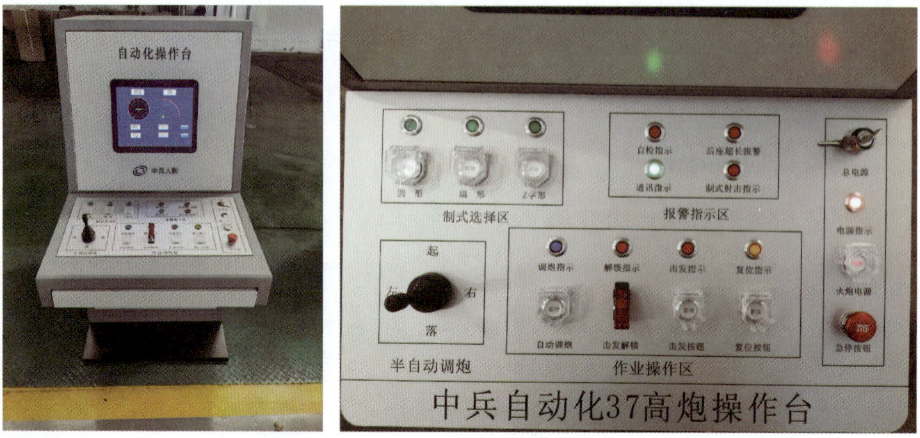

图 5.57　作业控制终端(柜台式)

控制电缆是连接架体插座和电源箱之间的电缆。架体插座安装在支腿的下方(原 37 支腿插座位置)。通信电缆是连接电源箱和控制终端之间的电缆。电源电缆一端连接电源箱,另一端连接在 220 V 电源上。

(二)装填

自动化 37 mm 高炮的装填操作与原 37 mm 高炮装填操作相同。若高低角度不在装填角度,可使用控制终端利用手动高低调炮调整到装填角度,也可手动调整高低角度。

注意:若使用控制终端调炮,调炮后、装填弹药前必须关闭电源开关。

(三)作业过程

1. 半自动调炮

装填完毕后,打开电源箱电源开关,再打开控制终端电源开关(图 5.58、图 5.59)。观察控制终端上自检指示按钮,待自检指示由"红色"变为"绿色"时才可进行操作。推动摇杆"起、落"进行半自动高低调炮操作;按住"左、右"进行半自动方向调炮操作。调炮到所需位置时松开手指即可。

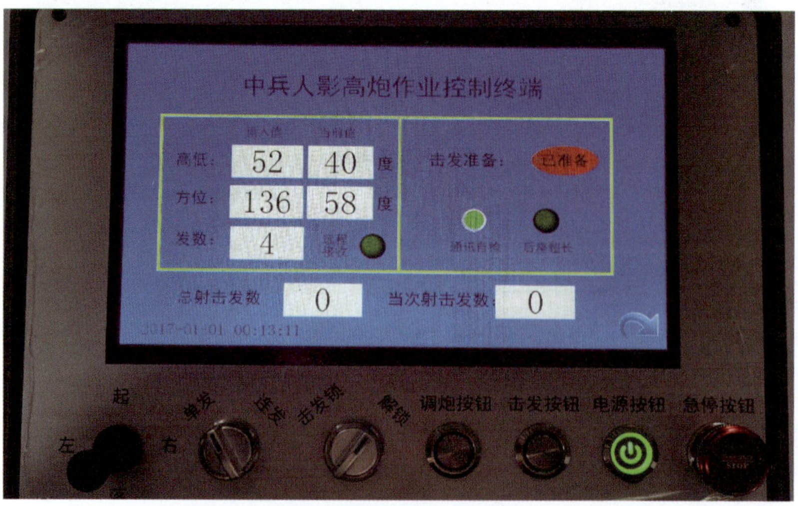

图 5.58　开机状态

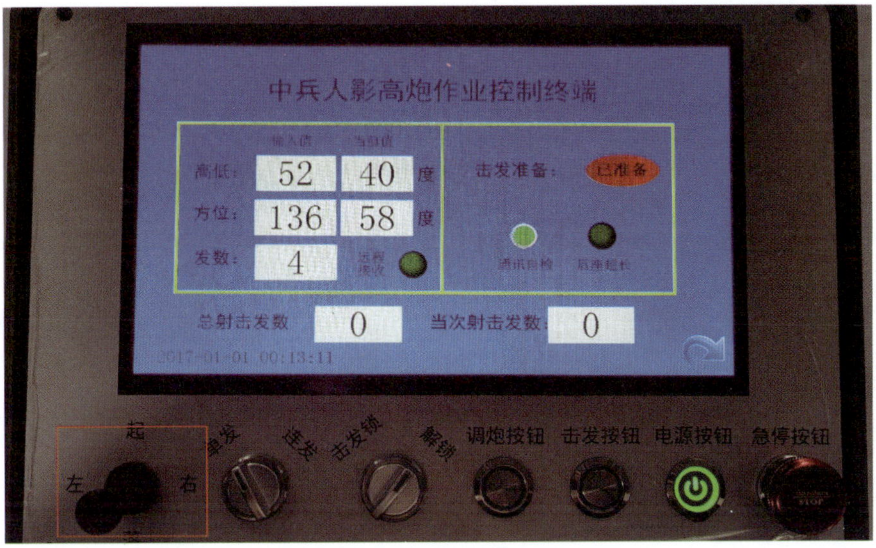

图 5.59　半自动调炮操作区域

通过点击速度按钮，可改变半自动调炮的调炮速度。调炮速度分为快速和慢速两个挡位（图 5.60）。

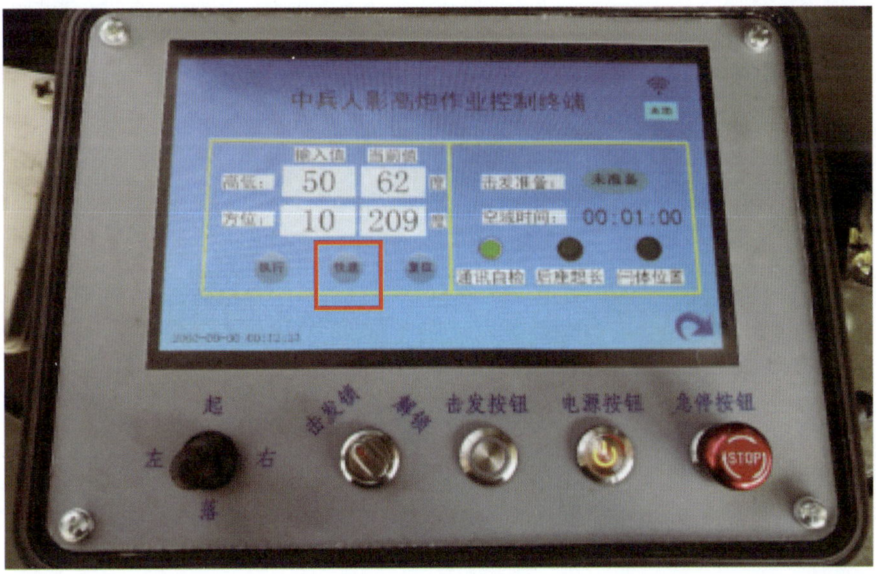

图 5.60　速度调节按钮

2. 自动调炮

自检完成后，点击屏幕上“高低”“方向”后的数字，将弹出输入框（图 5.61、图 5.62），在输入所需调炮角度后点击“Enter”按钮。调炮角度输入完毕后，按一下记忆按钮完成自动调炮操作。待高低、方向调炮结束后，观察高低、方向数值，与输入数值一致则调炮完成。

3. 击发

调炮到位后（高低射角大于 45°）即可申请空域，进行击发。击发时只需按下控制终端上

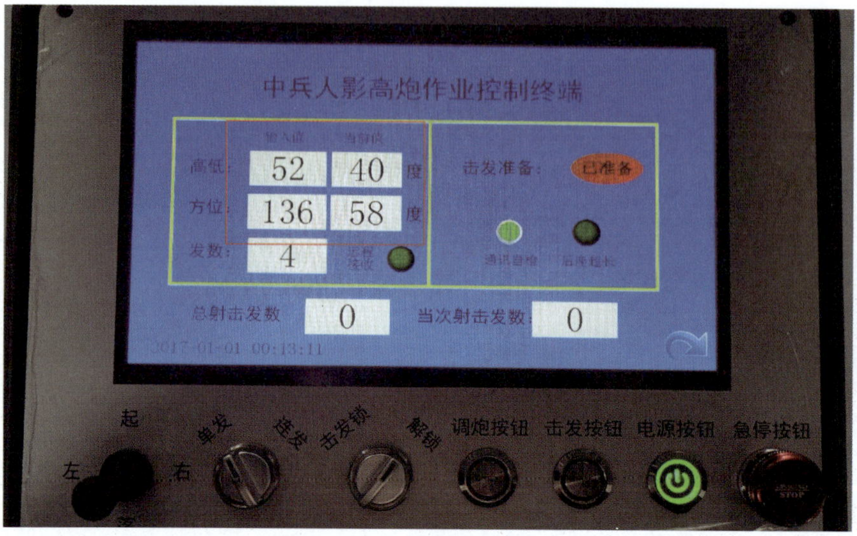

图 5.61　自动调炮输入区域

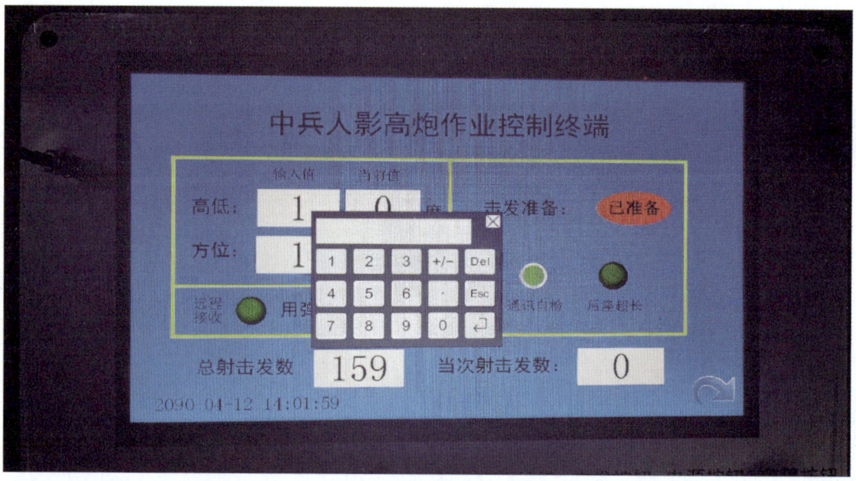

图 5.62　角度输入框

“出发”按钮即可。单发发射时按一下“出发”按钮;连发发射时按住“出发”按钮。

注:如高炮为早期 65-37 K 型号,按钮为“点火”按钮,电击发机构与手动击发机构为两种击发机构,击发保险只保护手动击发机构,因此,电击发时击发保险不起限制击发作用。

4. 制式射击

自检完成后,点击屏幕上“↩”进入第二界面(图 5.63)。在制式选择区域点击所需射击模式,点击后该模式上方“圆形”将变为红色,然后按下“出发”。系统将自动完成该模式下的射击作业。

注意:若使用制式射击时应保证高低射角大于 60°。

5. 状态显示、复位

(1)后坐超长报警

在作业过程中,若出现后坐超长情况时,控制终端上报警指示灯将由“绿色”变为“红色”

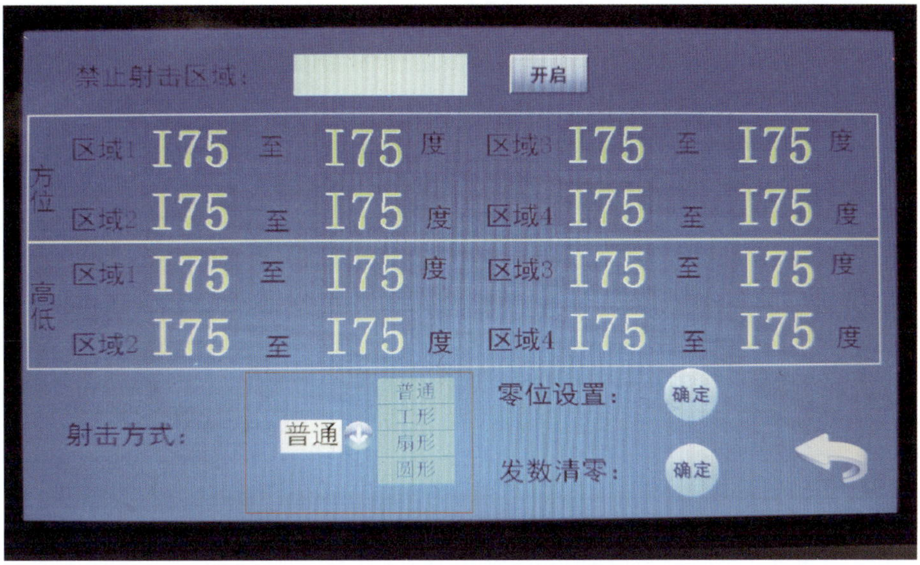

图 5.63　制式选择区域

（图 5.64）。此时自检指示也将变为“红色”，对控制终端的任何操作都将无效。需关闭系统电源及控制终端电源，检查后坐状态，将后坐标尺滑块复位。确保高炮可正常作业后再上电、作业。

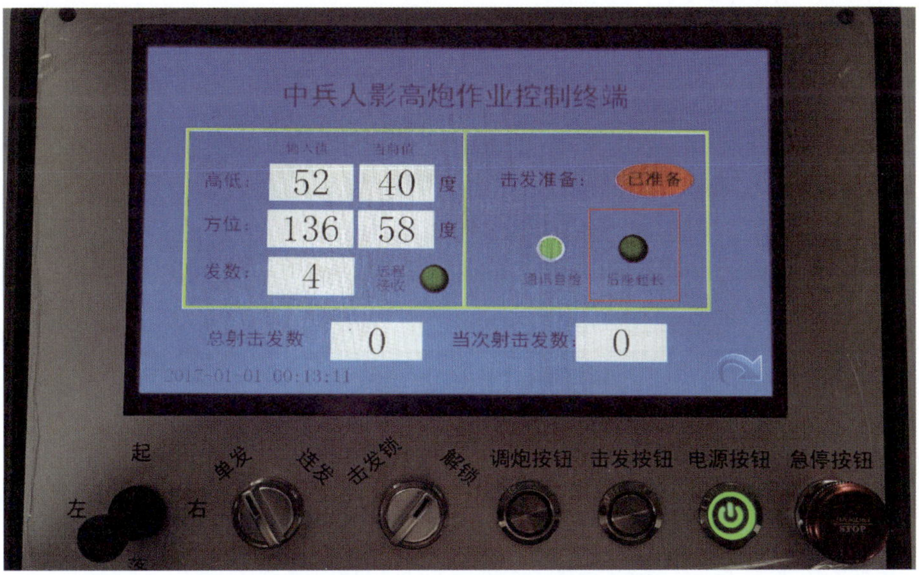

图 5.64　后坐超长报警指示

（2）射击发数统计

射击完成后，点击屏幕上“”进入第二界面。可查看本次射击数及累计射击数。

（3）复位

点击屏幕上“复位”按钮（图 5.65）可进行高低、方向复位（归零）操作。

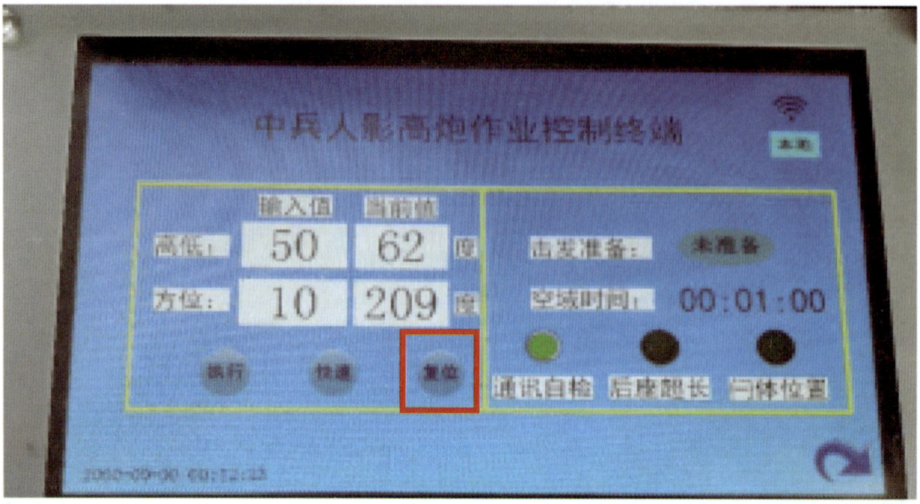

图 5.65　复位按钮

(四)维护保养注意事项

1. 改造部件的螺栓、螺钉如有松动,进行涂油拧紧;

2. 作业终端与通信电缆应放在室内保管,相对湿度≤70%;

3. 出现锈迹、掉漆等现象,须用除锈剂清除锈迹、补漆。

4. 炮架在非工作状态时,穿上炮衣。

(五)安全保护装置

1. 远距离控制高炮上电。

2. 发射系统能够通过电源箱的“电源开关”,实现 30 m 外对发射架电源的控制。

三、故障分析与排除

本自动高炮在操作过程中如遇到以下问题,可参照表 5.1 予以排除。

表 5.1　故障分析与排除

序号	问题现象	出现原因	解决措施
1	调炮不动作	(1)电源供应 (2)线路问题 (3)电机问题 (4)电路板问题	(1)查电源箱是否有电 (2)查所有插头是否插接可靠 (3)用万用表量电机两端看电阻是否正常 (4)换备用电路板,看动作是否正常
2	指示灯不亮、按钮不起作用	(1)指示灯损坏 (2)按钮损坏	(1)更换指示灯 (2)更换按钮
3	0 位不准,致使调炮不准确	(1)记忆值不正确 (2)未开电源,手动摇炮	(1)重新标定基准 (2)手动调炮,自动校验基准。
4	终端不起作用	(1)通信线路问题 (2)终端内部损坏 (3)控制箱问题	(1)更换电缆 (2)更换终端 (3)更换控制箱

第四节 防雹增雨高炮控制系统(QN37-Ⅱ)

防雹增雨高炮控制系统(QN37-Ⅱ)是江西强能科技有限公司在原 37 mm 高炮的基础上进行加装,以实现计算机工业数字控制技术远程控制高炮进行防雹、增雨作业的自动化系统。该系统在保留人工操作高炮的基础上,通过增设传感器以及执行机构,使高炮具备远程控制发射的能力。同时,设置有电控系统以及信息查询系统,通过对原有 37 mm 高炮进行自动化升级加装后,解决了因弹药、高炮机械故障、人员操作不当等因素造成的安全隐患。

系统改装后,每个炮点只需要作业人员 2~3 人;标配 25 m 的距离作业,实行远程控制发射;只需要在手提作业箱上点击按键进行控制,就能对高炮的方向转动、射击角度和击发进行远程控制,作业时无须在炮盘上操作高炮;在空域时间短的情况下,可以连发快速发射;非允许射区域不作业,防止误操作和误发射,保障禁射区域内地面和高空安全。

一、系统特色

1. 系统采用 36 V 直流电源,杜绝了漏电对作业人员的伤害。

2. 允许射击区域的程序设置使高炮在射界以外的区域自动停射,杜绝操作人员主观因素向非允许射击方位射击事件的发生。

3. 控制系统可对高炮高低角 0°~ 80°控制并实时显示,对高炮方位角 0°~360°无盲区控制并实时显示。

4. 零(正北)位的定位,由于高炮在非作业季节都需入库,在进入作业季节时,管理人员可通过管理密码设置,随时校正零(正北)位。

5. 连续射击、扇形射击功能在单管填满 10 发炮弹的情况下,只连续射击 8 发炮弹,装填机预留两发炮弹,以保证多轮作业时,节省拉握把退弹时间,直接给装上 8 发炮弹,继续作业,从而减少作业时间。

6. 作业参数实时保存与上报,可对作业情况及时掌握便于管理。

二、系统组成

防雹增雨高炮控制系统(QN37-Ⅱ)由高炮电控系统和作业数据查询系统两部分系统组成。

高炮电控系统,由人工影响天气作业人员使用,完成人工影响天气作业任务。其主要包含:遥控手提作业箱、控制箱、方向机传动控制与传感机构、高低机传动控制与传感机构、炮弹发射控制及计数机构、电源箱。

作业数据查询系统,由人工影响天气作业管理人员使用,用来查询、统计高炮作业数据。主要包含:数据库服务器、作业数据查询软件(Windows/Android)。

(一)电控系统(图 5.66)

1. 遥控手提作业箱(图 5.67):由液晶触摸屏和信号接收器组成(图 5.68)。其作用是完成对系统各模块的数据的处理和显示、各种指令的发送、有效作业数据的上传。

图 5.66 电控系统全图

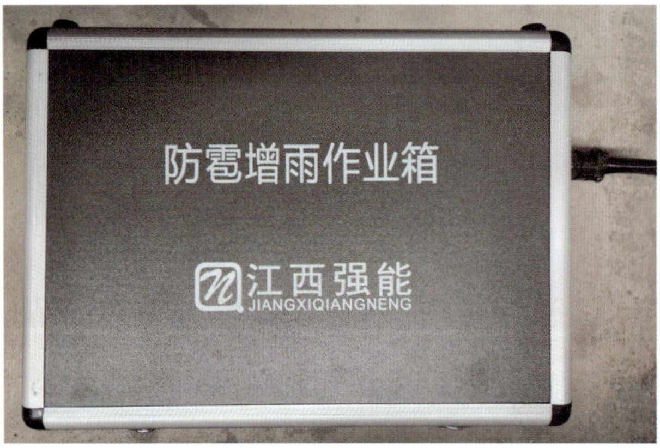

图 5.67 手提遥控作业箱外观

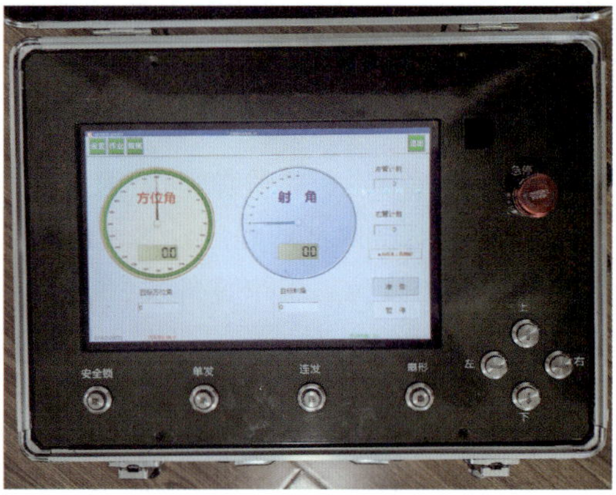

图 5.68 手提遥控作业箱面板

2. 控制箱：是高炮电控系统的核心。所有电控功能，全部由该部分实现．其安装位置如图 5.69 所示。

图 5.69 控制箱安装位置

3. 方向控制机构：由电机、减速机、齿轮组、电机支架等组成，其安装位置如图 5.70 所示；方向控制机构的作用是驱动方向机转动。

图 5.70 方向控制机构安装位置

4. 方向检测机构：由齿轮旋变箱、编码器等组成，其安装位置如图 5.71 所示；方向检测机构的作用是检测高炮的方位角度。

图 5.71 方向检测机构安装位置

5. 高低机控制机构：由电机、减速机、齿轮组、电机支架等组成；安装位置如图 5.72 所示；其作用是驱动高低机转动。

6. 高低检测机构：由编码器、异形支架等组成；安装位置如图 5.73 所示；其作用是检测高炮的高低角度。

7. 炮弹发射计数机构：由传感器支架、传感器、感应环组成，安装位置如图 5.74 所示；其作用是检测高炮发射炮弹数量信息。

图 5.72　高低机控制机构安装位置

图 5.73　高低检测机构安装位置

图 5.74　炮弹发射计数机构安装位置

8. 炮弹发射机构：由电磁铁、传动轴等组成，安装位置如图 5.75 所示；其作用是代替发射炮弹。

9. 后座检测机构：主要由后座量标尺与后坐量检测传感器组成(图 5.76)。其作用是实时监测高炮发弹后，后座量是否超限。如果检测到后座量超限，则电控机构停止一切高炮电控操作。当且仅当高炮维修；后座量恢复正常和重启电控设备后才能继续作业。

图 5.75　炮弹发射机构安装位置

图 5.76　后座检测机构

10. 电源箱：为 36 V 直流电源，为整套系统供电；充满电后，可连续供电 24 h。

11. QNAQS-Ⅰ型 37 mm 人工影响天气高炮安全锁定装置：主要由密码身份识别器(图 5.77)、闩体锁定装置(图 5.78)、供电装置(图 5.79)组成等。

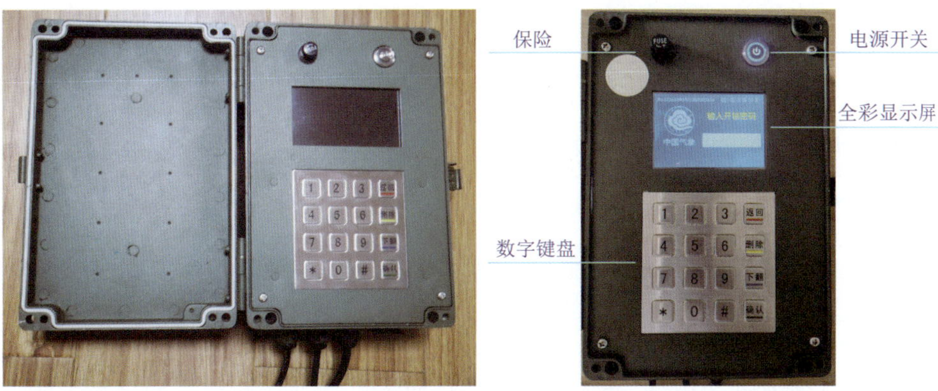

图 5.77　密码身份识别器

密码身份识别器由可编程控制板、数字密码键盘、显示屏等组成；主要功能是对操作人员的身份识别和发送开锁命令。

闩体锁定装置由锁体、锁舌、舵机等组成；主要功能是接收密码身份识别器的开锁指令，执行开锁动作，并配备专用钥匙手动开锁装置。

供电装置由防水盒、12 V 铅酸电瓶等组成；主要功能是给装置提供 12 V 直流电源。

(二)强能防雹增雨高炮作业查询系统

本系统主要由 4 部分组成。分别为：

图 5.78 门体锁定装置

图 5.79 供电装置

1. 强能防雹增雨高炮自动控制系统控制台

负责实时采集人工影响天气作业有效数据，并先将有效数据保存到本地，如果网络通信正常，则把本次作业的数据自动上传到服务器；如果网络不允许，则待网络允许时通过手动上传键上传数据。

2. 服务器

负责保存所有人工影响天气作业有效数据。

3. 强能防雹增雨高炮作业账号管理系统

负责开通或删除查询账号，以及查询权限。

4. 强能防雹增雨高炮作业数据查询系统

负责查询和统计高炮作业数据。

三、使用与操作

(一)电控系统的使用与操作

1. 将电缆航空插头(简称航插)与手提作业箱右侧的航插连接好；

2. 将电缆航插与高炮电控系统下的航插连接好；

3. 打开控制箱电源钥匙按钮，给设备通电；

4. 打开遥控手提作业箱电源(按右上侧电源按钮 5 s，启动控制器)；等待显示器出现如图 5.80 的作业界面；

5. 设定本次作业的相关参数，点击“目标方位角”下输入框，出现如图 5.81 的界面；

输入需要射击的方位角度，再“确定”或可直接按左、右键来控制高炮的炮管指向；

6. 点击“目标射角”下输入框，出现如图 5.82 的界面；

输入需要射击的高低角度，再“确定”或可直接按上、下键来控制高炮的炮管指向；

7. 点平板触摸按键“准备”，炮管指向自动转动到设定的目标方位和射角(如角度输入错误，可按《暂停》键，停止转动，重新按以上步骤输入方位、射角)；

8. 按照高炮压弹操作程序进行压弹：

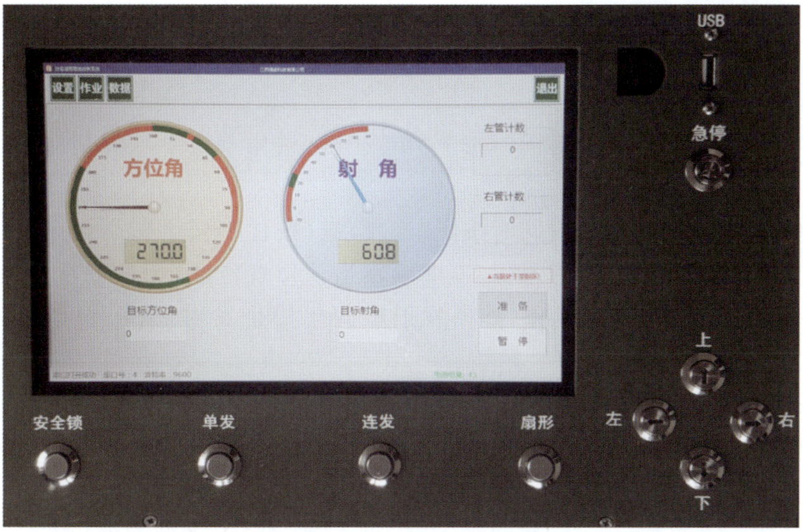

图 5.80　作业界面

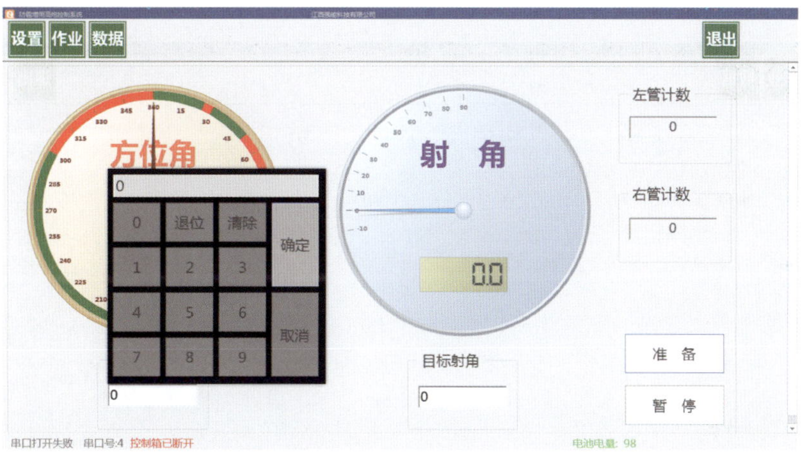

图 5.81　目标方位角界面

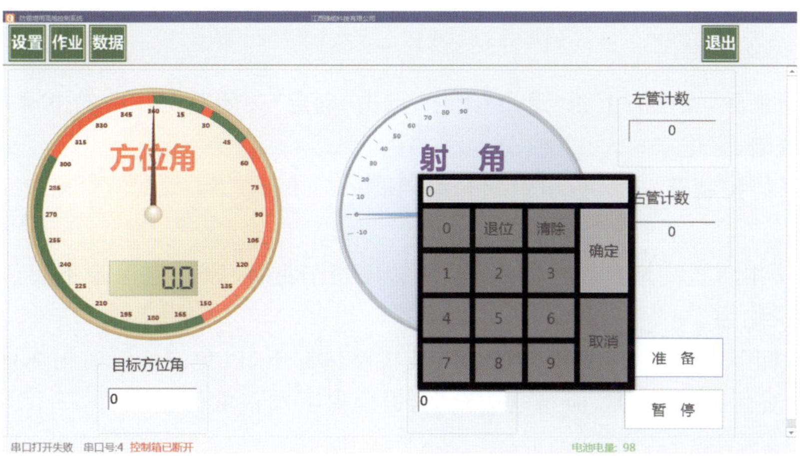

图 5.82　目标射角界面

按左、右炮顺序拉握把开闩、然后完成压弹（应将炮弹提前装入弹夹）；炮手离开高炮继续用手提作业箱进行作业操作；

9. 击发

(1)单发射击：按住“安全锁”键同时按下“单发”键（按住不松手），高炮在当前位置每管发射一发炮弹；

(2)连续射击：按住“安全锁”键同时按下“连发”键（按住不松手），高炮在当前位置每管连续发射 8 发炮弹（弹夹压满 10 发弹）。如需继续在当前位置作业，无须重新拉握把退弹，直接给弹夹填上 8 发炮弹，重复以上步骤（如果发射中间想停止发射，只需松开按键高炮停止发射），系统进入待命状态；

(3)扇形射击：按住“安全锁”键同时按下“扇形”键（按住不松手），这时高炮在当前位置向右扇形每管连续发射 8 发炮弹，（弹夹压满十发弹）如需继续在当前位置作业，无须重新拉握把退弹，直接给弹夹填上 8 发炮弹，重复以上步骤；

10. 单击系统左上角最后一个数据图标，系统进入数据记录查询界面（图 5.83），可以查询本炮点的历史射击记录；作业数据自动上传，如在作业界面（图 5.84）出现“存在未上传数据”；需人工点击“上传数据”；

图 5.83　数据记录查询界面

11. 作业结束后，点击右上角“退出”图标；点击“确定”关闭手提作业箱电源；

12. 人工收炮，穿炮衣；

13. 关闭系统控制箱电源、拔出钥匙开关钥匙。

注意事项：

(1)使用“增雨防雹高炮自动控制系统 65-37KZ”作业时，原高炮保险不起作用，保险打开的状态仍可击发炮弹。

(2)炮管需卸下保养时，应先把计数器安装板整体卸下，以免卸炮管时损坏计数器。

(3)如电量显示低于 36 V，应给电瓶充电，以确保下次正常作业。

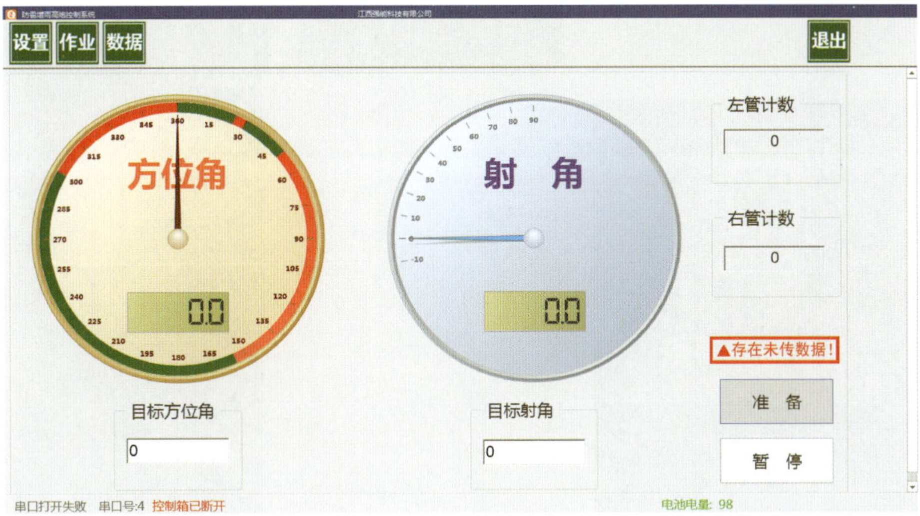

图 5.84　作业数据上传界面

（二）作业查询系统使用说明

本查询系统目前有两个版本，分别为：Windows 版，Android 版。因此，本查询系统支持大多数电脑、平板和手机。

1. Windows 版本查询软件（图 5.85）。

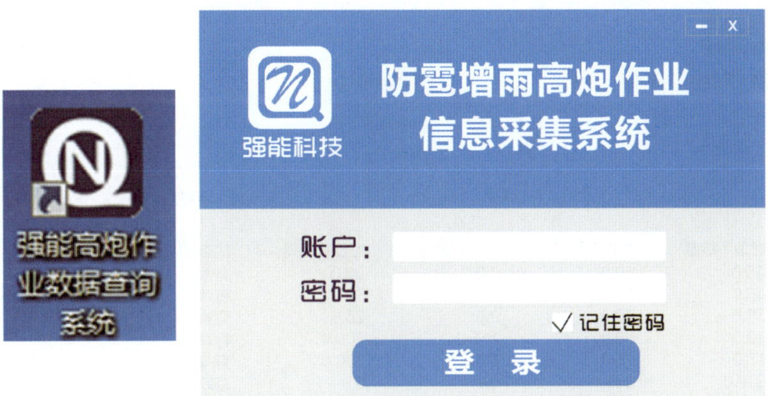

图 5.85　Windows 版本作业查询系统

2. Android 版本查询软件（图 5.86），启动查询系统。

四、故障排除与保养

（一）故障排除

1. 手提遥控作业箱连接失败

（1）串口打开失败

出现此种情况（图 5.87），说明液晶显示屏（平板电脑）与手提遥控作业箱内部 USB-PPI 连接线缆（黄色线缆），通信存在问题。

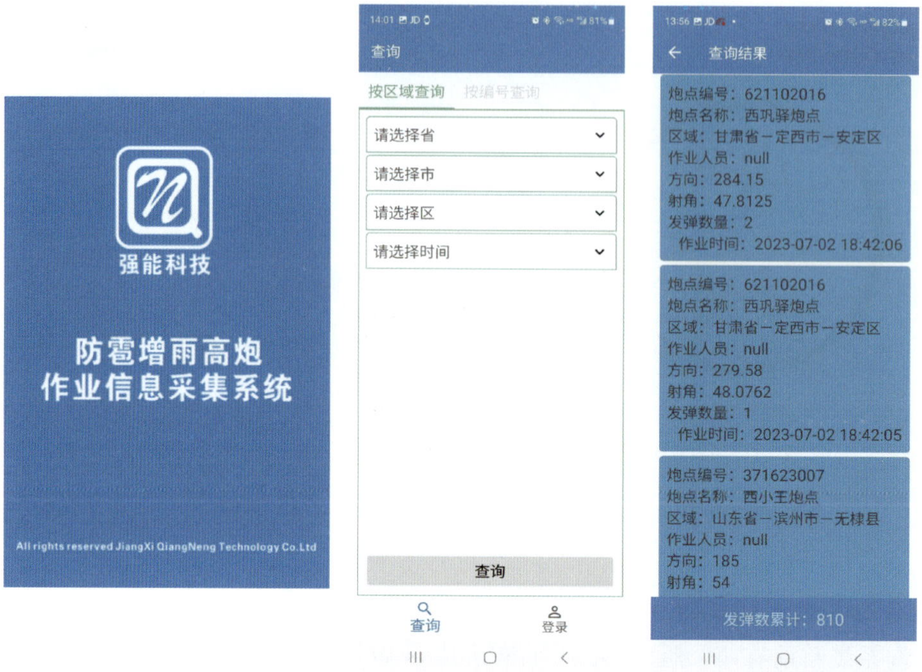

图 5.86　Android 版本作业查询系统

图 5.87　串口打开失败界面

首先进入“设置”界面，选择“端口设定”选项卡，点击“选择端口”下拉列表，观察下拉列表内容，显示为空，或者只有“COM1”一个选项，说明 USB-PPI 线缆与液晶屏(平板电脑)物理连接存在问题。因此，需要先关闭手提遥控箱，然后将手提遥控箱操作面板上的 4 个固定螺丝取下(不能手提箱充电时打开)，慢慢掀起作业面板，就会观察到 USB-PPI 线缆与平板电脑的接线端(图 5.88)。

将黄色线缆接头从黑色接头拔下，然后重新插上。

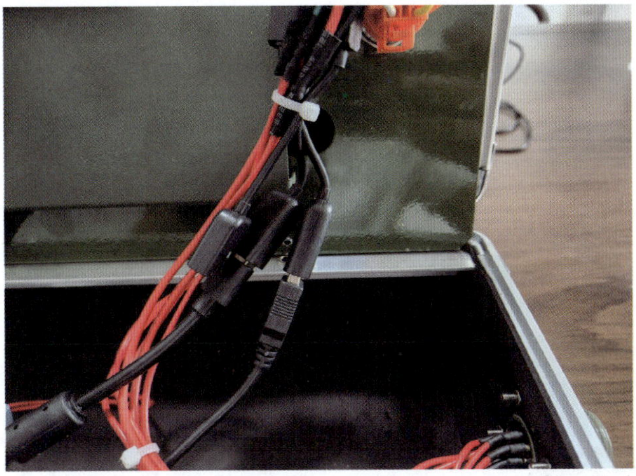

图 5.88 线缆与平板电脑的接线端

重新打开手提遥控控制箱，并进入“设置”界面，选择“端口设定”选项卡，点击“选择端口”下拉列表。

如果下拉列表内，存在除“COM1”端口外的另一个端口，则说明，液晶屏与 USB-PPI 线缆已经连接正常，选择除“COM1”之外的另一个端口，点击确定按钮。如果下拉列表内，无内容或只有一个“COM1”选项，说明黄色 USB-PPI 连接线缆损坏，须及时更换。待更换完毕后，重复上述步骤，点击“选择端口”下拉列表。就会在“选择端口”下拉列表中，出现除“COM1”之外的另一个端口。选择该端口，然后点击“确定”按钮。USB-PPI 连接正常界面显示如下，在界面左下角会出现“软件启动成功”字样(图 5.89)。

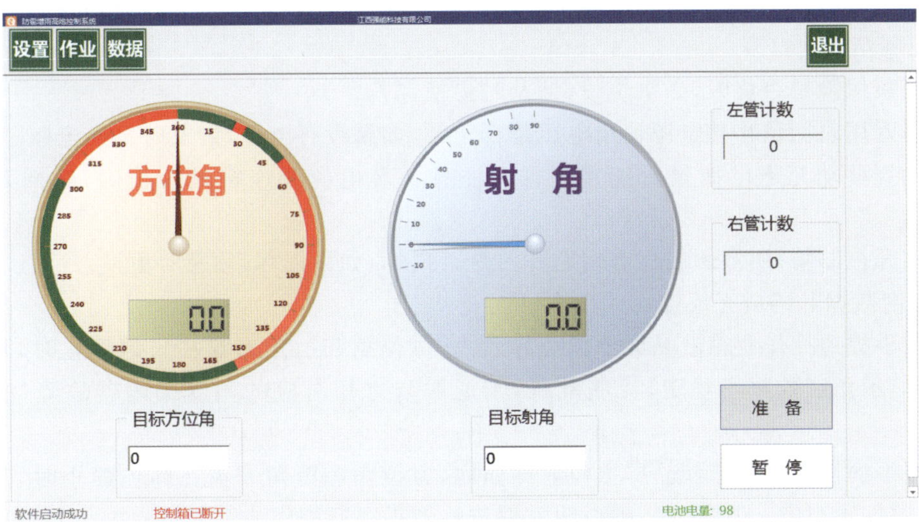

图 5.89 USB-PPI 连接正常界面

(2)当移动充电电源已连接，控制箱已开启，并且控制箱上电压表有读数，25 m 线与遥控作业箱已经连接时，遥控手提作业箱液晶屏上一直显示红色字体“控制箱已断开”。说明遥控手提作业箱与控制箱物理连接出现故障。

检查手提遥控作业箱上“急停”按钮是否按下。如果按下，要复位“急停”按钮。等待 3 s，观察红色字体“控制箱已断开”是否还存在。如果不存在，说明连接恢复正常。如果依然存在，关闭控制箱，进行下一步检查。

检查 25 m 7 芯线缆，连接是否正常。观察 7 芯线缆航空插头，与手提遥控作业箱和炮梁上的航插端子(图 5.90)，连接是否正确，注意航插开口向上。重新打开控制箱，观察手提遥控作业箱液晶屏(平板电脑)上是否存在红色字体“控制箱已断开”，如果不存在，说明连接恢复正常。如果依然存在，检修 25 m 7 芯线缆，当检修完毕后，观察红色字体“控制箱已断开”是否存在，如果不存在，说明连接正常，如果依然存在，关闭控制箱，进行下一步检查。

图 5.90　7 芯航插头(左)、端子(右)

检查从炮梁 7 芯线缆航插，经炮台中心处加装的回转子，到控制箱后端 7 芯航插头这条线路，是否存在开路(用数字万用表一对一检测)。首先检查航插头和航插端子与线缆连接部分是否存在虚焊或短路。然后检测回转子是否故障开路。如果回转子损坏，需要及时更换。

2. 控制箱无法打开

(1)观察保险是否烧毁，如果烧毁，请及时更换保险。

(2)用万用表测量移动电源输出电压是否正常，如果没有电压，请及时更换电瓶。

(3)检查移动充电电源是否连接正常。注意 2 芯电源线连接是否正确，航插开口方向向上。

(4)打开控制箱，用万用表检查钥匙开关是否损坏，如果损坏，须及时更换。

3. 角度数据乱码或无反馈

(1)当手提遥控作业箱液晶屏上作业界面内，方位角和射角表盘在高炮静止时，其中有且只有一个显示角度数据不稳定，无序乱跳，则说明与之相对应的角度编码器故障，需要及时更换。

(2)当手提遥控作业箱液晶屏上作业界面内，方位角和射角表盘在高炮静止时，两个同时显示角度数据不稳定，无序乱跳，则说明数据传输到手提遥控作业箱的过程中信号不稳定。需要检查 25 m 7 芯线缆和从炮梁航插端子，经炮床中心处加装的回转子，到控制箱后端 7 芯航插头这条线路，是否存在混线情况，重点检查回转子。

4. 电机运转不正常

(1)电机不转动

手提遥控作业箱、控制箱、移动电源等都正常连接，方向电机和高低电机，其中一个或两个同时都不响应操作指令，并且手提遥控作业箱的液晶屏（平板电脑）上，“作业”界面下方状态栏内，没有出现设备通信故障提示，此种情况表明，电机与接线盒连线存在开路，或者电机损坏。应首先检查线路，如果线路无问题，请检修无响应电机。

手提遥控作业箱、控制箱、移动电源等都正常连接，方向电机和高低电机，其中一个或两个同时都不响应操作指令，并且手提遥控作业箱的液晶屏（平板电脑）上，“作业”界面下方状态栏内，出现红色字体“故障设备：方向驱动”“故障设备：高低驱动”“故障设备：方向驱动 高低驱动”等字样。此种情况表明，与红色字体相对应的电机驱动模块或模块连线出现故障。

关闭控制箱，拆开控制箱，重新插拔，对应电机驱动的所有接线，然后开启控制箱，观察红色通信报警是否出现，如果还出现红色字体，则说明该电机驱动故障，需要更换。

电机驱动，其中蓝色部分拨号为 38 的为高低电机驱动，128 的为方向电机驱动。

（2）电机减速机损坏

当电机受控时，出现旋转卡顿、无力、不连续等状态时，说明电机减速机已经损坏，需要及时更换电机减速机。

5. 计数不正常

不计数或计数混乱：正常发射后，作业面板上不显示本次发弹数量，读数一直为 0，此时需要首先检查，安装在炮管上的感应铁环，位置是否正常，如果正常，再检查计数器与接线盒连线，如果连线正常，则说明计数器损坏，需要重新更换。

6. 电击发工作不正常

（1）不击发：首先确定当前位置是否处于禁射区，在作业面板上右侧是否出现红色字体“当前处于禁射区”字样。如果出现，请更换发射角度；如果不出现，检查电磁铁是否损坏。如果电磁铁损坏，及时更换电磁铁；如果未损坏，检查控制箱内 36 V 继电器。如果 36 V 继电器损坏，及时更换 36 V 继电器。

（2）单发时出现多发：击发卡锁调节螺丝太紧，需要重新调节。

（3）无法连发：击发卡锁调节螺丝太松，需要重新调节，或电磁铁吸力不够，需要更换电磁铁。

（4）电磁铁吸和不放：控制箱内 36 V 继电器损坏，及时更换。

注：当打开钥匙开关，指示灯亮的一个为 24 V 继电器，另一个为 36 V 控制电磁铁继电器。

7. 手提遥控作业箱无法充电

手提遥控作业箱的液晶屏（平板电脑）右下角状态栏内，会实时显示当前手提遥控作业箱电量，当电量大于 50%时用绿色字体显示，当电量小于 50%时用红色字体表示，当充电时显示蓝色字体。当电量显示为红色字体时，请及时给手提遥控作业箱充电。

当手提遥控作业箱充电时，电量显示提示字体一直也不变成蓝色，则说明充电不成功。检查供电电源是否有电，如果有电，检查充电线是否连接正常，如果正常，用万用表测试充电线是否存在开路，如果存在开路，请及时更换充电线。

（二）维护保养

1. 作业完成后，将手提控制箱收入值班室。

2. 为减缓设备老化，相关设备应做好防雨防晒措施。

3. 整套系统应按照高炮的维护保养流程与规定，做好保养，使各部零件灵活可靠，必要时，每个月通电运行一次到待机状态。

4. 年度作业开始前给高低机、方向机减速内加润滑油使其运行顺畅；每月应给电池组至少充电一次，电池一次充足充电可连续工作 24 h。如果发现电压低于 36 V，需要及时充电，以免损坏电池；如果发现电压欠压，需要及时充电，以免使系统无法工作。

第五节　ZBZ-P57 型人工影响天气作业用 57 mm 高炮自动控制系统

一、系统概述

ZBZ-P57 型人工影响天气作业用 57 mm 高炮(图 5.91)是在 59 式 57 mm 高炮基础上，采用控制技术，更新关键装置及部件，数字化改造而成的。该炮采用当前主流电气系统替换了原有电气系统；对电控随动、击发、远程控制等部分进行了重新设计；更换了直流驱动电机、角位移传感器、击发电磁铁；加装了数字化炮控单元、手持作业控制终端、电击发装置、GPRS 无线通信模块，并对火炮安装结构进行了适应性改造。

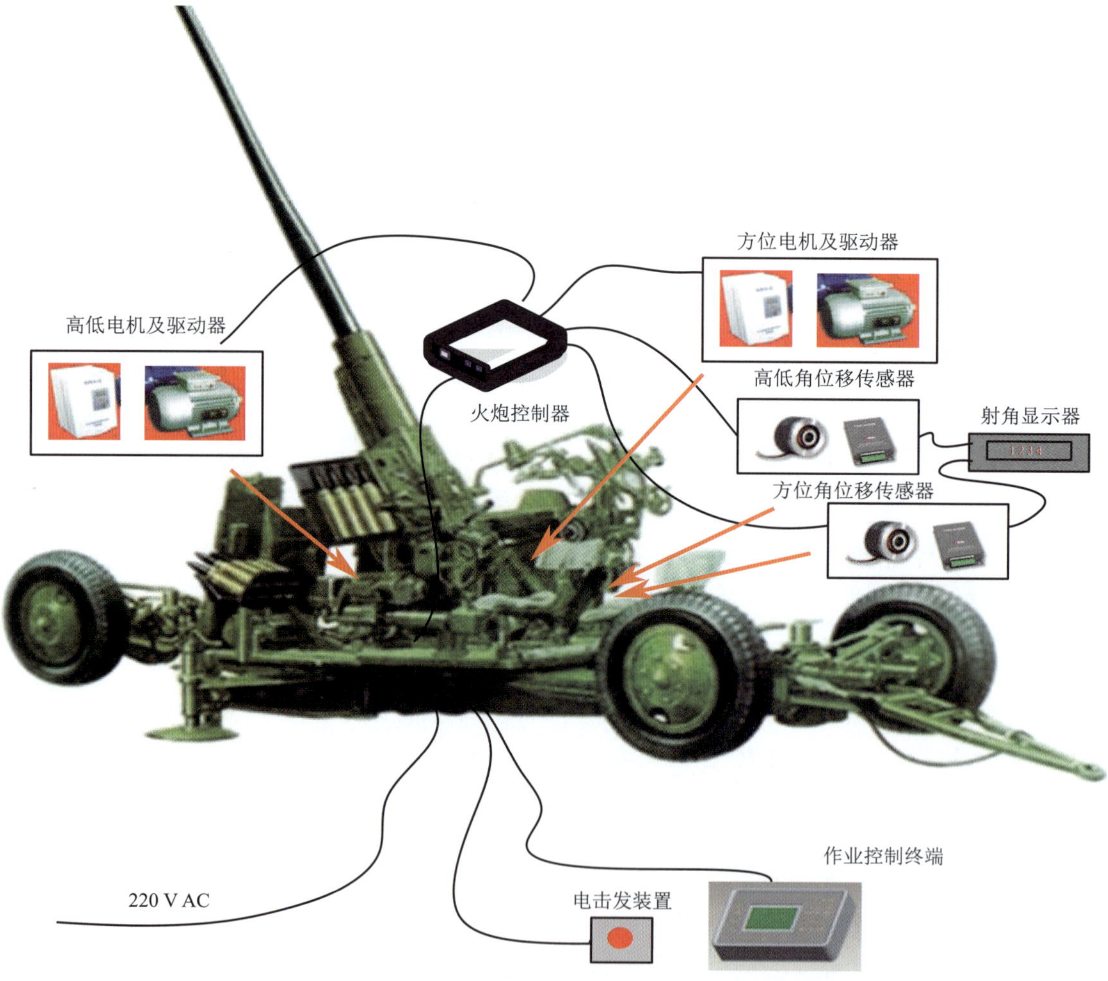

图 5.91　ZBZ-P57 型人工影响天气作业用 57 mm 高炮

(一)系统优势

1. 射高大。最高可达 8800 m,覆盖了人工影响天气作业所需的云层高度区间,覆盖范围大。

2. 炮弹爆轰范围大,催化剂携带能力强,最大可装载 50 g 的 AgI 催化剂。

3. 高炮采用远程、现场电控调炮和击发控制,实现了人炮分离操控。在断电或需要人工操作发射时,操作人员可离开炮位,根据发射口令,在距火炮 10 m 外拉动拉火绳,带动机械击发装置进行击发。

(二)调炮(方位角和高低射角的调动)及发射模式

1. 远程指挥自动模式

炮手将转换开关置于“远程”,指挥中心通过解算,向作业控制终端发出远程调炮指令和引信装定时间,作业控制终端对火炮控制器发出调炮控制指令,火炮接受指令后,自动转动高低角和方位角到指令角度对准指定空域,并将信号控制过程中的信息实时反馈到指挥中心,发射准备就绪后,可由指挥中心或炮手采用电击发装置执行电控发射,发射指令发出后由电磁铁动作完成击发。

2. 现场电控自动模式

炮手将转换开关置于“电控”,指挥中心通过解算将调炮和引信装定信息告知炮手,炮手利用作业控制终端下达控制指令,火炮接受指令后,自动转动高低角和方位角到指令角度对准指定空域,用装定器装定延时时间,由指挥中心通过解算下达发射指令,炮手接到发射指令后,炮手采用电击发装置执行电控发射,发射指令发出后由电磁铁动作完成击发。

3. 手动调炮和击发模式

火炮按指令手动调炮至指定方位角和射角,发射准备完成后告知指挥中心,指挥中心下达发射指令,发射人员将拉火绳与人工发射杆连接后撤离火炮,发射人员通过拉火绳经机械发射装置发射。

(三)主要技术指标

1. 最大射高:	8800 m
2. 理论发射速度:	105～120 发/min
3. 射角范围:	高低 45°～87°、方位 0°～360°
4. 电控击发:	数字化指令控制、单发、连发
5. 手持控制终端:	调炮、击发、远程与现场控制模式切换、状态查询
6. 控制终端显示器:	3.5″单色液晶显示器(带背光,日光下可视)
7. 互联网接入:	支持有线、无线
8. 射角显示:	LED 显示,显示精度 0.1°
9. 电源:	220 V AC
10. 最大功耗:	<1.5 kW
11. 工作温度:	−25～60 ℃

二、用途与组成

ZBZ-P57 型人工影响天气作业用 57 mm 高炮主要由 59 式 57 mm 高炮、配电箱(图 5.92)、高低/方位传动电机(图 5.93)、电机控制器(图 5.94)、角位移传感器(图 5.95)及角位变送器

（图 5.96）、电动击发装置、角度显示器（图 5.97）、回转接触装置、作业控制终端（图 5.98）、无线网络通信系统等组成。

图 5.92 配电箱

图 5.93 高低/方位传动电机

图 5.94 电机控制器

图 5.95 角位移传感器

图 5.96 角位变送器

图 5.97 角度显示器

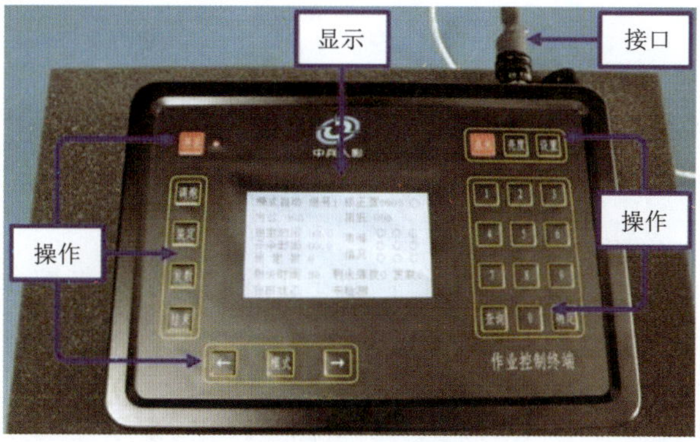

图 5.98 作业控制终端

三、使用与操作

(一)炮班的编成及队形

1. 炮班编成

炮班由炮长和三名炮手组成,分工如下:

炮长(可兼二炮手):指挥作业;

一炮手:方向瞄准;

二炮手:高低瞄准;

三、四炮手:装填炮弹。

2. 炮班队形

(1)炮后集合

这是炮班操作前(后)的集合队形。口令:“炮后集合”。

听到口令,各炮手跑到规定位置(图 5.99),面向炮,自动立正、看齐、报数。

(2)就炮集合

这是放列前、撤去后的集合队形。口令:“就炮集合”。

听到口令,各炮手跑到规定位置(图 5.100)。炮长一般位于火炮的左前方,并便于观察指挥。

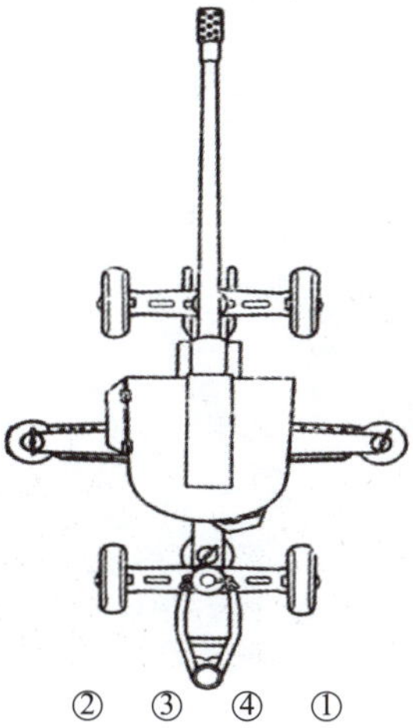

图 5.99 炮后集合时各炮手位置

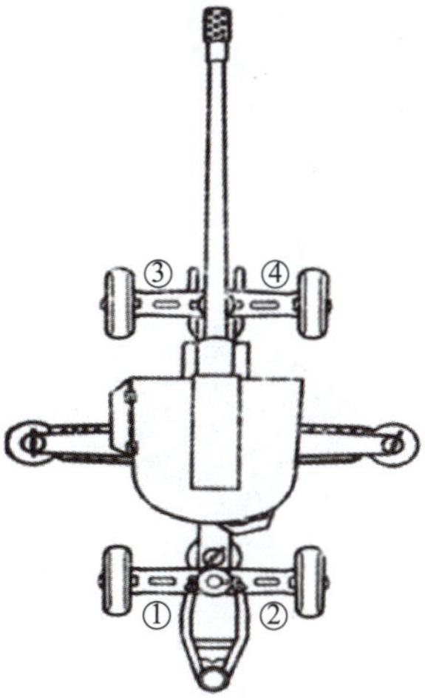

图 5.100 就炮集合时各炮手位置

（二）放列、撤去

1. 放列

（1）解开炮衣、护套，打开炮脚。

（2）关闭液泵开关（顺时针拧紧开关），摇几下摇把，将活塞支撑座转把转到作业位置（转把呈横向）。取下两柱栓。将杠起螺杆往下打 10～15 cm。

（3）打开液泵开关，等炮床着地后，进行概略水平规正和脱炮衣护套。

2. 撤去

（1）穿炮衣、护套、固定炮身。

图 5.101　开闩动作

（2）关闭液泵开关，摇动摇把起炮，当炮起到活塞支撑座转把能转动时为止，将支撑座转把转到行进位置（转把呈纵向），将两个柱栓插入凸轮与支座的插孔内，打开液泵开关。

（3）收起杠起螺杆，关炮脚。

（三）装填退弹操作

1. 开闩

（1）取下右退弹窗盖。

（2）将转盘由“I”推到“Ⅱ”的位置（在推的过程中为使齿轮对正可稍微转动一下转把）。

（3）按转把上面箭头的方向转动转把，直到炮闩被发射卡锁卡住为止（约转 6 圈半）（图 5.101）。

（4）将转盘由“Ⅱ”拉回“Ⅰ”，将转把放回原位固定。

2. 压弹（图 5.102）

（1）先将 4 发炮弹压入弹夹（图 5.102），然后将 1 夹炮弹推进压弹机（直到不能再进为止）（图 5.103、图 5.104）。

图 5.102　弹夹压弹

图 5.103　装弹动作

(2)向左拉压弹握把到头,再平稳放回(放回过猛炮弹会从右边掉出去,太慢会造成压弹不到位)(图 5.105)。

图 5.104 高射角装弹

图 5.105 压弹动作

(3)将自动停射器放于停射位置。

3. 发射

由一炮手踩发射器发射。

4. 退弹(为确保安全可先将转盘由“Ⅰ”推到“Ⅱ”)

(1)插入退弹钣(插时边拉握把边向里插),关闭下活瓣。

(2)抬起左阻弹子,拉出压弹机内的炮弹。打开下活瓣。

(3)从右退弹窗口,用钩弹钩钩出输弹线上的炮弹(驻栓如突出时要用钩弹钩上的突起先压下驻栓后再往外钩)。

5. 放回炮闩

(1)将转盘由“I”推到“Ⅱ”。将转把向开闩方向拉住,握紧杠杆,一炮手踩下发射器,平稳放回炮闩。两人操作一定要配合好。三炮手也可以自己用左手压发射杠杆,右手握转把,放回炮闩。

(2)将转盘、转把放回原位固定。

(四)规正炮床水平

炮长口令:“规正炮床水平”。

听到口令,炮手分别蹲在左、右、后、前的杠起螺杆旁,转动杠起螺杆转把,以调整好的炮脚水准气泡居中。各气泡居中后,各炮手报“好”。

(五)57 mm 人工影响天气高炮通电操作流程

1. 接电:接电前,应检查电路连接正常,无损伤、无断线、电缆连接可靠无误,同时,手持控制终端插座与控制箱面板之间用箱内连接线连接,将信号电缆航空插头与控制箱面板插座连接,(连接航空插头和插座时两条红线对准进行连接),方可打开电源开关。

2. 接通射角、方位角电传动。

3. 按下作业控制终端显示屏上的“开关”键，打开手持控制终端显示屏，按下“查询”按钮，此时，手持控制终端显示屏同时显示现在射角和方位角的角度。

4. 装定角度

(1)同时按下作业控制终端显示面板上的“调炮”和“设置”按钮；

(2)通过显示屏内闪烁光标的位置输入数字设置到需要装定的方位角度；

(3)方位角度设置完成后，按下控制面板的“→”键，光标随着右移，一直移动光标到高低角度位置，输入高低角数值；

(4)方位角度和高低角度输入完成后，最后按下控制终端显示面板的“确定”键，火炮便向装定的角度方向转动；

(5)当火炮转到协调角停止后，按下控制终端显示面板的“查询”键，通过显示屏内的实际方位角度、高低角度和装定角度比较，判断误差大小。误差在0.6°以下均为允许范围。

5. 检查电发射装置

电发射装置的发射由电磁铁执行。用以下方法发射时，均应能听到清晰的电磁铁吸合声；通过电磁铁护罩，也应能看到电磁铁铁芯的动作；吸合有力，声音清脆，解脱迅速。

(1)手持控制终端发射；

(2)控制箱面板发射按钮(红色)发射；

(3)远程控制发射。

6. 发射

发射的方法有人工拉火发射和电发射两种，电发射又分为手持控制终端发射和控制箱面板发射。

发射的种类有单发发射和连发发射，对于人工影响天气作业一般常用单发发射。

(1)电发射(自动模式)

① 手持控制终端发射

调炮结束，火炮停止位置和装定角度一致(误差在允许范围内)。

同时按下“装定”和“设置”键后，控制终端面板显示：已允许，并且控制箱面板的红色指示灯亮。

左手同时按下“←”和“→”，右手按下“点火”，完成电发射。

② 控制箱面板发射按钮发射

在红色急停按钮拔起的情况下，检查控制箱面板的红色指示灯是否亮。

红色指示灯亮时，直接按下控制箱面板的手动发射按钮进行发射。

红色指示灯不亮时，先按下控制终端显示面板的“装定”和“设置”键，红色指示灯亮后，再按下控制箱面板的手动发射按钮进行发射。

(2)电发射(远程模式)

① 把远程天线装好。

② 按下控制终端显示面板上的“模式”和“设置”键，把模式改变为远程模式。

③ 一切就绪后，联系远程中心人员进行调炮和发射控制。

注：此项操作需准备一张手机卡，将其装进作业控制盒卡槽内。

(3)人工拉火发射

炮弹装填完毕后，炮身指向目标点，从工具箱中取出拉火绳，展开后将拉火绳挂钩挂在发射杠杆长臂的孔内，操作人员离开火炮，在炮身轴线后方偏右侧，根据口令拉火发射(最好在隐蔽物后)。

7. 退弹

退弹就是将处在压弹机和输弹线上的炮弹退出。

退弹是在射击任务完成、停止射击后进行。在电发射状态停止射击时，应先关闭电源，再执行退弹任务，防止误发射。

退弹可分为两种情形下的退弹：

(1)退出输弹线上的炮弹

从退壳槽侧方取下退弹钩，使半圆钩卡在药筒底缘的凹槽部，用半圆钩上的凸块压下炮闩镜面侧方的阻弹器驻栓，同时用力拉出炮弹。操作时用力要适当，防止炮弹落地或掉在炮盘上，发生危险。

(2)退出压弹机上的炮弹

取出退弹钣，将压弹机侧方的下活瓣开关打开，解脱下活瓣的限制，将退弹钣插入上活瓣与炮弹之间，抓住压弹机上的炮弹向外拉出，退弹后，应及时关闭下活瓣开关。

对射击时未能发射的故障炮弹进行退弹应由专业人员指导进行。

8. 撤去

(1)关闭火炮配电箱电源开关，断开电缆绞盘的单项插头；

(2)将火炮传动部分由电传动转换为手摇传动，从工具箱中配备的内六角扳手卸下齿弧限制铁螺钉，并将齿弧限制铁及螺钉放入工具箱内；

(3)取下炮床上旋下电源插座和信号插座的插头，盖好插头和插座的护盖，整理好电源电缆和信号电缆，转动电缆绞盘手柄，使两根电缆均匀的缠绕在电缆绞盘上，并用固定带固定后，放入炮盘上的卡座中固定确实；

(4)打开炮身卡箍，使炮身水平，装上炮衣支架，打动高低机和方向机，使炮身固定在炮身支架内，用炮身卡箍固定确实，穿上炮衣，并捆好炮衣绳；

(5)关闭液泵开关，摇动液泵摇把，使火炮升起到活塞支撑座能转动时为止，支撑座转把转到行军位置(转把呈纵向)，将两插轴插入凸轮与支座的插孔内，而后打开液泵开关，使火炮重量压在支撑座的插轴上；

(6)压下炮脚固定轴转把驻栓，转动转把，关闭左、右炮脚并转动转把锁住炮脚至驻栓弹起，使炮脚固定可靠，防止牵引中意外解脱发生事故。

四、故障排除与维护保养

(一)故障及处理方法

不同的故障现象、原因及其具体处理方法见表5.2。

表5.2 故障及处理方法

序号	故障现象	故障主要原因	处理方法
1	转盘转动困难	1. 转盘轴上螺母、叉形杠杆螺母压得过紧	适当拧松
		2. 传动杆在摇架孔内有卡滞，制退卡锁动作卡滞	清理
		3. 制退卡锁拉杆过短	调整

续表

序号	故障现象	故障主要原因	处理方法
2	开闩困难或不能开闩	1. 制退卡锁不能解脱，拉杆过长或折断	调整更换
		2. 手摇拨动器转把轴转动困难	涂油
		3. 闩体、支架、闩体室，滑轮与闩体滑槽及滑轮轴的接触处等有卡滞或过脏	擦拭、涂油
3	炮闩不能输弹	1. 拉杆过长、曲柄杠杆突出轴折断，发射卡锁、自动发射卡锁不能放开炮闩	调整
		2. 输弹弹簧失效、活动零件过脏或卡	擦拭
4	不发火	1. 击针折断或磨损，输弹弹簧失效	更换或送修
		2. 底火或药筒的火药失效	更换炮弹
5	挤弹	两炮弹挤在一起，踩下发射踏板时，炮闩不能输弹	一人稍拉握把向左，一人从退弹口方向用退弹钩退出第一发炮弹，之后将握把放回，再用退弹钩将第二发炮弹拨到输弹线上
6	后坐过长	1. 驻退机液量不足	补充液量
		2. 复进簧失效	送修
7	后坐过短	1. 紧塞器螺母拧得过紧	适当拧松
		2. 炮身托环、复进机弹簧及螺母、炮闩、加速机曲臂等在后坐过程中运动困难	送修
8	高低机动作困难	1. 平衡机失调（单向动作困难）	调整平衡机弹簧
		2. 平衡机弹簧失效或折断、弹簧杆弯曲	送修
		3. 各齿轮（离合筒）或蜗杆蜗轮啮合过紧	调整
9	起落炮困难	1. 导管或流液道堵塞	送修
		2. 液箱液量不足	补足液量
10	电器系统故障	1. 火炮不通电	检查保险或电缆
		2. 电机不转	检查电缆
		3. 角度数码管不显示	检查线路
		4. 击发电磁铁不工作	检查线路或绝缘
注意事项		火炮射击时，遇到不发火的情况，不要立即退弹。应打高炮身，至少停 1 min 后，先退出压弹机内炮弹，再迅速退出膛内炮弹，撤离阵地再行检查。如需旋动或更换底火，应在距火炮 20 m 以外处进行	

（二）维护保养

1. 擦拭用品

洗把杆、洗把刷和洗把头。用来擦拭炮膛、药室和涂油。

2. 擦拭涂油要领

保养高炮时，一般使用以下三种油料：

① 多功能通用润滑脂：可用于火炮的所有部位；

② 石墨锂基润滑脂：用于高温和摩擦剧烈的活动部位，如炮闩、炮耳轴等部位；

③ 2 号防护油：主要用于常训火炮的擦拭保养和 1 个月以内的火炮维护保养。

3. 向注油嘴注油

定期用油枪向注油嘴内注油，常训火炮每月应向注油嘴注多功能通用润滑脂一次；封存入库的火炮每半年向注油嘴注多功能通用润滑脂一次。57 mm 高炮注油嘴位置，如表 5.3 所示。

表 5.3　注油嘴位置

序号	机构名称	单位	注油嘴数量
1	手摇拨动器	个	2
2	压弹机	个	2
3	加速机	个	2
4	摇　架	个	8
5	炮耳轴	个	2
6	方向机	个	1
7	杠起螺杆	个	4
8	前车体	个	18
9	后车体	个	14
合计		个	53

4. 主要部位的擦拭

(1)炮膛的擦拭与涂油

平时擦拭炮膛时先在洗把头上包好棉布，反复擦拭以除去旧油，直至使棉布无油迹和锈痕为止。然后在洗把头缠上浸过油的新布，反复在膛内拉动，使膛内均匀地涂上一层 2 号防护油。炮膛擦拭干净后再分解炮闩，从后方反复擦拭药室部位，擦净后均匀地涂上一层 2 号防护油。

作业前擦拭炮膛的方法与平时相同，但擦拭后严禁在炮膛内涂油，以减轻发射时对炮膛的烧蚀。并且炮膛内不得残留任何物屑。

作业后应及时擦拭涂油。如时间不允许，应先给炮膛内壁和炮闩上涂上大量的防护油，以软化火药残渣，等时间允许时应立即擦拭。

(2)炮闩的擦拭

炮闩除定期擦拭外，作业前后应重点擦拭。擦拭炮闩时，应分解下炮闩，先除去油垢，对生锈部位用汽油擦拭；晾干后，无作业任务的高炮可涂上 2 号防护油；有作业任务的火炮，对闩体、滑轮及轴、炮闩支架滑道等部位在擦拭后要涂上石墨锂基脂。封存炮闩时使用多功能通用润滑脂。

复习与思考

1. DF37 mm 高射炮远程控制系统主要由哪几部分组成？
2. ZBZ-P37 人工影响天气作业用 37 mm 电控高炮有哪些主要特点？
3. 中兵自动化 37 mm 高炮系统调炮不动作故障如何排除？
4. 增雨防雹高炮自动控制系统有哪些特色？
5. ZBZ-P57 型人工影响天气作业用 57 mm 高炮有哪些特色？

第六章　高炮和弹药的年度检查

内容提要

本章以高炮和炮弹的日常技术管理为重点，围绕基层作业点工作需要，介绍了人工影响天气作业用 37 mm 高炮和 57 mm 高炮的年检项目、炮弹的技术检查等内容。其中，年检主要包括全炮外观和固定情况检查、主要机构的检查，给出了检查与验收的记录表；高炮作业前中后的检查主要包括作业前的准备和检查、作业中的注意事项；炮弹的技术检查内容涵盖了炮弹质量分级、技术检查时机、技术检查前的准备工作和技术检查的内容及方法。

第一节　高炮的年检

人工影响天气作业用 37 mm 高炮的年检，通常先进行全炮外观和固定情况的检查，然后对主要机构进行检查，按照气象行业标准《人工影响天气作业用 37 mm 高炮检测规范》(QX/T 18—2020)所要求的内容，逐一进行各项指标技术检查，应达到检测规范技术要求；自动化改造后高炮要对相应部分进行技术检查；加装了供弹机的高炮要对供弹机进行技术检查。

表 6.1 列出了 ZBZ-P37 型人工影响天气作业用 37 mm 电控高炮技术检查与验收的检查内容与技术要求；表 6.2 列出了 ZBZ-P57 型人工影响天气作业用 57 mm 高炮技术检查内容与技术要求；在高炮进行年检时可以参照。高炮通用的检查工具和仪表见表 6.3。

表 6.1　ZBZ-P37 型人工影响天气作业用 37 mm 电控高炮技术检查与验收检测记录表

炮号：　　　　　　配属单位：　　　　　　炮位：　　　　　　年检时间：

序号	检查内容及技术要求	检查结果	备注
1	防火帽拧到位后应被垫圈可靠地固定住		
2	身管不允许有裂纹		
3	身管外表面的压坑深度不允许超过要求		
4	身管不允许有超过直度径规规定范围的弯曲		
5	身管内膛不允许有锈蚀、严重挂铜和金属突起。不影响弹丸正确运动的阳线剥落、断裂其长度不允许超过 1 倍口径		
6	炮膛膨胀后的阴线直径不应大于 38.5 mm		
7	身管应被卡锁固定确实，身管分解、结合应能顺利进行		
8	身管后端面与闩体镜面之间的间隙不应大于 6.25 mm		
9	身管药室增长量不应大于 22 mm		
10	左、右闭锁器弹簧套筒不允许在炮尾槽内晃动，其端面与拉钩的间隙不应小于 0.5 mm		
11	闩体下垂量不应大于 1.25 mm(击痕外缘尺寸不应大于 5.5 mm)		

续表

序号	检查内容及技术要求	检查结果	备注
12	炮闩呈关闩状态时，左、右抽筒子能在抽筒子轴上灵活转动，抽筒子爪能顺利进入身管缺口内；开闩后用手按抽筒子冲臂时，抽筒子不应与冲铁脱开；若猛击任意一个抽筒子时，另一个抽筒子应能钩住闩体；抽筒子钩部与冲铁扣合量不小于 4 mm；接触面积应不小于 50%；抽筒子钩住闩体时，闩体输弹槽不应高出炮尾输弹槽 0.8 mm		
13	当闩体输弹槽低于炮尾输弹槽 8～10 mm 时，抽筒子中部支撑面与闩体冲铁靠紧，抽筒子上部与闩体平面的间隙不应小于 0.5 mm；抽筒子下部和冲铁的间隙应为 0.2～3.0 mm 范围内		
14	击发装置的动作：用开闩握把打开炮闩，击针应被拨动杠杆拨回；缓慢关闩到位时，击针应能自动击发，若不击发，则轻击曲臂，击针应猛然击发。关闩状态时，拨动杠杆短角和击发卡锁的间隙应为 0.15～1.10 mm		
15	关闩状态时，闩体在闩室内前后松动之和的间隙应为 0.04～0.70 mm；闩体在闩室内上下串动量应为 0.2～1.0 mm		
16	左、右冲铁在闩体上不应松动		
17	击针突出量应为 2.44～2.75 mm。击针簧自由长度为 69～76 mm		
18	输弹机连接轴拆装应能顺利进行，其轴向串动量不应大于 1.8 mm；炮尾与输弹机体前端面的间隙应在 0.15～1.50 mm 之间；输弹机体输弹槽与炮尾输弹槽应齐平，炮尾输弹槽高出量不应大于 0.60 mm		
19	压弹机前、后壁距离应为 386.5～388.0 mm；从拨弹器体中心线向上 130.0 mm 以上部位允许到 393.0 mm		
20	活动梭子和固定梭子小齿动作应确实可靠，弹簧应有力		
21	活动梭子上下串动量不应大于 1 mm，保险器动作应确实		
22	压弹机前壁定向钣与输弹机体弧面之距离应为 54～55 mm		
23	输弹器体定向凸起部与输弹机体滑槽的配合间隙应为 0.2～0.8 mm；输弹机体滑槽与青铜滑板的间隙应为 0.02～0.70 mm		
24	输弹机左、右卡钣工作面不一致性不应大于 0.5 mm；（输弹机左、右卡钣）突出输弹机体的高度应为 4.5～6.0 mm		
25	左、右输弹钩装配后的平行差不应大于 0.3 mm；其前后晃动量不应大于 0.7 mm；输弹面上口厚度不应小于 4 mm		
26	将装填握把向后拉到位时，左、右输弹钩的张开的距离不应小于 56 mm；输弹钩与输弹机体槽的后方间隙不应小于 2 mm		
27	左、右制动栓动作应确实。在制动栓关闭时，左、右制动栓的上突出角与拨弹器体的间隙应为 0.4～1.5 mm，左、右制动栓的下突出角工作面的不一致性不应大于 0.5 mm，位置改变量不应大于 2.0 mm。当制动栓开放时，拨弹器体只能转动 90°		
28	左右中卡锁应高出左右发射卡锁 0.6～0.8 mm，其工作面对发射卡锁的突出量应为 1.9～3.1 mm		
29	将握把向后拉到位后放回，输弹器体应卡在左、右发射卡锁上，其扣合量不应小于 3 mm；输弹器体与左、右中卡锁的间隙应为 1～2 mm。输弹器体在待发状态，压弹机后壁定向面与输弹钩工作面错开量不应小于 1 mm		
30	弹簧杆突出于炮耳轴本体端面的高度：不踩踏板时，不应小于 18 mm，发射杠杆与 弹簧杆之间隙不应小于 0.5 mm；踩下踏板到位时，弹簧杆对耳轴本体的突出量不应小于 3 mm。松开踏板后，击发机构各部零件应有力地回到原位		

续表

序号	检查内容及技术要求	检查结果	备注
31	退壳筒与退壳槽在全射界范围内不允许发生摩擦		
32	自动机联动检查时要求：打开炮闩并压弹时，教练弹应能顺利压到输弹钩内；发射时教练弹应迅速入膛，炮闩应闭锁、击发。人工后坐时，应能开闩并抽出教练弹，后坐长度与左右后坐标尺的示度值应一致，误差不大于 2 mm；复进时能压下教练弹，并自动输弹入膛、关闩、击发。活动梭子上下串动量不应大于 1 mm；保险器动作应确实		
33	移动左、右后坐游标的力应为 6～15 kgf		
34	实弹射击时，炮身的标准后坐长度应为 150～180 mm		
35	驻退机不得有漏液现象；后盖的调整余量应为 4～8 mm；活塞杆螺帽应被垫圈固定；液量应约为 0.5 L。四号驻退液的 pH 值应为 8.2～8.5，二号驻退液的 pH 值应为 8.4～11.8。两种驻退液严禁混用		
36	活塞杆上的刻线与驻退机筒后端面的距离应为 28～30 mm。后期炮活塞杆螺母应被开口销固定确实		
37	高低机和方向机动作应平稳、灵活、无卡滞，转轮起动力应不大于 93.1 N(9.5 kgf)；高低机和方向机的空回量应不大于转轮的 1/24 圈		
38	平衡机调整好后，应留有调整余量，其余量不应小于 15 mm（或弹簧杆螺纹露出螺帽之长度不应大于 45 mm）；弹簧在机筒内伸缩时允许有不影响动作的轻微响声		
39	行进、作业转换动作应能顺利进行，转换时平衡弹簧不应有卡滞响声		
40	牵引杆向左、右推到位，拉杆和叉形接头与连接架座不应相碰，拉杆连接螺纹应留有调整余量，用螺帽固定后应无松动，叉形接头插销应固定确实		
41	瞄准具拆除后，应配置相应重量的配重铁（或加装供弹机）		
42	车轮应转动灵活，轮毂上的双头螺栓不得松动		
43	各零、部件上不应有影响动作的严重锈蚀（坑）；各固定件（销轴、驻栓、键等）应固定确实；橡胶、油料应在有效期内		
44	水准气泡应完好		
45	电传动系统装配及外观的要求： 1. 传动电机轴与齿轮的配合不允许松动，齿轮箱的齿轮与相应高低机、方向机齿轮的啮合面沿齿宽不应少于 65%，沿齿高不应少于 60%。 2. 射角、方位角度与射角、方位角度显示器的零位误差不应大于±1°。 3. 各个分部件在高炮上安装应牢固可靠，紧固件应符合国家标准要求，不允许损坏、增减		
46	随动装置各种工作情况下的基本要求： 1. 绝缘电阻的要求：在正常气候下，两相动力电路与本体的绝缘电阻均不应小于 1 MΩ 2. 配电箱固定于炮盘上，应放置水平并有缓冲胶垫，箱门的打开与锁闭应灵活自如 3. 接通电源时，开启配电箱的电源总开关，火炮左右两侧方位、射角角度显示器应显示火炮当前角位状态，打开手持控制器面板的电源开关，面板上的电源指示灯应点亮。打开手持控制器显示器开关，手持控制器显示器应显示火炮当前角位状态 4. 在射角和方位角变化时，显示器跟踪显示角度的变化，显示的数据允许有小幅度的跳动，显示角度与传感器显示值误差±1° 5. 在火炮电控发射时，受强电磁信号影响，允许显示器显示数值变化，射击完成后应恢复原状		

续表

序号	检查内容及技术要求	检查结果	备注
47	射角工作范围的要求： 1. 射角电动方式在40°～80°范围内转动时，从上向下或从下向上转动应平稳，无卡滞现象 2. 射角限制器在上限制点80°至下限制点40°范围内应可靠接通并控制 3. 射角限制器在射角转动超出限制范围时，传动电机均不应继续转动，应只能反向转动		
48	方位角工作范围的要求： 1. 方位角在0°～360°范围内转动时(正转或反转)应无限制。 2. 在转动范围内，转动应平稳、无卡滞现象。 3. 距指定角度5°～10°时，可进行点动控制到达指定角度，方位角变化应与显示器显示角度同步		
49	电传动调试： 1. 转换手柄转为电动方式，用手持控制器分别使方向机或高低机旋转时，电传动转动应平稳，无明显卡滞现象；此时，手动转轮不应随着转动 2. 用手持控制器使方位、射角分别正反方向转动，分别不小于10次；联动方式时，正反方向转动不少于5次，均应同步		
50	手持控制器调试： 1. 手持控制器面板上的电源开关打开后，方可对火炮进电控操作 2. 手持控制器及各部连接应确实、固定可靠；手动-电动转换手柄转为电动传动，方位电机或高低电机旋转，转动应平稳，转速应稳定 3. 手持控制器对方位角、射角的换向操作应可靠，换向操作应顺畅；正反方向转动分别不小于10次，联动正反方向转动不少于5次 4. 手持控制器面板的角度显示、方位、射角角度显示器与实际角度的零位误差±1°；转动角度误差±1° 5. 手持控制器操纵杆操作时，高低、左右应分别与上下、左右转动方向一致；不加外力时，操纵杆应迅速复位处于中间位置 6. 同时按下手持控制器面板上的“射击”和“击发”两个按钮，发射电路应接通，电磁铁吸合应有力；松开两个或其中任一按钮，发射电路应断开，停止发射；电磁铁释放应迅速；按钮应迅速回位 7. 单独按下手持控制器面板上的“射击”或“击发”其中任一按钮，发射电路不应接通，电磁铁不应启动		
51	火炮配电箱： 1. 配电箱内部内接导线线缆应排列整齐，固定可靠，导线应无损伤、无断线，各电缆连接应可靠；线缆进出口均有压螺和防水胶套。 2. 各线缆焊接点焊接时，应焊接牢固，焊点饱满，无虚焊、漏焊、短路现象		

检测结论：

检测单位：签(章)　　　　检测人：

鉴定日期：　　年　　月　　日

表 6.2 ZBZ-P57 型人工影响天气作业用 57 mm 高炮技术检查与验收检测记录表

炮号：　　　　配属单位：　　　　炮位：　　　　检时间：

序号	检查内容及技术要求	检查结果	备注
1	炮口制退器、卡钣都应固定确实		
2	身管不允许有严重挂铜		
3	测量药室增长量，标准长 371 mm，增长不应超过 283 mm		
4	开闩动作应平稳无卡滞，开闩时转把力不应大于 300 N		
5	阻弹器驻栓被放开时突出闩体镜面为 4.0～5.0 mm，拨回后不大于 1.5 mm		
6	击针突出量为 1.6～1.9 mm		
7	制转器动作应灵活可靠		
8	制退卡锁动作应确实可靠，后坐不大于 100 mm 时应打开		
9	支座与炮身托环的联结螺栓应拧紧，联结轴应被弹簧片固定		
10	曲臂动作应灵活有力地恢复原位		
11	压弹器动作应平稳无卡滞，握把至固定槽时力臂长 600 mm 处用力不应大于 750 N		
12	卡锁与压弹滑钣侧面间隙不应小于 0.5 mm，传动杆应有 1 mm 以上的活动量		
13	凸轮杠杆的动作应灵活，在弹簧作用下应有力地恢复原位，使压弹滑钣对卡锁的越过量不小于 1.5 mm		
14	压弹滑钣左右活瓣和下活瓣转动应灵活并有力恢复原位，右活瓣炮闩支架的间隙应 0.5～1.0 mm		
15	自动停射器杠杆被弹夹顶起后，卡锁抓钩与压弹滑钣上平面有 0.5～1.0 mm 间隙，当剩一发炮弹时应能停射		
16	脚踏发射装置动作应灵活可靠，踏下踏板，发射卡锁距炮闩支架上平面 1.5～5.0 mm 间隙，放开后，发射杠杆与弹簧杆间隙不小于 0.5 mm		
17	发射装置动作应可靠。磁铁铁芯行程为 15～20 mm，电磁铁吸合后发射卡锁抬起的高度距炮门支架上平面应为 1.5～5.0 mm		
18	当压弹滑钣在右方缓冲垫上时，自动发射卡锁抬起的高度距炮闩支架上平面应为 0.1～0.7 mm ，拉杆应有 3 mm 以上移动量，当炮闩卡于自动发射卡锁上时，曲柄杠杆与摇架内壁间隙不得小于 0.5 mm		
19	炮闩支架被自动发射卡锁卡住时，闩体前端面对压弹机体的后壁定向面的突出量应为 0.3～1.0 mm，被发射卡锁卡住时，应为 0.4～3.0 mm		
20	后坐标尺，以一只手的力量能推游标移动应正常		
21	缓冲胶皮压损量不应超过 5 mm		
22	高低齿弧前后阻铁不允许有裂缝		
23	液压缓冲器不允许有漏液现象		
24	液压缓冲器液体量：最低射角，当螺帽后端面对正螺杆的中间刻线时，液体从注液孔将要外流为正常		
25	驻退机与摇架和加速机支座连接应确实		
26	驻退机不应漏液		
27	炮身射角为 15°时，液体量液面应略平于注液孔的下边缘		
28	驻退机液体质量应无变质，如变质应更换		

续表

序号	检查内容及技术要求	检查结果	备注
29	复进簧不应裂缝或折断		
30	开闩动作：应能顺利打开炮闩，并被发射卡锁卡住，转盘由“Ⅱ”到“I”时，活动齿轮和制退卡锁应复位		
31	压弹动作：能顺利地压弹到输弹线上		
32	击发动作：击发时，炮闩携带教练弹应能正确地输弹入膛、闭锁、击发		
33	抽筒和退壳动作：打开炮闩，能抽出药筒；拉握把向左至固定槽，快速放开握把药筒被挤出，第二发炮弹进入输弹线		
34	退弹动作：关闭下活瓣开关，开关应能定位，退弹应顺利		
35	人工后坐联动检查：应自动完成开闩、抽筒、拨弹、退壳、发射、输弹和闭锁、击发动作，复进应平稳		
36	高低机手轮起动力不应大于 10 kgf、上下转动力之差不应大于 5 kgf		
37	方向机手轮起动力大速不应大 10 kgf，小速不应大于 5 kgf		
38	手动-电动转换：握把能可靠进行转换并能被挡铁固定		
39	炮车不应漏液，行军状态时液面不低于中间刻线		
40	行军战斗变换器：起炮转把摇动次数不超过 200 次，用力不大于 400 N		
41	车轮不允许有轴向串动，转动应灵活		
42	扭力缓冲器：凸轮杠杆与上平衡梁支撑面间隙应为 14～23 mm；调整杠杆末端距上平衡梁支撑凸起部间隙 10～30 mm		
43	刹车确实可靠，气路不应漏气		
44	火炮水平规正误差不应大于 0.00～00.5，此时四个水准器气泡应居中		
45	随动装置绝缘电阻：正常气候下，下述两电路之间绝缘电阻均不小于 1.0 MΩ，相对湿度为 92%～96%时，下述两电路之间的绝缘电阻不小于 0.5 MΩ 1. 信号电路与本体 2. 两相动力电路与本体 3. 传动电机电路与本体 4. 两相动力电路与传感器线路 5. 两相动力电路与信号控制电路		
46	初次通电应在电源接通后，检查火炮控制器零件有无异常，预热 5 min 后方可启动电机		
47	射角电动限制在上限制点 85°、下限制点在 2°～50°应可靠接通并控制。装定协调点位置超出此范围时，传动电机均不应转动		
48	方位在 0°～360°或 360°～0°应不受限制，电路应可靠接通		
49	电传动过程应平稳无跳动，无异常响声，允许有轻微、均匀的齿轮啮合声音		
50	射角在 50°时，控制终端装定 85°，下达跟踪命令后，起落部分应以大速转动，距协调点 5°时，应以小速转动到协调点并停止。误差不大于 1°		
51	射角在 87°时，控制终端装定 50°，下达跟踪命令后，起落部分应以大速转动，距协调点 5°时，应以小速转动到协调点并停止误差不大于 1°		
52	方位角 0°时，控制终端装定任意角度，下达跟踪命令后，回转部分均应大速转动且不受限制；但距协调点 5°时，应以小速转动到协调点并停止，误差不大于 1°		

续表

序号	检查内容及技术要求	检查结果	备注
53	击发装置的检查： 1. 线路应完好，绝缘应可靠 2. 接通击发电路，硅整流器开关未打开时，不能启动电磁铁 3. 接通击发电路，打开击发电路板盒盖上的击发准备开关时，指示灯应点亮；硅整流器开关未打开时，也不能启动电磁铁；当硅整流器纽子开关打开时，按下发射按钮，应启动电磁铁 4. 当发射按钮按下并立即松开后，按钮应迅速回位		

检测结论：

单位：签(章)　　　　检测人：

鉴定日期：　年　月　日

表 6.3　高炮通用检查工具、仪表一览表

序号	名称	单位	规格型号	用途
1	钢直尺	把	150 mm	一般用途
2	钢卷尺	把	2 m	一般用途
3	游标卡尺	把	150 mm	一般用途
4	塞尺	把	0.02～1.00 mm	测量间隙
5	拉力计	个	100 N	测量拉力
6	拉力计	个	500 N	测量拉力
7	象限仪	个	/	规正高炮射角零位
8	铅锤(线)	个	0.24 kg	归正高炮方位角零位
9	万用表	个	MF-47C	测量电阻、电压、电流
10	兆欧表	个	500 V/0～500 MΩ	测量元件、线路之间及对地的绝缘电阻
11	接地电阻测试仪	个	0～10 Ω,0～100 Ω	测量接地线及接地桩的接地电阻

一、全炮外观和固定情况检查

1. 完整性检查：各机构有无破损、少件；附品工具是否齐全等。

2. 外露金属表面锈蚀情况检查：主要检查炮身；炮车的杠起螺杆外筒等部位。

3. 固定情况检查：各机构固定的锁紧装置是否确实可靠(双 37 mm 高炮有驻钉、弹簧垫、保险垫片、卡簧、双螺母、开口销、穿铁丝等多种锁紧方式)；快转方向机查看固定确实性；打开车轮护盖，查看轴上开口销是否扳开；附品工具固定等。

二、主要机构的检查

火炮检查前应呈作业状态。按由上至下，由前至后顺序进行检查。

1. 检查炮身：膛内应干净、无严重挂铜，涂油应均匀；身管与防火帽和炮尾的连接确实。

2. 检查炮闩和发射装置:开、关闩动作和发射动作确实可靠。

3. 检查后坐标尺:标尺运动不能过松或过紧,一手推动灵活为宜。

4. 检查瞄准机:高低机、方向机动作应灵活、平稳,速度变换确实可靠。

5. 检查驻退机:不应漏液,液体量符合要求。

6. 检查炮车:行进作业转换确实可靠,车轮运转正常,刹车确实可靠。

7. 检查电气控制部分:电发射能正常工作;随动装置各部件是否工作可靠。

8. 检查火炮各机构润滑保养情况:主要检查是否按规定向注油嘴注多功能润滑脂。

第二节 高炮作业前中后的检查

一、作业前的准备和检查

1. 火炮成射击作业状态,按放列要领,完成放列任务。

2. 查看火炮外部是否完好;查看各部分螺钉、螺母及各部件的连接处有无松动现象,如松动应及时固定确实;查看工具、备附件是否齐全、完好。

3. 检查自动机

(1)炮身

身管固定情况的检查;防火帽固定情况的检查;身管是否膨胀检查等。

(2)炮闩

击发卡锁动作的检查;击针突出量的检查;抽筒子工作情况的检查等。

(3)复进机

复进簧复进弹力的检查

(4)驻退机

驻退机液量的检查;活塞杆固定情况的检查。

(5)后坐标尺

后坐标尺游标的检查;后坐标尺零位的检查。

4. 检查炮弹

(1)炮弹出库,要填好清单;检查炮弹出厂日期、生产厂家、型号、有无损坏情况。

(2)炮弹应擦拭干净,并应完好无损。

(3)将炮弹压入弹夹:检查弹夹灵活度,防止压好的炮弹往托弹盘运送时掉弹。

(4)在就定位基础上,组织炮手对高炮进行兵器检查。

(5)将炮弹压入装填机。检查有无骑马弹现象;握把是否送回握把扣内;保险是否位于“保险”位置。

二、作业中的注意事项

1. 注意后坐长度是否正常,后坐距离应在150～179 mm之间,后坐超过179 mm时应停射击,小于150 mm但能完成动作,可继续射击。

2. 一般情况下应遵守发射速度规定。身管过热时应更换身管。

3. 射击中出现故障,应先关保险、退弹、打高射角,再检查排除故障。

4. 在退出不发火的炮弹时,如果弹丸留在膛内,禁止操作,立即上报。

三、作业结束后

(一)整理剩余炮弹

1. 将未发射炮弹擦拭干净,放入塑料桶中密封,装回原弹药箱中保存。

2. 清理弹壳,炮长检查弹壳和剩余炮弹数是否与炮弹数量相符。

3. 将炮弹入库,填写入库单。

(二)验炮

验炮方法:先进行空击发:拉握把,再送回输弹器体及炮闩。

操作要领:炮长下达“验炮”口令,炮手协同验炮。

(三)高炮射击后的擦拭与保养

(四)上报作业情况

1. 本次作业用弹量。

2. 哑弹数和损坏弹数。

3. 本次作业效果。

4. 高炮作业状况。

第三节　炮弹的技术检查

检查人员根据弹药质量分级、配套、使用处理等相关规定,借助于工具、量具、仪器,按照操作规程对弹药及其包装进行的非破坏性(可恢复性)检查,以判定其质量状况。

一、炮弹质量分级

根据 GJB 6115—2007《通用弹药技术检查要求》,结合人工影响天气实际工作,人工增雨防雹炮弹的质量分为新品、堪用品和废品三个等级。

(一)新品

产品出厂时检验合格、未经增雨防雹作业携运行、未经修理、未超过规定储存年限 1/3 的,质量完好,配套齐全,能用于作业的炮弹。

(二)堪用品

经增雨防雹作业携运行的,或储存年限超过新品规定的,或增雨防雹作业队上交的,或经过修理的,质量完好,配套齐全,能用于作业的炮弹。

(三)废品

储存期超过规定年限的、有质量问题停止使用的、作业中损坏的炮弹或影响储存安全的炮弹。

二、技术检查的时机

炮弹的技术检查，一般选择在干燥季节进行。省(市、区)人工影响天气办公室每年选择在安全大检查期间进行，地(市)、县(市)人工影响天气办公室一般每年选择在进、撤点期间进行，炮班应选择在领(收)、上缴炮弹及炮班对炮弹开箱开封时进行。

三、技术检查前的准备工作

(一)成立技术检查组

炮弹的技术检查工作，在各级人工影响天气办公室主任的领导下进行。为了方便工作，一般由人工影响天气办公室领导、炮弹管理员、技术员、炮长组成专门的技术检查组，并负责组织实施。在检查组内要分工明确，责任到人。

(二)制定技术检查计划

技术检查计划，应根据上级指示精神，上年度技术检查结果以及平时使用、收发和管理中了解的有关情况来拟定。

计划内容应包括检查炮弹的种类、批次、数量、抽查比例、检查重点，人员的组织分工，检查前人员的培训，物资保证、车辆、经费、完成日期等。

(三)人员培训

为了保证检查质量，预防事故发生，在开展技术检查前应做好有关人员的培训工作。培训内容包括：炮弹的构造、性能、标志识别；炮弹的分级规则；炮弹的禁、限用等有关规定；检查中的安全注意事项；炮弹质量检查的操作规程；本次检查的任务、分工、要求等。

(四)检查场地

应在炮弹库外规定的场所进行。如无专用的场所，可选择距库房 40 m 外的空旷、平整，土质坚硬的适当场所进行。

(五)常用的工具、量具、材料

工具：起子、钢丝钳、引信扳手、底火扳手、放大镜等。

量具：厚薄规、直尺等。

材料：炮油、擦布等。

四、技术检查的内容及方法

(一)仓库管理情况的技术检查

仓库管理内容较为广泛，在技术检查时需抓住重点。

1. 库区(炮点)的道路、排水沟、绿化、消防、避雷设施及防盗、报警系统等是否符合要求。

2. 库房有无损坏，是否符合防潮防热的要求，库内的工具设备是否配套齐全，有无丢失。

3. 炮弹堆码是否稳固、整齐，堆垛形状、大小、高度是否适宜，弹种、批次(箱号、弹号)是否分清，库内不同弹药是否符合共同储存原则。

4. 对危险品、报废品以及零箱弹药的管理是否符合要求。

5. 库房的温湿度是否符合要求，是否按规定进行观测登记；防潮防热措施是否切实可靠。

6. 其他安全管理情况。

(二)炮弹数量的检查

对炮弹总账、库房账、堆卡与库内实物进行核对,查看账物是否相符。同时,检查总账、库房账、堆卡的填写是否符合规范要求。

(三)炮弹质量的检查

1. 确定检查批

依据储存条件和规定的周期确定本年度应进行技术检查炮弹的装配(生产)年份,同弹种、同质量等级、同一装配(生产)批组成一个检查批。

2. 抽样方法

从检查批中(最少从三个箱中)随机抽取样本。

3. 样本弹的选取

为了使抽查的炮弹能更好地代表本批炮弹的质量情况,应从堆垛的上、中、下不同位置挑选并在炮弹箱上注明堆积位置,然后按批次检查。

4. 炮弹质量检查的内容、顺序和方法

37 mm 高炮增雨防雹弹的质量检查:

37 mm 人工增雨防雹弹包装分为外包装和内包装两部分,外包装为木制包装箱。

(1)包装箱与包装正确性检查:包装箱是否完好,有无虫蛀、发霉、腐朽、变形、脱漆;锁扣、别针、合页是否齐全、牢固;标志是否正确、清晰、完整;铅封是否完好;炮弹在箱内的位置是否正确;箱内卡片及附件是否齐全;箱内炮弹的种类、发数、标志是否与包装箱标志一致;炮弹在箱内有无窜动、晃动。

(2)内包装密封性检查:内包装为塑料筒,检查箱内弹药数量是否与外包装说明一致,箱内装箱资料是否与装箱清单一致,塑料包装筒是否破损、漏气现象。

内包装检查内容主要包括出现上述问题时,如通过下步检查能够确定产品状态可进行下一步操作,如不能确定产品状态则按相关技术管理文件要求处理或入库封存待厂家处理。

(3)炮弹外观检查

① 引信的检查:标志是否正确、清晰、完整;金属有无锈蚀、损伤;盖帽有无晃动、脱落、裂缝。

② 弹丸的检查:涂漆是否良好,金属有无锈蚀;弹带、定心部有无碰伤;弹带结合处有无裂缝。

③ 药筒的检查:标志是否正确、清晰、完整;药筒有无锈蚀、裂纹、裂缝、变形等;与弹丸的结合是否到位牢固。

④ 底火的检查:底火有无锈蚀、损伤,有无击发痕迹,密封是否良好。

⑤ 全弹装配检查:各部件装配尺寸是否正确,安装是否到位,结合是否牢固,有无松动、歪斜、影响合膛等缺陷。底火与药筒是否装配正确,有无凸出药筒底平面,凹入量是否符合规定(凹入量不超过 0.5 mm),引信是否旋紧,弹丸与药筒结合是否牢固等。

57 mm 高炮增雨防雹弹的质量检查:

57 mm 高炮增雨防雹弹包装分为外包装和内包装两部分,外包装为木制包装箱,内包装为铝塑包装袋。

外包装检查:内容主要包括检查包装箱铅封是否完好,包装箱是否存在水浸、破裂、变形问题，包装标志是否完整清晰，确定引信类型及生产年限是否满足使用要求。

内包装检查：内容主要包括检查箱内弹药数量是否与外包装说明一致，箱内装箱资料是否与装箱清单一致，内包装袋是否破损、漏气。出现上述问题时，如通过下一步检查能够确定产品状态则可进行下一步操作，如不能确定产品状态则按相关技术管理文件要求处理或入库封存待厂家处理。

弹药检查：主要内容为，拆开弹药内外包装后，检查弹药表面是否干净无污物，弹药标志是否与内外包装一致，引信、弹体、药筒是否有明显的磕碰痕迹，表面漆层是否完好，是否有明显的锈蚀痕迹，引信与弹体连接是否存在松动、底火装配位置是否正确。

复习与思考

1. 炮弹按质量分为哪几级？
2. 简述炮弹技术检查的时机、内容及方法。
3. 高炮作业射击结束后要做哪些工作？
4. 炮弹外观检查有哪些内容？
5. 37 mm 人工增雨防雹弹质量检查的内容有哪些？

第七章　高炮增雨防雹作业技术

内容提要

本章以高炮增雨防雹作业操作为重点，围绕基层作业点工作需要，从人工增雨防雹高炮的主要技术性能、高炮人工增雨防雹的科学依据和基础条件、高炮增雨防雹作业流程和程序规定三个方面讲述了高炮增雨防雹作业的条件；从防雹作业时机选择、雷达直接指挥高炮防雹作业的技术方法和宏观识别雹云和指挥防雹作业的技术方法三个方面讲解了高炮防雹技术；从人工增雨作业天气条件、人工增雨目标云的识别、高炮人工增雨作业的技术方法讲解了高炮增雨技术。

第一节　高炮增雨防雹作业的条件

人工增雨防雹是以云和降水物理机制为基础的科学技术减灾手段。人工增雨防雹作业涉及多学科、多部门，具有时间性强，专业性、安全性突出，技术要求高等特点。高炮作业对象以积云为主，不确定因素多，在短时间内必须完成多个技术环节，只有周密、细致、严格地组织，才能保证作业顺利进行。

一、人工增雨防雹高炮的主要技术性能

（一）最大射高和最大有效射程

使用人工增雨防雹弹时，受炮弹型号、引信自炸时间、海拔高度、风速等影响，最大射高和最大有效射程有一定的差别。以 18 型炮弹在 0 m 海拔高度、0 m/s 风速情况下，引信自炸时间 16 s，发射仰角 85°，实际最大射高（即炸点高度）为 5423 m；发射仰角 45°，引信自炸时间 16 s，实际最大有效射程（水平距离））为 4346 m。

（二）引信自炸时间、高炮发射仰角和炸点高度、有效作业距离的相互关系

炮弹引信自炸时间通常分 7～9 s、9～12 s、13～17 s 等型号。高炮对空射击的发射仰角通常为 45°～81°。按给出的 2 种常用型号 18 型和 JD-17 型炮弹弹道轨迹计算，0 m 海拔高度、0 m/s 风速情况下，延时引信自炸时间（s）、高炮发射仰角（°）、炸点高度（m）和水平距离即有效作业距离（m）的关系如表 7.1 和 7.2 所示。

表 7.1　18 型人工增雨防雹弹引信自炸时间、射角及所达垂直高度和水平距离关系表

引信自炸时间/s	炸点高度/水平距离/m								
	高炮发射仰角								
	85°	80°	75°	70°	65°	60°	55°	50°	45°
14	5086/508	5013/1010	4891/1502	4724/1979	4512/2435	4259/2868	3967/3272	3640/3644	3281/3981
15	5261/532	5183/1059	5055/1575	4879/2074	4656/2552	4389/3005	4081/3427	3738/3815	3361/4166

续表

引信自炸时间/s	炸点高度/水平距离/m								
	高炮发射仰角								
	85°	80°	75°	70°	65°	60°	55°	50°	45°
16	5423/557	5341/1108	5207/1647	5021/2168	4787/2667	4507/3139	4184/3578	3824/3982	3429/4346
17	5573/581	5487/1155	5346/1717	5152/2261	4906/2780	4613/3271	4275/3727	3898/4146	3486/4523
18	5711/605	5622/1202	5474/1787	5270/2352	5014/2892	4707/3400	4355/3873	3962/4306	3533/4696
19	5838/628	5744/1249	5590/1856	5378/2442	5110/3001	4791/3528	4424/4017	4015/4464	3568/4865
20	5953/651	5856/1295	5695/1923	5474/2531	5195/3109	4863/3654	4482/4158	4057/4619	3593/5032
21	6058/674	5957/1340	5790/1991	5560/2618	5270/3216	4925/3778	4529/4298	4088/4771	3609/5195

表 7.2 JD-17 型人工增雨防雹弹引信自炸时间、射角及所达垂直高度和水平距离关系表

引信自炸时间/s	炸点高度/水平距离/m							
	高炮发射仰角							
	85°	80°	70°	65°	60°	55°	50°	45°
9	4029/379	3976/754	3767/1479	3613/1823	3429/2151	3216/2458	2976/2744	2712/3005
10	4286/407	4229/810	4003/1590	3837/1960	3636/2311	3407/2641	3149/2946	2864/3225
11	4528/435	4466/866	4223/1699	4045/2093	3831/2467	3584/2818	3307/3143	3002/3439
12	4755/463	4689/920	4429/1805	4239/2233	4010/2619	3747/2991	3451/3335	3126/3647
13	4968/489	4898/974	4622/1909	4419/2350	4176/2769	3896/3161	3582/3522	3238/3851
14	5167/516	5093/1026	4800/2011	4586/2475	4329/2915	4033/3326	3701/3705	3338/4049

由上表可见，引信自炸时间越长、发射仰角越大，炸点高度越高；引信自炸时间相同，发射仰角越大（或发射仰角相同，引信自炸时间越短），炸点的水平距离越小，即高炮影响的有效作业距离越近。

（三）人工增雨防雹炮弹碘化银微粒制备方法和成核率

1. 碘化银微粒制备方法

将 1 g 粉末状碘化银与 TNT 炸药充填于人工增雨防雹弹弹头内，用引信点燃爆炸。炮弹在云中爆炸时，能产生 3000 ℃的高温和 8000 m/s 的冲击波。粉末状碘化银在高温、高压作用下迅速汽化，接着在常温、常压下又迅速凝华成细小的碘化银微粒——即人工冰核。

2. 成核率

单位质量(g)的成冰物质，在某一负温下能够产生的可活化的冰核数称作成核率。通过爆炸法制备的碘化银微粒成核率较低。据测定结果列于表 7.3。

表 7.3 增雨防雹炮弹爆炸后碘化银在不同温度下的成核率

温度/℃	−10	−12	−14	−16	−18	−20
成冰核数/(个/g)	2.5×10^{9}	5.2×10^{9}	8×10^{10}	1×10^{12}	3.5×10^{13}	1.9×10^{15}

由表可见，碘化银的成核率随环境温度的降低而呈指数增加。如，1 g 碘化银通过爆炸方法在−10 ℃环境温度中成核率为 2.5×10^{9} 个，而在−20 ℃环境温度中成核率为 1.9×10^{15} 个，增加了 6 个量级。就是说，在同一环境下，炮弹引炸高度越高，碘化银的成核率越高。

（四）人工增雨防雹高炮适用的环境条件

人工增雨防雹高炮通过引晶和爆炸作用影响云层，达到人工增雨防雹的目的。它的适用

环境（或地域）和当地的海拔高度、环境温度有关。

碘化银的成冰阈温为－4 ℃，即在环境温度低于－4 ℃的云层内，碘化银微粒才能活化为人工冰核。另外，人工增雨防雹高炮的炸点高度受引信自炸时间的限制。因此，人工增雨防雹高炮适用于 0 ℃层高度（距地）3500 m 以下的广大地域。比如我国海拔较高的山区（高原），或海拔较低的春秋季节。

（五）高炮在人工增雨防雹中使用的主要优缺点

人工增雨防雹高炮和国内目前使用的其他作业工具比较，具有发射速度快、弹道方向准、安全系数高、易于操作等优点。但也存在发射高度低、爆炸威力小、成核率低等缺点。

二、高炮人工增雨防雹的科学依据和基础条件

（一）高炮人工增雨防雹的科学依据

1. 高炮人工防雹作业的物理依据

（1）过量催化

为了改变云和降水及冰雹的微物理结构，改变冰雹生长形成的物理过程，通过过量催化，大量增加云中人工冰雹胚胎，争食水分，降低成雹条件，抑制冰雹的增长或化为雨滴。

（2）爆炸影响

部分专家认为：通过爆炸，破坏对流云形成冰雹的自然气流结构，特别是强上升气流区的垂直结构，促使大量小冰雹（雹胚）在增大之前提前下落，融化为雨滴或小冰粒落到地面。

2. 高炮人工增雨作业的物理依据

人工增雨的主要目的是通过提高云的降水效率，增加降水量。其物理依据为：

（1）静力催化

冷云增雨一般是由冰晶通过凝华（即贝吉隆水-冰转化）过程及随后的凇附或碰并过程形成的。静力催化就是在冷云中引入适量的人工冰晶，加强上述过程，使云产生更多的增雨。

（2）动力催化

在云的过冷却部位引入大量人工冰晶（浓度达 $10^2 \sim 10^4$ 个/L），使云中过冷水迅速转化为冰晶，并加强凝华过程，释放大量冻结潜热和凝结潜热，增加云体温度和浮力，促使云体在垂直和水平方向发展，延长云的生命期，从而增加降雨。

（二）高炮人工增雨防雹的基础条件

1. 高炮布局原则

（1）经济发展的需求，在果园、棉花、茶叶、葡萄、烟草、大豆、芝麻等经济作物及重点产粮区，对防御雹灾、旱灾有迫切需求，可望收到明显的经济效益；

（2）当地气象部门有一定的技术力量，高炮作业能在雷达等探测手段的直接指挥下进行；

（3）能够逐步做到联网作业，特别是防雹作业，更需要联网，才能收到更好的效果；

（4）高炮布局必须在摸清当地雹灾、旱灾历史规律、天气、气候、地形特征、冰雹多发路径等情况的基础上设计；

（5）开展作业地区的政府、群众和社会经济环境能提供各种保障条件。

2. 炮位设立

（1）炮位的设置地点和发射方向，必须严格遵守《民用航空法》《飞行基本规则》的有关规

定，并经省级人工影响天气管理机构审核后报当地空域管制部门审查批准；

(2)在作业影响区上风方 4 km 内，在迎风坡而不在背风坡设置；

(3)在冰雹云或人工增雨目标云经过频数最多的路径上设置；

(4)周围视野开阔，射击点远离居民区 500 m 以上，并要求绘制出高炮最大射程弹着点范围内城镇、村落、工矿企业等人口较集中地点坐标示意图；

(5)交通、通信方便；

(6)炮位地名、地标、经纬度、统一编号、通信代码应上报空域管制部门及上级人工影响天气管理机构

(7)炮站建设应包括炮库、弹药库、值班室、高炮射击炮台、通信工具、避雷装置、简易气象观测场等。有条件的，应加设围墙，建成独立场院，确保炮站安全。

3. 基本探测设备

开展人工增雨防雹工作，应配备以下基本的探测和观测设备：

(1)天气雷达；

(2)常规地面观测和探空设备；

(3)地面实况观测站、点和常规观测仪器。

有条件的地区还可选择以下探测手段：防雹区可选择测雹板、闪电定位仪；人工增雨区可选择雾滴谱仪(图 7.1)、雨滴谱仪(图 7.2)、自记雨量计、微波辐射计(图 7.3)、毫米波雷达(图 7.4)等。

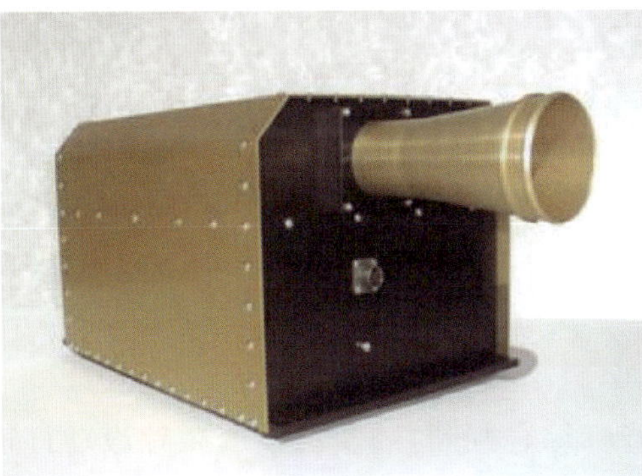

图 7.1 雾滴谱仪

图 7.2 雨滴谱仪

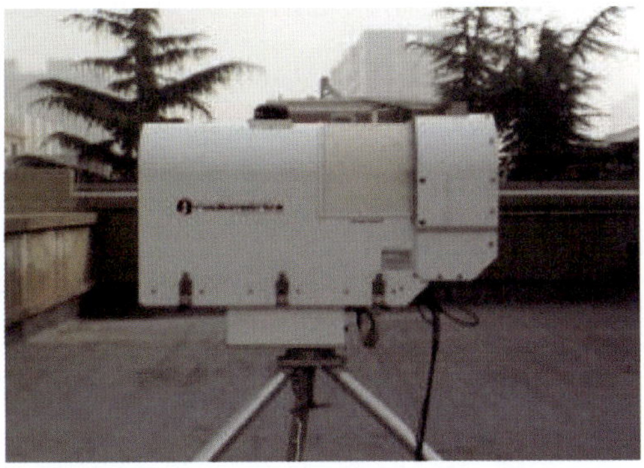

图 7.3 微波辐射计

图 7.4 毫米波雷达

4. 作业人员

作业人员的从业基本要求为：年龄应不小于18周岁、不大于60周岁；应有初中及以上文化；身体健康；无违法犯罪记录。

作业人员的名单应由所在地的气象主管机构抄送当地公安机关备案。

作业人员应办理人身意外伤害保险。

5. 技术培训

人工影响天气作业单位应当按照国务院气象主管机构制定的人工影响天气作业人员培训标准对从事作业的人员进行岗前培训。人工影响天气作业人员应当掌握相关作业规范和操作规程后，方可实施人工影响天气作业。

作业人员应每年参加人工影响天气作业培训，并有培训记录。

各级人工影响天气管理机构应定期对作业指挥员和高炮操作员进行技术和安全培训。

6. 安全措施

(1)作业高炮必须经过省级主管部门年检审查。经审查合格后，方可作业使用；

(2)高炮作业必须严格执行空域申请的有关规定；

(3)射击方向和角度必须避开居民区；

(4)必须严格按照高炮操作规程和人工增雨防雹弹使用规定操作。

三、高炮增雨防雹作业流程和程序规定

(一)高炮人工增雨防雹作业流程

1. 预警、预报

提前6.0 h、3.0 h、0.5 h做出预警，预报，特别是冰雹天气，必须提前预报，防止漏报；

2. 雷达监测

根据当天预报在作业前6 h，雷达应当进入半小时观测一次的状态。雷达回波强度达到警戒值时，应对云进行连续观测，直至天气过程结束；

3. 对冰雹云的监测、识别与预警

要充分运用雷达、预报及本地历史样本等多种指标综合判断，随实况演变跟踪滚动订正，争取早期识别，早期作业；

4. 按照不同时段及时下达指令

防雹作业必须按作业业务流程运作，应在冰雹云到达高炮控制区之前至少10 min发出，尽可能提前。作业指令应包括作业时间、方位、仰角、用弹量等。

(二)高炮人工增雨防雹作业程序规定

1. 实施高炮人工增雨防雹作业前，必须按照空域申请程序，向当地空域管制部门履行申报手续，并登记备案；

2. 高炮操作人员必须在空域管制部门批准的空域、方向和时间内作业。未经申请、批准，不准擅自作业；

3. 每次作业结束后，应及时做好以下工作：

(1)必须按照规定对高炮进行维护保养；

(2)认真填写作业记录表，将作业的起止时间、射击方位和仰角、用弹型号和用弹量、天气

实况等情况登记备案(见表 7.4);作业记录应包括天气预报预警信息、指挥信息、空域申请时间、空域批复时间、空域批复人姓名和批复单位、作业起止时间、弹药信息、天气实况信息、作业效果、灾情信息、作业人员信息、装备信息等。

表 7.4 作业点高炮增雨防雹作业记录表

20 年 月 日

<table>
<tr><td>经度</td><td colspan="2">° ′ ″</td><td>纬度</td><td>° ′ ″</td><td>海拔高度</td><td>米</td></tr>
<tr><td rowspan="5">预警
信息</td><td colspan="3">信息内容</td><td colspan="2">接收时间</td><td>提示信息发布</td></tr>
<tr><td colspan="3"></td><td colspan="2">时 分</td><td>是 撤除</td></tr>
<tr><td colspan="3"></td><td colspan="2">时 分</td><td>是 撤除</td></tr>
<tr><td colspan="3"></td><td colspan="2">时 分</td><td>是 撤除</td></tr>
<tr><td colspan="3"></td><td colspan="2">时 分</td><td>是 撤除</td></tr>
<tr><td rowspan="2">高炮
检测</td><td>方位核定□</td><td>炮车稳固□</td><td>防火帽□</td><td>身管□</td><td>闩室□</td><td>闩体□</td></tr>
<tr><td>抽筒子□</td><td>后坐标尺□</td><td>装填机□</td><td>保险□</td><td>高低机□</td><td>方向机□</td></tr>
<tr><td>炮弹检测</td><td colspan="2">型号</td><td colspan="2">生产批号</td><td>引信自炸时间</td><td>数量</td></tr>
<tr><td rowspan="3">合格</td><td colspan="2"></td><td colspan="2"></td><td>秒</td><td>发</td></tr>
<tr><td colspan="2"></td><td colspan="2"></td><td>秒</td><td>发</td></tr>
<tr><td colspan="2"></td><td colspan="2"></td><td>秒</td><td>发</td></tr>
<tr><td rowspan="2">不合格</td><td colspan="2"></td><td colspan="2"></td><td>秒</td><td>发</td></tr>
<tr><td colspan="2"></td><td colspan="2"></td><td>秒</td><td>发</td></tr>
<tr><td>通信检测</td><td colspan="2">电源正常□</td><td>网络正常□</td><td colspan="2">设备正常□</td><td>通信正常□</td></tr>
<tr><td>空域申请时间</td><td colspan="2">批复情况</td><td>批复时间</td><td colspan="2">安全射击时段</td><td>批复人</td></tr>
<tr><td>时 分</td><td colspan="2">同意 不同意 等待</td><td>时 分</td><td colspan="2">时 分----- 时 分</td><td></td></tr>
<tr><td>时 分</td><td colspan="2">同意 不同意 等待</td><td>时 分</td><td colspan="2">时 分----- 时 分</td><td></td></tr>
<tr><td>时 分</td><td colspan="2">同意 不同意 等待</td><td>时 分</td><td colspan="2">时 分----- 时 分</td><td></td></tr>
<tr><td>时 分</td><td colspan="2">同意 不同意 等待</td><td>时 分</td><td colspan="2">时 分----- 时 分</td><td></td></tr>
<tr><td>降雨开始时间</td><td>降雨终止时间</td><td>降雹开始时间</td><td colspan="2">降雹终止时间</td><td>冰雹直径测量时间</td><td>最大冰雹直径</td></tr>
<tr><td>时 分</td><td>时 分</td><td>时 分</td><td colspan="2">时 分</td><td>时 分</td><td>毫米</td></tr>
<tr><td colspan="7">作业信息</td></tr>
<tr><td>射击开始时间</td><td colspan="3">时 分</td><td>射击终止时间</td><td colspan="2">时 分</td></tr>
<tr><td>作业方式</td><td colspan="2">单点□</td><td>球面□</td><td>垂直□</td><td>水平□</td><td>同心圆□</td></tr>
<tr><td>仰角范围</td><td colspan="2">°— °</td><td>方位范围</td><td>°/ °</td><td>耗弹量</td><td>发</td></tr>
<tr><td colspan="7">备注

</td></tr>
</table>

作业人:炮长 ________ 炮手 ________ 、________ 。　　　　共____页 第____页

(3)收集有关技术数据和资料,并及时报送上级有关部门。

4. 作业季节结束后,应按照上级管理部门的规定,及时报送工作总结和有关统计报表。

高炮防雹作业点记录规范:规范作业点信息记录要求,为效果评估、事故调查等提供“留痕”依据,促进信息格式标准化(表 7.5)。

表 7.5 高炮防雹作业点记录规范

要素	指标要求
作业点信息	名称、编号、经纬度、海拔高度
预警信息	时间、内容，周边提示
宏观天气现象	降雨和降雹起止时间，最大冰雹直径与测量时间
装备检测	方位核定、完好度，通信、电源
空域时间	空域申请、批复时间，射击起、止时间
作业参数	时间、方式、方位、仰角、用弹量
备注	非常态状况描述
作业人员	姓名、岗位，本人签名

第二节 防雹作业技术

一、概述

目前我国人工防雹作业中广泛使用高炮。高炮炮弹在空中惯性高速飞行到云内爆炸，产生飞行及爆炸动力扰动并播撒冰核。

(一)使用高炮进行人工防雹作业的指挥模式

各地使用高炮进行防雹作业的指挥模式，大致可归纳为以下三种：

1. 由雷达站防雹作业指挥人员根据雷达观测等相关资料，直接识别冰雹云和下达高炮作业指令，然后由高炮操作人员按指令操作；

2. 由雷达站提供回波参数、分析意见和作业建议，然后由高炮操作人员结合宏观经验，识别冰雹云和指挥防雹作业；

3. 没有天气雷达等技术装备，完全由高炮操作人员，凭宏观经验识别冰雹云和指挥防雹作业。

以上三种作业指挥模式中，采用第 2、第 3 种模式指挥作业时，存在很大盲目性；采用第 1 种作业指挥模式比较科学，但要求雷达性能良好，作业指挥人员素质较高。

(二)防雹作业时机选择

识别冰雹云，一般初始回波形成后的前 5 min 内强回波强度迅速增大。冰雹云的先兆特征一旦出现(必须在冰雹尚未形成时)，立即实施作业。一旦形成冰雹降到地面，作业就失去作用。因此，早期识别，早期作业，是关系作业成败的关键因素。图 7.5 为云发展阶段，防雹作业时机与防雹区设计。

根据防雹作业原理，对冰雹云的防雹作业总体思路：

在冰雹生成的初级阶段，应尽可能进行防雹作业，通过 AgI 催化作用提前产生降水，或争食云中含水量，使冰雹长不大，降落过程中融化或成为软雹。这也是提前降水释放能量原理。当由于种种原因，冰雹云进入防区后已产生了大冰雹，应尽可能用高炮作业，通过爆炸防雹原理泄雹。主要要控制好降雹落区，使冰雹尽可能下在某一狭小区域，用小的区域损失去换取大

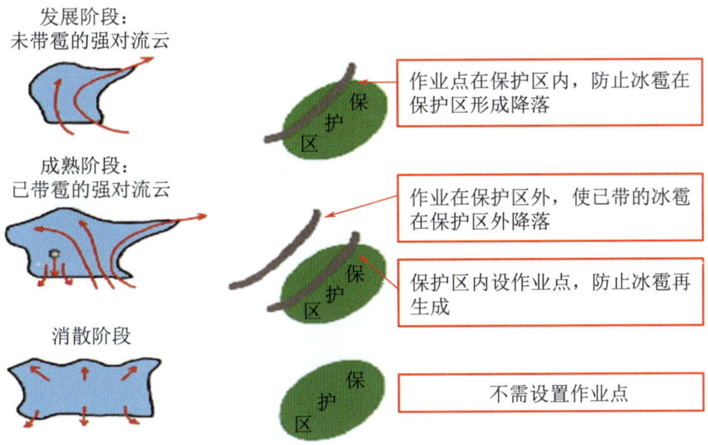

图 7.5 防雹作业时机与防雹区设计

面积作物的安全无灾。

(三)基层高炮防雹举措要点

1. 强对流云是可以被打散的。作用时间在 10 min 内，一轮 20 发，3 轮定能把云打散；

2. 小雹或骤降阵雨是云体被抑制或消散的反映；

3. 作业要打云腰、打云头、打闪电中心；

4. 炮击雹云后会下软雹、碎雹。软雹是尚未冻实的冰雹，碎雹是非球形或非锥形的小雹；

5. 可实现防雹又增雨。可扬可抑的作业流程；

6. 一个作业点的防雹保护区的半径为 3～6 km；

7. 考虑到强对流云体的移速约为 50 km/h，越过 6～12 km 的时间也就是 10 min，再考虑到防雹起效后云体中的冰雹尺度应小于可融化尺度 1 cm，扣除它们从 6 km 下落到地面的时间，定性判断，作业起效的时间是很短的。

(四) 联合防雹——新疆生产建设兵团人工防雹作业技术路线

新疆生产建设兵团人工防雹作业技术路线：炮点前移、提前作业、早期催化、实施联防。

所谓炮点前移是指为了防止雹云在作业保护区以外发展，进而移入作业保护区而延误作业时机，一般采用在作业保护区上游增设作业点，使火力覆盖区外延 5～10 km。这样，在雹云移入作业保护区之前，就可对其实施预备性作业。

所谓提前作业是指在炮点前移的基础上，在雹云移入防区之前就提前实施作业。

所谓早期催化是指在冰雹云中空初生，或强中心向上发展至 0 ℃层以上时(特别是－6 ℃层以上)，强度达到 30 dBz 以上即开始作业，进行早期催化，使云体提前降水，消耗云水而形成不了冰雹。

所谓实施联防是指，为了上下游火力衔接，以上游为主，不断早期催化作业至冰雹云消亡，从而有组织科学开展防雹，提高整个区域的防雹效果。

二、雷达直接指挥高炮防雹作业的技术方法

(一)雷达直接指挥高炮防雹作业的基本条件

1. 在防雹保护区及上游 10 km 范围内，防雹火力实现全覆盖，即冰雹云进入防雹保护区

任意位置，总有高炮作业点可以对其实施作业；

2. 防雹作业保护区应在雷达识别冰雹云和指挥防雹作业的有效探测距离内。X 波段雷达不应大于 120 km，C 波段雷达不应大于 150 km；

3. 雷达站防雹作业指挥人员和各高炮操作人员应有直接对话的通信设备，以便及时向各炮点下达雷达观测信息和作业指令；

4. 高炮阵地必须经过严格的正北方位标定，并每隔 30°给出醒目的方位刻度标记；

5. 雷达应配有高炮作业点至目标云距离和方位的自动转换软件。

（二）炸点高度、发射仰角和有效作业距离的确定

1. 炸点高度

炸点高度——即播云高度，应根据催化剂的成冰性能和增长的环境温度来确定。

根据云室测定表明：碘化银的成冰阈温为－4 ℃，即碘化银催化剂必须播撒在温度－4 ℃层以上高度的云层中，才能活化，并起到人工冰核的作用。

另外，探测表明，冰雹云中，温度－10～－4 ℃层高度，过冷水含量丰富，最有利于自然雹胚和人工雹胚的形成（图 7.6）。按照新的防雹概念模式认为，引晶和爆炸影响都应在雹胚形成区或“穴道”所在区域进行作业。

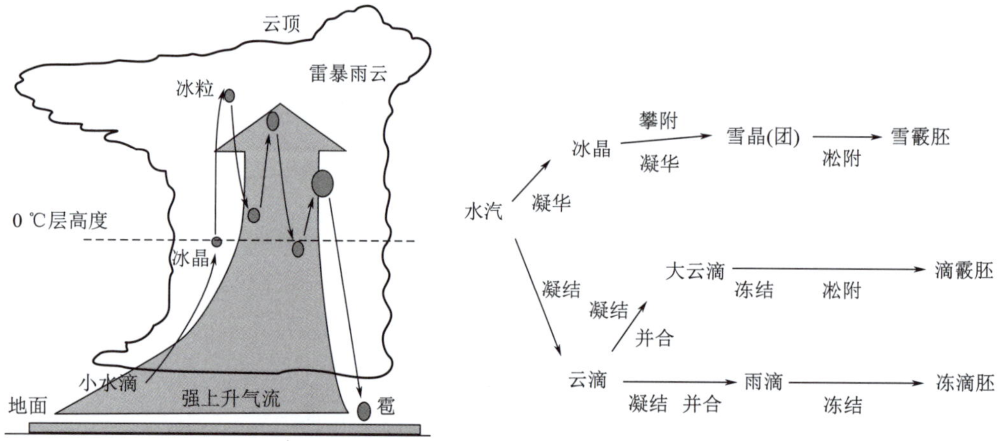

图 7.6 冰雹和雹胚的形成过程示意图

因此，高炮防雹炸点高度应选择在温度－6 ℃层以上高度，播撒层厚度一般为 1 km，个别也可为 2 km。

温度－6 ℃层的高度 $H_{(-6℃)}$（单位：m），一般可用邻近地区探空资料获得。如果没有探空资料，也可用早晨 08 时地面百叶箱温度 $t_{(地)}$，按下列公式近似计算得出：

$$H_{(-6℃)}=(t_{(地)}+6)\times100/0.6$$

2. 发射仰角和有效作业距离的确定

炸点高度和高炮发射仰角、人工增雨防雹弹延时引信自炸时间、弹道轨迹有关。已知当天温度－6 ℃层高度 $H_{(-6℃)}$——即炸点高度，并根据已选定的人工增雨防雹弹延时引信型号，由第七章第一节表 7.1 或 7.2 即可查得当天高炮发射仰角和有效作业距离，并由雷达站通过电台向各作业点发布。

（三）作业部位的确定

当对流云体各项雷达参数达到冰雹云识别指标，并且进入防雹作业区时，雷达站应使用播

撤层高度相当的等高平面显示图像(CAPPI),根据冰雹云类型、发展阶段确定最佳作业部位--即人工增雨防雹弹爆炸部位。

爆炸点部位确定以后,用鼠标点击该部位,防雹应用软件立即自动显示各相关作业点相对爆炸点部位的方位角和水平距离。雷达站通过电台及时向各作业点发布。各作业点根据云体移向和距离远近及时做好作业准备。

(四)高炮发射时间和发射方位角的确定

当爆炸点部位显示的水平距离接近某作业点的有效作业距离时,雷达站立即向该作业点下达高炮发射开始时间和发射方位角,以及高炮发射数量的指令。

作业点接到作业指令后,应在 2~3 min 内按指令要求,完成高炮发射任务。

如果作业后雹云继续存在降雹危险,则雷达站将通知下一个高炮发射点,按新的作业指令继续作业。

(五)其他注意事项

1. 由于云体在不断向前移动,原作业点按原作业指令再作业,炮弹炸点已不能进入预定作业部位,只能由下一个作业点按新的作业指令作业,才能进入预定作业部位。因此,一个高炮作业点,对一块雹云单体只有一次作业机会。

2. 如果一个作业点同时装备有高炮和发射架,由于有效作业距离比高炮远,因此,作业点应在雷达指挥下,先进行作业,然后接着进行高炮作业。

3. 高炮连续发射时,在同仰角下可以进行扇形发射,但扇角不宜大于 30°。

三、宏观识别雹云和指挥防雹作业的技术方法

(一)适用范围

没有天气雷达指挥的防雹地区;或虽有天气雷达,但冰雹天气来临时雷达机器故障、突然停电或通信不畅时,高炮操作人员可以凭宏观经验,直接识别冰雹云和指挥防雹作业。

(二)冰雹云的宏观识别方法

究竟什么样的云会下雹子,怎样识别它?除了借助于科学仪器观测外,有经验的农民在生产实践中也积累了丰富的观天方法。

首先,从云的形态看,雹云云体一般高耸庞大,云底低而云顶高,可达 8~10 km 以上,翻腾厉害,比发展旺盛的雷雨云移动速度还快,有的像倒立的笤帚,有的像连绵的山峰,云底的滚轴状和乳房状很明显(图 7.7)。农谚说,“云顶长头发,定有雹子下”“天有骆驼云,雹子要临门”。

图 7.7 冰雹云

其次，看云的颜色。冰雹云的底部颜色比一般的雷雨云还乌黑，像锅底色，还经常带土黄色或暗红色，也有的带紫绿色。这是因为冰雹云比一般雷雨云发展更旺盛，水汽含量更多。阳光透过水汽和尘埃较多的云层时，短波长的青、蓝、紫光线大部分被吸收，而长波的红、橙、黄等光线照到云边上，就显得乌黑里边带黄色或杏黄色了，农谚说，“黑云黄捎子，必定下雹子”“人黄有病，天黄有雹”“黄云翻，冰雹天”就是这个道理。雹云的中间部分是灰色，云顶是白色。

第三，看云的动态。如两块浓积云合并，发展异常迅速，群众叫作“云打架”或“云接亲”；有时四面的云向一处集中，一般是向经常产生冰雹的源地的上空集中，这是因为气流的辐合作用和地形地貌的影响，由于对流进一步加强，云体发展得更旺盛而出现的。群众说，“云打架，雹要下”“乱搅云，雹成群”。有时中午山腰起白雾，山后有黑云成团翻滚而来，白雾和黑云结合，云翻腾得更厉害，直冲天空，云底乌黑，渐变暗色，云边呈土黄色，出现滚轴状和乳房状，翻滚异常，来势凶猛，这也是一种冰雹云；有时大块黑云或黄云下边有小块的灰白色的碎云块跑得很快。所以群众说，“午后黑云滚成团，恶风暴雨一齐来”“白云黑云对着跑，这场雹子小不了”，还有“黑云尾，黄云头，雹子打死羊和牛”“天黄闷热乌云翻，天河水吼防冰蛋”等谚语也都生动地从云的形态方面描述了冰雹来临的前兆。冰雹云的特征是，当时空气对流很强，云块发展很快，云头和云底上下翻滚，搅动剧烈，好似浓烟一股一股地朝上冒，气势凶猛。

还可以看风的变化。冰雹云到来之前，风速时大时小，风向不定，常吹旋涡风。风的来向就是冰雹的来向，在大风中伴有稀疏的大雨点。一般下雹子前常刮东南风或东风，雹云一到突然变成西北风或西风，并且降雹前的风速一般大于下雷雨前的风速，有的可达 8～9 级，随后连雨加雹一起降下来。所以农谚说，“恶云伴狂风，冰雹来得猛”“恶云见风长，冰雹随风落”“有雹无风，降雹稀松”，这都说明了冰雹形成和风是有一定关系的。

根据我国宏观识别冰雹云的群众经验，归纳起来主要有听雷声、看闪电、辨云色、测雨滴、识云态、观云并等六种方法。

1. 听雷声：一般雷雨云的雷声清脆、洪亮，俗称“炸雷”或“响雷”。而冰雹云的雷声沉闷并延续不断，俗称“拉磨雷”，群众中有“不怕炸雷响破天，就怕闷雷慢慢磨”和“响雷没有事，闷雷下雹蛋”等民谚。

冰雹云移近时有时还可以听到一种类似远处的飞机或山间的流水发出的吼声，群众称它为“天河吼”，并有“天黄闷热乌云翻，天河水吼防冰雹”的民谚。一般雷雨云听不到这种吼声。这种吼声不同于雷声。它是由于云中冰雹粒子在翻腾时与空气相对运动和相互摩擦所产生的一种声音。这种吼声在山区由于地形共振作用显得更为清晰。

2. 看闪电：一般雷雨云闪电方式多数是云对地垂直放电，称为“竖电”。而冰雹云闪电方式多为“横闪”，即云体内部带不同电荷的两云团之间的横向放电。这是因为冰雹云内上下气流速度大，云中的雨滴和冰雹粒子翻滚剧烈，正负电荷分离快，因而容易在云中击穿放电。另外，冰雹云闪电比雷雨云频繁，有时连续不断，甚至连成一片。

3. 辨云色：一般雷雨云云底颜色发灰或发乌。而冰雹云云底有时则成粉红色或土黄色。这种颜色是由于冰雹云前部强烈的上升气流将大量的地面尘土卷入云内后，太阳光通过云层时受到这些尘土粒子的吸收和散射而呈现出粉红色或土黄颜色。所以群众中有“黑云黄边子，必定下雹子”“黑云尾，黄云头，雹子打死羊和牛”“黄云翻，雹子来”等民谚。

4. 测雨滴：冰雹云快到头顶时，常常在降雹之前先降一阵大而凉的雨滴，并且滴数一般稀少。这是由于少量小冰雹在降落过程中融化而形成的。在一般雷雨云中是少见的。民谚说，

“天上洒铜钱，后面有雹蛋”，这里的“铜钱”就是指大雨滴打在地面上留下的斑痕，它大如铜钱。

5. 识云态：冰雹云的外观形态特征虽然有些和雷雨云相似，但是仔细观测，也有很多不同之处。比如说，冰雹云垂直向上发展速度快；云体各部位扰动强烈；云体前部滚轴状云堤翻滚剧烈；云底附近的小块积状云和上部的主体云相对而行，并且移动迅速。这些特征都是区别冰雹云和雷雨云的重要依据。

6. 观云并：几块积云并合在一起，称为“云并”。云并现象一般都是在特定的气流场中形成。云并的出现常常有利于对流加强，促进云体发展，容易形成冰雹。群众说的“云打架，雹子下”“云接亲，雹子登”“云搭桥，冰雹掉”，一般都是指两块或三块积状云并合发展成雹。如果四面八方的积状云都向一处聚集(即云会聚)，则会形成更强烈的冰雹云。如果一块冰雹云已移过本地，由于受前面地形和气流影响，又返回本地，并和另一块云合并，则本地又会继续降雹。这就是群众常说的“云回头，不留情”。

冰雹云的宏观识别方法是各地群众长期实践总结出来的经验，有一定的科学道理。但群众经验有很强的地方特色，因此，各地在运用这些经验方法时，要结合本地区的具体情况灵活运用，并因地制宜地认真总结，以进一步完善冰雹云的宏观识别方法，提高识别能力。

(三)宏观指挥高炮防雹作业的技术方法

1. 冰雹云结构的宏观识别

云腰是“零线”中水平相对速度为零的“零线”入云处。云头是“零线”下方的入流区。闪电中心是“零线”中雹胚长大成冰雹的云中“雹窝”(图 7.8、图 7.9、图 7.10)。

图 7.8　冰雹云云腰、云头、闪电中心

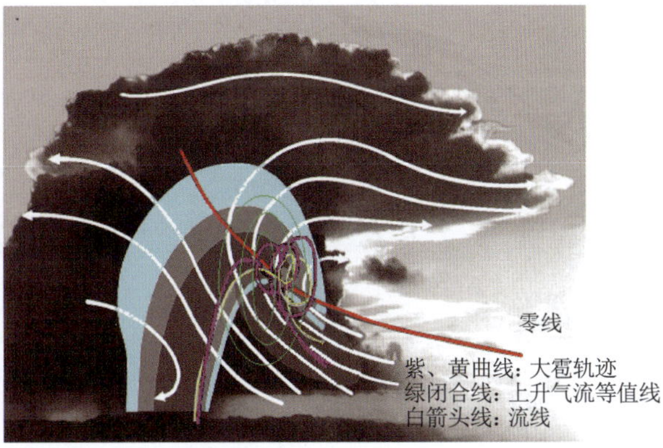

图 7.9　“零线”的位置及零域结构

(引自：许焕斌《中国的防雹实践和理论提炼》)

在雹云中经常可见到类似于上图的“零线”结构，它具有兜雹-成雹的功能。这与早先由理论研究提出的“穴道”结构及其效应是一样的。鉴于观测事实最可靠，而且“零线”结构图像直观含义明确，所谓“穴道”结构仅是“零线”结构的一个比喻性俗称而已，应当正名为“零线”结构，而它具有的成雹功能可称为“零线”效应。

2. 高炮作业部位和射击要领

根据冰雹的形成理论和高炮的防雹原理，宏观指挥高炮作业部位应侧重于云头(主云体前部新生单体)、云腰、云心等部位。

高炮作业部位确定以后，可先试射 1～2 发，看炮弹是否能进入云体的预定作业部位。如

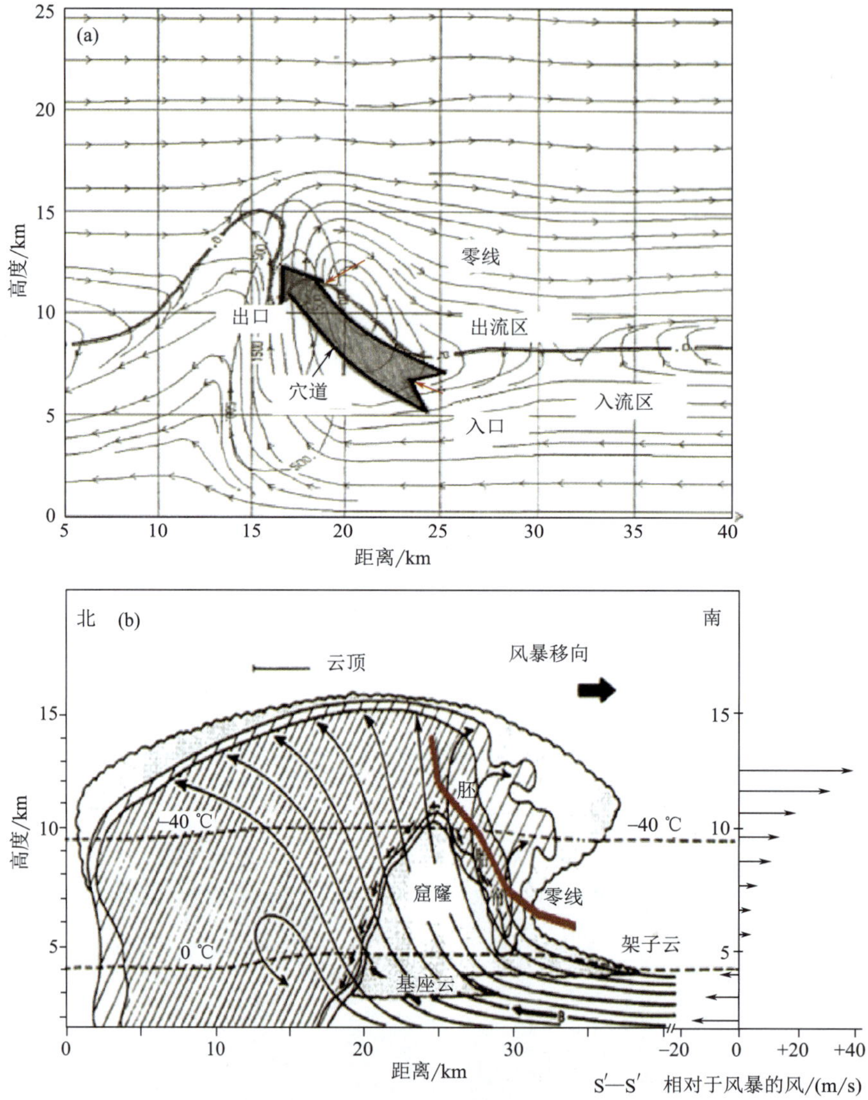

图 7.10　雹云中的“零线”结构

(a)流场特征;(b)剖面结构图

(引自:许焕斌《中国的防雹实践和理论提炼》)

果试射的仰角和方位角合适,则要求在 1～2 min 内迅速完成预定发射任务。射击方式可采用同仰角水平扇扫,扇扫角度一般不宜超过 30°。

炮击作业后会下软雹、碎雹。软雹是尚未冻实的冰雹,碎雹是非球形或非锥形的小雹。打破“零线”结构后,兜托效应变弱,软雹来不及冻硬和中断碎雹的增长,落出了云体。

成雹结构只可打漏不可打垮。打垮成雹结构意味着强对流动力框架被破坏了,云体会崩溃。可以造成不降雹了,但雨也减少了,既防了雹少了雨,还能诱发强下击暴流。这是人们不期望的。但不稳定能量尚存,强对流会再次发生发展,形成新的雹云,再降雹,发生“蛙跳”式里面降雹。

3. 高炮作业用弹量

根据平时作业的实践经验和数值模拟结果,估算出各种类型雹云作业的用弹量(见表 7.6)。

表 7.6 防雹用弹量参考表

雹云种类	初生期用弹量/发	发展期用弹量/发	总用弹量/发
中等雹云	50	100～150	150～200
弱单体	＜50	＜100	100
强单体(延时无效)	100	＞200	＞300
弱复合单体	50	100	150

由于碘化银成核率随环境温度降低而呈指数增加,因此不同季节作业用弹量也不尽相同。一般说来,春、秋季节 0 ℃层高度较低,用弹量可适量少一些。而夏季 0 ℃层高度较高,用弹量可适量多一些。另外,海拔高度较高的地区(如山区),由于炮弹可以进入较低温度层,碘化银成冰效率明显提高,因此,用弹量可相对少一些。总之,各地用弹量应根据环境和季节作适量调整。

4. 对流云增雨防雹的要领

以施加动力扰动为最佳;作业部位:零线(悬挂回波)邻域;作业时机:成雹结构形成或移入时;作业强度:抑强扬弱,打漏而不打垮。

(四)结合雷达信息,宏观识别冰雹云和指挥防雹作业的技术方法

一些地区的防雹作业,虽然有天气雷达配合,但由于雷达性能较差,或雷达站作业指挥人员业务素质较低,无法用雷达直接识别雹云或指挥作业,只能向高炮作业点提供雷达观测数据、分析意见或作业建议,然后由高炮操作人员结合宏观经验,直接识别雹云和指挥高炮防雹作业。这种指挥模式,虽然在一定程度上提高了冰雹云的识别能力,但作业仍然是由高炮操作人员凭宏观经验指挥,盲目性依然存在。

1. 冰雹云识别

高炮作业点根据雷达站提供的回波强度、顶高、强回波中心高度等特征参数和分析意见,结合冰雹云的宏观特征,临场识别冰雹云,宏观识别方法同上。

利用一定强度雷达回波对应高度和顶温识别冰雹云。早期发现和识别冰雹云是人工防雹能否取得良好效果的关键,如陕西旬邑雷达识别冰雹云以及雷雨云的指标判据如表 7.7 所示。

表 7.7 陕西旬邑雷达识别冰雹云以及雷雨云的指标

云型	45 dBz 回波顶高/km	45 dBz 回波顶温/℃
强冰雹云	≥8.0	≤−20.0
弱冰雹云	7.0～8.0	−20.0～−14.0
雷雨云	＞7.0	＞−14.0

用上述指标,结合雹云发展特征(如初始或初期回波一般在 5～6 km 的负温区出现,在雹云发展阶段常发生异常增长等),在旬邑可比较有效地提前 5～10 min 识别出冰雹云。

2. 作业指挥

将防雹催化剂送入雹云中的有效催化部位,并且均匀分布人工晶核,是防雹作业获得成功的关键。雹云中有效催化部位是肉眼无法直接观测得到,需要依据气象雷达提供的作业目标方位,通过远程指挥炮手实施作业,故指挥员能否准确表达防雹作业要求,炮手能否准确理解

指挥员的命令就成了业务管理工作中的核心问题。

防雹作业将过量的碘化银播撒到云中，抑制雹胚长大，以达到防雹的目的。在积雨云的发展阶段，即秃积雨云向鬃积雨云过渡阶段，是作业的最佳时机。

目力观测对流云前部的入流区，也就是对流云前部云体翻滚最厉害的部位，颜色暗红处上升气流最大。夜间闪电不耀眼，且有横闪的地方处为上升气流最大处。也就是防雹作业的关键部位。

在防雹作业中，防雹弹炸点的密度应$\leqslant 2.5\times10^{-5}\ \mathrm{m}^{-2}$，即方向、高低射界内的弹-弹夹角$>2.2°$，在直径为 200 m 的球形体积内重复爆炸间隔时间>2 min。高炮方位控制是以炮盘中心点为轴心，在水平面上作 360°的任意转动；俯仰控制是以炮盘转动轴心上的一点为轴，在垂直面上作$-5°\sim85°$的任意转动；射击距离由弹丸引信自炸时间决定。高炮的机械特征，决定了弹丸发生爆炸的空间点(以下简称弹炸点)的分布特征，即：弹炸点分布在一个近似的球面上，球面的半径为射击距离。

根据专家数值模拟试验，人工防雹用弹量每个雹云单体需要 100～300 g 的碘化银。因此，在空域批复的时间内对于每一个作业炮点尽可能多射击，一般每次 50～70 发炮弹。

3. 作业方式

高炮防雹作业方式分为球面梯度作业方式(炮弹的弹丸引信自炸时间相同)、水平梯度作业方式和垂直梯度作业方式(炮弹的弹丸引信自炸时间不同)、同心圆作业方式(炮弹的弹丸引信自炸时间可以相同，也可以不同)。所以，对大部分只有一种弹丸引信自炸时间的地区来说，高炮防雹作业方式只有两种：球面梯度作业方式和同心圆作业方式。

(1)球面梯度作业方式。发射相同引信自炸时间的炮弹，在同一射击仰角下，射击方位角按相同方向进行调整，相邻射击仰角下，按相反方向调整，使炸点分布在以高炮为中心的球面上(图 7.11)。

(2)水平梯度作业方式。高射击仰角下发射引信自炸时间短的炮弹，低射击仰角下射击方位角按相同方向进行调整，相邻射击仰角下，按相反方向调整，使炸点分布在近似水平的曲面上(图 7.12)。

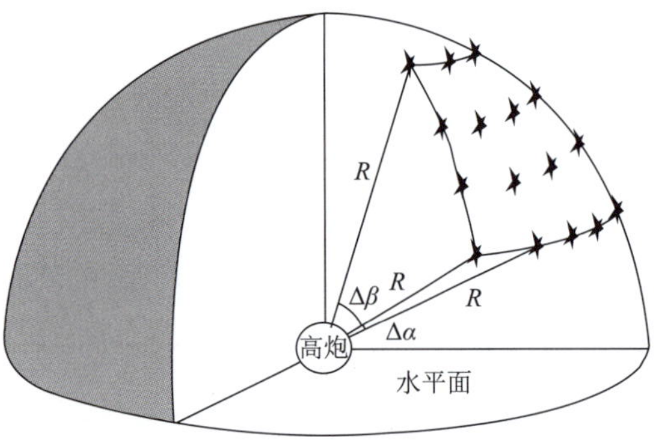

图 7.11 球面梯度作业方式炮弹炸点分布

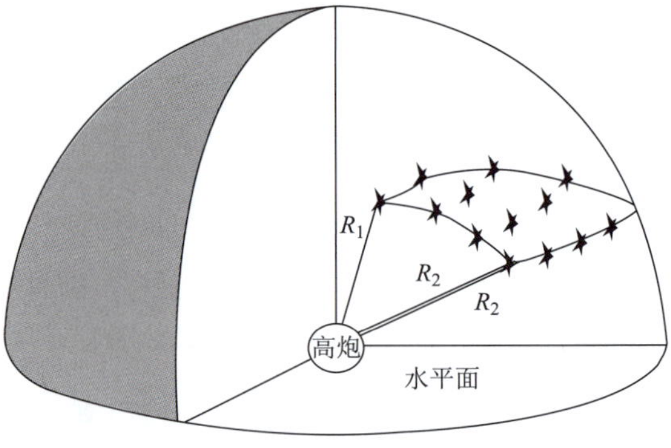

图 7.12 水平梯度作业方式炮弹炸点分布

(3)垂直梯度作业方式。高射击仰角下发射引信自炸时间长的炮弹，低射击仰角下发射引信自炸时间短的炮弹，射击方位角按相同方向进行调整，使炸点分布在近似垂直平的曲面上(图 7.13)。

(4)同心圆作业方式。射击方位角按相同方向进行调整,使炸点分布在以高炮为圆心的同心圆环上(图 7.14)。

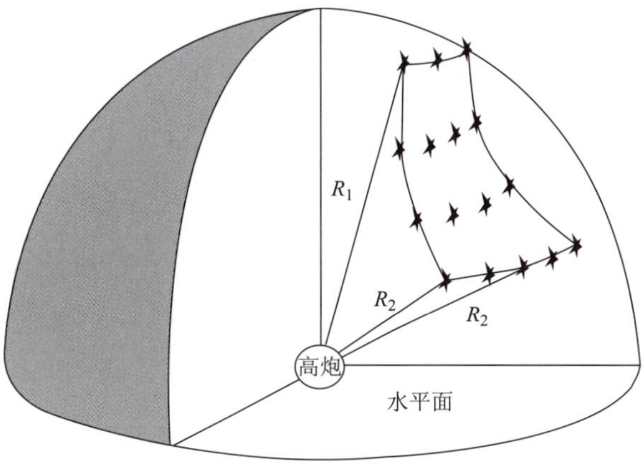

图 7.13 垂直梯度作业方式炮弹炸点分布

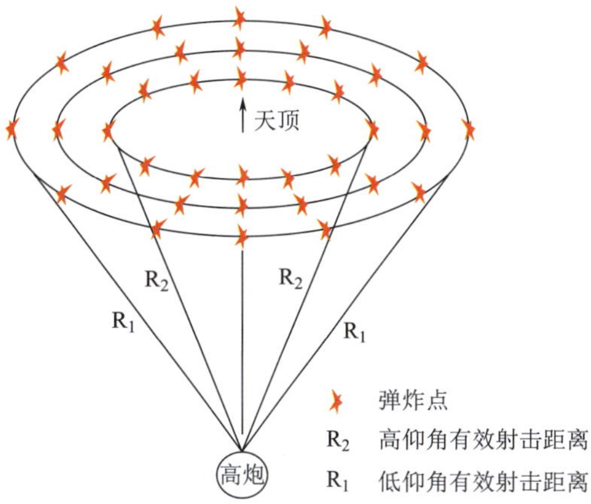

图 7.14 同心圆作业方式炮弹炸点分布

(5)单点作业方式。固定射击方位角与射击仰角,间隔发射炮弹,使炸点分布在近似一个点的区域内(图 7.15)。

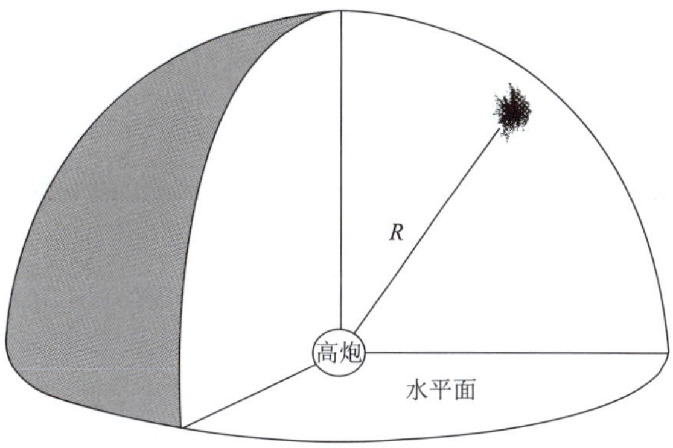

图 7.15 单点作业方式炮弹炸点分布

4. 作业要求

(1)高低机和方向机的转动速度应采用慢速挡。

(2)射击仰角应小于 81°,且大于 45°。

(3)射击仰角的调整范围应在 2.0°～4.5°。

(4)射击方位角的调整范围应在 2.0°～5.5°。

(5)作业时射击仰角应大小依次调整,当连续重复射击时,可从小到大依次调整。

(6)同一射击仰角上炮弹的引信自炸延迟时间应相同。

作为高炮作业人员要提前做好以下工作:

(1)作业指令应包含防雹作业方式所需要的参数,如方位角、射角的范围等。

(2)炮手平时多练习不同作业方式的控制操作,以便能快速、按要求完成防雹作业。

(3)每次防雹作业完成后,应及时总结经验,吸取经验教训,积累作业资料,提高防雹作业的技术能力。

第三节 增雨作业技术

由于人工增雨作业在时间、空间跨度较大,催化剂用量较小,指标较低,背景条件较宽,高炮比较适用,尤其是海拔高度较高的地区或 0 ℃层高度较低的春秋季节更为适用,因此,目前我国人工增雨作业广泛使用高炮。

增雨作业分为冷云增雨作业和暖云增雨作业。因地形地貌、海拔高度、地理位置等不同，形成云的种类不同，高度不同，或形成复合云，即形成云系特点差别很大，因此给作业技术提出了高度要求，合适的作业模式方能达到最佳的作业效果。我国东南部区域富含水汽云多为暖云，而西北部区域以冷云为主，其形成冰晶的机理不同，作业应选择不同的催化剂和播撒方式。我国现以冷云作业技术为主，采用含一定比例的碘化银复合药剂作为催化剂，暖云催化作业技术催化剂药，主要是含盐类复合药剂，其产品近几年也进入市场得以应用。

层状冷云是我国北方春秋旱季主要降水云和人工增雨作业对象，其主要类型见图 7.16、图 7.17 和图 7.18。层状冷云的过冷水含量为 10%，人工催化产生的冰晶主要通过贝吉隆过程，除使上升气流强的云具有自然降水强、降水效率高、冰晶多、无水层厚等特征外，人工催化后仍有一定的绝对增雨量。由此证明人工增雨的水分来源不完全出自冰水转化，而且可来自冰汽转化。

图 7.16　冷锋层状云

图 7.17　层积云

图 7.18　冷锋积雨云

一、人工增雨作业天气条件

1. 云和降水处于发展或持续阶段，云层比较深厚，云中过冷层较厚，云底较低，云下蒸发较弱；

2. 云中有过冷水，在较厚的层次内有较大的冰面过饱和水汽，冰晶浓度较低。

二、人工增雨目标云的识别

(一)人工增雨目标云的雷达识别

当作业区上空出现处于发展阶段的系统性层状云云系、大片对流云云系或混合云云系，其雷达回波参数达到以下指标时，即可识别为可实施人工增雨作业的目标云：

1. 10 dBz 回波顶度处在环境温度－20～－5 ℃区间之内；

2. 0 ℃层以上高度，层状云回波强度大于 20 dBz、对流云回波强度大于 35 dBz；

3. 云底底高或 10 dBz 回波底高小于 2 km，云底以上回波区厚度大于 3 km 的层状云回波；

4. 0 ℃层亮带清晰可见，并处于发展阶段的大片层状云回波。

(二)人工增雨目标云的宏观识别

当作业区上空出现处于发展阶段的系统性层状云云系、大片对流云云系或混合云云系，并出现以下宏观特征时，即可识别为可实施人工增雨作业的目标云：

1. 云底乌黑，扰动强烈，或出现雨幡，云量超过天空 6 成，正处于发展中的大片对流云云系或混合云云系；

2. 云底底高小于 2 km，云色灰暗，云量超过天空 8 成，正处于发展中的大片层状云云系。

三、高炮人工增雨作业的技术方法

(一)炸点高度、发射仰角和有效作业距离的确定

高炮也是通过引晶和爆炸作用，影响云层的微物理过程，达到增雨目的。因此，炸点高度(即引晶播撒高度)、发射仰角和有效作业距离的确定方法与防雹作业大致相同。

(二)增雨作业时机选择

增雨作业的天气背景不同于防雹作业。在各种天气条件及雷达、闪电等物理指标中，增雨作业的条件或指标比防雹的要宽。而且防雹作业之前，可进行增雨作业，提前抑制冰雹云的生成和发展，可争取增雨和防雹双重效果。

以下是部分地区总结的增雨作业指标，仅供参考。

1. 在降水性天气系统背景下，处于发展阶段的积雨云、浓积云，回波顶高处在－20～－5 ℃之间，强度大于 25 dBz；

2. 在抗旱期间，回波顶高在－5 ℃以上，处于发展阶段，出现雨幡或降水时，也可对大范围系统降水性层状云作业；

3. 孤立的积雨云、移速快的浓积云；干雷暴；降水过程过境后，处于减弱衰亡的对流云；一般性层状云等类均不利于增雨作业。

(三)增雨作业开始时间和终止时间

当达到上述雷达识别指标或出现上述宏观特征的目标云移入作业点有效作业距离时，即可按规定仰角实施高炮作业；当作业区上空目标云出现较强增雨、目标云处于明显减弱阶段或作业目标云移出高炮作业区时，可停止作业。

(四)作业播撒速度和发射方式

根据人工增雨目标云的实际情况，每隔 10～30 min，发射一个排发(8～10 发人工增雨防雹弹)；发射方式采用同仰角水平扇扫，层状云的扇扫角度应大于 90°，对流云或混合云可根据云层的实际宽度确定扇扫角度；高炮发射方向应尽量选择云层移来方向。

复习与思考

1. 人工防雹、增雨作业的物理依据是什么？
2. 雷达指挥高炮防雹作业的基本条件是什么？
3. 宏观识别雹云的技术方法有哪些？
4. 高炮防雹作业部位和射击要领有哪些？
5. 高炮防雹作业方式有哪几种？
6. 高炮人工增雨作业天气条件有哪些？

第八章　人工影响天气高炮作业系统物联网技术应用

内容提要

基于物联网技术的构成，逐步建成人工影响天气装备、弹药管理业务系统，对于人工影响天气安全管理工作意义重大。本章从人工影响天气作业装备弹药管理的监控业务环节、人工影响天气装备弹药物联网管理系统、人工影响天气装备弹药物联网管理系统中对炮弹的管理三个方面介绍了人工影响天气装备物联网管理系统。从高炮炮弹标识与信息采集、地面作业信息自动采集、高炮和炮弹物联网技术实现方式、物联网三类不同场合的采集设备等方面介绍了高炮和弹药在物联网技术上的应用。

物联网是新一代信息技术的重要组成部分，也是信息化时代的重要发展阶段。顾名思义，物联网就是物物相连的互联网，即利用条码、射频识别、传感器、全球定位系统、激光扫描器等信息传感设备，按约定的协议，实现人与人、人与物、物与物之间在任何时间、任何地点的连接，从而进行信息交换和通信，以实现智能化识别、定位、跟踪、监控和管理的一种网络系统。以下重点介绍人工影响天气作业弹药、高炮物联网有关应用。

第一节　人工影响天气装备弹药物联网管理系统

人工影响天气装备弹药物联网管理系统利用物联网条码、移动互联技术、计算机网络技术、地理信息系统等技术，建设人工影响天气装备和弹药从生产、验收、转运、仓储到发射的全程监控系统，建设地面作业信息自动采集系统，实现人工影响天气作业装备与弹药的全程、规范、自动化、实时监控与管理，提高人工影响天气作业安全管理的科技水平和业务现代化程度，满足客户对爆燃品信息管理需求。

一、人工影响天气作业装备弹药管理的监控业务环节

（一）生产

生产环节是人工影响天气作业装备弹药整个生命周期中最前端环节。在感知层对装备弹药单个物品的标识识别也是实现对其智能管理和信息化建设的关键基础。各生产厂家根据装备和弹药的生产使用安全规定和制订的统一标识规范，通过添加条形码/二维码标签、电子标签（RFID 射频识别），实现基于条码和电子标签扫描及感应技术的人工影响天气作业弹药标识及信息采集工作。

（二）验收

验收环节是保证进入到业务中的作业装备弹药质量和使用安全的重要一环。由生产厂家

节点和国家级节点(中国气象局上海物资管理处)两部分构成。利用条码和电子标签扫描及感应技术,可以实现对装备弹药的验收、质量跟踪、有效期监控,同时提供自动化监控告警等功能。

(三)仓储

各省(区、市)采购的经过验收合格的作业装备及弹药,由生产厂家负责转运到对应省级的仓储库,再从省级仓储库分发到下辖的市县级仓储库,继而分发到下辖的各作业点临时库。通过扫描感应作业装备及弹药(以整箱为单位)的条码和电子标签,实现对作业装备及弹药出入库的跟踪管理。

(四)转运

根据采购计划,作业装备弹药由厂家向省级运送、省级向市县级调拨、市县级向固定作业点调拨、移动作业车运载至野外发射作业,不同仓储库或位置间作业装备弹药的转移运输,通过条码或电子标签扫描感应、车载定位及有效通信传输手段,来实现对装备弹药转运环节跟踪管理。

(五)发射(作业)

根据需求和增雨防雹固定作业点和移动作业车野外发射作业,作业装备特别是弹药的使用消耗,通过条码或电子标签扫描感应、有效通信传输手段来实现对作业信息的采集监控。

(六)报废与销毁

以上各环节中,凡是经发现不合格的人工影响天气作业装备和弹药,或不符合规定技术标准和要求,应予以报废,并由对应的生产厂家负责拉走销毁。同样通过条码或电子标签扫描感应、有效通信传输手段来实现对该环节的采集监控与管理。

二、人工影响天气装备弹药物联网管理系统中对炮弹的管理

将物联网技术应用在人工影响天气作业安全管理中,主要是结合特性识别技术(二维码、射频、图像)、GPRS(通用分组无线服务)、GPS(全球定位系统)技术以及相关硬件设备和信息管理系统,对安装有识别信息的弹药(装备)从出厂验收、合格品登记管理、用户收货校验、出入库、运输及作业(使用)的整个生命周期的信息采集和数据及时准确上报,实现人工影响天气业务全流程安全监管,并为后期评估提供基础数据。

(一)人工影响天气作业装备弹药全程监控系统

分为国家级人工影响天气作业装备弹药出厂验收及质量管理系统、国家级人工影响天气作业装备弹药信息管理系统(图 8.1)和示范省级人工影响天气作业装备弹药信息管理系统。

(二)人工影响天气地面作业信息实时采集监控系统

人工影响天气地面作业信息实时采集监控系统建设内容包括:在省级引入高炮远程控制自动发射系统,并利用作业站点对高炮作业的声电光自动感应及识别技术、移动互联技术,实现人工影响天气高炮作业数据的自动化采集,并实时汇入省级数据库。基于地理信息系统实现省级人工影响天气地面作业状态的实时监视、作业动态和统计分析的综合展示。

(三)人工影响天气作业装备弹药出厂验收及质量管理系统

人工影响天气作业装备弹药出厂验收及质量管理系统的主要流程如图 8.2 所示。系统由信息采集层、网络传输层、数据处理层、业务显示层组成,完成对不同厂商的人工影响天气高炮

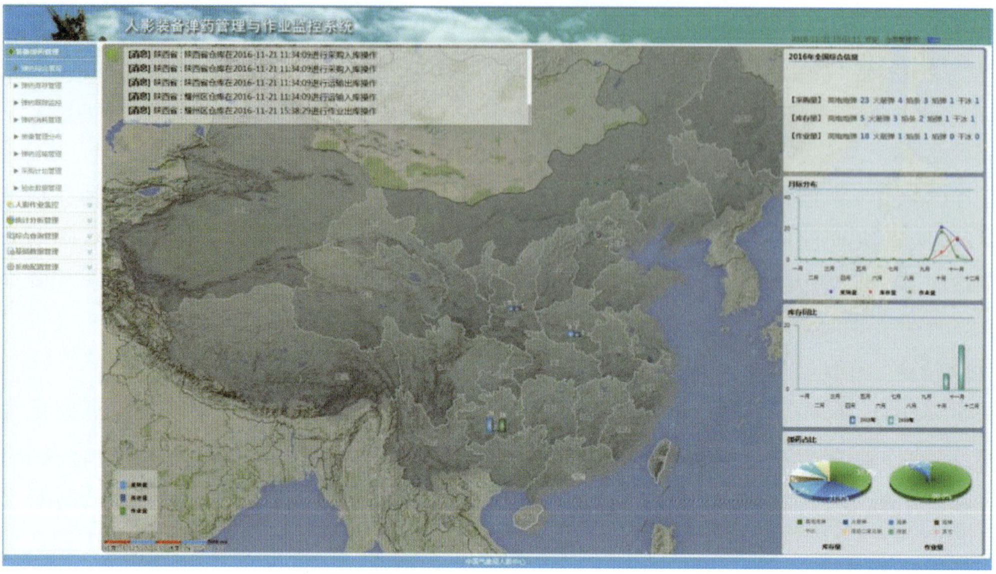

图 8.1　人工影响天气作业装备弹药全程监控系统

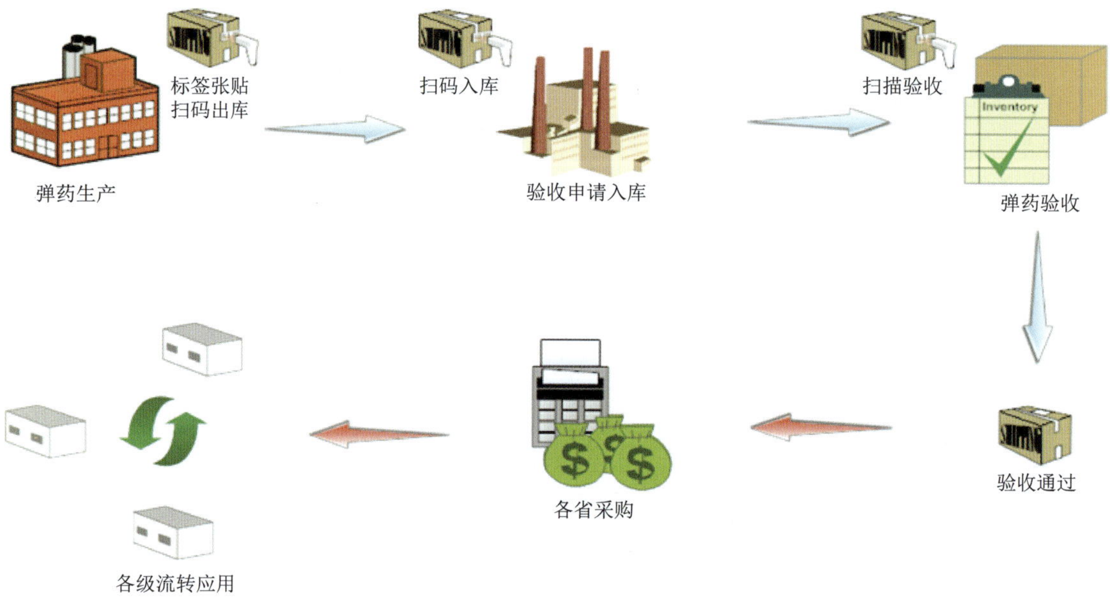

图 8.2　人工影响天气作业装备弹药出厂验收及质量管理系统流程

炮弹及作业装备的质量管理等级的人工影响天气作业弹药全程监视与管控。系统基本功能结构如图 8.3 所示，主要包括：

1. 质量管理

基于生产完毕进入人工影响天气系统流转的装备弹药，质量管理模块为业务人员提供质量管理平台，实现装备弹药验收、有效期检验、质量跟踪等一系列质量管控流程，保证人工影响天气系统流转的装备弹药的质量。

2. 标签制造管理

业务主管单位通过统一的编码规则，在生产管理模块中进行生产装备弹药信息初始化并

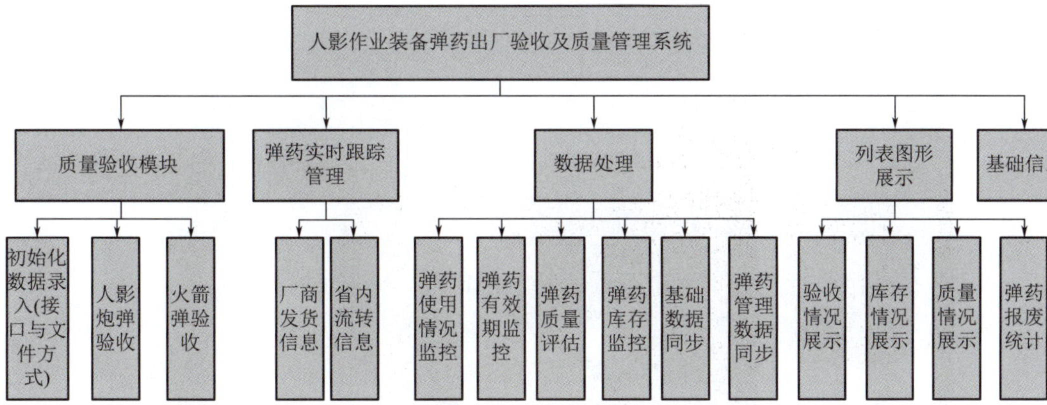

图 8.3　人工影响天气作业装备弹药出厂验收及质量管理系统功能结构图

写入 RFID 芯片，RFID 中存储唯一标识码，其他系统通过唯一标识码进行全流程监控。

3. 数据采集与处理

识别采集条形码/二维码、有源 RFID、无源 RFID 录入数据，并对各类数据进行融合处理，主要包括数据合法性检查、规范化处理和关联性处理等，实现对装备和弹药的跟踪、溯源、定位、监控及自动化管理等功能。

4. 统计分析与显示

通过系统产生的各类数据进行统计分析，以图表的方式展示消耗情况、采购情况、运输情况、质量情况、评价评分情况。

（四）人工影响天气作业弹药信息管理系统

由信息采集层、网络传输层、数据处理层、业务显示层组成。信息采集层实现装备弹药信息的实时采集功能；网络传输层依托气象专网、北斗专线、3 G/4 G 无线网络实现人工影响天气装备弹药信息实时传输以及数据信息自下而上（作业站点-县-市-省-国家人工影响天气中心）业务逐级上报；数据处理层实现人工影响天气装备弹药信息的融合处理、统计分析处理，主要包括数据合法检查、规范化处理、关联性处理以及各类数据统计分析处理等；业务显示层基于统一的地理信息系统（GIS）平台上实现人工影响天气装备弹药信息综合态势展示和业务管理等功能。

（五）人工影响天气作业信息实时采集监控系统

总体架构分为作业信息采集层、网络传输层、数据处理层和业务显示层共四层，其中：作业信息采集层实现地面作业数据的实时采集功能；网络传输层依托气象专网、北斗专线、3 G/4 G 无线网络实现作业数据和人工影响天气作业装备弹药信息实时传输以及数据信息自下而上（作业点-县-市-省-国家人工影响天气中心）业务逐级上报；数据处理层实现地面作业数据的融合处理、统计分析处理；业务显示层基于统一的地理信息系统（GIS）平台上实现人工影响天气地面作业综合态势展示和业务管理等功能。

（六）不同试验示范模式

高炮炮弹信息采用专用条码（图 8.4），高炮作业信息自动化采集采用湖北随州大方精密机电有限公司研制的高炮远程控制系统（图 8.5），选取贵州省对该模式进行示范建设与应用检验。人工影响天气作业自动化信息采集不同试验示范模式详见表 8.1。

1. 弹药标识与信息采集

图 8.4　高炮炮弹信息采集

2. 作业信息自动化采集(装备)

图 8.5　37 高炮远程控制系统作业信息自动化采集

表 8.1　人工影响天气作业自动化信息采集不同试验示范模式

模式类型	模式一	模式二	模式三	模式四
示范点	北京市	陕西省	贵州省	河南省
弹药及标识	火箭弹,有源 RFID	火箭弹,无源 RFID	高炮炮弹,专用条码	火箭弹,专用条码
地面作业信息自动化采集装备和系统	内蒙古北方保安民爆器材有限公司 12 导轨自动发射架	陕西中天火箭技术股份有限公司 火箭弹自动发射系统	随州大方精密机电工程有限公司 高炮远程控制系统	江西新余国科股份有限公司 增雨防雹火箭弹自动发射系统
		同时试验利用基于数字震动与光学采集技术和高炮作业智能采集传感器		同时部署地面作业数据声级采集传输仪进行高炮和作业信息自动化采集试验

第二节　高炮弹药物联网技术应用

一、高炮炮弹标识与信息采集

贵州省人工影响天气办公室基于中国气象局应急减灾与公共服务司印发的《人工影响天气作业装备与弹药标识编码技术规范》，与重庆长安工业有限责任公司、成都润联科技开发有限公司开展合作，经过联合攻关研发了 37 mm 高炮炮弹身份标识技术和产品。研发的炮弹身份识别标识分为：

（一）火药筒识别码

每发炮弹有唯一的识别码，以确保系统顺利运转。在火药筒接近底沿的圆柱部采用激光刻码（DM 码正码的二维码，大小为（11 mm×11 mm）～（12 mm×12 mm）（图 8.6）。

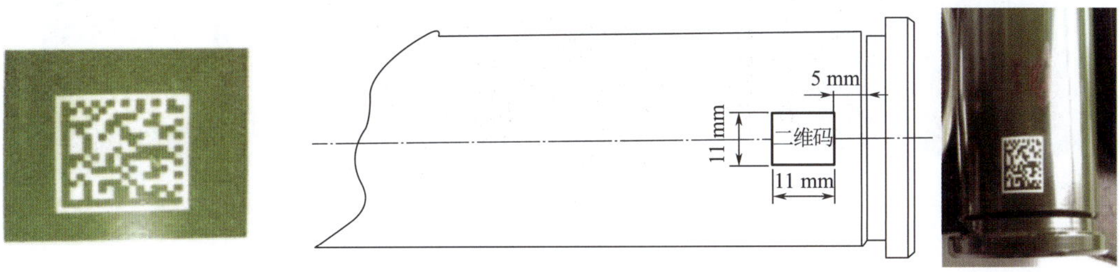

图 8.6　火药筒识别码

（二）包装筒识别码

在装箱前，炮弹装入包装筒并密封，装箱时录入全弹标识码，识别码与所装炮弹标识码内容一致，识别码采用打印条形码（带数字）贴于包装筒上，大小约 50 mm×20 mm 粘贴方向与包装筒长度方向一致，标签防潮、防水、防霉变。外部：印刷二维码，作为每一发弹药的身份识别标识（图 8.7）。

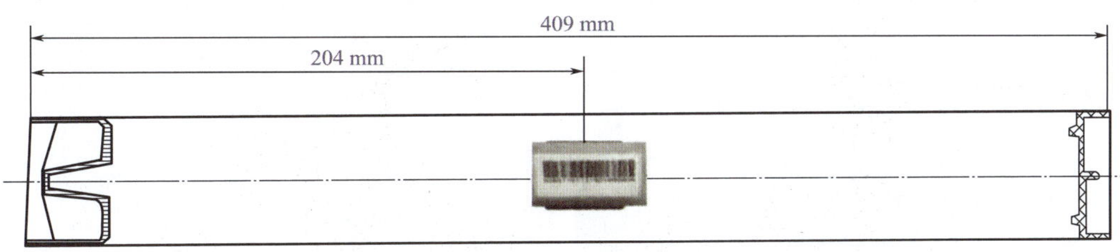

图 8.7　包装筒识别码

（三）包装箱识别码

包装箱识别码为包装箱唯一身份，与箱内每发炮弹识别码相对应，在生产系统中形成并保存于数据库中，可导入人工影响天气物联网系统，采用无源电子标签（RFID）内标识和二维码外标识相结合，其标识和贴放位置如图 8.8 所示。

二维码：QR 码正码，大小为（20 mm×20 mm）～（30 mm×30 mm），位置定在包装箱正面

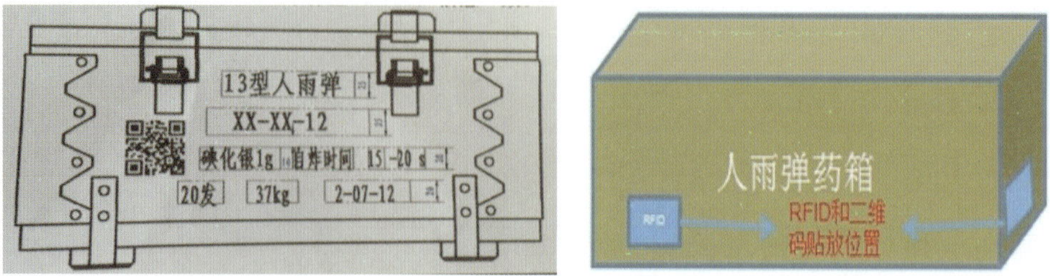

图 8.8　包装箱识别码与贴放位置

（主视图），贴于箱外壁正面，二维码信息与无源电子标签（RFID）信息一致。

高炮炮弹标识与信息采集所需的带身份识别的炮弹、包装箱及手持读数终端如图 8.9 所示。

图 8.9　带身份标识的炮弹、包装箱及手持读取终端

（四）人工影响天气弹药库房管理信息采集

人工影响天气弹药库房管理信息采集系统多使用特制固定门禁扫描系统和手持式扫描机。在省、市、县、作业点四级人工影响天气弹药仓储室（库）配置电子芯片信号接收设备以及二维码（或条形码）数据采集设备，即可以实现对弹药出入库环节信息动态采集与传输（图 8.10）。

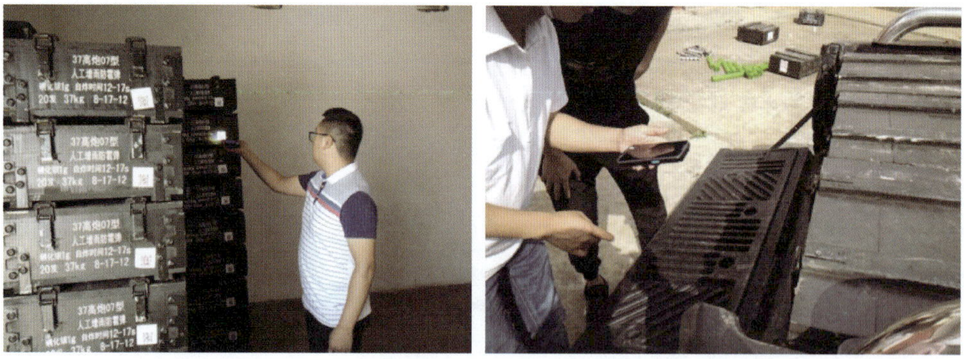

图 8.10　炮弹出库入库扫描

（五）运输信息定位采集

在人工影响天气弹药专用运输车和移动作业车上，安装或携带同时具有 GPS（全球定位系统）功能的便携手持读取终端，按规定流程读取弹药装卸信息，利用无线数传可以实时传送运输车辆 GPS 数据，中心管理系统即能够自动定位运输车辆位置，并对与读取终端相关联的随车弹药进行跟踪监控（图 8.11）。

处理器	Cortex A9 1.2 GHZ双核处理器	
内存容量	ROM：4G RAM：1G	
操作系统	Android 4.22	
无线通讯	GPRS	GPRS：EDGE：4-band 900/1800，850/1900
	WIFI	符合IEEE 802.11b/g/n
显示屏	4.3寸IPS屏：分辨率480×800：高清全视角。阳光下可见	
触摸屏	支持多点电容触摸	
指示灯	网络指示灯，充电指示灯	
音频	支持语音播报	
Micro SD卡	支持32G MICRO SD卡	
数据安全	产品具有防掉电数据安全保护。在完全掉电(卸下电池及不外接电源)的情况下，数据不丢失	
GPS指标	通道：12通道 接收类型：L1。C/A码。带载波相位平滑 重捕获：<1 s 误差范围：≤10 m	
输入法	全屏手写，半屏手写，策划，拼音，数字，字母，符号	
物理接口	高速USB2.0设备端接口	
二维条码	硬件解码，解码速度快，误码率≤0.01%	
RFID	超高频 (915 MHz)	2～3 m以上距离针对EPC C1 GEN2 /ISO18000-6C协议的900 MHz的标签进行读操作(与标签和天线有关)
	高频 (13.56 MHz)	0～7 cm距离内针对ISO15693、ISO14443双协议13.56 MHz的标签进行读写(与标签和天线有关)

图 8.11　炮弹运输信息定位采集

二、地面作业信息自动采集

为实现在发射环节对地面高炮作业数据自动采集与传输，切实提高作业数据采集时效性和准确性，除了在人工影响天气部门推广引进各厂家研发的业务联网高炮发射控制系统外，还可通过直接在作业装备上直接加装某些感应器件或者利用声电光方法感应作业现场环境特征变化来自动识别、传输人工影响天气高炮作业数据。

（一）作业装备直接加装感应器识别

基于数字和机械振动以及光学采集等技术，贵州、陕西、吉林等省人工影响天气部门分别联合成都润联科技开发有限公司、杭州同卓科技有限公司、成都成信雨慧科技有限公司研制了适用人工影响天气作业数据自动收集的智能采集传感器（图 8.12），该类采集器直接加装在高炮装备上，一般通过振动和激光阻断监测（电压阈值测量）结合的方案，实现炮弹发射数量的准确计数，再结合数字罗盘技术或利用特定角度采集设备来实现对作业方位、仰角信息的采集，并采用蓝牙通信技术实现参数采集设备和智能手持终端通信，通过 GPRS/3G 无线通信实现服务器与智能终端双向通信（图 8.13）。

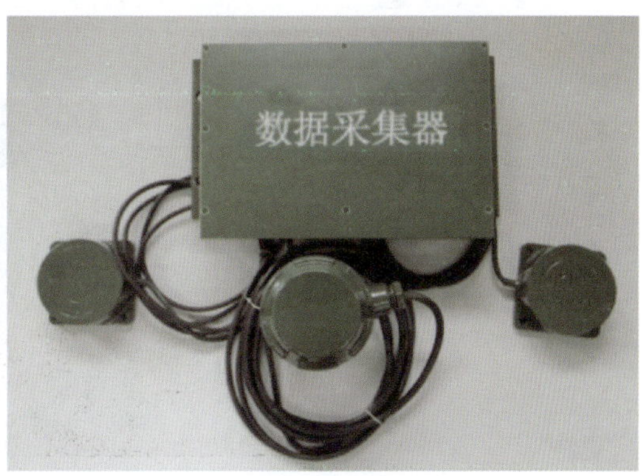

图 8.12　吉林省人工影响天气办公室安装使用高炮作业智能采集器

图 8.13　贵州省人工影响天气办公室研制的高炮作业信息处理机及应用

（二）作业现场环境特征感应识别

为避免在作业装备上改装加装其他感应器件所带来的麻烦，同时兼顾对不同作业装备作业数据采集的通用适用性，中国气象局人工影响天气中心联合新晨科技股份有限公司研发了基于声学探测识别技术的地面作业数据自动采集和传输方法，利用研制的作业数据声级采集传输仪（图 8.14）通过对高炮作业现场的声级自动感应识别，并结合设备内置的 GPS 定位模块来获得作业站点、作业装备类型、作业时间和发射用量等信息，以及利用内置的通信模块同时完成对作业数据的实时传输。

图 8.14　河南许昌市董天龙作业站安装使用的作业数据声级采集传输仪

三、高炮、炮弹物联网技术实现方式

以作业炮站为对象，结合工作实际，高炮、炮弹物联网技术的实现有以下三种方式：

（一）自动化高炮＋手持信息采集终端＋弹药物联网管理系统（图 8.15）

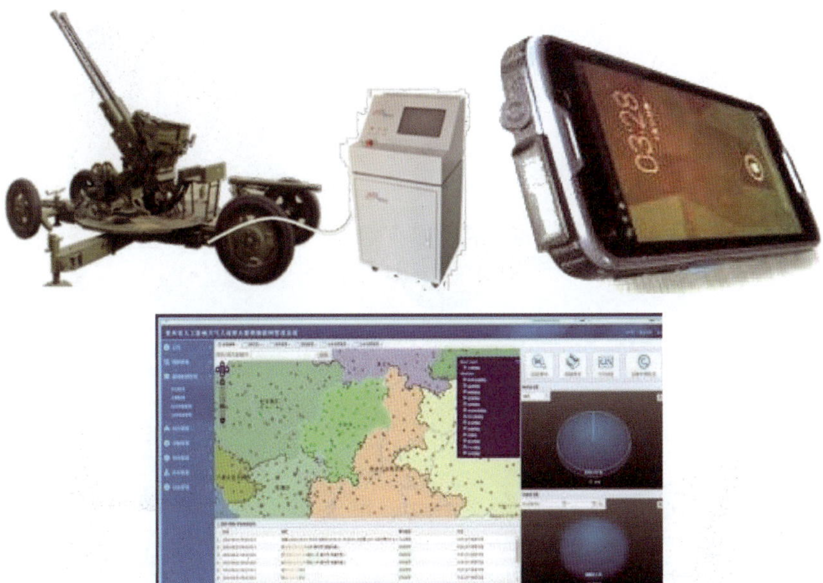

图 8.15　自动化高炮＋手持信息采集终端＋弹药物联网管理系统

主要功能：作业过程人炮分离、自动送弹；作业计数实时采集、自动上报；作业完成手工上报、弹药身份确认（图 8.16）。

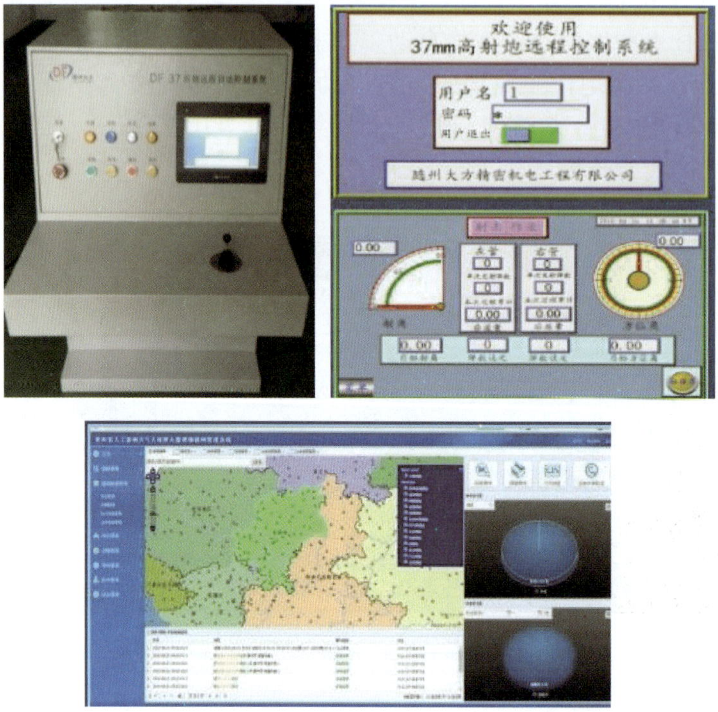

图 8.16　自动化高炮＋信息采集终端＋弹药物联网管理系统

（二）普通高炮＋作业信息自动采集终端＋手持信息采集终端＋弹药物联网管理系统（图 8.17）

图 8.17　普通高炮＋作业信息自动采集终端＋手持信息采集终端＋弹药物联网管理系统

主要功能：作业计数实时采集、自动上报；作业完成手工上报、弹药身份确认（图 8.18）。

图 8.18　普通高炮＋作业信息自动采集终端＋手持信息采集终端＋弹药物联网管理系统功能

（三）普通高炮＋手持信息采集终端＋弹药物联网管理系统（图 8.19）

图 8.19　普通高炮＋手持信息采集终端＋弹药物联网管理系统

主要功能：作业完成手工上报、弹药身份确认（图 8.20）。

图 8.20　作业完成手工上报、弹药身份确认

四、物联网三类不同场合的采集设备

根据各级库房和作业炮站实现炮弹物联网管理的不同需要，完成弹药识别终端设备的试制。物联网信息采集设备：

一是手持信息采集终端(图 8.21)：能自动识别二维码和 RFID，主要应用于作业炮站；手持信息采集终端通过激光、红外的方式对弹药、弹药箱的二维码和 RFID 进行自动识别，扫描后通过 GPRS 方式将扫描数据向中心传送，中心软件对扫描内容进行解析后进行相应处理。

手持信息采集终端可扫描带 RFID 标签的弹。特点：Wi-Fi/4G/3G/2G 网络自适应；无网络断点续传功能；异常出入库处理。

二是超高频扫描平板(图 8.22)：能自动识别 RFID 并进行 GPS 跟踪的超高频扫描平板，主要应用于弹药运输车辆。

超高频扫描平板通过信号感应的方式对弹药、弹药箱的 RFID 进行实时自动扫描识别，对弹药运输车辆进行全程的 GPS 监控。当在运输过程中发现弹药数量与出库时装车的数量不符时，当前车辆的经纬度、实时状态将在中心平台进行展示告警，并可以多种方式进行信息发送。

三是固定扫描终端(图 8.23)：能自动识别 RFID 和出入库动作的，主要应用于省、市、县、炮站四级库房。

在弹药库门口安装固定扫描终端对出入库的装备弹药进行全程进出监控。固定扫描终端通过信号感应的方式对弹药箱的 RFID 进行实时自动扫描识别，通过特殊的计算方式对弹药的出入库进行自动识别。当在出入过程中发现弹药数量与弹药库数量不符时，将在中心平台进行展示告警，并可以多种方式进行信息发送。

图 8.21 手持信息采集终端

图 8.22 超高频扫描平板

图 8.23 固定扫描终端

五、人工影响天气弹药物联网管理系统应用实例

下面以贵州省人工影响天气弹药物联网管理系统为例作简单介绍该系统的应用方法。该系统基于物联网技术对弹药的采购、存储、运输、使用(报废)等环节进行全生命周期管理，以GIS(地理信息系统)为展示平台的监管界面，对弹药的出入库、运输、存储、作业、流转流向等信息进行实时监控管理，解决了装备弹药信息与地面作业信息实时采集、统一监管的问题；地面作业数据自动化采集结合有效传感器、无线通信技术等数据传输方法，解决了地面作业数据自动化采集及地面作业实时监控途径。

(一)系统架构

贵州省人工影响天气作业装备弹药全程监控系统是集硬件、软件、流程和网络部署于一体的总体设计架构。系统构成主要包括：

1. 省、市、县三级信息平台；

2. 物联网数据库；

3. 物联网弹药(包括：火药桶上带有激光镌刻二维码的炮弹、带有条形码的炮弹包装筒、带有无源 RFID 和二维码的炮弹弹药箱和带有无源 RFID 标签的弹)；

4. 信息采集设备(包括：固定信息采集终端、手持信息采集终端和车载超高频扫描平板)；

5. 专业弹药运输车辆；

6. 带有作业信息自动采集终端的自动化高炮、各级弹药库和视频监控系统等。

省级根据各市(州)、县、作业点的用弹需求向厂家采购经过中国气象局上海物资管理处检验合格的弹药，并进行调拨。弹药出省库后依次进入市级、县级、作业点出入库和运输环节，最后由作业点进行作业。系统以前端采集为基础，通过网络传输将弹药信息进行集中存储分析；以 B/S 架构建立带权限的用户使用环境。前端采集在以可靠为前提的情况下，力求使用简单、流程清晰。网络传输充分考虑信息安全。用户使用环境界面清晰、操作简便并具备弹药信息分析能力。系统网络基本结构如图 8.24 所示。

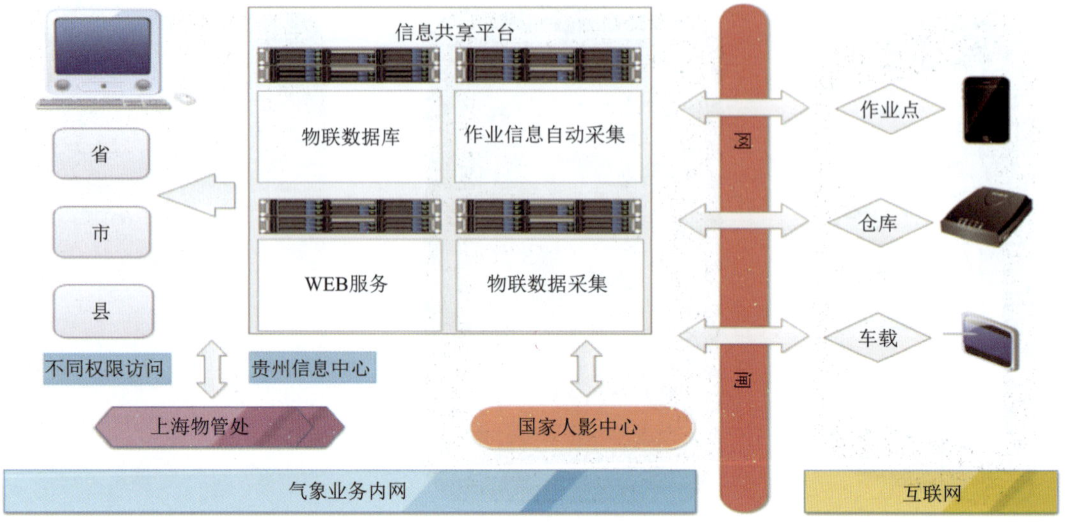

图 8.24 系统网络基本结构

系统在前端按弹药存储、弹药运输、弹药使用(报废)三个环节进行管理，在中心建立以GIS为展示平台的弹药监管界面，提供弹药数量、位置、流转的信息展示，并可根据配置对弹药信息进行告警；中心平台还应具有基本的查询、统计、审核、导出等功能。系统应用流程见图8.25。

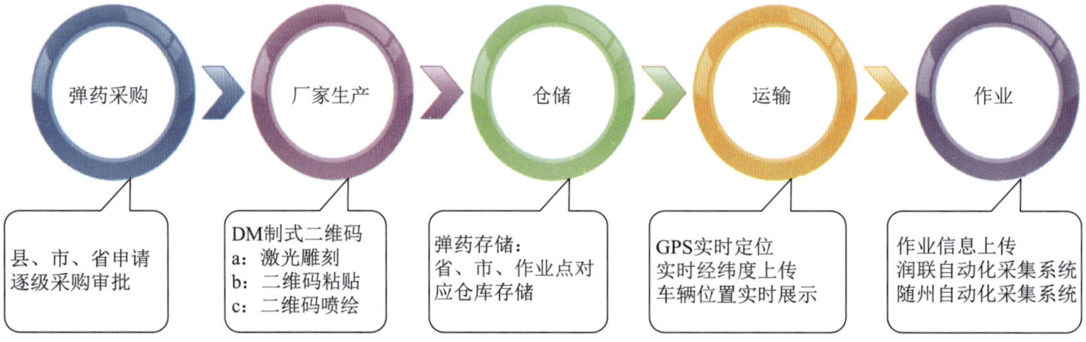

图 8.25 系统应用流程

(二)基本功能

1. 弹药信息采集

系统对弹药的管理主要体现在弹药的生产、验收、存储、运输、使用等环节。对弹药信息的变更流转主要由这几个步骤产生(图8.26)。弹药信息采集主要是在前端配备的手持扫描设备，该设备具有读取条码、二维码和电子标签的功能。以APP的形式控制，在每一枚弹药入库、出库、使用、报废等环节时需进行扫描。扫描信息通过移动网络GPRS或Wi-Fi传输到中心平台。

2. 弹药运输监控

在弹药运输过程中通过在车辆上安装电子标签读写器，在弹药箱上贴装电子标签，弹药一旦离开车辆，就超出读写器的范围，可以立即将信息传到中心平台。同时读写器自带GPS定

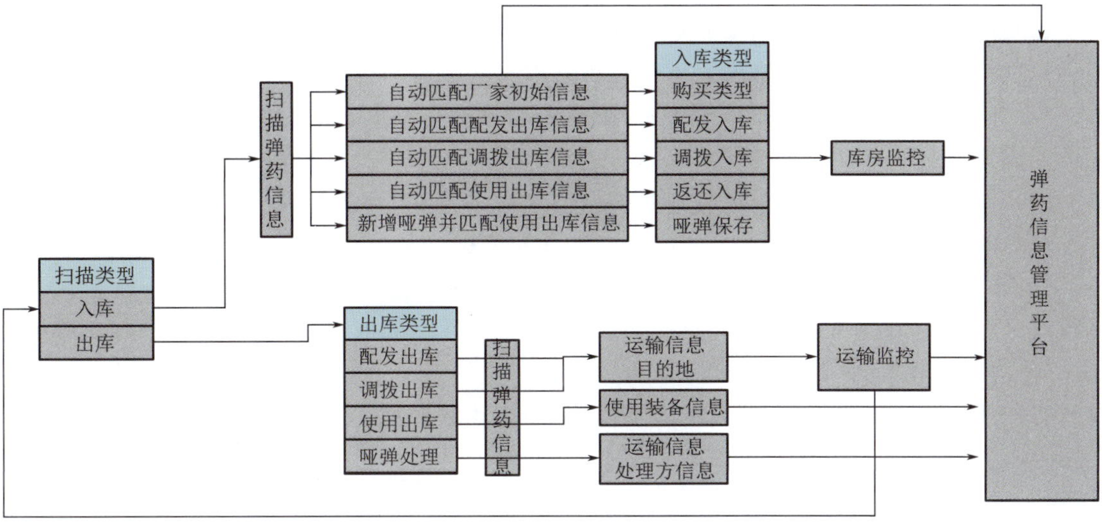

图 8.26　人工影响天气弹药信息流转流程

位功能，可实时传输位置信息到中心平台，运输信息出现偏差后将自动报警(图 8.27)。

图 8.27　人工影响天气弹药运输监控

3. 弹药存储监控

在弹药库房加入安装防爆电子标签读写器，该读写器内置温湿度传感器，可监测库房环境温度，在保险箱门内安装无源电子标签，一旦开门读写器即可读出电子标签 ID，从而确定开门时间，同时弹药箱上具有电子标签，可自动统计整箱弹药信息。信息通过移动网络或 Wi-Fi 传输。信息异常时自动告警。

4. 弹药使用监控

对作业指令和使用出库扫描的信息进行关联对比，有异常数量的弹药变化时自动告警。作业后根据上报的作业信息和返还入库、哑弹保存的扫描信息进行对比，如有不同，自动产生告警信息，并在 GIS 上改变告警作业点的图标颜色。

5. 弹药信息统计

(1)弹药状态追溯:根据人工影响天气弹药身份标识编码,可以对每枚弹药进行状态查询,追溯该枚弹药自生产验收合格进入省内在不同库房间流转和当前状态的详细信息。

(2)弹药总数统计:根据扫描的入库、出库信息自动按厂家、弹药类型进行统计,当弹药存量低于设定数量时自动产生提醒消息。

(3)厂家弹药质量统计:根据哑弹的扫描信息对厂家、弹药类型、批次等进行哑弹统计,统计各个厂家的弹药的质量,作为下一次采购的评判依据。

(4)作业点故障统计:根据作业指令、返还入库、哑弹存储等信息,对各个作业点、作业装备进行统计分析,作为评估各个作业点的人员素质、装备性能的依据。

(5)弹药消耗能力统计:自动按月、季、半年、年统计各个存放点对作业点对弹药的供应数量和各作业点弹药的消耗数量,为将来弹药按时间、地域配发时提供依据。

复习与思考

1. 什么是物联网?
2. 什么是人工影响天气装备弹药物联网管理系统?
3. 人工影响天气作业弹药物联网技术应用的总体设计是怎样的?
4. 人工影响天气高炮物联网技术实现方式有哪些?
5. 试述贵州省人工影响天气作业装备弹药全程监控系统的总构成。

第九章　人工影响天气地面作业空域申请和使用

内容提要

本章主要从人工影响天气地面作业空域申请的基本要求、空域使用方案、作业空域申请和批准、作业空域使用四个方面详细介绍了人工影响天气地面作业空域申请和使用规范，给出了人工影响天气高炮、对空射击作业年度空域使用方案表、人工影响天气高炮、对空射击作业批准指令登记表，人工影响天气作业空域申报信息格式，并以临汾市人工影响天气地面作业空域申报系统为例，对空域申报系统进行了介绍。

随着各种飞行器的大量使用，人工影响天气地面作业空域越来越难批复，特别是城市、机场和航线附近，人工影响天气作业空域更紧张。因此，人工影响天气地面作业空域申请和使用对提高人工影响天气地面作业效率，提升人工影响天气信息化管理水平具有很强的现实意义。

第一节　人工影响天气地面作业空域申请和使用规范

空域，是指为便于飞行和飞行管制等需要而人为划设空中空域，如：机场飞行空域、航路、航线、空中禁区、空中限制区和空中危险区等。

空域管理机构是对在空域内的一切活动，实施统一监督、管理和控制的军民航空域管制单位。人工影响天气所需的空域申请由军民航空域管制部门审批。

一、基本要求

空域使用通信保障、空域安全保障是空域申请和使用过程中以及确保空域安全考虑需要满足的最基本条件。

（一）空域使用通信保障

空域申请和使用过程中，各方面应确保通信联络畅通，以免出现指令传达不畅的问题。

1. 作业期间，县级以上气象主管机构、空域管理机构、地面点之间应采取有线通信、无线通信、网络通信等两个以上互为备份的通信方式，确保通信联络畅通，作业期间通信设备应有专人值守。

2. 参与人工影响天气地面作业和空域管理的单位应统一采用北京时间，并使用 24 h 法。

3. 通过电话申请和传达作业空域指令的县级以上气象主管机构及其授权的作业点须配备电话录音设备，电话录音的保存期应不少于 3 个月。通过计算机网络申请和批复的作业空域信息，保存期应不少于 1 a。

(二)空域安全保障

1. 省级气象主管机构应定期召开本省(区、市)的空域协调会议,会议纪要内容应包括会议时间、地点、参会单位、参会人员、记录人及会议形成的共识,注意事项等。

2. 省级气象主管机构应每年组织一次本省(区、市)的人工影响天气管理人员对空射击教育、考核,由空域管理人员授课,并记录存档;地(市)、县(市)两级气象主管机构应每年组织一次基层人工影响天气作业人员对空射击安全教育培训,并记录存档。

3. 人工影响天气对空射击作业单位应制定人工影响天气地面作业对空射击安全事故处置预案,当对空射击作业发生空中安全事故时应能立即停止作业,及时封存所有作业装备、作业记录,并配合空域管理机构的调查处理。

二、空域使用方案

从业务实际出发,分为年度空域使用方案和专项空域使用方案两部分。

(一)年度空域使用方案

1. 利用高炮、实施人工影响天气地面作业的省级气象主管机构应制定年度空域使用方案,并在每年开展人工影响天气地面作业前报有关空域管理机构批准或备案。

2. 人工影响天气年度空域使用方案应包括主作业点代码、作业点名称、所属县级行政区、地理位置、海拔高度、装备种类、作业点类型等。其中作业点代码应为 9 位,编码格式应符合 QX/T 422—2018《人工影响天气地面高炮、火箭作业空域申报信息格式》附录 C 的规定,作业点名称应注明乡(镇)和村庄名称。年度空域使用方案表格式见表 9.1。

表 9.1 人工影响天气高炮、对空射击作业年度空域使用方案表

编制单位:__________ 省(自治区、直辖市) 年度:______

序号	作业点代码(9 位)	作业点名称	所属县(区、市、旗)	地理位置		海拔高度	装备种类	作业点类型	备注(新增、调整请注明)
				经度	纬度				

注 1:作业点名称:注明乡(镇)和村庄名称。

注 2:地理位置:以度(°)、分(′)、秒(″)格式填写。

注 3:装备种类:GP 表示高炮,HJ 表示火箭。

注 4:作业点类型:填写固定、机动、临时。

3. 县级以上气象主管机构收到人工影响天气地面作业年度空域使用方案批复或回复后,应按照空域管理机构的管辖范围,与相应的空域管理机构签订年度使用和安全保障协议。

4. 县级以上气象主管机构收到人工影响天气地面作业年度空域使用方案申请程序,申请批准或备案。人工影响天气地面作业年度空域使用方案调整应在每年的第一季度进行。

5. 省、自治区、直辖市气象主管机构应将人工影响天气地面作业年度空域使用方案的批复或回复结果及时通报有关县级以上气象主管机构。

（二）专项空域使用方案

1. 遇有重大活动、大规模人工影响天气地面对空作业或对空使用需求时，省、自治区、直辖市气象主管机构应至少提前 5 个工作日向有关空域管理机构提出专项空域使用申请。

2. 省、自治区、直辖市气象主管机构应主动与有关空域管理机构充分协商，制定人工影响天气专项空域使用方案，并签订安全保障协议。

三、作业空域申请和批准

（一）作业空域申请

1. 实施地面高炮、对空射击作业前，县级以上气象主管机构或其授权的作业点应按照空域使用和安全保障协议的要求向有关空域管理机构提出作业空域申请。

2. 作业空域申请可通过电话或网络等方式进行，具体要求如下：

(1)通过电话申请作业空域时，县级以上气象主管机构或其授权的作业点应使用规范用语，通话内容应主要包括作业点名称、作业点代码、经纬度、作业方位、射高、起止时间等；示例："您好！我是××市××县××作业点，作业点代码×××××，经度××°××′××″，纬度××°××′××″，作业方位西南方，作业高度 5000 m 以下，现申请于 15:00 至 15:15 进行增雨作业，请批示。"

(2)通过网络申请作业空域时，应使用专用业务系统，其中单位地址编码、作业时间和作业方位编码，作业点代码应分别符合 QX/T 422—2018 附录 A 至附录 C 的规定。

（二）作业空域批准

1. 接到空域申请的空域管理机构，应及时将批准决定告知申请人，并通报其他相关军民航空域管制单位，批准方式与作业空域申请方式保持一致，具体如下：

(1)通过电话批准作业空域的，使用规范用语，通话内容主要包括作业点名称、作业起止时间等；示例："同意××县××作业点在 15:00 至 15:15 进行作业。"

(2)通过网络申请作业空域的，使用专用业务系统，其中单位地址编码、作业时间和作业方位编码，作业站点代码格式见 QX/T 422—2018 附录 A 至附录 C 的规定。

2. 未获得批准的作业空域申请，县级以上气象主管机构或其授权的作业点可重新申请。

四、作业空域使用

作业空域使用主要包括作业实施、作业中止、作业撤销及作业结束报告四个方面。

（一）作业实施

1. 未获得批准的作业空域申请不得进行作业实施。

2. 由县级以上气象主管机构传达空域批准指令时，县级以上气象主管机构应及时通知有关作业点按照空域批准指令开展作业，通过电话进行指令传达时，作业点应至少重复一次空域批准命令，且传达指令的气象主管机构应及时填写空域批准登记表，登记表格式见表 9.2。

3. 作业点接到空域批准指令后，应严格按照空域管理机构批准的时间和空域范围实施作业。

表 9.2　人工影响天气高炮、对空射击作业批准指令登记表

作业日期：____年____月____日			空域管理机构名称：________		空域管理机构联系电话：________			
序号	空域管理机构管理员姓名	被批准作业的作业点名称或作业代码(9 位)	射击开始时间/(时、分)	射击结束时间/(时、分)	允许最大射击海拔高度/m	允许射击方位	登记人	备注

注：时间统一采用北京时间，并使用 24 时计时法。

(二)作业中止

1. 作业实施过程中，遇有特殊情况时，县级以上气象主管机构或作业点应根据空域管理机构的作业中止指令立即停止作业。

2. 县级以上气象主管机构传达作业中止指令的，应立即通知和确认所管辖作业点停止作业并报告空域管理机构。

3. 被中止的作业如再实施，应重新进行空域申请。

(三)作业撤销

1. 作业实施前，县级以上气象主管机构或其授权作业点可撤销作业，并立即报告空域管理机构。

2. 被撤销的作业如需再实施，应重新进行空域申请。

(四)作业结束报告

作业结束后，县级以上气象主管机构或其授权作业点应立即报告空域管理机构作业结束，空域管理机构应及时向其他相关军民航管制单位进行通报。

五、人工影响天气地面作业空域申报信息格式

(一)地面作业实时上传信息格式说明见表 9.3。

表 9.3　地面作业实时上传信息格式说明

序号	要素名称	字段长度	格式说明
1	序号	2 字节	作业信息每一行的编号
2	站点编码	9 字节	9 位数字字符
3	作业日期	8 字节	用 YYYYMMDD 表示
4	开始时间	6 字节	北京时间(CST)
5	结束时间	6 字节	同上
6	作业仰角	4 字节	与水平面所构成的夹角
7	作业方位角	6 字节	以正北方向为基准的顺时针旋转角度
8	作业装备	9 字节	作业装备编码格式
9	作业弹药	11 字节	作业弹药编码+用量编码

(二)对空射击作业空域申报的报文种类与内容、报文数据项的编码规则见表9.4。

报文种类:协商报、指令报、回执报

报文格式:XML文件

表9.4　报文的正文内容表

报文类型	数据项	是否必填项	备注
协商报	报文ID	是	回商报的报文序号
	报类	是	协商报(SHT-NEG)
	协商内容	否	对空射击空域保障需求和了解作业实施情况等协调信息
	编制时间	是	编制协商报的时间
指令报	报文ID	是	指令报的报文序号
	报类	是	指令报(SHT-WIM)
	指令内容	是	空域申请、空域审批和空域使用等指令
	指令单位	是	对空射击情报的原发单位
	装备种类	是	作业使用的装备,填写高炮或
	空域使用时间	是	对空射击的开始时间、结束时间
	空域使用范围	是	空域代号、空域形状、圆心坐标、射击半径、射击仰角、射击方位、射高等信息
	编制时间	是	编制指令报的时间
	备注	否	不予批复、作业停止、作业撤销等原因
回执报	报文ID	是	回执报的报文序号
	被回执报文ID	是	被回执的指令报文序号或协商报文序号
	报类	是	回执报(SHT-ACK)
	回执类型	是	人工或自动回执,在对空射击管理系统支持下可实现自动回执
	指令类型	是	空域申请,空域审批和空域使用状态等指令
	回执人员	是	发出回执的人员信息
	回执单位	是	发出回执的单位信息
	编制时间	是	编制回执报的时间
	备注	否	

第二节　人工影响天气地面作业空域申报系统

为进一步规范地面作业流程,提升作业空域申报及时性和批复成功率,提高人工影响天气业务数据的精细化管理水平,各地气象部门通过人工影响天气地面作业业务终端建设,建成了人工影响天气地面作业空域直通申报及批复直达的空域申报系统,实现了各级气象部门对人工影响天气作业状态分级监控,从而进一步增强人工影响天气作业防灾减灾服务能力。下面以山西省临汾市人工影响天气地面作业空域申报系统为例对此进行介绍。

一、系统总体结构

人工影响天气地面作业空域申报系统总体组成主要包括人工影响天气作业空域批复终端(含夜间值班移动终端)、省级人工影响天气作业空域申报终端、市级人工影响天气作业空域申报终端、作业点空域申报终端、各级人工影响天气作业监控终端等。其中人工影响天气作业空域批复终端安装在航空管制部门，通过移动数据网络与市级人工影响天气作业空域申报终端相连；省级、市级、县级人工影响天气作业空域申报终端通过气象专网进行连接；作业点终端通过移动数据网络与各级人工影响天气作业空域申报终端连接(图 9.1)。

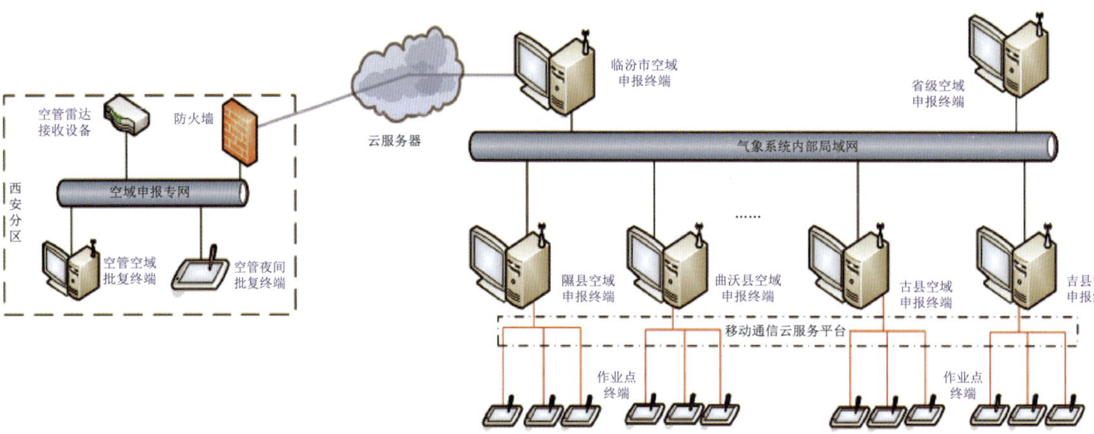

图 9.1 系统总体结构图

另外，省级空域申报终端还可通过气象广域网与中国气象局相关业务终端连接，并实时上报作业状态数据。

二、系统组成

系统包含 1 个市级空域申报终端、××个县级空域申报终端，××个作业点终端(固定或移动)。

市、县级人工影响天气作业空域申报终端部署在市级或县级人工增雨防雹办公室，主要负责与各作业点进行数据交互(如临汾市人工影响天气作业空域申报终端负责与军航西安分区作业空域批复终端的数据交互)，具有辖区内作业点空域申请、空域批复、报文转发、辖区内作业空域状态监视等功能。

作业点终端部署在各作业点或跟随移动作业车，主要负责本作业点作业位置定位、空域申请、接收空域批复、作业安全警示、作业完成信息上报等。

三、总体功能

人工影响天气地面作业空域申报系统功能包括作业预报管理、地面作业空域管理、地面作业安全监控、场面作业信息服务、辅助管理功能五大部分。

(一)作业预报管理

作业预报管理包括 72 h 预报管理、24 h 预报管理、作业前预报管理等。

系统将自动导入符合规范格式的作业预报报文，自动生成作业预报信息，并向全部人工影响天气单位或选择的人工影响天气单位及相关作业点发送预报信息。

省、市、县级人工影响天气作业空域申报终端以人工编辑作业预报信息向全部人工影响天气单位或选择的人工影响天气单位及相关作业点发送预报信息。

（二）地面作业空域管理功能

地面作业空域管理功能主要包括地面作业空域申请、地面作业空域批量申请、地面作业空域批复、地面作业空域批量批复、作业停止、作业提前结束、未作业通报、空域批复权限移交等功能。

1. 地面作业空域申请

当作业点需要进行人工影响天气作业时，通过人工影响天气申请移动终端编辑空域申报内容，发送至县级作业空域申报终端，县级作业空域申报终端将作业申请自动或人工转发至市级作业空域申报终端，市级作业空域申报终端自动或人工向对应的航空管制部门的作业空域批复终端转发空域申请。

各级人工影响天气作业空域申请终端也可以选定作业点编辑相应的空域申报内容，并发送至上级人工影响天气申报终端，最终由市级人工影响天气申报终端向对应的航空管制部门人工影响天气作业空域批复终端转发该空域申请。

各级人工影响天气部门还可以通过电话等其他方式直接联系航空管制部门，报告空域申请内容，由航空管制部门值班人员在空域批复终端上通过人工编辑实现作业空域申请功能。人工申请的作业空域不进行作业批复数据发送，只在空域批复终端上显示作业空域状态供航空管制值班人员进行安全监控使用。

2. 地面作业空域批量申请

市级人工影响天气作业空域申请终端可以通过在地图上选定作业范围进行作业批量申请，并发送至航空管制部门的作业空域批复终端；也可以将各作业点的作业申请集中向航空管制部门的作业空域批复终端进行批申请。

3. 地面作业空域批复

航空管制部门接收到人工影响天气作业空域申请后，对申请的作业空域进行及时批复（批准或不批准），并通过移动数据网络直接批复给市级作业空域申报终端，市级作业空域申报终端收到空域批复后，将空域批复的内容通过气象内网或移动网络自动或人工转发给下属人工影响天气部门或作业点。

市级人工影响天气申请终端在收到航空管制部门的电话批复时，可以在本级终端输入电话批复内容进行作业批复。

4. 地面作业空域批复

航空管制部门作业空域批复终端具有批量作业批复功能。

航空管制部门值班人员可通过在地图上选取范围的方式进行批量批复；可以直接对人工影响天气部门报送的批量申请进行直接批量批复；可以对选取多个作业申请进行批量批复。

市级人工影响天气申请终端收到批量批复指令后，自动拆分成单个批复转发至各作业单位。

5. 作业停止

对于已经批复的作业申请，在作业结束前，航空管制部门可以提前进行作业停止。

各作业点收到作业停止指令后，应立即停止作业，停止作业后对作业停止指令进行确认，并向上级人工影响天气部门发送作业已结束信息。各级人工影响天气终端对作业停止指令和作业结束信息均直接自动转发，不进行人工干预。

6. 作业提前结束

对于已经批复的作业申请，当作业点在作业结束时间前已经提前完成作业时，可以由作业点主动发出作业结束报。

各级人工影响天气作业申报终端在收到作业结束报时，该作业空域状态变更为已结束。

航空管制部门作业空域批复终端收到作业点发出的作业结束报时，即认为该作业空域已经解除作业状态。

7. 未作业通报

对于已经批复的作业申请，当作业申请时间已经结束，但因各种原因没有实施作业时，应向上级人工影响天气部门发送未作业通报，不再发送作业完成信息。

各级人工影响天气作业申报终端在收到未作业通报时，应对该作业进行未作业标记。

（三）作业空域安全监控

作业空域安全监控功能包括空域情况显示、作业位置一致性检测、作业空域状态监控、作业点实景视频监视、作业空域与飞行冲突警示等。

1. 实时空情监视管理

航空管制部门作业空域批复终端具有接入多路航线空管二次雷达信息的功能，接入的空管雷达信息在空管背景地图上与作业空域叠加显示。

省级人工影响天气作业空域申报终端预留通过气象空管专线接收实时空情信息的功能。当省级作业空域申报终端需要接入空情信息时，省级人工影响天气作业空域申报终端具有在背景地图上实时显示空情信息的能力。

2. 作业位置一致性检测

当航空管制部门作业空域批复终端收到作业申请时，将进行作业位置一致性判断，即当申请作业空域的中心位置与系统内置（已审批）的该作业点固定位置偏差超过设定范围时，系统对该作业申请进行区别显示，并提示位置有偏差。

3. 作业空域状态监控

航空管制部门作业空域批复终端具有在空管背景地图上显示作业空域实时状态的功能，对于不同的作业空域状态以不同的颜色显示，对于正在使用中的作业空域以红色加以显示。同时作业空域批复终端以列表的形式实时监控所有作业空域的状态。

各级人工影响天气申报终端同样具有在背景地图上显示作业空域实时状态的功能，对于不同的作业空域状态以不同的颜色显示，对于正在使用中的作业空域以红色加以显示；还以列表的形式实时显示所有作业空域申请的状态。不同状态的空域申请以不同的颜色显示。

4. 作业空域与飞行冲突警示

当有飞机进入或接近作业空域时，飞机显示为红色并闪烁，同时进行音频报警。

对于出现飞行冲突的场景，系统进行相应的记录。

（四）地面作业信息服务

1. 作业状态通报

当作业空域状态发生变化时，省级空域申报终端向其他不具备作业批复权限的相关单位进行作业状态通报，作业状态变化包括作业申请、作业批复、作业开始、作业结束、作业停止等。

2. 作业完成信息通报

当作业完成后，作业点编辑本次作业的完成信息，包括作业前后天气变化、作业实施情况、作业弹药消耗情况等。作业点的作业完成信息汇总到省级人工影响天气终端，并向国家人工影响天气终端通报。

3. 作业状态存储

对于一次作业，从作业申请开始到作业结束，系统自动记录每一次作业状态变化，用于后续的查询统计和作业状态回放。

4. 人工影响天气地面作业回放

系统选取时间段进行作业状态回放，回放的作业状态自动按状态变化体现在列表和地图上，但与正常的作业有所区分，并且回放的作业状态不与其他单位发生信息交互。

5. 空情态势回放

系统选取时间段进行空情态势回放，回放的空情态势自动显示在地图上。回放的空情态势作为飞行测试信息，与地面作业活动相关，用于系统测试。空情态势回放要与人工影响天气地面作业回放同时进行。回放的空情态势不作为实时管制模式应用。

（五）辅助管理

系统的基本辅助管理功能还包括：数据配置管理、作业点数据维护、作业资料管理、系统时统、日志管理、用户管理、网络管理、历史数据管理等。

四、市级人工影响天气空域申报终端

该终端安装在市级人工影响天气办公室，在作业点和省级作业空域申报终端之间起到空域申请/批复/管理的中继和管理作用，实现作业空域从申请、批复到实施的完整操作过程。

市级人工影响天气空域申报终端不单独接入 GPS 时钟源，直接使用省级人工影响天气空域申报终端的时钟同步服务，保证全系统范围内一个时钟标准。

（一）网络传输管理

市级人工影响天气空域申报终端的网络传输管理功能包括空管人工影响天气传输管理、无线通信网络管理、人工影响天气内部网络管理、网络状态监视、网络数据传输记录等。

（二）作业预报管理

作业预报管理包括 72 h 预报管理、24 h 预报管理、作业前预报管理等。

系统将自动导入符合规范格式的作业预报报文，自动生成作业预报信息，并向全部人工影响天气单位或选择的人工影响天气单位及相关作业点发送预报信息。

（三）作业申报管理

市级人工影响天气空域申报终端的作业空域管理包括作业申请转发、作业批复转发、代替作业点申请、转发航空管制中心批复等功能。

（四）作业状态监视

作业空域申请的状态以列表和图形的方式进行显示。作业状态监视包括地理信息处理与显示、作业状态话音提示、作业空域列表显示、作业空域地图显示等。

（五）作业信息管理

市级空域申报终端的作业信息管理包括作业信息通报、作业信息上报、作业信息记录、作业信息查询等。

（六）辅助管理

市级终端的辅助管理功能包括作业点参数管理、资料管理、日志记录与查询等。

五、县级人工影响天气空域申报终端

该终端安装在县级人工影响天气办公室，在作业点和军航空管批复终端之间起到空域申请/批复/管理的中继和管理作用，实现作业空域从申请、批复到实施的完整操作过程。同时将所有作业信息通报给市级和省级人工影响天气空域指挥与监控终端。

（一）网络传输管理

县级人工影响天气空域申报终端的网络传输管理功能包括航空管制人工影响天气传输管理、无线通信网络管理、人工影响天气内部网络管理、网络状态监视、网络数据传输记录等。重点是与作业点和空管终端的无线路由管理。

（二）时钟同步管理

县级空域申报终端不单独建设 GPS 时钟源，由省级终端同意授时。

（三）作业预警管理

作业预报管理包括 72 h 预报管理、24 h 预报管理、作业前预报管理等。

系统将自动导入或生成符合规范格式的作业预警报文，生成作业预报信息，并向相关作业点发送预警信息。

（四）作业申报管理

县级人工影响天气空域申报终端的作业空域管理包括作业申请转发、作业批复转发、代替作业点申请、转发航空管制中心批复等功能。在作业点和航空管制中心之间起到中继作用。

（五）作业状态管理与通报

作业空域申请的状态以列表和图形的方式进行显示。作业状态监视包括地理信息处理与显示、作业状态话音提示、作业空域列表显示、作业空域地图显示等。

作业指挥信息以状态流信息模式实时通报给市级、省级人工影响天气空域指挥与监控终端。

（六）作业信息管理

县级空域申报终端的作业信息管理包括作业信息通报、作业信息上报、作业信息记录、作业信息查询等。

（七）辅助管理

县级终端的辅助管理功能包括作业点参数管理、资料管理、日志记录与查询等。

六、作业点终端

该终端为移动类型，为高炮、实际操作人员提供随身操作需求，它可以向申请终端（即市县）或上级控制中心发送作业申请，能够进行作业点信息采集，处理并记录作业收发信息。

（一）主要功能

作业点终端的功能主要包括作业点定位和准确对时、作业信息采集、作业申请等业务信息自动生成、作业批复等信息自动处理与显示、作业状态信息生成与自动提示、业务信息监控、信息自动收发、记录查询、地图定位、地图显示、作业预报等。

1. 作业点定位和准确对时指通过 GPS 模块准确确定作业点所在位置(经纬度及高程等数据);同时确保移动终端时间为 GPS 对时时间,从而与航空管制中心、指挥中心统一时钟。

2. 作业信息采集指采集作业点的经纬度、作业起始及持续时间等信息;查询固定点数据库信息;作为申请数据打包数据单元。

3. 作业申请等业务信息自动生成指将采集和接收到的信息自动计入系统数据库,必要时生成数据文档;

4. 作业批复等信息自动处理与显示指将作业批复等业务信息经过处理后自动显示并发出语音提示;

5. 业务信息监控指有关人工影响天气作业业务信息的监控;

6. 信息自动收发指所有与中继终端或监控中心的往来信息自动收发;

7. 记录查询指与中继终端或监控中心的往来信息均有记录备查;

8. 地图定位指把作业点准确的位置发送给上级;

9. 地图显示作业人员可以查看自己所在的地图位置;

10. 作业预报指提示作业人员作业的时间及作业量。

(二)系统运行环境

硬件环境:智能手机或平板(具有移动通信和 GPS 定位功能)。

软件环境:Android 4.4 以上操作系统。

复习与思考

1. 人工影响天气地面作业空域申请和使用规范的基本要求有哪些?
2. 通过电话申请作业空域时,县级以上气象主管机构或其授权的作业点有哪些?
3. 人工影响天气地面作业空域申报系统功能包括哪五大部分?
4. 地面作业空域申报系统中地面作业空域管理功能主要包括哪些?

第十章　高炮、弹药及作业炮站的安全管理

内容提要

本章从高炮的火车装运、高炮的汽车装运、高炮的牵引、高炮的报废及销毁四个方面介绍了人工影响天气高炮的运输、储存、报废的具体要求；从炮弹的运输要求、炮弹的运输、炮弹存储库和炮弹临时点的存储要求、炮弹仓库的储存及保管、弹药的报废和弹药的销毁六个方面介绍了人工影响天气炮弹的安全管理；明确了高炮作业站的具体安全管理项目，对炮点达标考核条件和量化技能考核标准进行了具体规范。同时对高炮安全锁定装置给予了介绍。

第一节　高炮的运输、储存与报废

高炮在购买调拨、进(撤)点时经常需要火车、汽车装运及牵引，为防止装运、牵引中出现事故，组织人员要认真负责，确保装运、牵引中的安全。在装运、牵引前、中、后都应有押运人员检查高炮各部固定、连接、运动情况是否正常，一旦发现问题应及时处理。

一、高炮的火车装运

要运输的高炮较多，而且路途比较远，一般采用火车运输。火车运输多门高炮，应选用60 t N5、N9、N60 或 65 t N16、N17 车型平板车，在行进状态下每个平板车装载三门高炮进行运输。如高炮配套的附件较多，应增加棚车运输。

(一)装载间隔距离

1. 高炮的中心线与平板车的中心线要重合。横向偏差不得超过 100 mm。

2. 同一板车上的高炮间距，一般不少于 100 mm。

3. 超出板车两端距离不得超过 300 mm。

(二)捆绑的装载方法

在前车轮之前和后车轮之后垫三角木，以扒钉钉牢，再以绳索(或铁丝)4 条分别捆住前、后轮之适当位置，向前后斜拉成大“八”字，拴于车绳钩上，用木棒绞紧。

二、高炮的汽车装运

要运输的高炮较少，而且路途较远，一般采用汽车装运。高炮在行进状态下，汽车装运车厢长 4.3 m 装 1 门、车厢长 8.6 m 装 2 门、车厢长 13.0 m 装 3 门。

装载方法及间隔距离要求：

(一)装载间隔距离

1. 炮的中心线与车厢的中心线要重合。横向偏差不得超过 100 mm。

2. 同一车厢上的高炮间距，一般不少于 100 mm。

3. 车厢前端车头方向允许高炮炮管伸出厢外，车厢后端一般不超出装载。

（二）加固捆绑的装载方法

1. 在没有装卸台的情况下，汽车装运高炮一般使用 5 t 起重机，将两根长度相同的钢丝绳分别套在前、后纵梁下端，靠近车体的位置，把 4 个绳头分别挂在吊钩上，启动吊臂即可把高炮吊上（下）车厢。

2. 用绳索（或铁丝）4 条分别捆住高炮前、后轮之适当位置，向前后斜拉成“八”字，拴于车绳钩上，用木棒绞紧。

3. 用大绳套紧摇架颈筒，绳头分别拉紧捆绑于车厢左右绳钩内。

三、高炮的牵引

（一）牵引前的准备和检查

1. 检查车轮

轮胎不应有大的变形或损伤；车轮的螺母、螺栓应拧紧；拧下护帽，查看车轮轴上螺母的开口销是否固定好，轴承油是否够，若油量不足应注满；转动车轮，动作应灵活无杂声；车轮不应晃动。

2. 检查回转联动器

回转开关应在“行军”位置上，牵引杆应能左右灵活转动，两车轮应能同时左右摆动。

3. 检查注油情况

炮车上的注油嘴，行进前都应把油注满。检查时，压下各注油嘴的钢珠应有油冒出。否则，需在长注油嘴注炮脂，在平注油嘴注锭子油或防护油。

4. 炮身、炮脚、杠起螺杆及其他附件均应固定牢靠，若发现松动应及时修理或临时捆绑牢固。高炮牵引杆与汽车挂钩连接应确实并用插销固定。各部螺钉、开口销等均应固定确实。

5. 检查工具、备附件是否携带齐全。

6. 穿好大、小炮衣。

7. 用自重 4 t 以上车辆牵引高炮。

（二）牵引中注意事项和检查

1. 牵引中的注意事项

（1）按规定的牵引速度行进，在起伏不平、弯曲坡陡、泥泞和冰雪道路行进时，应适当放慢行进速度，难行地段应有人引路。

（2）在狭窄的道路上急转弯或倒车时，应摘炮，用人力推炮转弯或后退，以免损坏回转联动器或发生其他事故。禁止用牵引车直接带高炮向后倒车，倒车时可用人推，也可用后车体上的挂钩连接牵引车牵引。

（3）牵引中，应有专人负责不间断地观察高炮的状况，特别应注意牵引车与高炮连接处和车轮的运动情况，发现异常情况，应及时停车检查处理。

（4）在牵引过程中，押运人员应准备一套工具，包括车轮扳手及常用普通工具等，并带一些开口销、锥形销、铁丝等备件，以便排除故障。

2. 牵引中的检查

在牵引中或牵引休息时,应注意检查以下部位:

(1)缓冲器和车轮轴是否发热,如果发现过热应找出原因排除。

(2)轮胎是否过热,有无大的损伤,车轮上的螺栓、螺母有无松动和丢失。

(3)牵引杆有无损伤,牵引环与牵引钩的连接是否可靠。

(4)各螺钉、螺母、插销和附件有无松动或丢失。

3. 随炮携带炮弹的注意事项

(1)包装箱必须完好,并固定牢靠。

(2)装卸时,不准翻滚、拖拉,应当稳拿轻放。

(3)不准携带易燃物品,不准在车上吸烟。

(三)装运、牵引后要做的工作

1. 擦拭高炮;

2. 检查各部有无丢失或损坏现象;

3. 排除装运、牵引中发现的故障;

4. 将牵引里程及发生的故障填写在履历书上;

5. 做好作业前或入库前的准备。

四、高炮的报废及销毁

人工影响天气高炮经过多年使用,多数高炮技术状况良好,出色地完成了人工影响天气作业;但也有个别高炮由于使用、保管维护不当,高炮技术状况较差,虽经多次修理,但作业中还是经常出现故障,延误作业时机。各省(区、市)人工影响天气办公室对虽经多次修理,但在作业中仍不能正常使用的高炮应予以报废,并尽快组织销毁。

(一)高炮的报废

1. 报废标准

(1)身管报废标准

① 身管破损、裂纹、弯曲变形;

② 身管阳线剥落、断裂其长度超过一倍口径;

③ 膨胀后阴线直径大于 38.5 mm;

④ 膛内锈蚀面积超过 20%或锈坑深度超过 0.3 mm;

⑤ 药室内有凹坑影响抽筒的;

⑥ 药室增长量超过 30.0 mm;

⑦ 身管压坑深度超过技术检测规范规定的;

⑧ 防火帽螺纹损坏超过旋合长度 15%的。

(2)全炮报废条件

① 身管已够报废条件又没有备用身管更换的;

② 摇架产生严重变形;

③ 托架、炮车产生严重变形;

④ 炮尾、装填机、驻退机等重要机件磨损超标或损坏,无法更换的;

⑤ 使用年限较长且经 3 次以上专业大修，再无大修、使用价值的。

2. 审定高炮报废人员的资格

审定高炮报废人员应由熟悉高炮构造、性能、作用，从事高炮管理、维修多年，依照报废标准，能检测出高炮技术状况的好坏，并有综合分析能力的工程师担任。

3. 报废手续的呈报及审批

申请高炮报废工作要以单位名义正式行文，说明申请报废的理由、数量和有关情况，依据高炮检测工程师对高炮技术状况做出的检测报告，填写表 10.1《申报高炮报废单》4 份并附表 10.2《高炮技术检测状况表》逐级上报申请报废，省（区、市）人工影响天气业务部门根据申请报废报告，经核实后批准是否报废。

表 10.1 申报高炮报废单

<table>
<tr><td>名称</td><td colspan="2"></td><td>炮号</td><td colspan="2"></td></tr>
<tr><td>生产厂家</td><td></td><td>出厂年月</td><td></td><td>装备年月</td><td></td></tr>
<tr><td rowspan="6">报废原因</td><td>炮身</td><td colspan="4"></td></tr>
<tr><td>炮闩</td><td colspan="4"></td></tr>
<tr><td>装填机</td><td colspan="4"></td></tr>
<tr><td>驻退机</td><td colspan="4"></td></tr>
<tr><td>摇架</td><td colspan="4"></td></tr>
<tr><td>炮车</td><td colspan="4"></td></tr>
<tr><td>申报单位</td><td colspan="5">予以：二〇　年　月　日申请报废。
（公章）
负责人签字：　年　月　日</td></tr>
<tr><td>地区人工影响天气办公室意见</td><td colspan="5">（公章）
负责人签字：　年　月　日</td></tr>
<tr><td>省人工影响天气办公室意见</td><td colspan="5">（公章）
负责人签字：　年　月　日</td></tr>
<tr><td>备注</td><td colspan="5">附：高炮技术检测状况表</td></tr>
</table>

表 10.2 高炮技术检测状况表

<table>
<tr><td>名称</td><td colspan="2"></td><td>炮号</td><td colspan="2"></td></tr>
<tr><td>高炮所在地区</td><td></td><td>高炮所在县(市)</td><td></td><td>高炮所在乡(镇)</td><td></td></tr>
<tr><td rowspan="7">各大部件技术检测状况</td><td>炮身</td><td colspan="4">1.
2.
3.
4.</td></tr>
<tr><td>炮闩</td><td colspan="4"></td></tr>
<tr><td>装填机</td><td colspan="4"></td></tr>
<tr><td>驻退机</td><td colspan="4"></td></tr>
<tr><td>摇架</td><td colspan="4"></td></tr>
<tr><td>炮车</td><td colspan="4"></td></tr>
<tr><td>其他部件</td><td colspan="4"></td></tr>
<tr><td colspan="2">全炮技术检测状况</td><td colspan="4">此炮属：</td></tr>
<tr><td colspan="2">全炮结论</td><td colspan="4"></td></tr>
<tr><td colspan="2">技术检测单位名称</td><td colspan="4"></td></tr>
<tr><td colspan="2">技术检测人员</td><td colspan="4">(签字)：　　　　　　　　　　年　　月　　日</td></tr>
<tr><td colspan="2">备注</td><td colspan="4"></td></tr>
</table>

此表一式四份。县(市)、地(市)、省(区、市)人工影响天气办公室和省级检测单位各执一份。并申报高炮报废单同时上报。

(二)高炮的销毁

1. 销毁工作的安全监督

销毁工作的安全监督应由各省(区、市)人工影响天气办公室主管高炮炮弹的管理人员和地(州)县人工影响天气办公室有关人员及县公安部门干警参加安全销毁监督。

2. 销毁工作安全注意事项

(1)对高炮整体架构、炮管应彻底切割破坏毁形,防止废旧钢铁流入社会再次组装危害社会。

(2)对复进簧、平衡簧、缓冲簧、起落簧应采用气割方式彻底消除簧力,防止流入社会再次利用和分解时伤害民众。

(3)销毁高炮应按高炮分解顺序、操作规程进行,防止蛮干发生事故。

(4)雇佣气割人员应具备从业资格,气割时应戴好劳保用品。

(5)报废高炮废旧钢铁应统一售卖到指定钢铁厂回炉。

3. 销毁工具的准备

(1)销毁高炮应具备:气割设备一套、高炮分解结合工具一套,大榔头、撬杠、起子、活动扳手、冲子等。

(2)将高炮变为作业状态,不能变为作业状态的高炮行进状态销毁,要用实木或可靠支架支起炮车。

(3)销毁前要进行安全检查,一是检查炮膛有没有炮弹实弹;二是检查身管内有没有炮弹弹丸;三是检查输弹线上有没有炮弹实弹;四是检查退壳筒内有没有炮弹实弹。检查高炮无实弹后再进行分解切割销毁。

4. 销毁高炮的气割

复进机、身管、平衡机、摇架、托架、炮车的气割毁形:

(1)复进机气割要求把复进簧割成多节,消除簧力。

(2)身管气割要求把身管气割成三段,其中一段气割位置必须在身管药室部。

(3)平衡机整体气割要求气割时穿透机筒,把平衡簧割成多节,消除簧力。

(4)摇架气割要求割断颈筒,割断高低齿弧,横割三段摇架机箱。

(5)托架气割要求割断上托架左(右)侧钣及横筒,拧下托架螺丝,将炮盘对角气割成4块,把下拖架气割成两段。

(6)炮车气割要求割断左(右)炮脚,居中割断十字梁,再在十字梁窗口横割两段。割断前后车体轴,缓冲器轴及缓冲器簧和起落平衡簧。

5. 易损易失可用件的回收

高炮虽然报废,但它本身拥有的可再用零部件,应拆卸下来以便其他高炮使用。报废高炮回收的零件主要有:装填机、驻退机、高低机、方向机、炮闩、炮尾、自动开闩盖、上(下)盖、连接条、瞄准手座、杠起螺杆、转把、行进指标、起落炮链条、支杆等。

6. 销毁后的工作

(1)高炮销毁后应到当地公安部门备案。

(2)高炮销毁后要核销固定资产,管理部门消减高炮数量。

第二节　弹药的运输、储存与报废

一、炮弹的运输要求

(一)一般要求

炮弹运输和装卸时应满足以下要求:

1. 运输车辆应符合兵器行业标准《民用爆炸物品运输车安全技术条件》(WJ 9073—2012)4.1规定,并办理审批手续后持证运输,按指定路线行驶。

2. 炮弹严禁与化学物品、火工品等静电物品等危及弹的物品混装,不应同车携带与炮弹及作业无关的货物。

3. 装卸时应熄火、制动,驾驶员不应远离车辆;不应在装卸现场添加燃料和维修车辆。

4. 装卸人员应经过培训、考核,熟知炮弹装卸的基本性质和安全注意事项。

5. 装卸应采用适当的装卸设备及工具,并保证其使用安全,不带故障使用,不超负荷使用。

6. 装卸应采用适当的装卸设备,必须经过防爆措施处理,具有防爆功能。

7. 装卸时应小心谨慎,轻拿轻放、避免冲击、摩擦,禁止投掷、拖拉或在有雷电天气时装卸。

8. 装卸时不准敲击、磕碰、严防坠落，谨防明火。

9. 运输车辆应保持安全车速，运输过程中不应随意停车，在公共区域因特殊情况需较长时间停车时，应设置警戒带，并采取相应的安全防护措施。

（二）专用要求

炮弹在运输过程中的堆码应满足以下要求：

1. 凡超过 1.5 m 高度跌落的或受到强烈震动的炮弹，应单独存放，未经鉴定、处理，不准装卸。

2. 炮弹应堆码整齐、排列紧密、固定牢靠，防止窜动或坠落；其弹轴方向一般应与行驶方向垂直。

二、弹药的运输

弹药运输（火车、汽车、轮船）必须执行《中华人民共和国铁道部危险货物运输规则》和中华人民共和国铁道部颁布的《铁路运输管理办法》及国家有关部门制定的交通法规和危险爆炸品管理规则。

（一）装卸

装满全弹的木箱应使用叉车或人工方法进行装卸，叉车每次装卸量最多为 6 箱，人工装卸为单箱；叉车装卸时，货叉外缘间距应不大于 260 mm，货叉的最大厚度应不大于 20 mm，货叉最小长度应不小于 420 mm。

（二）公路运输

1. 公路运输时，装车高度不得高出车厢高度，应用防雨篷布遮盖，并用绳索捆绑，汽车应安装接地导电带，配备灭火器。禁止使用有故障的汽车、翻斗车、平板车和拖挂车。

2. 装卸、搬运时，应轻拿轻放，不得粗暴装卸，严禁跌落、碰撞。

3. 弹药装车时，严禁与化工物品、火工品混装。

4. 弹药运输时弹轴方向与车辆运行方向垂直，堆放整齐紧密，用篷布盖好捆牢，避免雨淋、日晒和倒垛。

5. 厢式货车和集装运输车的堆高不得超过 1.5 m，普通货运车的堆高不得超过车厢挡板。车厢尾部，应当堆码成阶梯形并进行加固。

6. 运输现役弹药，在一般道路上，时速不得超过 35 km；在高速公路上，时速控制在 50 km。不得随意停车、急刹车、抢道超车。

（三）铁路运输

火车运输时，应按规定选用不漏雨、门窗完好、装有防火板的木底棚车，已装好炮弹的车厢，在未关门前，不准用机车挂车或甩车。

1. 炮弹车厢不能与机车直接相连，中间要有至少一节隔离车厢。

2. 弹药运输时应按批装车运输，并应有专职人员监督检查，车厢应清洁完好。

3. 严禁与化工物品、火工品混装，应堆放整齐，排列紧密。

4. 装卸、搬运时应轻拿轻放，严禁跌落、碰撞、野蛮装卸。

5. 运输时弹药弹轴方向应与行驶方向垂直。

（四）炮弹的押运

为了安全、及时地运达目的地，防止在运输途中发生炮弹丢失等各种事故，在运输炮弹时发送（接收）单位应派人押运。押运炮弹的人员称为押运员。押运员要由政治可靠、思想稳定、业务熟悉、责任心强的人员担任。两人以上押运时，应指定负责人。

押运人员的多少，根据炮弹的数量、运输方式、运输距离而定。汽车运输炮弹时，若车辆较多、运输距离较近，可适当派出押运人员；若车辆较少、运输距离较远，一般要一车一人押运。总之，要求所运炮弹处于押运人员严密的监管之下，以确保炮弹运输安全。

押运人员在执行押运任务时要做到：

1. 明确任务、责任、送（到）达地点、行车路线和有关规定。对押运炮弹的数量要认真清点和交接。

2. 携带好武器、身份证、押运证和随弹技术文件。

3. 坚守岗位，认真负责警戒，严防途中丢失或发生其他事故。

4. 运输途中，要主动与司机、车（船、机）长等有关人员密切协同，做好炮弹的检查和安全防护工作，发现问题要妥善处理，并及时报告有关部门。

5. 严禁在车辆下乘凉避雨，不得蹬坐车厢板和将身体探出车外，不得在车辆颈部或堆垛的高处坐卧、走动或停留，不得在货物易于窜动的空隙间乘坐。横过铁路时，要"一停、二看、三通过"，不得跳、钻车辆。车辆移动时不得扒车和跳车。注意自身和炮弹的安全，严防发生任何事故。

6. 在电气化铁路区段，严禁爬越车顶；进行装卸、整理作业时，须在车站采取断电安全措施的情况下进行。

7. 车（船）内严禁吸烟和明火，防止发生火灾。

8. 炮弹运达目的地后，及时与接收单位联系办理交接手续。

三、炮弹临时存储点的存储要求

（一）一般要求

1. 建设要求

炮弹临时存储点的建设应满足以下要求：

（1）应根据当地气候和存放物品的要求，采取防潮、隔热、通风、防啮齿动物等措施。

（2）建筑结构和净高应满足公共安全行业标准 GA838—2009《小型民用爆炸物品储存库安全规范》中 9.1.2 的要求。

（3）屋面应采用轻质泄压面积达不到要求时，应辅以门窗作为泄压面积应不小于 1 m^2。当屋面泄压面积达不到要求时，应辅以门窗作为泄压面积。

（4）门的安装应符合 GA838—2009 中 9.1.3 和 9.1.4 的要求。

（5）地面宜采用不发生火花的地面。

（6）耐火等级应符合要求。

（7）消防、电气和防雷措施应符合规定。

（8）应安装入侵报警、周界报警、视频监控等治安防范措施。

2. 管理要求

炮弹存储库和炮弹临时点的管理应满足以下要求：

(1)应指定专人管理、看护,无关人员不得进入库房。

(2)不得在库房内吸烟和用火、使用手机等通信工具,不得把其他容易引起燃烧、爆炸的物品带入库房内,不得在库房内住宿和进行其他活动。

(3)应建立相关管理制度,做到出入库凭证等资料齐全,账目清楚、账物相符,宜配备设备接入人工影响天气物联网系统

(4)不同型号、不同批次的炮弹应分区存放,并分类标识清楚,不得在库房内存放其他物品。

(二)专用要求

1. 存储量要求

(1)37 mm 炮弹储存库的最大存储量不大于 18000 发;57 mm 炮弹储存库的最大存储量不大于 3800 发。

(2)37 mm 炮弹临时存储点的最大存储数量不大于 400 发;57 mm 炮弹临时存储点的最大存储数量不大于 200 发。

2. 堆码要求

(1)炮弹应分批成垛堆放,包装标志一般应朝向工作通道,行走通道不小于 0.6 m,堆垛与墙的距离不应小于 0.9 m,堆放高度不大于 1.5 m,堆垛与堆垛的最小距离 0.6 m,运输操作通道的宽度不应小于 1.5 m。

(2)从 1.5 m 以上高度摔落的炮弹应单独存放,并做好标记,未经检查鉴定不得发放、运输或与其他弹药一起存放。

(三)人工影响天气作业用弹药存储要求

1. 配置弹药保险柜的,应存储到弹药保险柜内;
2. 应分类、分批存放;
3. 堆码应稳固安全、码放整齐;
4. 堆码高度不大于 1.5 m;
5. 应有标记品种、规格和数量的标识牌;
6. 作业期结束后,应统一清点回收、集中存储。

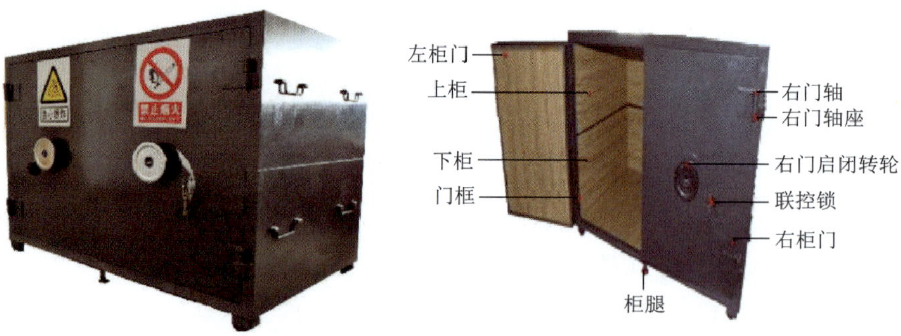

图 10.1 作业点弹药储存柜

四、炮弹仓库的储存及保管

(一)储存场所

炮弹仓库应根据本库地理环境、库房布局等条件,划定禁区。同时还应当根据库存弹药防

爆安全距离的要求，在禁区外围划定安全控制范围，并在其外沿设置安全警戒标志。禁区应划分为储存区、技术处理区和行政生活区，不同区域边界上应设置隔离装置或防护屏障，如铁丝网、电网、围墙等。

2. 储存炮弹的洞库应设置防护门、密闭门、通风门。储存炮弹的地面库房应设置密闭门、通风门，并根据库房所在地区的气象环境，设置通风窗和通风孔。

3. 洞库地坪表层以下应设滤水层、排水沟，使被覆外的山体水能顺利排出；地坪、侧墙、拱顶应进行防水处理。

4. 地面库房地坪应设防水层，侧墙和顶棚应进行防潮防热处理。

5. 地面库房周围应设置排水沟，深度不小于 50 cm，宽度不小于 40 cm，坡度不小于 1/10。排水沟应采用砖石结构，水泥砂浆抹面。

6. 高温高湿地区的库房或夏季收发作业较多的库房应设立空气风幕机。

7. 炮弹库房的电器设备应符合防爆技术要求。

8. 炮弹库房应设置防雷装置，具体设置要求按相关标准执行。

9. 炮弹库消防设施设备的建设与配备应符合相关标准的有关规定。

10. 炮弹库房的门前，应设置装卸台和回车场。

（二）堆码存放

1. 共同储存要求：炮弹在储存过程中，应按以下分组同库存放，非同一组的炮弹不得同库存放。

2. 分库分堆存放要求

（1）新品、堪用品与废品必须分库存放。

（2）质量状态不明的炮弹或危险品炮弹必须存放在专门的库房内。

（3）不同品种、不同质量等级的炮弹，应分堆存放。

（4）不同批次的同种炮弹可同堆存放，但必须分清批次，标注清楚，不得混批。

3. 堆码方式

人工影响天气高炮炮弹包装箱扁平、底盖面积较大，应采用垂直堆码方式。

4. 堆码位置

（1）堆码炮弹时不得靠近墙壁，应留出宽度不小于 0.6 m 的检查通道和宽度不小于 1.2 m 的工作通道。

（2）根据炮弹的使用要求，将需优先使用的炮弹堆码在距离库门较近的位置，新品堆码在距库门较远的位置。

5. 堆码方向

（1）洞库内存放的炮弹，堆码方向应与洞库的轴线方向一致。

（2）地面库房存放的炮弹，堆码方向应与地面库的门窗方向一致。

6. 堆码作业

（1）堆码炮弹时，应按确定位置铺垫枕木→打底堆码→整齐堆垛→标注标记的顺序进行。作业时应轻拿轻放，禁止翻滚、拖拉、敲打、摔碰。

（2）堆码炮弹时，箱盖朝上，包装箱标志朝向工作通道或作业面。

（3）使用人工堆码炮弹时，要逐箱、逐层、逐垛、逐批进行作业，堆码要稳固、整齐、美观，防止倒垛、混批、损坏。

(4)使用机械堆码炮弹时，要做好炮弹堆码的防护工作，防止掉箱、碰挂、倒垛。

7. 特殊要求

零头箱(非整箱)炮弹应贴挂:“零头箱”标志，注明名称、数量，并置于同批次炮弹堆顶明显位置。

五、弹药的报废

自生产日期起5 a后，建议对弹药进行报废处理，可联系生产厂家进行报废回收，也可以托付给专业弹药报废公司进行报废。出现下列任一情况，炮弹做报废处理。

(一)引信缺陷

1. 引信体有裂缝或严重机械损伤。

2. 引信松动，引信螺纹严重损伤，不能使用。

3. 引信帽(盖片)破损、脱落。

4. 标志不全、无法识别且无据可查。

5. 有四级锈蚀(四级锈蚀指:金属表面锈蚀严重，锈坑深度超过1.0 mm;或锈坑深度不超过0.5 mm，其面积超过总表面积的1/2)。

6. 保护帽或冲帽丢失、破裂或严重变形。

7. 引信风帽碰伤、变形裂缝。

(二)弹丸缺陷

1. 定心部碰伤深度超过1.0 mm。

2. 弹带碰伤深度超过弹带凸出高度1/2。

3. 有四级锈蚀。

4. 弹带接合处缝隙超过0.1 mm。

5. 弹体有裂纹、裂缝。

6. 弹体变形严重，影响合膛。

(三)药筒缺陷

1. 药筒严重变形，影响合膛且无法修理。

2. 有四级锈蚀。

3. 筒体有裂纹、裂缝。

4. 焊接金属药筒焊缝有碰伤。

5. 标志不清，无法识别。

(四)底火缺陷

1. 底火有击发痕迹。

2. 有三、四级锈蚀(三级锈蚀指:金属表面锈蚀严重，经擦拭后锈坑深度超过0.5 mm，但不超过1.0 mm;或锈坑深度不超过0.5 mm，其面积超过总面积的1/5，但不超过总面积的1/2)。

3. 底火体有裂纹、裂缝。

4. 标志不清，无法识别。

(五)整装炮弹缺陷

1. 有一个(含)以上部件为废品且无法更换或无修理价值。

2. 底火凸出药筒底平面或凹入深度超过 0.5 mm。

3. 缺少底火。

4. 弹丸与药筒接合不牢，松动；歪斜、缩入或脱落。

5. 使用了禁用、限用零部件。

六、报废弹药的销毁

报废弹药不再具有可靠的安全性能，易引发意外燃烧、爆炸等事故，必须进行安全处理。报废弹药的质量、安全性都劣于人工影响天气常规弹药，其储存、运输安全工作任务艰巨，稍有疏忽往往造成重大事故，必须进行安全处理。经过多年实践，人工影响天气系统积累了丰富的销毁经验。目前，以退回生产工厂销毁为主，就地销毁为辅。但在实际操作过程中，必须严格按照技术要求组织实施。

（一）报废弹药种类

报废弹药是指人工影响天气作业中遗留下来不能用于工作的引信瞎火失效弹丸、含炸药或燃烧药的部件，底火瞎火失效、发射药受潮变质或因其他原因而产生的故障炮弹，过期增雨防雹炮弹等。主要包括：

1. 收缴的瞎火弹丸

高炮增雨防雹作业中，发射到空中作业部位的弹丸，因引信瞎火失效没有在空中发生爆炸未起到播撒作用落到地面，这些被遗弃的报废炮弹弹丸，在地下埋藏一两年甚至数十年，经长期腐蚀，性能较差，但仍具有爆炸性能，多年来，在全国许多作业区地域，耕地播种收获施工过程中，挖掘或自然裸露出来，有的结构发生变形，元件残缺不全，当地农民通过作业公告报告气象部门收缴或主动上缴气象部门，或通过公安系统收缴。

2. 作业站（点）产生的底火瞎火炮弹

作业过程中由于炮弹受潮、断路、操作不当等因素炮弹打不响，而产生上缴退回上级仓库的故障炮弹。

3. 过期的炮弹

由于人工影响天气炮弹购买数量过多、天气过程较少使用数量较少储存时间超过弹药使用寿命，在地（州）、县（市）人工影响天气办仓库产生一定数量的过期报废炮弹。

（二）报废弹药销毁

报废弹药的销毁分为就地销毁和退回生产厂家销毁两种方式。

销毁过程中的安全注意事项如下：

（1）销毁工作一般由多人分工进行，要明确一人统一指挥，明确操作人员和检查监督人员，设置必要的安全警戒（指挥和检查监督可以兼任）和后勤保障。

（2）一定要按操作程序和方法进行销毁，不得任意更改。

（3）销毁完毕要认真灭火，防止发生火灾事故。

（4）需销毁的炮弹或弹，应稳拿轻放。

（5）炮弹严禁立放，以防底火受撞击而发火，造成事故。

（6）销毁报废弹药不应选在雷电、雨雪、大风、大雾、严寒、炎热天气或夜间进行。参与销毁工作的人员，必须通晓有关技术知识，熟悉有关操作方法，明确并认真履行工作职责，遵守操作规程和安全规则，遵守纪律，销毁工作中所用爆破器材、设备、车辆等，在使用前应认真检查测试，确保使用安全可靠，不发生故障。

(7)对性能难以掌握的爆炸物品，可先取少量做试验性销毁，在取得一定经验的基础上，再研究制定销毁方案，进行大规模销毁。

(8)销毁所需炸药、雷管、导火索等火工品应根据每天的销毁任务量携带，作业结束后，剩余的火工品，应现场销毁，不得带回，或私自留存。

需要说明的是，报废弹药就地销毁只限于工厂技术人员、人民武装部参谋、公安干警、煤矿(工程)爆破人员和人工影响天气部门有爆破作业证的人员操作。人工影响天气管理人员要了解和掌握相关程序及标准，在销毁工作中进行指导。

第三节　地面作业炮站的管理

一、地面作业站建设要求

按照气象行业标准《人工影响天气地面作业站建设规范》(QX/T 329—2016)中作业站点的结构、功能、安防等建设要求，表 10.3 列出了人工影响天气地面作业站建设要求。

表 10.3　人工影响天气地面作业站建设要求

要素	指标要求
基本要求	混凝土框架或钢架结构，防水、防火、防雷
值班室	≥20 m^2，满足指挥通信等需求
休息室	≥20 m^2
炮库(库)	长、宽、高满足要求
弹药临时存放库	满足一次作业用量面积
围墙	围墙或围栏
射击平台	半径≥3.5 m，平整硬化，方向和禁射标识
观测	多要素自动气象站
标牌	作业站名称和编码、作业公告等
其他	电子监控、防盗灭火、照明、安全射界图、管理制度等

(一)建筑物

1. 总体要求

(1)建筑物组成

作业站应由作业值班室、休息室、炮库、临时存储库和围栏等组成。

(2)建筑物结构

建筑采用混凝土框架结构或钢结构，其基准面应高于周边地面 15 cm。

(3)建筑物防火

建筑物防火设计和施工按国家标准 GB50016—2014(2018 版)《建筑设计防火规范》执行。

(4)建筑物防雷

建筑物防雷设计和施工按《人工影响天气作业点防雷技术规范》(QX/T226—2013)执行。

2. 作业值班室

值班室应能满足作业人员值班、指挥、通信等需求，面积不小于 20 m^2。

3. 休息室

值班室应能满足作业人员休息需求，面积不小于 20 m^2。

4. 炮库

炮库应能满足高炮安全存储要求。

5. 弹药临时存储库

弹药临时存储库应能满足一次作业量面积建设。

6. 围墙

炮站应建隔离围墙，围墙与建筑物距离≥3 m。围墙高度以不影响对空观测和实施作业为宜。

(二)射击平台建设要求

1. 37 mm 高炮射击平台半径不小于 3.5 m；

2. 与建筑物保持足够距离，避免震碎门窗；

3. 地面平整、夯实硬化，高炮射击平台，炮脚接触地面处不应硬化；

4. 设置方向标识；

5. 根据安全射界图设置醒目的禁射标识。

(三)自动气象站

作业站宜设立多要素自动气象站。

(四)标牌

作业站名称和编码；作业公告，内容包括：作业期时段、作业影响范围及有关注意事项等；防火、防爆、防雷等警示标识。

高炮作业点标识：在作业点大门上或两侧的墙上要挂牌，标明所在地区、所属县以及作业点编号，在弹药库的门上要挂“禁止烟火”警示标识。

(五)其他

作业站应根据下列要求配备相关设施：

1. 射击平台、炮库和弹药临时存储库等重点设施安装电子监控装置。

2. 射击平台在作业期间有足够的照明设施；

3. 炮库安装防盗门，设置灭火器材、工具箱和劳保工具，宜安装报警设备；

4. 弹药临时存储库安装防盗门，设置灭火器材，宜安装报警设备；

5. 作业值班室配备专用通信设备，宜配备备用通信设备；配置相关办公室设施；

6. 休息室配置必要的相关设施；

7. 作业值班室应设置安全射界和相关管理制度。

二、高炮作业站安全射界图

近年来，随着农村经济的发展，住宅和各类建设物数量增加，对以前的主要射击方向和弹着陆区域，变得模糊不清，37 mm 人工增雨炮弹的不炸弹头掉进民房的事件时有发生，严重影响了作业安全。如何让作业人员了解作业点周围环境和主要射击方向弹着陆区域的情况就显得尤为重要，作业点安全射界图解决了这一问题。地面固定作业站根据当地的地图地理环境和用弹型号发射曲线，在实地考察核实的基础上进行绘制，不同的建筑物、农庄等要用不同符号标注，划定禁射区作业区。

1. 安全射界的选取应遵守如下原则：

(1)弹丸落点范围内无城镇、村庄、学校等人口集聚区和油库、化工厂、电厂、铁路、国道、水库、军事单位等重要设施区。

(2)四周与邻近人口密集区和重要设施区避让 100 m 以上。

(3)在低海拔地区(海拔高度≤1500 m)，极坐标径向，弹丸落点对应的远近距离范围≥1.0 km；极坐标法向，弹丸落点对应的左右宽度范围≥1.5 km。

(4)在高海拔地区(海拔高度≥1500 m)，极坐标径向，弹丸落点对应的远近距离范围≥1.5 km；极坐标法向，弹丸落点对应的左右宽度范围≥2.0 km。

37 mm 高炮人工影响天气作业点安全射界图绘制规范主要目的是预选空中未爆弹丸落地安全区范围，避免造成人员和设施损害。图 10.2 为山东省潍坊市寿光市高炮作业站安全射界图。

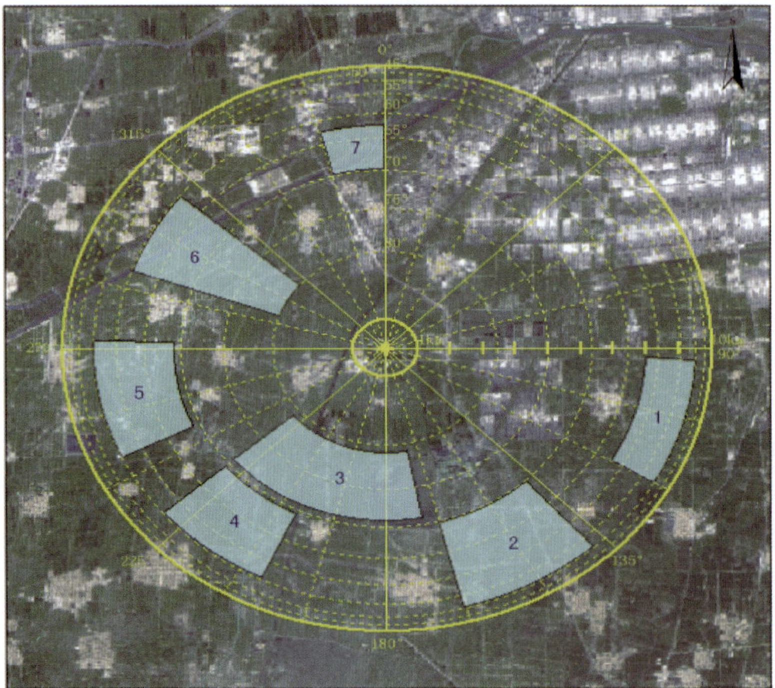

安全射界范围						说明	
编号	方位角	仰角	编号	方位角	仰角	作业点名称：	寿光-林海林场
1	92°～120°	50°～62°	6	289°～310°	60°～80°	作业点编号：	370783004
2	138°～165°	50°～70°	7	345°～360°	62°～70°	经纬度：	118.70°E, 37.18°N
3	170°～230°	71°～79°	8			海拔高度：	5 m
4	205°～230°	55°～69°	9			影像分辨率：	5 m
5	245°～272°	55°～69°	10			适用弹型：	JD-07A型

绘制人： 审核人： 潍坊市人工影响天气办公室 2014年04月制

图 10.2 37 mm 高炮作业点安全射界图

2. 使用方法

当该作业点准备进行高炮作业时应采用如下方法：

(1)以其高炮安全射界参考图为基准；

(2)参照天气强度、速度、路径等作业条件；

(3)对照安全射界参考图主图中的安全射界范围，每一块安全射界范围都会在安全范围表格中有编号对其方位角与仰角范围进行标注；

(4)选择最合适作业的方位及仰角，要求是选取的方位角、仰角在安全射界参考范围内进行作业。安全射界参考范围外的方位及仰角视为禁止作业区域。

三、高炮作业点装备配置

地面固定作业点是准军事化的作业基地，使用装备为非专业和专业两大类。

1. 非专业装备

非专业装备是指一般的办公用品和生活用品，如：计算机、打印机、办公桌椅、床、电视机、炊具等，按规定自行采购。

2. 专业装备

专业装备是指如 37 mm 高炮、炮弹、模拟练习弹、教练弹，退弹钣、弹夹、洗把杆、炮用工具箱、备用身管、作业控制终端等，其中教练弹一般不少于 20 发，由于经常压弹、退弹训练磨损变形不符合技术要求，需要经常更换。退弹钣配备 2 个，弹夹配备为 1 箱 60 个，配备炮用工具箱 1 个，并且还需配备油料和驻退液等。

四、高炮作业点监控系统

基层作业点拥有 37 mm 高炮、火箭发射装置、电子通信设备、炮弹、火箭弹等重要装备，各点大部分布设在农村和偏远的地区，存在安全隐患。

根据固定作业点标准化设计方案，设立高炮作业点监控系统，对作业点实现 24 h 的监控。

监控装置的安装、管理方法如下：

(1)选用设备

选用远红外固定式摄像头 5 个；安装要牢固，防自然力破坏；工作可靠，耐用，维护检修少。

(2)安装位置

安装在作业点院内 4 个合适的位置，确保重点部位的监视。

(3)摄像管理

监视器安放在工作室内，用摄像录像机管理，有大容量的数据卡和多样化外部接口。外网未通前，正常情况下，县人工影响天气办公室每月收集一次监控图像数据；外网接通后，监控的图像数据上传县人工影响天气办公室及当地公安派出所。

五、人工影响天气炮站安全“十不准”

①不准自行拆卸卡弹或哑弹；②不准存放裸弹和在弹药库堆放杂物；③不准携带火种进入弹药库；④不准将炮弹混合存放；⑤不准违反规定运输炮弹；⑥不准擅自试炮；⑦不准违规作业；⑧不准酒后作业；⑨不准在人群围观时作业；⑩不准在炮站房顶安装避雷针。

六、人工影响天气高炮作业“十不准”

1. 规范名称：人工影响天气高炮作业“十不准”见表 10.4。

2. 主要目的：杜绝装备操作人为因素引起的高炮作业安全事故。

表 10.4 人工影响天气高炮作业“十不准”

内容	释义
1. 培训不合格不准作业	每年开展作业前必须经过培训，且考核合格后方可参与当年作业
2. 空域未批复不准作业	空域申请未得到明确批复的不准作业
3. 安全射界外不准作业	高炮降落区域不得有人口稠密地区或油库、高压线等重要设施
4. 检测不合格不准作业	高炮每年都要由专业人员按照有关技术要求年检，禁止使用年检不合格的高炮进行作业
5. 过期破损弹不准使用	高炮作业时，应检查炮弹的状况，不准使用过期和破损炮弹
6. 准备不充分不准起落炮	起落炮前，必须做好查看高炮杠起螺杆是否收到最上方、制动开关等准备，方可起落炮
7. 无排障资质不准处置	在作业过程中，发生卡弹、掉弹等故障时，现场作业人员无法判明故障原因，也不知如何处置时，应及时上报管理部门，请专业人员处置
8. 压排退弹时不准平炮	在压弹、排除卡弹退出炮弹的操作过程中，不准将炮打到水平位置
9. 握把未拉到位不准送回	拉握把时，必须确保输弹器体被发射卡锁卡住后才可将握把送回或放入握把扣内
10. 排查卡弹时不准捅炮	在检查和排除卡弹时，任何情况下都不准用洗把杆从炮口向后捅弹

3. 执行要求：

(1)省气象局要统一印制挂图，图文并茂。

(2)基层高炮作业站点要张贴上墙。

(3)作业单位要加大宣传，深入人心。

(4)省气象局要将人工影响天气安全培训、检查列为重点内容。

七、高炮作业点达标考核条件

(一)高炮作业点建设和管理达标考核条件

1. 作业人员业务素质

了解人工影响天气的基本原理，熟悉人工影响天气作业装备的性能、构造、原理。能正确识别雹云、雨云，熟练掌握电台的使用、维护和保养，能按规程操作高炮排除一般故障。作业点配置使用经半自动化改造的 37 mm 高炮作业时，作业人员应不少于 3 人，使用其他 37 mm 高炮作业时，作业人员应不少于 4 人。作业人员中应有 1 人任炮长。炮长要求从事人工影响天气工作 3 a 以上(新炮点例外)，每门高炮要求有从事人工影响天气工作 2 a 以上的业务骨干 1～2 人，并保持人员相对稳定。

2. 作业装备

作业装备始终保持良好的技术状态，作业装备按要求经常保养，做到无丢失，无损坏，无锈蚀，无油泥，无潮湿，无弹簧失效，无机件松动现象。高炮、炮弹按要求使用、存放，通信设备要保证信息畅通。

3. 规章制度

炮点要做到证件齐全，制度上墙、分工明确、责任到人，要有岗位责任制度、考勤制度、值班制度、政治学习制度、业务学习制度、安全责任制度、作业装备安全操作规程等，炮点各种物资登记齐全，放置有序。

4. 基础建设

炮点应建设不小于 65 m^2 砖混或框架结构值班室、休息室、炮库（或县城有炮库）、伙房，围墙、炮台等，并配有专用通信设备，有相应的文化教育娱乐器材，学习资料。炮点应创建优美的工作生活环境。

5. 增雨防雹效果

服从雷达指挥，不错漏重大天气过程，不贻误作业时机，各种报表，记录本清楚齐全，上报及时准确，防区内无重大冰雹灾害，经济效益和社会效益明显，得到受益单位的认可或表彰奖励。

6. 生活保障

根据各地（州、市）、县的具体情况，认真做好炮手工资、补贴、保险及有关劳保福利工作，在做好防雹、增雨工作的前提下，因地制宜，积极开展种植、饲养创收活动，不断改善防雹、增雨人员的生活福利待遇。炮手年收入要高于当地居民收入水平。

（二）高炮操作技能量化考核

为了提高作业人员的操作技能，各省（区、市）在人工影响天气的实践中，不断完善了高炮作业人员的操作技能考核制度。对操作者技能的量化考核，通常是由省（区、市）人工影响天气管理机构组织集中考核，考核项目一般有理论考试和实际操作考评。理论考试内容涉及内容：作业系统原理、结构、操作规范、安全事项、简单故障处理等，可聘请老师出试卷和判卷，提供标准答案。实际操作考评：要有考评委，进行分工，制定竞赛项目内容、规范要求、评分标准、评判方式、现场打分。

以下为河南省气象局制定的《人工影响天气作业用 37 mm 高炮操作考核规范》（DB 41/T 1501—2017）中有关考场设置和考核内容、评定标准。

1. 考场设置

（1）考场要求：场地开阔，地势平整；设置候考区和考核区并有明显标志；考核区应放置考核必要的高炮、工具、操作台、桌椅、计时、记录等物品。

（2）实弹射击考核场地要求：应符合《37 mm 高炮增雨防雹作业安全技术规范》（QX/T 17—2019）中 3.2 的规定。

（3）考核所使用的高炮、工具：高炮的技术状况应符合《人工影响天气作业用 37 mm 高炮检测规范》（QX/T 18—2020）第 3 章的规定；工具应符合《人工影响天气作业用 37 mm 高炮安全操作规范》（QX/T 165—2012）附录 A 中表 A.2 的规定。

2. 撤去

（1）考核条件

高炮处于作业状态，人员就定位；时间从班长下达完“撤去”的口令起，到全班炮后集合，班长报“好”止。

（2）考核要求

熟练掌握操作要领，动作协调，部件固定到位、炮衣及各种护套的捆绑符合要求，无杂声操作，指挥适时正确，无危险动作。

(3)成绩评定

优秀:符合考核要求,时间≤2 min 20 s;

良好:符合考核要求,2 min 20 s<时间≤2 min 30 s;

及格:符合考核要求,2 min 30 s<时间≤2 min 40 s;

不及格:时间>2 min 40 s,或行进指标未在行进位置,或行进作业变换器制动开关未到位,或炮身未固定。

3. 放列

(1)考核条件

高炮处于行进状态,全班成就炮集合队形;时间从班长下达完“放列”的口令起,到全班炮后集合,班长报“好”止。

(2)考核要求

指挥正确,全班动作协调一致,车轮离地 5~10 cm,连接好洗把杆,炮衣折叠放置好,概略好水平,无危险动作,无杂声操作(不装基本诸元,不压弹,不取钢钎、大锤,不打驻锄钣,不接电缆等)。

(3)成绩评定

优秀:符合考核要求,时间≤2 min;

良好:符合考核要求,2 min<时间≤2 min 10 s;

及格:符合考核要求,2 min 10 s<时间≤2 min 20 s;

不及格:不符合考核要求,时间>2 min 20 s。

4. 更换身管

(1)考核条件

高炮处于作业状态,全班就定位;使用随炮工具;预备身管从箱中取出,换下来的身管放在指定位置(注:可用卸下的身管用作备用身管);时间从班长下达完“更换身管”的口令起,到全班就定位,班长报“好”止。

(2)考核要求

熟练掌握操作要领,动作协调、正确,无严重碰撞、无徒手接触身管的现象。

(3)成绩评定

优秀:符合考核要求,时间≤1 min 40 s;

良好:符合考核要求,1 min 40 s<时间≤2 min;

及格:符合考核要求,2 min <时间≤2 min 20 s;

不及格:不符合考核要求,时间>2 min 20 s。

5. 分解炮闩

(1)考核条件

分解一个炮闩,分解到取出击针、卡锁簧止;时间从考官下达完“开始”的口令起,到动作做完,报“好”止。

(2)考核要求

熟练掌握操作要领,动作准确无碰撞、无杂声,无危险动作,部件放置有条理,符合技术要求,零件无掉地。

(3)成绩评定

优秀:符合考核要求,时间≤1 min 10 s;

良好：符合考核要求，1 min 10 s <时间≤1 min 20 s；

及格：符合考核要求，1 min 20 s<时间≤1 min 30 s；

不及格：不符合考核要求，或时间>1 min 30 s。

6. 结合炮闩

(1)考核条件

结合一个炮闩，使高炮处于完整状态；时间从考官下达完“开始”的口令起，到动作做完，报“好”止。

(2)考核要求

熟练掌握操作要领，动作准确无碰撞、无杂声，无危险动作，零件无掉地，符合技术要求。

(3)成绩评定

优秀：符合考核要求，时间≤1 min 30 s；

良好：符合考核要求，1 min 30 s <时间≤1 min 50 s；

及格：符合考核要求，1 min 50 s<时间≤2 min 10 s；

不及格：不符合考核要求，或时间>2 min 10 s。

7. 分解装填机

(1)考核条件

分解到卸下活动梭子、拨弹器和青铜滑钣止，可有一人配合卸下装填机；时间从考官下达完“开始”的口令起，到动作做完，报“好”止。

(2)考核要求

熟练掌握操作要领，动作准确无碰撞、无杂声，无危险动作，部件放置有条理，符合技术要求。

(3)成绩评定

优秀：符合考核要求，时间≤2 min 30 s；

良好：符合考核要求，2 min 30 s <时间≤3 min；

及格：符合考核要求，3 min <时间≤3 min 30 s；

不及格：不符合考核要求，或时间>3 min 30 s。

8. 结合装填机

(1)考核条件

结合一个装填机，使高炮处于完整状态；可有一人配合安装装填机；时间从考官下达完“开始”的口令起，到动作做完，报“好”止。

(2)考核要求

熟练掌握操作要领，动作准确无碰撞、无杂声，无危险动作，符合技术要求。

(3)成绩评定

优秀：符合考核要求，时间≤4 min 20 s；

良好：符合考核要求，4 min 20 s <时间≤4 min 50 s；

及格：符合考核考核要求，4 min 50 s <时间≤5 min 20 s；

不及格：不符合考核要求，或时间>5 min 20 s。

9. 压弹

(1)考核条件

教练弹压在弹夹上，放置于托弹盘上；在高炮不转动的条件下，射角 45°以上压弹两次，每次压弹两夹(教练弹10发)一次拉重握把,第二次拉轻握把,取两次操作的平均时间作为评定成绩的依据;压弹完毕应打开保险;时间从考官下达完“压弹”的口令开始计时,到炮手报“好”停止计时。

(2)考核要求

熟练掌握操作要领,动作准确无碰撞、无杂声,无危险动作。

(3)成绩评定

优秀:符合考核要求,时间≤5 s;

良好:符合考核要求,5 s<时间≤6 s;

及格:符合考核要求,6 s<时间≤7 s;

不及格:不符合考核要求,出现卡弹、掉弹、伤人现象,或时间>7 s。

10. 退弹

(1)考核条件

固定高炮射角在45°以上退弹,将炮弹退出输弹机和装填机;退弹后应关闭保险;时间从考官下达完“退弹”的口令开始计时,到炮手报“好”停止计时。

(2)考核要求

熟练掌握操作要领,动作准确无碰撞、无杂声,无危险动作。

(3)成绩评定

优秀:符合考核要求,时间≤5 s;

良好:符合考核要求,5 s<时间≤6 s;

及格:符合考核要求,6 s<时间≤7 s;

不及格:不符合考核要求,出现卡弹、掉弹、伤人现象,或时间>7 s。

11. 实弹射击

(1)考核条件

高炮处于作业状态;人员在待考位置整队带入考场,完成动作后整队带出考场为整个考核过程。

(2)考核程序

①就定位;②检查高炮(注意检查身管、联动检查);③装禁射界;④准备弹药;⑤请示(申请空域);⑥选择射向、射角;⑦选择射击方法;⑧射击(注意先打一发,检查并报告后坐长);⑨清点弹药;⑩上报;⑪擦拭高炮。

(3)考核要求

熟练掌握射击程序和操作要领,指挥程序正确,声音洪亮;动作准确,操作有序,无危险动作。

(4)成绩评定

优秀:指挥程序正确,口令准确,动作准确,操作有序,无危险动作;

良好:指挥程序正确,口令正确,动作正确,操作有序,无危险动作;

及格:指挥程序基本正确,口令基本正确,动作基本正确,操作有序,无危险动作;

不及格:达不到及格要求。

表10.5为山西省2020年基层人工影响天气作业人员职业技能竞赛中高炮操作技能竞赛量化考核内容,操作使用的装备为中兵自动化37 mm高炮,可供参考。

表 10.5　高炮操作技能竞赛量化考核

评分项目	量化内容	分值
精神面貌 作风纪律 10 分	1. 着装严整，精神饱满，作风紧张	2
	2. 正确使用工具、检测设备；工具、零件摆放整齐	2
	3. 操作过程中，工具或零件掉落按次扣分	2
	4. 遵守考场纪律，举止文明，尊重评判人员	2
	5. 安全操作，出现人员受伤、零件损坏等扣分	2
炮闩分解 10 分	1. 取下机箱下盖和自动开闩盖	2
	2. 分解抽筒装置	2
	3. 分解闭锁装置	3
	4. 分解击发装置	3
炮闩结合 10 分	1. 结合击发装置，用击针检查规检查击针突出量，正常值为 2.44～2.75 mm	4
	2. 结合闭锁装置	3
	3. 结合抽筒装置	2
	4. 结合机箱下盖和自动开闩盖	1
装填机分解 10 分	1. 取下自动开闩盖，打平炮身、按下输弹机连接轴的簧片，并抽出连接轴	1
	2. 拧下固定摇架后壁的螺栓，取下摇架后壁和退壳筒	1
	3. 拧下固定装填机的螺栓，向后拉装填机然后抬下装填机	2
	4. 从装填机上取出输弹机	2
	5. 拔出螺钉上的开口销，拧下螺钉，然后抽出拨弹器体轴和拨弹器体	2
	6. 拔出插轴上的开口销，取下插轴，抽出活动梭子	2
装填机结合 10 分	1. 将活动梭子装在压弹机体侧壁的滑槽内，插上插轴和开口销	1
	2. 将拨弹器结合在装填机上，插上开口销，此时拨弹器体轴与装填机机体侧壁要有间隙	2
	3. 将装填机后壁朝下立放，安好黄铜滑块和活动梭子滑轮，把拨动杠杆转到装填机体外面，将输弹机从上向下插入装填机内，使滑轮和黄铜滑块卡入输弹机体的滑轮槽内	3
	4. 将装填机安在摇架上，并用螺栓固定	1
	5. 将输弹机体用连接轴结合在炮尾上，并使连接轴上的簧片朝上	2
	6. 安好后壁、退壳筒和自动开闩盖	1
作业准备 10 分	1. 检查炮盘：检查炮盘有无异物	2
	2. 检查炮闩：打开机箱上盖和机箱下盖，通过开闩、关闩，目测开关闩是否正常	2
	3. 检查装填机：检查活动梭子和不动梭子上的小齿转动是否灵活，发射卡锁能否正常放开输弹器	2
	4. 擦拭炮管(仅擦拭，不得涂油，防止烧蚀炮膛)	2
	5. 炮弹准备(物联网扫码出库)	2
作业实施 15 分	1. 装填炮弹	4
	2. 将高低机和方向机上的转换开关由手动位置变为电动位置，并将电缆连接到火炮电缆接口。	2
	3. 人员撤离安全位置(控制终端所在位置)，并将电缆连接到控制终端接口	2
	4. 上电操作：将急停按键旋至解脱状态，按下开关按键后，所有按键的指示灯点亮，待自检灯变绿后方可进行后续操作	2
	5. 调炮：半自动或自动均可	3
	6. 击发：解锁保险，按下击发按钮发射炮弹	2

续表

评分项目	量化内容	分值
射击后 10 分	1. 发射完毕后，迅速关闭控制终端保险和电源，旋下电缆接头	1
	2. 旋下炮上电缆接头，并将高低机和方向机上的转换开关置于手动位置	1
	3. 退弹：将炮身打到 45°左右（安全射界内），用退弹钣退出炮弹，退出输弹机上的炮弹（此处要用手接住炮弹）	2
	4. 打开炮上保险-踩发射踏板-放回输弹器-关闭保险	1
	5. 擦拭炮管（用油布擦拭，待擦干净后方可涂油）后关闭炮闩	1
	6. 将炮身恢复至初始状态	1
	7. 弹药封存（物联网扫码入库）	3
现场问答 15 分	依据回答出答案的要点给分	15

八、人工影响天气地面作业单位安全检查项目

作业单位开展人工影响天气安全检查的项目见表 10.6。

表 10.6 人工影响天气地面作业单位安全检查项目

项目	检查项目
规章制度执行	人工影响天气作业单位资质管理制度
	人工影响天气作业人员培训制度
	人工影响天气作业人员办理人身意外伤害保险制度
	人工影响天气作业装备管理制度
	人工影响天气作业装备年检制度
	人工影响天气作业用弹药管理制度
	人工影响天气作业公告制度
	人工影响天气作业空域申请制度
	人工影响天气作业信息报告制度
	人工影响天气重大安全事故报告制度
	人工影响天气事故处理程序及应急预案
	人工影响天气安全责任追究处理制度
	人工影响天气档案管理制度
	人工影响天气安全管理相关文件转发、传达
作业资质	作业单位具备人工影响天气作业资质
	作业资质审验或注册
作业点设置	高炮作业点设置
	作业点设置
基本设施	高炮作业单位的基本设施
	作业单位的基本设施

续表

项目	检查项目
安全措施	作业点应有规范的安全射界图
	作业点应设立允许射击标志
	作业场地应设置安全警戒区域
	作业单位应设置安全警示标识
	作业单位应设置名称标识牌
	作业单位应有作业规程、工作职责、安全注意事项和学习材料等
作业记录	作业记录应包括天气预报预警信息、指挥信息、空域申请时间、空域批复时间、空域批复人姓名和批复单位、作业起止时间、弹药信息、天气实况信息、作业效果、灾情信息、作业人员信息、装备信息等
作业发射装备	高炮年检记录和年检证明
	年检记录和年检证明
作业发射装备	高炮操作
	高炮检查与维护
	发射系统操作
	发射系统检查与维护
作业用弹药	弹药购置
	弹药存储
	弹药运输
	炮弹的有效期
	弹的有效期
	弹药出入库账目和手续
	故障弹、过期弹处置
作业人员	年龄应不小于 18 周岁、不大于 60 周岁
	有初中及以上文化
	身体健康
	无违法犯罪记录
	每门高炮作业人数不少于 4 人
	每部发射架的作业人数不少于 2 人
	在当地公安机关备案
	办理人身意外伤害保险
	参加人工影响天气作业培训
	有年度培训记录
	应配备安全帽、雨衣、雨鞋、工作服等劳动保护用具

第四节 高炮安全锁定装置

高炮作为重要的人工影响天气作业手段，自 20 世纪 60 年代开始应用，其炮弹具有爆炸冲击波和施放碘化银催化剂的双重作用，且防雹效果明显等优点，但也存在设备陈旧，没有使用权限控制等缺点，如果被不法分子、有报复心理等人员利用，对社会将造成极大的生命、财产损失。为此，作为安全管理的重要一环，随州大方精密机电工程有限公司、齐齐哈尔航箭科技有限责任公司、江西强能科技有限公司、兰州北方机电有限公司等开展了高炮安全锁定装置的研制。

下面以中兵 ZBZ-37A 型 37 mm 高炮安全锁定装置为例，介绍人工影响天气高炮安全锁定装置。

ZBZ-37A 型 37 mm 人工影响天气高炮安全锁定装置(图 10.3)，用于锁死 37 mm 高射炮开闩机构，防止未经授权人员随意使用 37 mm 高炮进行射击操作。采用该装置具备密码开锁、按钮关锁功能，在关锁状态下将闩体机构锁死无法作业。同时根据用户需求具备刷卡开锁、指纹开锁等开锁方式。

图 10.3　37 mm 高炮安全锁定装置

一、高炮安全锁定装置的技术要求及基本组成

(一)高炮安全锁定装置

1. 具有一定环境适应性、具备防雨功能、使用场地需具有防雷措施。
2. 具备远程通信接口。
3. 可选择多种解锁方式。

高炮安全锁定装置主要型号性能参数见表 10.7。

表 10.7　ZBZ-37A 型人工影响天气高炮安全锁定装置主要型号性能参数

锁定装置诸元	技术性能指标
长×宽×高	250 mm×70 mm×80mm
锁舌长	16 mm

续表

锁定装置诸元	技术性能指标
设备重量	6 kg
锁壳强度	能够承受 8000 N 压力
锁舌静载荷	轴向静载荷——承受 3000 N 时产生的缩进≤8 mm
	侧向静载荷——承受 3000 N 时正常使用
防尘、防水等级	不低于 IP65
平均维修时间	≤30 min
工作温度	−20 ～+50 ℃
工作相对湿度	10%～100%
工作电源	直流 12 V

(二)具有多种解锁方式

标配有密码解锁方式(图 10.4),还可选配磁卡解锁方式(图 10.5)、指纹解锁方式(图 10.6)等。

图 10.4 密码解锁

图 10.5 磁卡解锁

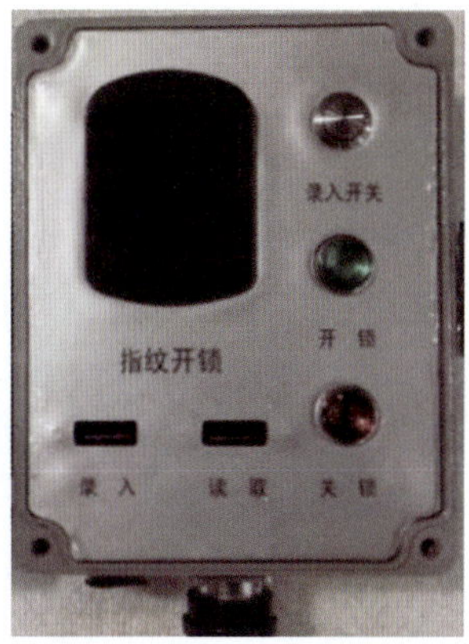

图 10.6 指纹解锁

(三)基本系统组成

由锁体、锁舌、锁芯、电气系统等组成(图 10.7)。其中电气系统包括电机控制系统、数据采集系统、通信及显示系统、供电系统等。

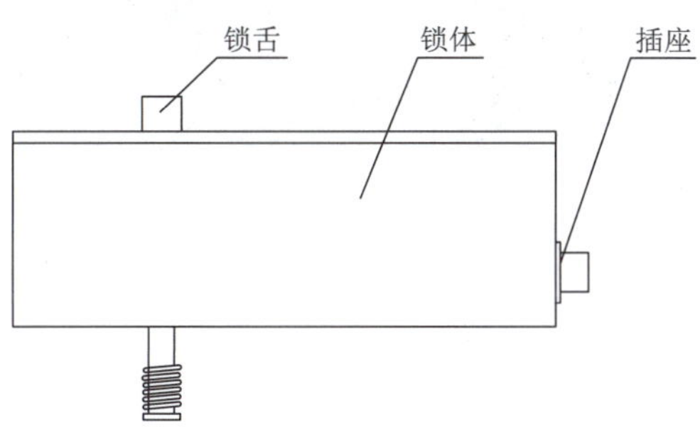

图 10.7 锁体

中兵 ZBZ-37A 型安全锁定装置采用模块化设计，用户可根据自身需求，选择相应模块，模块即插即用。主要由闩体锁、主控箱、电源箱、刷卡模块（选配）、电子围栏模块（选配）构成。

（四）系统特点

系统具有信息储存、识别和控制功能，采用数字密码技术标配。刷卡、电子围栏作为选配模块，根据用户需求选配，即插即用。

选配模块安装位置：电子围栏模块、刷卡模块装在 37 mm 高炮上。指纹识别器模块置于室内。可根据用户需求选配无线功能。

1. 采用模块化设计，可根据用户选择，灵活组合；
2. 内置数码芯片，只有通过特定密码才能进行解锁；
3. 关键部件采用军工炮钢材质，保证产品强度；
4. 在 37 mm 人工影响天气高炮安全锁定装置出现系统故障无法开锁时，应急开锁装置采用国标 C 级防护，专业锁芯，通过钥匙进行开锁，使高炮恢复正常作业状态；
5. 固定锁体连接螺栓具备互锁功能，关锁状态无法拆卸。
6. 采用分时开、闭锁技术，能量消耗小，大大提高电池使用寿命。
7. 开锁后，系统自动关闭锁体电源，防止电子锁误动作。

二、安装

由厂家专业人员负责现场安装，双管 37 mm 高炮安全锁定装置：左、右闩体锁均安装在摇架底部。安装位置如图 10.8 所示。

图 10.8　安装位置

三、操作及使用

（一）密码开锁（图 10.4）

数字型密码身份识别器的数字密码验证。2 人及以上操作员采用双密码/多密码（由管理员选择设置“双密/多密码”)。

1. 设置管理员密码

开机后按“＊”进入管理员密码输入界面,输入6位有效密码,完成成组输入后按“＊”完成输入,后验证其有效性。

2. 设置管理开锁密码

在输入“管理员密码”后进入密码管理界面,可进行“增加开锁密码”“删除开锁密码”“更改管理员密码”“更改开锁密码”等密码管理操作。

3. 输入密码解锁

在设置双密码/多密码成功后,即可使用密码进行开锁操作。2人及以上操作员采用双密码/多密码(由管理员选择设置“双密/多密码”)在1 min内完成成组输入后,验证其有效性。主控箱显示“开锁成功”。若成组输入密码超时,需重新成组输入双密码/多密码。成组输入密码连续输入错误6次,数字型密码身份识别器自动关闭密码输入功能,并报警提示(内置蜂鸣器鸣叫;建议采用远程通信告知管理者等)。只有在管理员输入管理密码后,才能再次开启密码输入功能。

新密码设置或更新。由具有权限的管理员设置、更新密码;密码对管理员可见;可选定设置密码的阶段时效性。

(二)刷卡开锁(图10.5)

除标配的密码开锁方式外还可选配刷卡开锁方式。

1. 添加开锁卡

开机后使用“添加卡”在刷卡机上刷新一次,指示灯闪烁一次后在刷卡机上刷新身份识别卡进行身份识别卡添加操作。按要求添加2张及以上身份识别卡。在添加完最后一张身份识别卡后,在刷卡机上再刷新一次“添加卡”完成添加身份识别卡操作。

2. 删除开锁卡

开机后使用“删除卡”在刷卡机上刷新一次,指示灯闪烁一次后在刷卡机上刷新身份识别卡进行身份识别卡删除操作。按要求删除不再使用的身份识别卡。在删除完最后一张身份识别卡后,在刷卡机上再刷新一次“删除卡”完成添加身份识别卡操作。

3. 使用身份识别卡解锁

两人及以上人员分别持各自身份识别卡,在规定时间内,依次刷卡,至所有已添加的身份识别卡均刷卡完毕方可开锁。

(三)指纹开锁(图10.6)

除标配的密码开锁方式外,还可选配指纹/人脸开锁方式。

1. 指纹录入

使用专用的数据线连接指纹终端与电脑。在电脑端打开指纹录入软件,按软件提示步骤进行相应操作,完成指纹录入与删除。

2. 操作使用

指纹录入完成后,将指纹开锁系统连接至主控箱即可使用指纹开锁。两人及以上人员分别在指纹识别器上扫描已录入指纹,在规定时间内,依次进行扫描,扫描完毕方可开锁。

(四)应急开锁

每把锁配备应急开锁钥匙,在电子开锁不正常工作时,可采用应急开锁钥匙手动开关锁。

（五）数据传输

预留 USB 通信接口，采用 Socket 协议。

（六）供电装置

采用锂电池供电。提供备份电池并易更换和充电，电池容量保证安全锁定装置连续正常启、闭操作至少 350 次，不出现欠压告警指示；当出现欠压告警指示时，仍应能保证正常启、闭操作不少于 50 次的电池续航能力。

（七）可靠性和维修性

平均无故障工作时间（MTBF）：≥20000 h。平均维修时间（MTTR）：≤30 min。

四、维护保养

1. 部件的螺栓、螺钉如有松动，进行涂油拧紧。
2. 电源箱等可移动箱体与通信电缆应放在室内保管，相对湿度≤70%。
3. 出现锈迹、掉漆等现象，须用除锈剂清除锈迹、补漆。
4. 在作业完毕应关闭电子锁，否则会触发报警装置。
5. 在非作业期要避免阳光暴晒、雨淋、潮湿。并不得与有腐蚀性物质共同存放。

五、故障分析与排除

ZBZ-37 mm 人工影响天气用高炮安全锁定装置的故障、产生原因及排除方法见表 10.8。

表 10.8　ZBZ-37A 型 37 mm 人工影响天气高炮安全锁定装置故障与解决措施

序号	问题现象	出现原因	解决措施
1	电子锁无反应	1. 电源供应 2. 线路问题 3. 电机问题 4. 电路板问题	1. 查电源箱是否有电 2. 查所有插头是否插接可靠 3. 用万用表量电机两端看电阻是否正常 4. 换备用电路板，看动作是否正常
2	指示灯、按钮故障	指示灯损坏 按钮损坏	更换指示灯 更换按钮
3	主控箱故障	1. 通信线路问题 2. 主控箱内部损坏	更换电缆 更换终端

复习与思考

1. 高炮牵引中的注意事项和检查有哪些？
2. 高炮销毁工作中有哪些安全注意事项？
3. 炮弹的运输要求有哪些？
4. 炮弹的存储要求有哪些？
5. 人工影响天气高炮作业“十不准”是什么？
6. 炮点建设和管理达标考核条件是如何规定的？

第十一章　高炮作业系统事故案例分析

内容提要

本章围绕基层高炮作业点实际工作需要，分别对高炮作业中违章操作伤人事故、管理不善引起的事故、炮弹爆炸引起的事故，三种类型、共17个典型事故案例所发生的事故过程进行了描述；对事故发生的原因进行了剖析，提出了预防措施，引导安全管理人员和作业人员从中吸取教训，最大限度地避免作业事故再次发生。

近年来，人工影响天气使用高炮作业中安全事故屡有发生，造成人员伤亡和经济损失。从多例事故的调查分析处理来看，这些事故的发生大多是由于安全管理不善、炮手违章操作造成的，是完全可以预防和避免的。本章就近年来发生的安全事故案例作为警示，希望人工影响天气安全管理人员和作业人员能从中吸取教训，引以为戒，最大限度地避免作业事故再次发生，确保作业人员和作业区人民群众的生命财产安全。

第一节　违章操作伤人事故

案例一：违规起落炮，牵引杆将1名炮手打死的事故

事故过程：

某年8月22日10:05，某炮点完成季节高炮人工增雨防雹任务，准备起炮收点。炮长A安排2名炮手和他一起向汽车上装炮弹、木床、卧具等物品，安排另一名炮手B做好起炮准备。炮手B到炮台后，先打高炮身30°，连接好后车体支架，又连接好前车体牵引杆，然后炮手B正对着牵引杆用力向外拉手柄，再由外向内扳前车体开关轴，第一次用手的力量没有向内转动开关轴，炮手B认为，可能是落炮时间太长，或是因经常淋雨，开关轴锈蚀了，于是炮手B到工具箱内取来一把起子、一把榔头，硬是把开关轴从“关”的位置转到“开”的位置。开关轴是打开了，但悲剧也上演了。就在开关轴打开的同时，牵引杆瞬间打向炮手B头部，致其当场死亡。

原因分析：

(1)这是一起典型违规操作高炮造成炮手自身死亡的案例。这名炮手在操作过程中错就错在在落炮状态下，不先收起杠起螺杆使轮胎着地，就强行打开开关轴(图11.1)，致使起落变换器弹簧迅速伸张，带动牵引杆打向炮手产生的重大安全事故。

(2)炮长没有统一指挥炮班协同起炮，应负一定责任。

(3)通过本案例可以看出，炮手操作高炮的技术能力较差。

(4)从起炮准备看，炮身应打到35°左右，支架才能顺利转动，4名炮手进行起炮应固定好方向机，以防高炮自转打伤炮手。

(5)落炮状态下起炮，应先收起杠起螺杆，使高炮轮胎着地受力，再打开开关轴，就能避免本案例事故的发生。

图 11.1 未先收起杠起螺杆强行起炮

预防措施：

要防止起落炮牵引杆和支架伤人事故的发生，应着力解决炮手违章操作的问题，按规范的操作步骤进行，宜采取以下措施：

(1)起炮、落炮时，一定要检查杠起螺杆是否收起到位，使车轮着地。

(2)起炮、落炮时，制动开关要及时关闭，防止松脱，制动开关应确实按规定卡到位，以防高炮自行起落伤人。

(3)起炮、落炮过程中牵引杆和支架不要猛放，防止冲击力过大，牵引杆的支杆应连接牢固，以防伤人。

(4)起炮、落炮过程中，站在纵梁上接、送牵引杆时，身体尤其是头部要偏离牵引杆和支架，以防起、落炮时牵引杆和支架打伤头部。

(5)操作过程中，行进指标转为“战斗”位置并转到位，以防造成车轮歪倒伤人。

(6)起、落炮时应注意前后同时进行，使高炮平稳起落，起、收杠起螺杆应协调一致。

案例二：进行起落炮变换时，杠起螺杆履钣将炮手右脚压成重伤的事故

事故过程：

某日 13:00，某炮点 4 名炮手进行增雨作业后，炮手 A 将高炮由行进状态向作业状态转换时，未将杠起螺杆收起就进行落炮，造成一名炮手 B 的右脚被杠起螺杆履钣压成重伤。

原因分析：

出现此类事故大多是由于炮手违章操作造成的。主要原因是，落炮时，炮手没有按规程检查杠起螺杆是否收到位，落炮时车轮悬空，而杠起螺杆履钣先着地，而炮手站立位置不当，造成炮手的右脚被履钣压伤。另外，起落炮时，各炮手应按规范的操作步骤操作，要注意前后同时进行，协调一致，使高炮平稳起落才能减少同类事故发生。

预防措施：

要防止起落炮时履钣压伤人事故的发生，应着力解决炮手麻痹大意的问题，按规范的操作步骤进行，宜采取以下措施：同上

案例三：起落炮变换时，火炮发生歪斜，1 名炮手被牵引杆砸成重伤事故

事故过程：

某日 16:00，某炮点 4 名炮手在火炮进行起落炮变换时，在落炮时没有行进指标放到“战斗”位置并转到位，造成牵引杆和炮车叉架未能有效连为一体，结果出现火炮车轮歪斜，同时牵引杆甩出，将 1 名炮手砸成重伤。

原因分析：

(1)行进指标在起落炮时没有在“战斗”位置并转到位，牵引杆未和炮车叉架连为一体。

(2)炮长在起落炮前对关键的环节没有进行认真地检查。

车轮歪倒时的排除方法：

歪斜不大时，可用人力扶起；歪斜较大时可打左、右杠起螺杆，使前车体恢复到“行军”状态，再转动行进指标，然后收起杠起螺杆，再进行落炮。

起炮后，行进指标应转到“行军”位置，否则，行进时高炮不能转弯而损坏高炮(严重则翻炮)。

案例四：装退弹时，炮手手指被夹伤事故

事故过程：

某日 15:00，某炮点 1 名炮手在进行增雨作业前准备中，向装填机内压弹两夹，不小心右手指被夹成重伤。

原因分析：

主要是操作技术不扎实造成的。有的炮手平时操作教练弹时就比较随意，不按操作要领进行操作，有的炮手虽平时训练比较熟练，但紧急关头遇到真炮弹时就心情紧张，手忙脚乱，不知怎样操作，以致造成事故的发生。

案例五：试炮时违规操作，致炮手重伤事故

事故过程：

某日 16:30，某炮站的 4 名作业民兵对高炮进行出炮前的维护保养，并采取发射训练弹进行试炮。训练弹为某工厂生产，与实弹结构类似，能和实弹一样发射，主要区别是弹头改为含铁粉的特殊材料，以在出炮口后近距离内粉碎，不会对附近人员造成杀伤(已用于军队和民兵训练多年，此前未见安全事故)。装填第一发训练弹击发成功，但弹壳未能正常退出，作业民兵拉握把将弹壳退出，随后装入第二发训练弹，未能正常发射，作业民兵初步判断为哑弹，在等待约 2 min 后将身管打平，准备对哑弹进行处理。其中炮手 A、炮手 B 在炮前连接洗把杆，准备在哑弹清理后擦拭身管；炮手 A、炮手 B 在炮后拆卸装填机，在拆除左管装填机后壁下螺栓后，正在拆除上螺栓时，膛内训练弹爆炸，造成炮前 2 人受重伤。

原因分析：

1. 炮手违规操作。炮手处理第二发训练弹时操作不正确：一是将 37 mm 高炮身管仰角放在了 10°，规定为打高炮身 45°以上；二是实弹在膛的情况下，两名作业民兵站在炮口前方连接洗把杆，规定为炮口前方不能有人；三是卸下了左侧退壳和装填机螺丝，此部分与处理卡弹无关，存在炮手从炮口用洗把杆向后捅炮弹的可能性。

2. 按照《人工影响天气安全管理规定》，人工影响天气作业单位应当按照国务院、中国气象局人工影响天气作业人员培训标准对从事作业的人员进行岗前培训。人工影响天气作业人员应当掌握相关作业规范和操作规程后，方可实施人工影响天气作业。事故炮点的 4 名炮手本年未进行作业前培训和年度注册。事故中表现出炮手对操作规程、高炮结构、安全注意事项等应知应会知识技能没有掌握。

第二节　炮弹爆炸引起的事故

案例一：违规用洗把杆捅炮致两死一重伤事故

事故过程：

某日 15：00，某防雹炮点负责人炮手 A 用炮点电台向县气象局联系请示作业时间，由于电台与县气象局没有联系上，炮手 A 又到距炮点不远处的村民家打电话向县气象局申请作业时间，15：30 得到答复后，炮手 A 便回到炮点组织炮手 B、炮手 C 等 3 人准备作业，压弹 15 发。这时正在下雨，有几个在距炮点不远处砌墙的石匠到炮点去避雨。射击操作完毕后，炮手 A 安排三人清理弹壳和擦炮，自己到村民家去打电话向县气象局汇报作业情况。炮手 B、炮手 C 等三人清理弹壳，找到 12 发弹壳，并将 2 发未击发的炮弹送回保管室，弹壳虽少了 1 个，但他们认为可能是当时在那里避雨的石匠 D 拿走了，没有意识到膛内存在处于击发状态的哑弹，且未阻止石匠 D 在高炮旁观看，炮手炮手 B 直接用洗把杆通擦高炮身管，导致膛内一枚引信自炸时间为 13～17 s 的炮弹底火被击发，弹丸出膛击中炮手 B 并在距炮口 5 m 处爆炸，炮手 B、石匠 D 当场死亡，炮手李某重伤。

原因分析：

根据调查分析，这次事故的直接原因是炮手违章操作造成的。

(1)未严格按照规定查找、核对弹壳；

(2)疏忽大意未拉握把退弹，致使没有发现有炮弹留在膛内；

(3)违反操作规程，在未拉握把打开炮闩和未把握把放在后握把扣内的情况下，就用洗把杆捅擦身管，是造成伤亡事故的关键(图 11.2)；

(4)违反规定，允许无关人员在作业期间进入炮点并围观；

(5)高炮维护保养得不好或炮弹故障所致；

(6)高炮本身存在炮闩关闭到位而击发机构不击发的缺陷。若炮手不拉握把退弹，直接用洗把杆擦炮或捅炮，击发机构会瞬间打击炮弹底火发射弹丸，而弹丸推动洗把杆射向炮手和爆炸，致使炮口前方炮手及围观村民伤亡；

(7)由于闭锁簧失效或拉钩杆钩部变形，致使炮弹进膛后炮闩关闭到位而开关杠杆转不到位，突齿压不平击发卡锁，击针处于待发状态。若炮手不打高炮身拉握把退弹，而直接打低炮

图 11.2　未拉握把用洗把杆捅炮

身用洗把杆捅炮，一定会被打死打伤。

案例二：二次拉握把致炮手一死、一轻伤事故

事故过程：

某日 00:44—00:46，某镇防雹站（炮长 A、炮手 B 和炮手 C）进行防雹作业，压弹 20 发，点击发 14 次，停止作业后取出了 6 发，清点弹壳时只找到 13 枚弹壳，此时已是凌晨 03:00，连续两天的作业使作业人员感觉很疲劳，雨势较大，天也黑，就决定等清晨再找第 14 枚弹壳，便回去休息了。

次日 07:00，炮长 A 等起床后在炮台附近再次找寻第 14 枚弹壳，仍然未找到。炮长 A 与炮手 B 上炮把炮衣折叠起，但未取下。炮长 A 将退弹壳下掉，准备进一步检查寻找弹壳，炮手 B 到身管前说："把身管打低一点，我把身管衣脱下来"，炮长 A 便将身管打低，炮手 B 脱掉身管衣后，未离开炮口，此时，炮长 A 拉动握把时，致使留在膛内的 1 发炮弹 2 次击发，击中站在身管前的炮手 B，当场死亡，飞出去的弹丸击穿了一住宅的墙壁，爆炸后弹片击中 1 名正在现场附近的职工，使其受轻伤。

原因分析：

（1）在核对弹壳查找炮弹时，违反操作规程将身管打平，未将身管打高即拉握把；

（2）疏忽大意没有检查炮膛内有没有炮弹；

（3）违反操作规程，二次拉握把又送回前握把扣，击针拨回又迅速二次击发炮弹底火，底火发火使发射药燃烧推弹丸出炮口，击中炮手炸伤附近职工（图 11.3）；

（4）违反操作规程，在缺少弹壳、有存在哑弹的可能时，人员在炮口前移动操作。

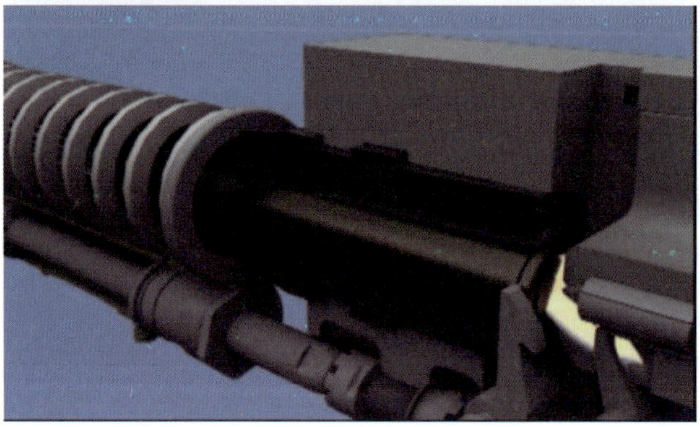

图 11.3　二次拉握把击发

案例三:发射炮弹过多,致炮弹在炮膛内发生爆炸事故

事故过程:

某日 16:35,某炮点使用双 37 mm 高炮开始防雹作业,发射炮弹 50 发,至 16:45 发射作业炮弹 100 发,18:00 发射到 430 发过程中,高炮左右身管都出现了故障,左身管故障排除后,右身管内有 1 发炮弹,炮手 A 上炮盘侧身前倾准备排除右身管故障时,炮弹在炮膛内发生爆炸(此时离发生故障约 5 min)。爆炸前由于炮闩未完全封闭炮膛,致使炮弹火药气体一方面推弹丸向前,一方面后泄,火药气体后泄撑爆弹底缘,飞溅的弹片炸坏高炮,炸伤炮手 A。

原因分析:直接原因系违反操作规程所致。

(1)在短时间内发射炮弹过多,排除故障时间不当。在发射大量炮弹、身管温度高的情况下,出现炮弹楔膛(图 11.4)故障时,按照排障规程,应在 1.0 min 内、最长不得超过 1.5 min 处理完毕,若炮弹在 1.5 min 时间内还没有退出炮膛,炮手应迅速打高炮身 45°以上,停止工作远离高炮,待高炮炮膛完全冷却后再进行排除,以防炮膛过热引起炮弹自燃爆炸伤人事故发生。

(2)高炮本身存在炮闩关闭到位而击发机构不击发的缺陷。

(3)炮弹可能存在质量问题。

预防措施:

1. 遇到不发火的故障时,必须按照正确的操作规范处理哑弹,具体方法是:

(1)打高射角 45°以上,要停射 1 min,再处理哑弹,不许过早退哑弹,以防迟发火现象,使哑弹退出在炮盘上发生自炸,造成重大伤亡事故。处理时,先退出压弹机内的炮弹,再拉握把

图 11.4 炮弹楔膛

迅速退出膛内的哑弹，并用手在压弹机后方接住哑弹，防止受震自炸。将退出的哑弹迅速带离火炮 10 m 以外放到安全处，等数小时后再处理。

(2)如果拉握把打不开炮闩时，可找一名责任心较强的炮手，用力向后拉住握把，只许向后，不许向前，另一炮手打开上盖，用大锤把向下冲击炮闩，即可打开炮闩退出哑弹。

2. 不允许哑弹在膛内停留时间过长

火炮在作业中，一个炮管在 1.0 min 内连续发射 90 发炮弹时，炮口温度可增高到 400 ℃左右。高炮在作业中，炮管温度上升较快。哑弹在膛内停留时间过长，会过热自燃形成膛炸。因此，高炮在作业中，火炮发射 30 发炮弹以上出现哑弹故障时，哑弹在膛内停留时间不允许超过 1.5 min。

3. 炮闩、复进簧要经常处于良好的技术状态

(1)击针尖的长度，要达到击针检查规的技术要求，击针突出量为 2.44～2.75 mm。

(2)击针室内要经常擦拭涂油，保证击针前后运动灵活。

(3)击针簧的自由长度要达到 69～76 mm，不合格的要更换。

(4)复进簧的自由长度应在 555 mm，复进簧力受热减退达不到技术要求应更换。

案例四：高炮作业人员处理卡弹故障发生意外事故

事故过程：

某日 09:45，某镇人工影响天气作业炮点。作业前，因镇人武部部长、炮长 A 外出工作，镇财政所所长临时召集了炮手，维持秩序、向群众喊话告知有危险不要围观。作业过程中严格执行了空域批复的 2 min 时限，压弹 10 发，发射炮弹 4 发。作业后按规定核对了弹壳，发现缺少 1 发炮弹后，即查找炮弹。打低炮管后，炮手 B 首先发现炮内有故障炮弹，便先用洗把杆从炮口去捅了两三下炮弹。炮手 B(后受伤者)转身去驱散围观的群众，将一围观群众中离得近的 C(后致死者)向远处推离之后，侧身用右手持洗把杆从炮口去捅炮弹。此时，另一炮手 D 在炮后喊“退弹要拉握把”，并可能动了握把。B 在捅了 2～3 下时炮弹击发，洗把杆被炮弹从炮管内高速击出，打断 B 的右手，并打击到 C 并致其当场身亡。据分析，弹丸出膛因洗把杆的阻挡速度降低后，达不到炮弹自炸引信延点火要求的速度，可能没有爆炸。结果造成 1 围观群众死亡、1 炮手右手重伤事故。

原因分析和教训：

(1)该炮点由当地镇政府选点建设，无炮台，距居民区近，位于山村边数十米处，未达到安全距离的要求，周边环境乱，且无有效手段禁止无关人员进入作业操作区。如作业点无围墙，则应在作业时拉起警戒线。

(2)该炮点的具体操作指挥和操作训练工作由县人武部负责，本次作业中炮长(镇人武部部长)因故不在现场，由不熟悉高炮操作的财政所所长临时召集组织作业，在炮长空缺的情况下作业，在作业指挥管理上有明显问题，造成作业现场混乱，且事故第一现场被破坏，给调查确定事故原因带来困难。

(3)高炮维护存在问题，如事故高炮的年检记录表未列检查项目和相应检查结果以及维修和更换零部件的记录，未能确保避免卡弹故障的技术指标符合要求。事后经炮弹生产厂家检测，事故高炮的击针簧长度不符合要求，这也是造成炮弹不能顺利击发的原因之一。如果炮况良好，不会出现故障，就不会引发后续排障意外。

(4)该炮点和所属县气象局，未能充分进行作业前公告工作，没有做到通过公告广泛宣传，使群众认识到高炮作业时应注意的问题，未尽告知义务，也是造成群众围观引发其中一人死亡的原因之一。

(5)炮手违规操作。没有检查确定是否解除击发状态即捅炮弹。

案例五：增雨防雹弹落入市区事故

事故过程：

某县在实施人工防雹作业时，1 发炮弹落在县城环城路上爆炸，造成 1 人死亡、2 人重伤、2 人轻伤，部分建筑物损坏的后果。

原因分析：

(1)受制造技术、成本限制，2009 年之前的高炮炮弹引信瞎火率≤3%。如引信瞎火炮弹空中未炸就会以较快速度落向地面，若落地点为坚硬地面就会发生强烈的物理撞击，弹头内的黑铝炸药在强烈的撞击下有可能发生爆炸。

(2)该作业点使用了不规范的安全射界图，仅以炮站为中心在 5 km 半径内标注了射界图，没有 5 km 之外的地面重要目标分布情况。设置作业地点和发射方位、仰角时，未严格按照规定，违反了避开城镇等人口稠密区的规定。

预防措施：

为了保障作业区人、畜、重要设施等的安全，又能充分展示高炮防灾减灾的能力，这就要求作业人员确定和标示射界。高炮发射高、低禁射界为小于 45°大于 81°范围。

第三节 管理不善方面的事故

案例一:因作业人员思想情绪造成的高炮损坏事故

事故过程:

某乡炮点,由于工资待遇因素,老炮手提出辞职,辞职前该老炮手故意放光驻退机内的驻退液,某年 8 月 2 日 18:00,新炮手接管后天气过程迅速到来,由于时间紧迫,未对高炮进行全面技术检测就开始作业,造成自动机损坏的重大事故。

原因分析:

(1)该炮点所在单位组织管理不善。

(2)单位领导对工作人员安全教育不够,缺乏安全意识和安全技术常识。

(3)老炮手思想素质不过硬,负主要责任,新炮手业务素质不精,未按规程操作。

预防措施:

(1)人工影响天气部门要积极协调,提高炮手待遇,及时了解作业人员的思想状况。

(2)注意搞好作业人员的新老交接,提高其思想文化素质和业务素质

(3)加强作业人员的爱装、管装教育,注重高炮和炮弹的维护保养及技术检查。

案例二:使用过期炮弹造成的民房损坏事故

事故过程:

某炮点作业人员在作业时,违反《人工影响天气管理条例》第十八条第三款禁止“使用年检不合格、超过有效期或者报废的人工影响天气作业设备”的规定,擅自使用已被县人工影响天气办公室封存的过期增雨防雹炮弹,由于其中 1 发弹头未炸,致使邻近的 1 村民房屋损坏。事故发生后,该炮点又隐瞒违规操作的行为,后被查出。某省人工影响天气管理部门对有关责任人和事发县人工降雨防雹办公室进行了处分,并报告了中国气象局职能管理部门。

原因分析:

(1)这是一起典型的因违反《人工影响天气管理条例》规定而造成的责任事故,虽未造成人员伤亡,但为各地人工影响天气安全管理工作敲响了警钟,说明基层作业人员对条例的学习不够,法律意识淡薄,守法的自觉性差。

(2)引信瞎火会直接导致:炮弹落地可能爆炸,以致造成人员伤亡和财产损失;落地未爆炸的炮弹也会对当地安全问题埋下隐患。

预防措施:

(1)加强高炮作业的法律法规和业务规范文件学习,提高作业人员的法律意识和安全意识。

(2)作业时不得使用年检不合格、超过有效期或者报废的增雨防雹炮弹。

(3)推广购买使用不断研制出的弹丸破片小,引信瞎火率低的新产品,以降低因增雨防雹工作对地面人畜及建筑物的伤害。

案例三:炮点炮弹被盗事故

事故过程:

某日晚,某县人工影响天气办公室所属城关 3 号炮点,因无人值守,发生人工影响天气炮

弹被盗案件，次日清晨发现炮弹库房被撬，失盗人工影响天气炮弹 67 发。案发后，公安部门高度重视，将此案列为特大挂牌案件，限期侦破。县气象局紧急部署本地各作业炮点拆下炮闩，严防失盗炮弹造成严重后果。至若干日后，被盗的 67 发人工影响天气炮弹全部找回。虽未造成严重后果，但影响很大。案发后，该县检察院认为：县气象局局长兼人工影响天气办公室主任对炮弹使用、存放及安全值班疏于管理，将 300 发炮弹置放于条件简陋的炮点，平时不认真落实安全防范制度，也未对炮点的值班情况进行检查督促，致使炮弹被盗。以涉嫌玩忽职守罪，对县气象局局长立案侦查，被市气象局免去县气象局局长职务。

原因分析：

(1)组织管理不善。

(2)安全教育不够，缺乏安全意识和安全技术常识。

(3)主管领导不尽责。

案例四：炮弹运输过程中丢失事故

事故过程：

某县气象局用农用车运输炮弹时，在县境内不慎遗失了 1 箱。后经有关部门连夜出动上百人，于次日上午找回遗失炮弹。公安部门认为运输炮弹 2 人违反“爆炸物品管理规定”，需作治安处罚。

原因分析：

(1)运输员和押运员麻痹大意，用的是农用车，车厢小货物码得高，又没有捆绑，容易掉落；

(2)从火车站出来后所经过的一段路高低不平，农用车噪声又大，炮弹被颠下来没有被发现，被后面的车拾起；

(3)运输、押运人员都是非气象局职工，一个是农民，一个是炮点民兵，安全警觉性不够高。

案例五：违规指挥，违反安全射界规定作业事故

事故过程：

某炮点炮手收到上级天气预报，预报当日下午有小到中雨的降雨过程，炮长组织炮手整装待发，随时准备等待县人工影响天气办公室空域作业时间的批复。由于盼雨心切，该乡乡长亲自督战，15:26 在天气还没有完全进来、县人工影响天气办公室空域作业时间也没有批复的情况下，乡长命令指挥作业，炮手进行作业，结果造成禁射区内一商店卷帘门被炸坏，店内商品损坏的严重事故。

原因分析：

(1)该乡乡长违反了《人工影响天气管理条例》第十二条的规定，即“实施人工影响天气作业，必须在批准的空域和作业时限内，严格按照国务院气象主管机构规定的作业规范和操作规程进行，并接受县级以上地方气象主管机构的指挥、管理和监督，确保作业安全”。

(2)该乡乡长违反了《人工影响天气安全管理规定》第八条“采用向空中施放人工增雨炮弹、火箭弹、焰弹等方式实施人工影响天气作业的，作业单位在作业前应按照空域申请的程序和有关规定申请作业空域，并将申请过程记录、留存，在有关部门批复的空域和时限内实施作业；未申请空域或虽申请空域但未得到批准的，禁止实施作业”。

(3)该乡乡长违反了《人工影响天气安全管理规定》第六条“高射炮、作业站点的布设”，应当遵守《中华人民共和国民用航空法》《中华人民共和国飞行基本规则》以及国务院气象主管机构业务规范的有关规定。

经批准的作业站点，必须调查和掌握高射炮、射程范围内的城镇、厂矿企业、村庄等人口稠密区的分布情况，绘制安全射界图。作业时，高射炮的发射方向和角度应避开上述地点，减少意外事故的发生。

(4)炮手也有责任。该乡乡长如果没有人工影响天气作业指挥资格，炮手就不能接受其指挥。炮手应接受县人工影响天气办公室的指挥，并严格遵守操作规程，自觉抵制违法、违规的指挥。

案例六：年检时，教练弹误装成实弹发射事故

事故过程：

某日18:00，某市人工影响天气办公室(简称人影办)副主任带领聘请的高炮年检员对该市某区2门高炮进行年检。次日中午，因高炮联动检查需要，区气象局职工甲(兼区人影办主任)、职工乙(兼弹药库房保管员)按照区气象局局长的要求，送2枚教练弹到年检现场，在弹药库房取教练弹时，误将与教练弹混放在一起的一枚“掉弹”(实弹)作为教练弹送到年检现场。在现场年检的市人工影响天气办年检员将实弹装入高炮装填机内，进行联动检查时炮弹击发。炮弹射入3 m外的一居民住房中爆炸，造成直接经济损失数千元。所幸未造成人员伤亡，否则必将造成严重后果。

原因分析和教训：

(1)某区人工影响天气办公室违规将去年作业中产生的掉弹与教练弹混放。

(2)库房保管员责任心不强，忘记了教练弹中混放了1枚实弹，在取弹时，也没有认真检查识别教练弹标记，对事故负有直接责任。

(3)现场年检人员负有主要责任。年检人员在装填时，忽略了识别区分教练弹和实弹的工作环节，现场领导也负有不可推卸的领导责任。此次事故属责任性安全事故。

(4)年检人员麻痹大意，在检查火炮时不认真观察教练弹和实弹的区别。

(5)即使是年检，高炮的发射方向也必须朝向安全角度。

预防措施：

(1)作业中产生的实弹与教练弹不能混放。

(2)加强库房保管员责任心，在取弹时，认真检查识别教练弹标记，事故责任。

(3)现场领导和年检人员应加强责任心。年检人员在装填时，不能忽略识别区分教练弹和实弹的工作环节，现场应提醒年检人员注意安全事故预防。

案例七：炮点选址不当，人工影响天气高炮被洪水冲走事故

事故过程：

某日夜间至凌晨，某镇出现强降水天气过程，特大暴雨导致山洪暴发，造成重大人员伤亡和财产损失。在此次洪灾中，某炮站正好处在山洪涌流而下冲刷的地带，炮站围墙被冲毁，门窗、办公物品全部损坏，炮站及其四周土地全部成为淤泥和沙滩。高炮被冲离200 m后停放到淤泥中。

原因分析：

此次发生山洪灾害，虽属偶然事件，但也值得我们深思：在炮站选址方面，考虑不周，没有对炮站周边自然环境进行排查，特别是强降水易发生山洪、滑坡、泥石流等隐患的地点，对炮站进行安全评估不足，没有制定详细的炮站安全防护和保障措施。该县本身独特的地质构造也是产生山体崩塌，进而泥石堵塞河道并加速山洪的重要原因。同时，地形复杂、沟深坡陡，极易造成雨水快速汇集，形成山洪。

改进措施：

(1)炮站选址方面，考虑周全，加强对炮站基础设施建设施工方案和合格标准的审查验收。

(2)积极发挥气象灾害联防预警的功效，密切关注气象预报、预警，遇到重大气象灾害时，要加强对炮站上游和周边存在隐患的关键点和易发点的监测，及时做好炮站人员和重要物资转移。

(3)各级人工影响天气办公室要进一步认识炮站作业民兵纳入气象信息员管理工作的重要性，切实加强组织领导，充分发挥炮站气象信息服务平台和炮站气象信息员的作用，协助当地政府及时通知周边群众做好气象防灾避灾工作，确保生命、财产安全。

复习与思考

1. 从炮弹残骸落入村民家的事故中，你得到什么教训和启示？
2. 从发射炮弹过多，致炮弹在炮膛内发生爆炸事故中，你得到什么教训和启示？
3. 从违规用洗把杆捅炮致人伤亡事故中，你得到什么教训和启示？
4. 从年检时教练弹误装成实弹发射事故中，你得到什么教训和启示？
5. 从炮点选址不当，高炮被洪水冲走事故中，你得到什么教训和启示？

第十二章　高炮作业系统新技术及发展新趋势

内容提要

本章主要介绍人工影响天气作业用 37 mm 高炮的装备技术改造及高炮维修保养工具革新。装备技术改造，主要介绍了可以加装在炮上的供弹斗和外挂式输弹装置，解决了原高炮装弹量少，在作业中无法满足一次性使用量需求的问题；高炮维修保养工具革新，一是重点介绍了 37 mm 高炮身管检测仪的用途、功能、检测方法、注意事项等内容；二是简要介绍了高炮身管养护系统（擦膛机）的用途、种类、组成及使用方法。

第一节　人工影响天气作业用 37 mm 高炮装备技术改造

一、人工影响天气作业用 37 mm 自动化高炮供弹斗简介

人工影响天气用 37 mm 高炮一次最多可装填 20 发炮弹，在人工影响天气作业时，申请到的空域时间一般在 1～2 min；高炮发射 1 轮 20 发炮弹后，炮手很难在空域时间内重新装填炮弹发射第 2 轮，所以需再重新申请空域时间，就可能错过防雹增雨作业最佳时机。

（一）功能

人工影响天气作业用 37 mm 自动化高炮供弹斗，是在 37 mm 高炮上加装供弹斗，使高炮 1 次装填炮弹达到 40 发，在防雹增雨作业中可在最短时间内发射 40 发炮弹；产品设计结构简单、实用，使用方便，可减少装填次数，提高了作业效率。

（二）产品研发

人工影响天气作业用 37 mm 自动化高炮供弹斗研发经过数次改进和人工后座模拟试验，最终达到设计要求，通过模拟测试；2022 年 3 次在铜鼓对空靶场实弹测试，所有指标均达到设计要求，通过实弹测试。

（三）产品效果图（图 12.1、图 12.2）

二、ZBZ-37S 型 37 mm 人工影响天气高炮外挂式输弹装置简介

人工影响天气作业用 37 mm 高炮由于一次性装弹量少，在防雹过程中无法满足使用量需求，出现操作人员频繁进行弹药装填，增加了防雹增雨作业过程中的操作风险。另外，随着电控高炮的推广和使用，一次性装填满足作业的需求更加凸显。

ZBZ-37S 型 37 mm 人工影响天气高炮外挂式输弹装置就是解决上述问题的。

图 12.1　安装供弹斗后状态

图 12.2　安装供弹斗并压弹完毕状态

(一)产品说明

外挂式输弹装置用于增加 37 mm 人工影响天气高炮一次性装弹量,该装置通过紧固螺栓安装于 37 mm 高炮装填机上方,配有滑轮和下压弹簧。在重力及下压弹簧共同作用下,通过引导滑槽将装有弹丸的弹夹,压入 37 mm 高炮装填口,达到增加单次装弹量的目的(图 12.3、图 12.4)。

图 12.3　安装外挂式输弹装置外观

图 12.4　安装外挂式输弹装置并压弹完毕

外挂式输弹装置每次可增加压弹量 30 发,加上原压弹机中 20 发弹药,单次人工影响天气作业可达到连续 50 发的射击状态,减少装填频次,提高作业效率。

(二)使用方法

1. 将外挂式输弹装置通过紧固螺栓固定于 37 mm 高炮输弹口上方;
2. 将 37 mm 炮弹压入弹夹;
3. 将弹夹装入弹量增加装置中;
4. 压好下压弹簧;

5. 射击作业。

（三）适用范围

本装置不改变原炮状态，可在人工影响天气单管 37 mm 高炮、双管 37 mm 高炮及各厂家、各型号电控高炮上加装，通用性强。安装后不影响高炮包括各厂家、各型号电控高炮操作，安全可靠。

第二节　人工影响天气作业用 37 mm 高炮维修保养工具

一、37 mm 高炮身管检测仪

（一）用途

37 mm 高炮身管检测仪是一款集光机电于一体的自动化检测仪器，用于检测 37 mm 高炮身管内膛，能有效地发现身管内膛烧蚀、裂纹、锈蚀、表面挂铜、阳线崩缺和身管膨胀及炮膛磨损等缺陷，及时进行处置。

（二）产品功能

1. 清晰成像：可清晰地显示身管内膛表面状况，通过图像比对便于判断身管瑕疵。

2. 精准测量：通过环形激光精准测量身管的内膛直径，得出内膛的磨损量，发现身管膨胀及其位置。

3. 剩余寿命发数估算：通过磨损量估算出身管剩余寿命发数，为更换身管提供参考数据。

（三）检测方式

按照不同需求，可采取以下四种检测模式：

1. 窥膛检测：激光检测功能关闭，仅窥膛检测（视频成像）。

2. 内径检测：窥膛检测功能关闭，仅激光测量阳线内径。

3. 全膛检测：整个身管进行窥膛检测和内径测量。

4. 定点检测：针对某一处或多处进行窥膛检测或激光测量。

（四）系统组成

1. 身管检测仪主机（图 12.5）

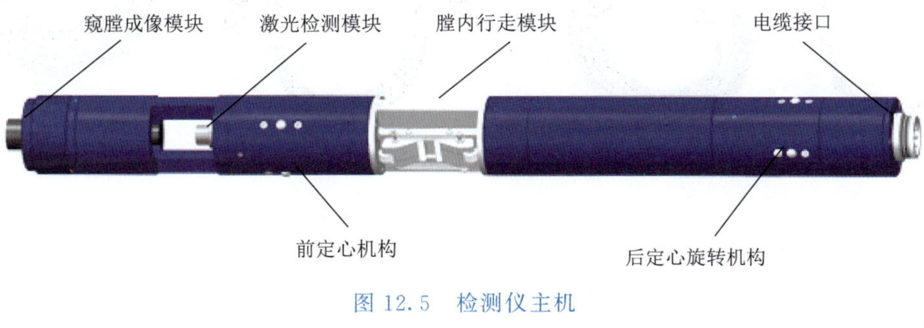

图 12.5　检测仪主机

2. 控制单元

控制单元主要由调压模块、控制模块、通信模块等组成（图 12.6）。控制单元用于调节行走机构和环形激光灯，各种检测数据通过主机电缆经由控制单元传输到电脑终端，通过专用软件进行分析处理，从而得出身管检测结果的技术数据。

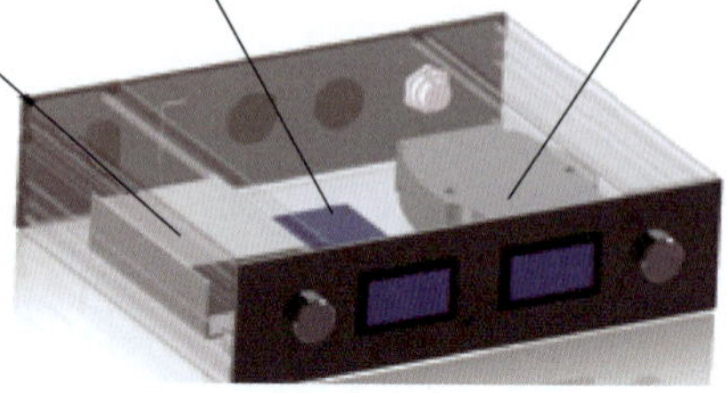

图 12.6　控制单元

3. 笔记本电脑

笔记本电脑内装有“火炮身管检测仪 . zip”专用软件，该软件是整个检测仪的控制终端，通过计算分析采集到的视频和数据，最终得出检测结果。

笔记本电脑要求：Intel x64 架构的 PC 计算机。

硬件建议配置：i5 以上处理器；8 GB 以上运行内存；256 固态硬盘＋2 TB 以上数据盘；Win10 操作系统；nVIDIAGTX-1050 以上独立显卡。

软件建议配置：操作系统：Windows 10(64 位)。

基础框架：Microsoft. NET Framework 4.7。

4. 线缆、数据线和各连线

(1)主机电缆线(图 12.7)：由 3.8 m 14 芯电缆线和航空插头组成，用于连接控制单元和主机，传输数据和对主机供电。

(2)USB2.0 数据线(图 12.8)：两根，一根 0.5 m 线，一根 1 m 线。用于连接控制单元和笔记本电脑，分别用于传输测量数据和视频。

(3)电源线(图 12.9)：长 1.5 m。

(4)USB2.0 转 rs232com 串口线(图 12.10)：长 1.5 m，用于连接笔记本电脑和控制单元。

图 12.7　主机电缆线

图 12.8　数据线

图 12.9　电源线

图 12.10　串口线

5. 校准环规

校准环规由环规和环规座、环规封盖组成(图 12.11)。用于检测仪检测前校准，以保证测量数据的准确性。

6. 对接装置

身管对接装置由对接筒和引导筒组成(图 12.12)。对接筒与身管前端的螺纹部位旋接，引导筒引导主机能够顺利进入身管，同时能使检测头从身管前端面开始检测，保证测量数据的完整性和准确性。

7. 定位弹体(图 12.13)

用于定位。使用时放入身管药室部，然后关闩，使检测仪主机行走到距身管后端面 270 mm 左右处即相碰停止，此位置为身管膛线起始部。

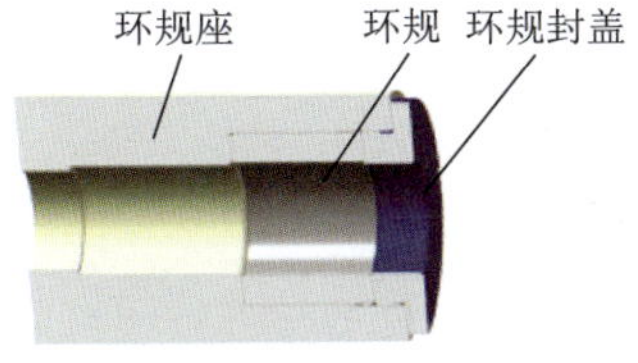

图 12.11　校准环规

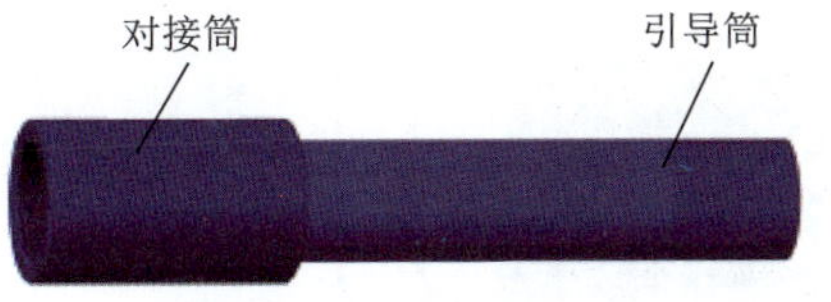

图 12.12　对接装置

图 12.13　定位弹体

(五)主机主要参数

1. 外径：35.5 mm
2. 长度：385 mm
3. 输入电压：220 V
4. 额定功率：6 W
5. 使用温度：−10～50 ℃
6. 使用相对湿度：20％ ～ 80％
7. 主机重量：0.9 kg
8. 连接接口：USB2.0 接口、14 芯航空插

(六)使用方法

1. 擦拭干净身管内膛和药室。在通头上裹上白布，将身管内膛和药室进行多次擦拭，确保无油污。

2. 安装各部件

(1)安装身管对接装置：取下身管前端防火帽和垫圈，将对接装置旋接到位(图 12.14)。

注：身管前端螺纹为左旋螺纹。

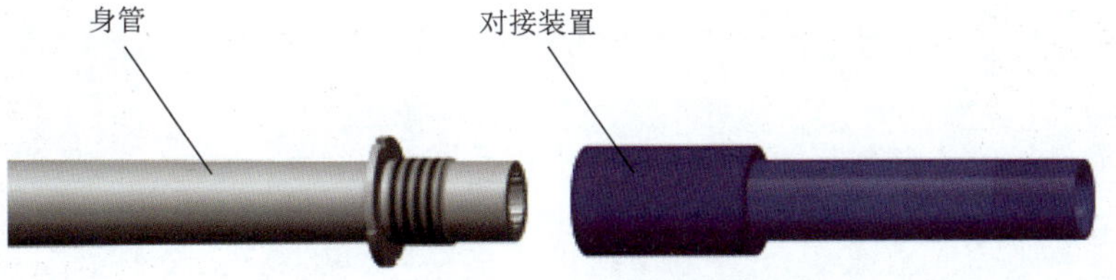

图 12.14　安装身管对接装置

(2)安装定位弹体：将身管打至 45°左右之间，依次取上盖、下盖、开闩盖、抽筒子，拉握把开闩到位，将定位弹体从摇架上盖检查口处放入药室中，然后放回握把和闩体(图 12.15)。

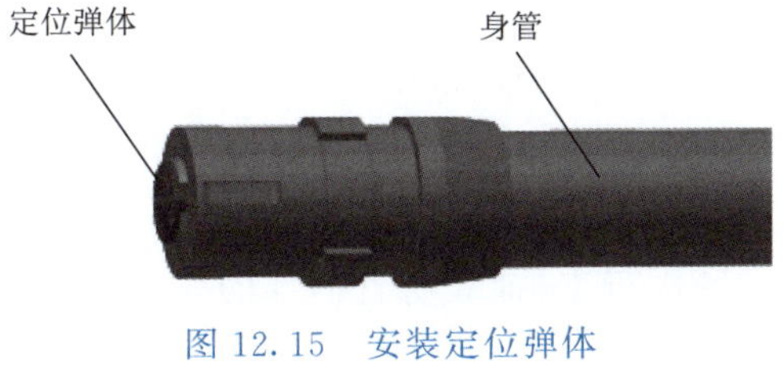

图 12.15　安装定位弹体

高炮身管检测仪的整体连接如图 12.16 所示。

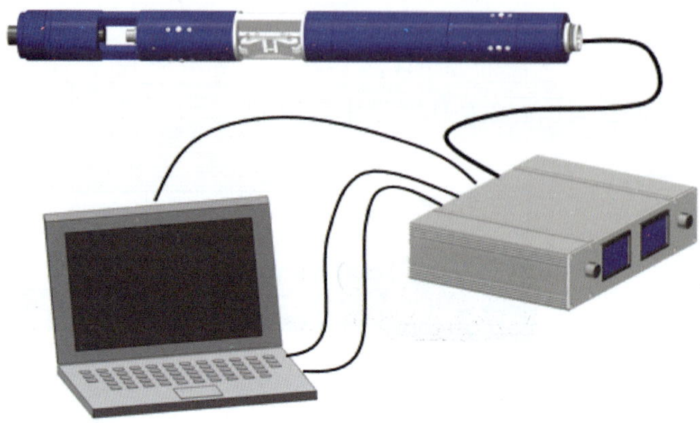

图 12.16　整体连接图

3. 笔记本电脑设置

(1)进入主界面

点击桌面图标进入主界面,如图 12.17 所示。主界面功能包括:设备校准、数据采集、数据分析、系统设置。点击其中任意一个按钮,都会以标签页的形式打开。

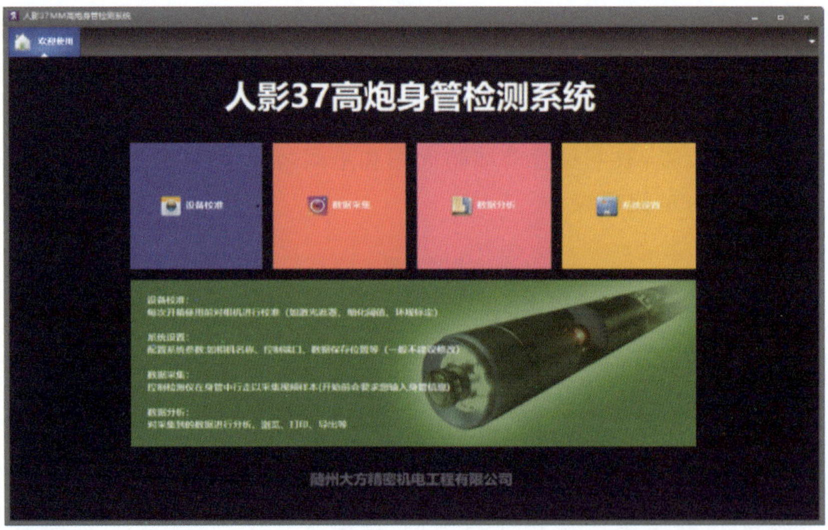

图 12.17　主界面

各功能说明:

设备校准:点击后弹出下拉菜单,选择激光相机校准或视觉相机校准。

激光相机校准:制作激光遮罩、标定测量系数、调节骨架提取阈值。

视觉相机校准:视觉相机预览,确保画面与身管同心。

数据采集:控制机器人在膛内行走,捕获身管内部的完整数据。

数据分析:对采集的视频数据进行分析,生成检测报告。

系统设置:数据采集的保存位置、单位名称(一般不用更改)。

(2)激光相机标定

① 制作视频遮罩

操作步骤：在主界面依次点击“设备校准”→“测试激光相机”→“制作遮罩”。

② 调整细化阈值

操作步骤：在主界面中点击“设备校准”→“测试激光相机”。

(3)激光标定

① 将机器人插入校准环规之中(图 12.18)。

② 调节激光至合适的电压(调节到无噪点，电压越高激光亮度越强，建议电压 2.08 V，可根据实际情况微调)。

③ 点击“激光标定”按钮，弹出对话框要求输入当前标定环规的实际内径(如 37 mm)并确定。

④ 系统开始对当前图像进行 N 次测量，得出最佳的标定系数并询问是否保存。

⑤ 保存完成后即可使用。

注：在使用前要对设备进行标定，以确保精度。

图 12.18　将机器人插入校准环规之中

4. 数据采集

(1)将检测仪主机拿出校准环规并放入连接好的身管对接装置内(放入时候需要按住齿轮行走机构前面的两个齿轮盒，检测仪主机刻线与引导筒端面平齐)，打开控制单元上的行走速度旋钮(建议电压 3.6 V，可根据实际情况微调)，在主界面中点击“数据采集”按钮打开采集界面。在此界面中有左右两个画面，分别对应视觉相机和激光相机(图 12.19)。

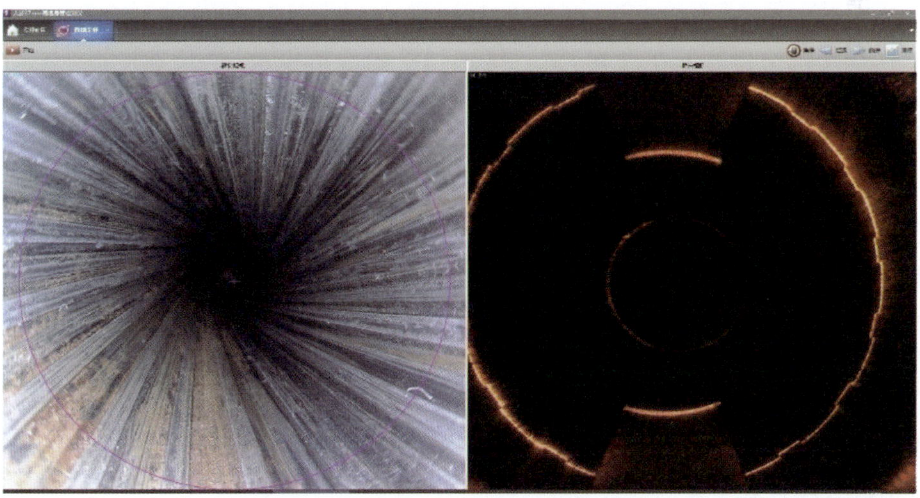

图 12.19　数据采集界面上左右两个画面

(2)点击“开始”按钮，弹出新建项目对话框，输入基本信息：所属单位、检测地点、火炮编号、身管编号、火炮类型、检测人、检测单位、启用窥膛检测(视觉)、内径检测模式(激光)等。

(3)输入完成后点击“确定”按钮，检测仪开始向膛内前进并采集数据和图像。行走过程中左边的圆为绿色，当变成粉红色表示停滞(可能行动受阻或线缆缠绕)。当机器人走完整根身管，将会自动停止前进(停止的同时自动测量指定位置的内径)。

(4)完成了数据采集，点击后退让检测仪主机退出身管即可。

5. 数据分析

(1)在主界面中点击“数据分析”进入项目数据列表界面(图 12.20)。

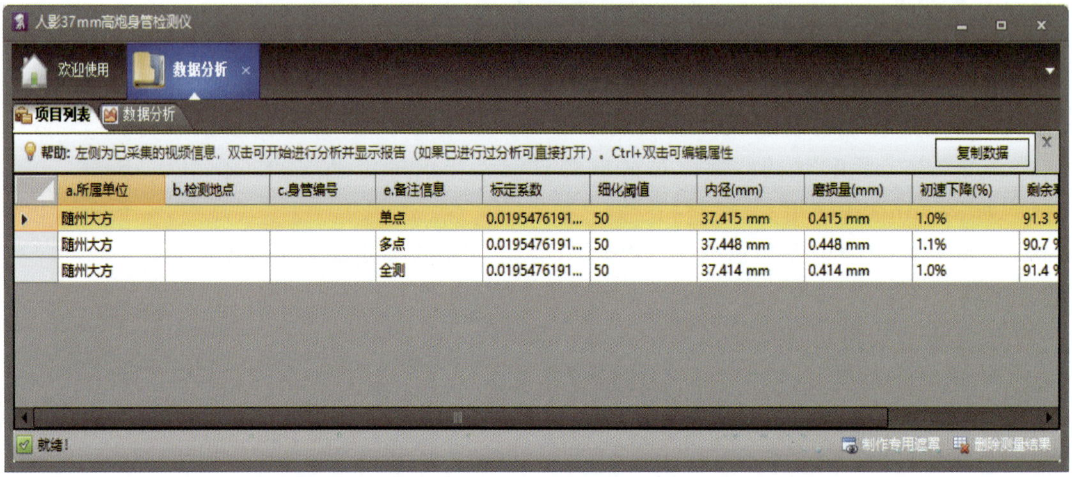

图 12.20　数据分析界面

(2)在要分析的数据上按右键，选择“亮度曲线”弹出起止点选择对话框。

(3)再次双击表格中要分析的项目所在行，系统将开始对数据进行分析。系统先进行激光分析，然后进行图像合成。测量完成后弹出检测结果。

(4)指定身管状况：点击右上角“身管状况”按钮。在弹出对话框中可选择堪用、废。

(5)在图像中标记身管起始位置：按空格键切换到编辑模式(见状态栏提示)。按住 Ctrl 键不放并双击左键可在图像中选取炮口起始位置，按住 Ctrl 键并双击鼠标右键可在图像中选取膛线起始部位置。

(6)在图像中标记身管图像检测项目：按空格键切换到编辑模式(见状态栏提示)。在图像中要标记的位置中选取一块图像，松开鼠标后。在弹出菜单中可指定标记名称(如烧蚀/龟裂/挂铜/锈蚀/阳线损坏等)。

6. 检测结果展示

(1)上方为激光测量的曲线图，下方为拼合的完整展开图鼠标滚轮可缩放。

(2)上方的激光测量曲线与下方的图像一一对应，鼠标在屏幕上移动可显示对应位置测量的内径值和距离炮口的位置信息。

7. 导出或打印报表

切换标签页至“生成检测报告”页面。系统将显示一份打印格式的检测报告可以直接在此打印报告，或导出为 Word/PDF 格式的电子文档。

8. 还原各部件

测量完毕后，退出检测仪主机，盖上检测仪主机盖子，卸下身管对接装置，并退出定位弹体，拆开各连接线，擦去油污，并按专用包装箱指定位置放回各部件。将身管内膛涂抹防护油，装上防火帽和垫圈，高炮仰角打高至45°～50°之间，还原炮上各部件。

注：退出定位弹体时，需要从退壳筒处接住或者从摇架上盖检查口取出，切不可直接打到托盘上，避免造成损坏。

（七）注意事项

1. 检测时须将身管置于水平位置。

2. 检测前须将炮膛反复擦拭干净，不能有油污。

3. 工作前须检查主机上固定的螺丝螺帽和各部件连接有无松动，工作时要保证主机电缆在膛内随主机进出顺畅。

4. 每次工作前须在行走机构齿轮部位滴入少量润滑油，打开视觉相机、激光相机和环形激光灯，启动行走电机，让设备预热1 min，待整机运转正常后再进行检测。

5. 严禁在主机在工作时拽拉主机电缆，工作结束收纳时须将各电线理顺，防止电线折断。

6. 工作中出现主机停滞不前的现象时，可令其后退一段距离；如果不能后退，可轻轻拉动主机电缆使主机退出，然后观察炮膛内是否有异物阻塞。

7. 每次工作结束须将控制单元的行走速度和激光亮度旋钮处于关闭状态。

二、人工影响天气高炮身管养护系统(擦膛机)

（一）主要用途

人工影响天气高炮身管养护系统，是为人工影响天气高炮去除火炮射击残留物，清洁炮膛，保障火炮正常使用研制的工具。根据产品型号可以选配单兵式和移动式养护系统，满足独立作业点和区域作业点的高炮身管养护。

（二）产品型号

1. ZBZ-GSY-Ⅰ型：高炮身管养护系统(移动平台式，可满足单点或流动作业)(图12.21)

适用范围：移动平台可用于人工影响天气高炮站点对高炮身管进行养护；升降形式可以将高炮身管养护系统转移到皮卡车上，采用系统自带紧固装置与皮卡稳固后，在县级范围内进行流动式养护。

图12.21　ZBZ-GSY-Ⅰ型

2. ZBZ-GSY-Ⅱ型：高炮身管养护系统(单兵式)(图12.22)

适用范围：单兵式高炮身管养护系统采用防水手提箱式，可满足人工影响天气高炮站点对高炮身管进行养护(注：Ⅱ型可根据站点情况，选配发电机)。

图 12.22　ZBZ-GSY-Ⅱ型

（三）系统组成及功能（图 12.23、图 12.24）

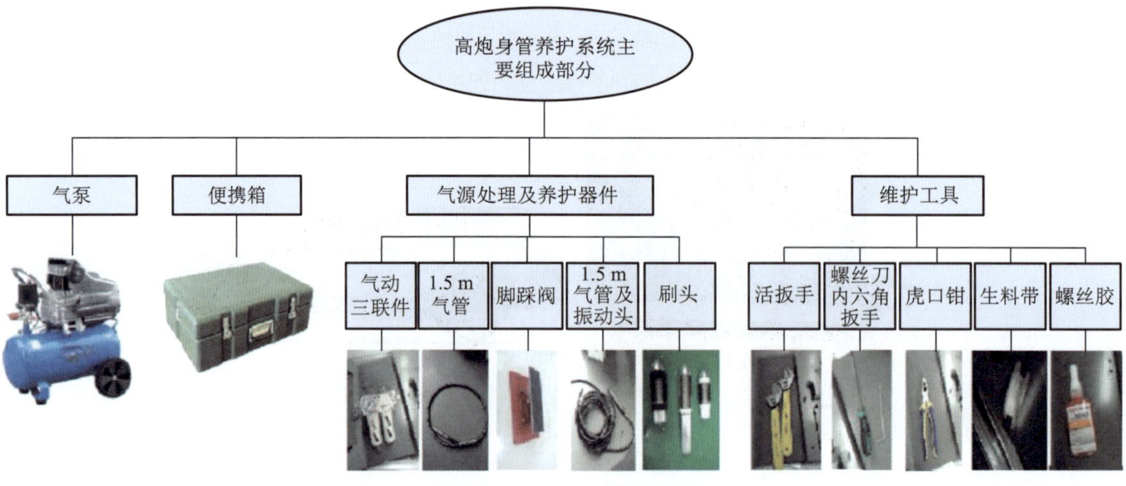

图 12.23　高炮身管养护系统主要组成部分

炮膛擦拭保养装置主要由气动三联件、高压气管、脚踏控制开关、气动式振动头和不同功用的炮刷头等组成。

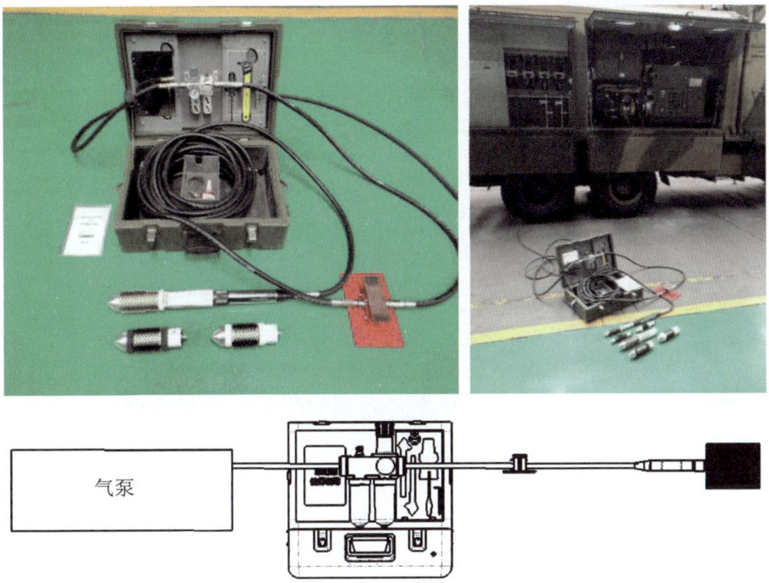

图 12.24 系统集成图

炮刷:选用猪鬃、橡胶片、不锈钢丝和毛毡做成四种毛刷,分别达到除尘、除油、除铜、涂油的功能。

振动头:选用外径为 32 mm 的振动头,频率为 40 Hz 的振动头,带动炮刷实现振动清洗。

气管:选用标有尺寸的气管,在清洗过程中,依据标注尺寸来掌握炮刷进入炮管位置。

脚踩阀:为便于单兵作业,特设计脚踩阀门来实现压缩空气的通断。

气动三联件:便于设定系统气压、调节润滑油速度。

气泵:至少满足单台系统操作时使用的气源压力和流量。

发电机:可连续运行 12 h,能够保证气泵正常运转。

(四)技术特性

高炮身管养护系统以压缩空气为动力源,采用气动轴向振动技术,气动式振动头利用压缩空气的气流作用,推动活塞产生振动力,使炮刷刷毛形变,实现炮刷沿火炮身管自动轴向运动,并沿火炮身管膛线旋转,刷头由人工控制正反转,擦拭完成后,刷头反转退出身管。

人工影响天气高炮身管养护系统已在人工影响天气业务和国内其他领域得到了应用,该产品具有体积小、重量轻、便于携带和使用等优点,且系统运行平稳高效,是人工影响天气高炮身管养护工作的专业化装备。

复习与思考

1. 人工影响天气作业用 37 mm 自动化高炮供弹斗的功能有哪些?
2. 简述 ZBZ-37S 型 37 mm 人工影响天气作业用高炮外挂式输弹器装置的使用方法。
3. 37 mm 高炮身管检测仪产品功能有哪些?使用时有哪些注意事项?
4. 炮膛擦拭保养装置主要由哪些部件组成,各部件的作用是什么?

主要参考文献

邓北胜,2011. 人工影响天气技术与管理[M]. 北京:气象出版社.

工业和信息化部民爆器材标准化技术委员会,2012. 民用爆炸物品运输车安全技术条件:WJ 9073—2012[S]. 北京:工业和信息化部.

国家人工影响天气协调会议办公室, 中国气象局应急减灾与公共服务司,中国气象局人工影响天气中心,等,2018. 砥砺前行惠民生——人工影响天气 60 周年回忆录[M]. 北京:气象出版社.

河南省气象局标准化委员会,2017. 人工影响天气作业用 37 mm 高炮操作考核规范:DB41/T 1501—2017[S]. 郑州:河南省质量技术监督局.

黄美元,王昂生,1990. 人工防雹导论[M]. 北京:科学出版社

罗俊颉,马官起,冯诗杰,2017. 人工影响天气三七高炮动画培训教材[M]. 北京:中国科学文化音像出版社.

马官起,王洪恩,王金民,等,2005. 人工影响天气三七高炮实用教材[M]. 北京:气象出版社.

马官起,廖飞佳,冯诗杰,等,2016. 人工影响天气安全管理[M]. 西安:西北工业大学出版社.

全国安全防范报警系统标准化技术委员会,2009. 小型民用爆炸物品储存库安全规范:GA 838—2009[S]. 北京:公安部.

全国雷电灾害防御行业标准化技术委员会,2013. 人工影响天气作业点防雷技术规范[S]. 北京:气象出版社.

全国人工影响天气标准化技术委员会,2012. 人工影响天气作业用 37 mm 高炮安全操作规范:QX/T 165—2012[S]. 北京:气象出版社.

全国人工影响天气标准化技术委员会,2015. 地面人工影响天气作业安全管理要求:QX/T 297—2015[S]. 北京:气象出版社.

全国人工影响天气标准化技术委员会,2016. 人工影响天气地面作业站建设规范:QX/T329—2016[S]. 北京:气象出版社.

全国人工影响天气标准化技术委员会,2017a. 高炮防雹作业点记录规范:QX/T339—2016[S]. 北京:气象出版社.

全国人工影响天气标准化技术委员会,2017b. 37 mm 高射炮防雹作业方法:GB/T34305—2017[S]. 北京:气象出版社.

全国人工影响天气标准化技术委员会,2018. 人工影响天气地面高炮、作业空域申报信息格式:QX/T 422—2018[S]. 北京:气象出版社.

全国人工影响天气标准化技术委员会,2019. 人工增雨防雹炮弹运输存储要求:QX/T 472—2019[S]. 北京:气象出版社.

全国人工影响天气标准化技术委员会,2020a. 37 mm 高炮增雨防雹作业安全技术规范:QX/T 17—2019[S]. 北京:气象出版社.

全国人工影响天气标准化技术委员会,2020b. 人工影响天气作业用 37 mm 高炮检测规范:QX/T 18—2020[S]. 北京:气象出版社.

全国人工影响天气标准化技术委员会,2020c. 人工影响天气安全 地面作业空域申请和使用规范:QX/T 547—2020[S]. 北京:气象出版社.

全国人工影响天气标准化技术委员会,2021. 37 mm 高炮人工影响天气作业点安全射界图绘制规范:GB/T 39782—2021[S]. 北京:气象出版社.

许焕斌,2021. 中国的防雹实践和理论提炼[M]. 北京:气象出版社.

杨炳华,魏旭辉,王星钧,等,2014. 新疆人工增雨防雹作业装备使用与维护[M]. 北京:气象出版社.

郑凯,周尔滨,2014. 黑龙江省人工影响天气地面作业人员操作培训教材[M]. 北京:国防科技大学出版社.

中共中央组织部干部教育局,2015. 干部教育培训工作条例学习辅导[M]. 北京:党建读物出版社.

中国气象局科技发展司,2003. 人工影响天气岗位培训教材[M]. 北京:气象出版社.

中国人民解放军总装备部通用装备保障部,2007. 通用弹药技术检查要求:GJB 6115—2007[S]. 北京:总装备部军标出版发行部.

住房和城乡建设部,2018. 建筑设计防火规范:GB 50016—2014(2018 年版)[S]. 北京:中国计划出版社.

总参谋部,1989. PG65 式双管 37 mm 高射炮兵器与操作教程[M]. 北京:解放军出版社.

总参谋部,1991. PG59 式 57 mm 高射炮兵器与操作教程[M]. 北京:解放军出版社.

附录

附录一　炮用工具表

序号	工具件号	名称	用途	数量	备注
1	64-1	双脚扳子	用于 11-37 拆装	1	
2	64-3/WA702	双头扳手(22×27)	用于 05-19 05-22 09-12 拆装	1	
3	64-4/WA702	双头扳手(32×36)	用于 12-9 61-54/WA702 拆装	1	
4	64-5/WA702	双头扳手(41×64)	用于 02-101/WA702 61-90/WA702 拆装	1	
5	61-11/WA702	钩子扳手(26-32 34-36)	用于 03-20/WA702 44-3 44-22 拆装	1	
6	6403/WA702	套筒扳手(38-51)	用于 81-10 81-14 81-15 拆装	1	
7	T4-2	冲子	用于修理	1	
8	T4-3	冲子	用于修理	1	
9	T4-4	冲子	用于修理	1	
10	T4-5	冲子	用于修理	1	
11	T4-7	钳工錾子	用于修理	1	
12	T41	注液漏斗	用于驻退机注液	1	
13	T43	三角锉	用于修理	1	
14	T44	细平锉	用于修理	1	
15		圆锉	用于修理	1	
16	T47	活动销子扳手	用于 10-5/WA702 10-147 05-37/WA702 拆装	1	
17	T48	活动销子扳手	用于 02-10/WA702 02-105/WA702 拆装	1	
18	T417	钟表起子	用于修理	1	
19	T420	手锤	用于修理	1	
20		梅花扳手(17×19)	用于修理	1	
21		绝缘钢丝钳 150 GB12-70	用于修理	1	
22		活动扳手 300×36 SG14-70	用于修理	1	套
23		螺丝批 B 型 I=450　I=280 I=150 沪 Q/JB35-62	用于修理	3	
24	6701/WA702	复进簧装拆器	用于 01-47/WA702 拆装	1	套
25	6702/WA702	保险簧装拆器	用于 04-44/WA702 04-45/WA702 拆装	1	套
26	6717-1-2-3	平衡簧装拆器	用于 12-12 12-13 拆装	1	套

续表

序号	工具件号	名称	用途	数量	备注
27	6705/WA702	输弹机簧装拆器	用于03-10/WA702拆装	1	套
28	6707/WA702	驻退机装拆器	用于02-01/WA702装拆	1	套
29		同步调整扳手	调整左、右炮同步发射	1	
30		塞尺	技术检查	1	
31		丝锥板牙	用于修理	1	套
32	17×19	双头扳手	用于拆装装填机	1	

注：表中“用途”栏中的11-37、04-44/WA702等编号为37 mm高炮的零件编号。

附录二　炮用配件表

序号	零件或工具号	名称	用途	数量	备注
1	01-05	身管	备用	2	
2	01-06/WA702	击针	备用	1	
3	01-24/WA702	击发卡锁簧	备用	1	
4	01-30/WA702	击针簧	备用	4	
5	01-31/WA702	击针底盖	备用	1	
6	01-38	左抽筒子轴	备用	1	
7	01-39	右抽筒子轴	备用	1	
8	01-40	左夹锁	备用	1	
9	01-41	右夹锁	备用	1	
10	01-52WA/702	输弹机连接轴簧片	备用	1	
11	01-53/WA702	铆钉	备用	1	
12	01-100	右抽筒子	备用	2	
13	01-101WA702	左抽筒子	备用	2	
14	01-128WA702	夹锁	备用	1	
15	02-107/WA702	紧塞环	备用	2	
16	03-5A/WA702	螺杆	备用	2	
17	03-10/WA702	输弹簧	备用	1	
18	03-14/WA702	左输弹钩	备用	1	
19	03-15/WA702	右输弹钩	备用	1	
20	03-17/WA702	输弹钩弹簧	备用	2	
21	04-111/WA702	青铜滑钣	备用	8	
22	04-239/WA702	小齿扭簧	备用	10	
23	04-251/WA702	小齿	备用	2	
24	01-32	右开关轴	备用	1	

续表

序号	零件或工具号	名称	用途	数量	备注
25	01-26/WA702	拨动杠杆	备用	1	
26	01-29/WA702	击针尖	备用	1	
27	01-32	左开关轴	备用	1	
28	01-33/WA702	滑轮	备用	1	
29	01-34/WA702	卡环	备用	1	台
30	01-36/WA702	开关杠杆	备用	1	
31	02-26/WA702	皮碗	备用	1	
32	02-28/WA702	紧塞垫	备用	1	
33	02-106/WA702	螺塞	备用	1	
34	02-108/WA702	垫片	备用	2	
35	03-1A/WA702	输弹机体	备用	1	
36	03-2A/WA702	缓冲胶皮	备用	1	
37	03-25/WA702	冲铁弹簧	备用	8	
38	03-34/WA702	输弹器体	备用	2	
39	04-215	左连发卡锁	备用	2	
40	04-216	控制卡锁	备用	2	
41	04-37/WA702	星形铁	备用	4	
42	04-38/WA702	顶帽弹簧	备用	8	
43	04-52/WA702	活动梭子保险弹簧	备用	4	
44	04-80/WA702	发射卡锁弹簧	备用	1	
45	04-82/WA702	右发射卡锁	备用	1	
46	04-95/WA702	左制动器扭簧	备用	1	
47	04-98/WA702	右制动器扭簧	备用	1	
48	05-70/WA702	耳轴弹簧杆弹簧	备用	4	
49	05-120/WA702	游标簧片	备用	1	
50	09-16/WA702	射角分划尺	备用	1	
51	09-368/WA702	拉簧	备用	1	
52	12-12	左旋弹簧	备用	1	
53	12-13	右旋弹簧	备用	1	
54	15-13	左扭簧	备用	1	
55	15-14	右扭簧	备用	1	
56	81-19	起落变换器簧	备用	1	
57	65-537	炮身固定器簧	备用	1	
58	1-561	螺钉	备用	2	

附录三　弹道射程表(含射程图)

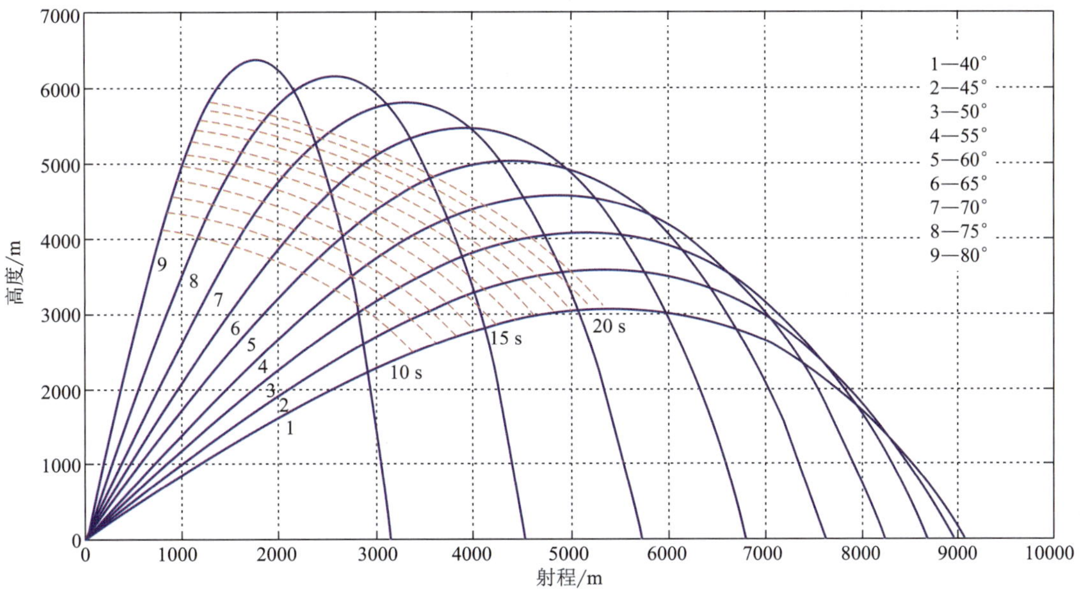

附图 3-1　RY-18 型炮弹射程图

附表 3-1　RY-18 型炮弹 0 海拔弹道射表

自炸时间/s	炸点高度/水平距离/m									
	射击角度									
	85°	80°	75°	70°	65°	60°	55°	50°	45°	41°
5	2807/254	2773/506	2716/754	2637/995	2537/1228	2416/1451	2276/1661	2117/1858	1943/2039	1792/2172
6	3161/289	3122/575	3056/856	2967/1129	2851/1393	2713/1645	2553/1883	2372/2104	2173/2308	2001/2457
7	3480/321	3436/638	3363/950	3261/1253	3133/1546	2978/1825	2800/2087	2598/2332	2376/2557	2185/2721
8	3775/351	3726/699	3645/1040	3534/1372	3392/1692	3222/1996	3025/2282	2804/2549	2560/2793	2350/2971
9	4051/381	3997/757	3909/1127	3788/1487	3633/1833	3448/2162	3234/2471	2993/2758	2727/3021	2500/3212
10	4310/409	4252/815	4157/1212	4025/1598	3858/1970	3658/2323	3426/2654	3166/2961	2880/3242	2635/3446
11	4553/437	4491/870	4389/1295	4247/1708	4068/2104	3853/2480	3604/2832	3326/3159	3019/3457	2756/3673
12	4782/465	4716/925	4606/1376	4455/1814	4263/2234	4034/2633	3769/3007	3471/3352	3145/3666	2865/3894
13	4997/482	4926/979	4810/1456	4649/1919	4445/2363	4201/2783	3919/3177	3604/3540	3258/3870	2961/4109
14	5198/518	5123/1032	5000/1534	4829/2021	4613/2488	4355/2930	4057/3344	3724/3724	3358/4070	3046/4319

续表

自炸时间/s	炸点高度/水平距离/m									
	射击角度									
	85°	80°	75°	70°	65°	60°	55°	50°	45°	41°
15	5386/545	5307/1083	5177/1611	4997/2122	4769/2612	4497/3075	4183/3507	3832/3905	3447/4265	3119/4525
16	5562/570	5479/1134	5342/1687	5152/2221	4912/2733	4626/3217	4297/3668	3928/4082	3525/4456	3180/4725
17	5726/595	5638/1185	5494/1761	5295/2319	5044/2852	4744/3356	4398/3825	4012/4256	3591/4644	3230/4922
18	5877/621	5786/1235	5635/1835	5427/2416	5168/2970	4850/3494	4489/3980	4086/4426	3646/4828	3270/5115
19	6018/645	5922/1284	5765/1908	5547/2511	5272/3086	4945/3629	4568/4133	4148/4594	3690/5008	3299/5304
20	6147/670	6047/1332	5883/1980	5656/2605	5370/3201	5028/3763	4637/4283	4200/4759	3724/5186	3318/5489
落地时间/落点	73.9/1737	73.0/3385	71.6/4886	69.6/6202	67.2/7312	64.3/8205	61.1/8883	57.4/9349	53.5/9614	50.1/9690

注:表格数据为:射击角度、自炸时间(s)、高度/水平距离(m)、落地时间(s)/落点距炮位水平距离(m)

此表根据初速(v)=866 m/s、弹丸质量(m)=0.702 kg、弹型系数(i_{43})=0.97、弹道系数(C_{43})=1.89、海拔高度(0 m)取整数计算得出。

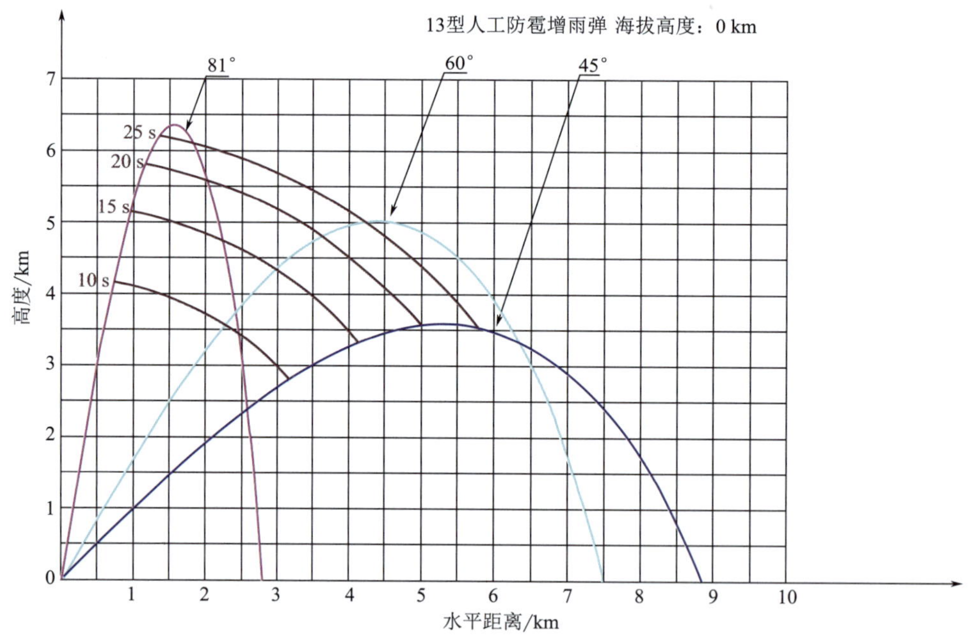

附图 3-2　152 厂 13 型人工增雨防雹弹等时弹道网图

附表 3-2　152 厂 13 型人工增雨防雹弹外弹道数据表(海拔高度 0 m)

到达弹道顶点	射击角度 45°		射击角度 60°		射击角度 81°	
	水平距离/m	高度/m	水平距离/m	高度/m	水平距离/m	高度/m
6	2231	2104	1638	2708	516	3125
7	2456	2284	1806	2954	570	3417

续表

到达弹道顶点	射击角度 45°		射击角度 60°		射击角度 81°	
	水平距离/m	高度/m	水平距离/m	高度/m	水平距离/m	高度/m
8	2668	2446	1966	3179	621	3686
9	2871	2590	2118	3385	670	3935
10	3064	2718	2265	3573	716	4165
11	3250	2832	2407	3744	762	4378
12	3429	2931	2543	3900	807	4574
13	3601	3018	2676	4042	849	4756
14	3767	3091	2805	4171	891	4924
15	3929	3153	2931	4286	932	5078
16	4085	3204	3053	4389	972	5319
17	4237	3243	3173	4479	1011	5347
18	4385	3272	3290	4558	1049	5464
19	4529	3290	3405	4626	1088	5569
20	4669	3298	3518	4683	1125	5663
21	4806	3296	3628	4729	1162	5746
22	4939	3284	3737	4765	1198	5819
23	5069	3263	3844	4790	1235	5880
24	5195	3233	3950	4805	1270	5932
25	5318	3195	4054	4811	1306	5972
备注：弹丸初速：920 m/s 弹丸重量：13 g	弹道顶点：$t=21.9$ s $X=5306$ m，$Y=3586$ m 弹道落点：$t=51$ s，$X=7442$ m，$Y=0$		弹道顶点：$t=26.4$ s，$X=4393$ m，$Y=5037$ m 弹道落点：$t=63$s，$X=6522$ m，$Y=0$		弹道顶点：$t=30.3$ s，$X=1568$m，$Y=6379$ m 弹道落点：$t=71$ s，$X=2426$ m，$Y=0$	

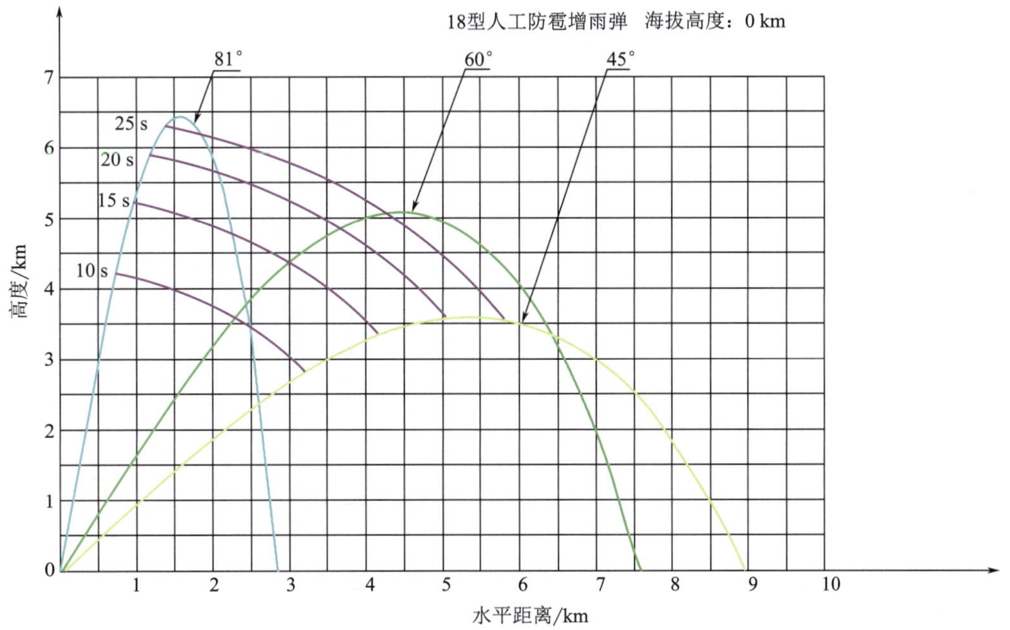

附图 3-3 152 厂 18 型人工增雨防雹弹等时弹道网图

附表 3-3 152 厂 18 型炮弹外弹道数据表(海拔 0 m)

到达弹道顶点时间/s	射击角度 45°		射击角度 60°		射击角度 81°	
	水平距离/m	高度/m	水平距离/m	高度/m	水平距离/m	高度/m
1	579	574	410	705	128	804
2	1043	1026	739	1263	232	1445
3	1428	1392	1014	1719	318	1971
4	1757	1695	1249	2100	392	2414
5	2042	1949	1454	2425	457	2793
6	2298	2167	1639	2707	516	3126
7	2535	2360	1811	2959	571	3426
8	2763	2535	1975	3192	623	3705
9	2982	2694	2135	3407	674	3965
10	3193	2839	2289	3606	724	4209
11	3398	2969	2439	3790	772	4436
12	3598	3086	2585	3960	819	4648
13	3792	3190	2728	4116	865	4847
14	3981	3281	2868	4259	910	5031
15	4166	3361	3005	4389	955	5203
16	4346	3429	3139	4507	998	5362
17	4523	3486	3271	4613	1041	5509
18	4696	3533	3400	4707	1084	5644
19	4865	3568	3528	4791	1125	5768
20	5032	3593	3654	4863	1167	5881
21	5195	3608	3778	4925	1208	5982
22	5355	3613	3900	4976	1249	6073
23	5512	3609	4021	5016	1289	6154
24	5666	3594	4140	5047	1328	6224
25	5818	3570	4258	5067	1368	6284
26	5967	3537	4374	5077	1408	6334
27	6114	3494	4490	5078	1447	6373
28	6258	3443	4603	5068	1486	6403
29	6399	3383	4716	5049	1525	6423
30	6538	3314	4828	5021	1564	6433
31	6674	3237	4938	4983	1603	6433
32	6808	3151	5047	4936	1641	6424
33	6940	3057	5154	4879	1680	6404
34	7068	2956	5260	4814	1718	6375
35	7195	2847	5365	4739	1756	6337
36	7318	2730	5469	4656	1794	6288

续表

到达弹道顶点时间/s	射击角度 45°		射击角度 60°		射击角度 81°	
	水平距离/m	高度/m	水平距离/m	高度/m	水平距离/m	高度/m
37	7439	2606	5571	4564	1832	6230
38	7558	2475	5672	4465	1870	6163
39	7673	2337	5771	4356	1907	6087
40	7786	2193	5869	4239	1944	6001
41	7897	2042	5965	4115	1980	5906
42	8004	1886	6059	3983	2017	5802
43	8109	1724	6152	3843	2053	5690
44	8211	1557	6243	3697	2088	5569
45	8310	1384	6332	3544	2123	5440
弹丸初速：925 m/s 弹丸重量：593 g	弹道顶点：$t=22$ s，$X=5355$ m，$Y=3613$ m 弹道落点：$t=52.29$ s，$X=8949$ m，$Y=0$ m		弹道顶点：$t=26.54$ s，$X=4437$ m，$Y=5079$ m 弹道落点：$t=62.78$ s，$X=7589$ m，$Y=0$ m		弹道顶点：$t=30.52$ s，$X=1584$ m，$Y=6434$ m 弹道落点：$t=71.37$ s，$X=2828$ m，$Y=0$ m	

附表 3-4　ZBZ-15 型 37 mm 高炮增雨防雹弹 0 m 海拔弹道射表

自炸时间/s	炸点高度/水平距离/m									
	发射角度									
	85°	80°	75°	70°	65°	60°	55°	50°	45°	41°
5	2807 /254	2773 /506	2716 /754	2637 /995	2537 /1228	2416 /1451	2276 /1661	2117 /1858	1943 /2039	1792 /2172
6	3161 /289	3122 /575	3056 /856	2967 /1129	2851 /1393	2713 /1645	2553 /1883	2372 /2104	2173 /2308	2001 /2457
7	3480 /321	3436 /638	3363 /950	3261 /1253	3133 /1546	2978 /1825	2800 /2087	2598 /2332	2376 /2557	2185 /2721
8	3775 /351	3726 /699	3645 /1040	3534 /1372	3392 /1692	3222 /1996	3025 /2282	2804 /2549	2560 /2793	2350 /2971
9	4051 /381	3997 /757	3909 /1127	3788 /1487	3633 /1833	3448 /2162	3234 /2471	2993 /2758	2727 /3021	2500 /3212
10	4310 /409	4252 /815	4157 /1212	4025 /1598	3858 /1970	3658 /2323	3426 /2654	3166 /2961	2880 /3242	2635 /3446
11	4553 /437	4491 /870	4389 /1295	4247 /1708	4068 /2104	3853 /2480	3604 /2832	3326 /3159	3019 /3457	2756 /3673
12	4782 /465	4716 /925	4606 /1376	4455 /1814	4263 /2234	4034 /2633	3769 /3007	3471 /3352	3145 /3666	2865 /3894
13	4997 /482	4926 /979	4810 /1456	4649 /1919	4445 /2363	4201 /2783	3919 /3177	3604 /3540	3258 /3870	2961 /4109
14	5198 /518	5123 /1032	5000 /1534	4829 /2021	4613 /2488	4355 /2930	4057 /3344	3724 /3724	3358 /4070	3046 /4319
15	5386 /545	5307 /1083	5177 /1611	4997 /2122	4769 /2612	4497 /3075	4183 /3507	3832 /3905	3447 /4265	3119 /4525
16	5562 /570	5479 /1134	5342 /1687	5152 /2221	4912 /2733	4626 /3217	4297 /3668	3928 /4082	3525 /4456	3180 /4725
17	5726 /595	5638 /1185	5494 /1761	5295 /2319	5044 /2852	4744 /3356	4398 /3825	4012 /4256	3591 /4644	3230 /4922

续表

自炸时间/s	炸点高度/水平距离/m									
	发射角度									
	85°	80°	75°	70°	65°	60°	55°	50°	45°	41°
18	5877 /621	5786 /1235	5635 /1835	5427 /2416	5168 /2970	4850 /3494	4489 /3980	4086 /4426	3646 /4828	3270 /5115
19	6018 /645	5922 /1284	5765 /1908	5547 /2511	5272 /3086	4945 /3629	4568 /4133	4148 /4594	3690 /5008	3299 /5304
20	6147 /670	6047 /1332	5883 /1980	5656 /2605	5370 /3201	5028 /3763	4637 /4283	4200 /4759	3724 /5186	3318 /5489
时间/落点	73.9 /1737	73.0 /3385	71.6 /4886	69.6 /6202	67.2 /7312	64.3 /8205	61.1 /8883	57.4 /9349	53.5 /9614	50.1 /9690

注:表格数据为:射击角度、自炸时间(s)、高度/水平距离(m)、落地时间(s)/落点距炮位水平距离(m)

此表根据初速 $v=866$ m/s、弹丸质量 $m=0.702$ kg、弹型系数 $i_{43}=0.97$、弹道系数 $C_{43}=1.89$、海拔高度 0 m 取整数计算得出。

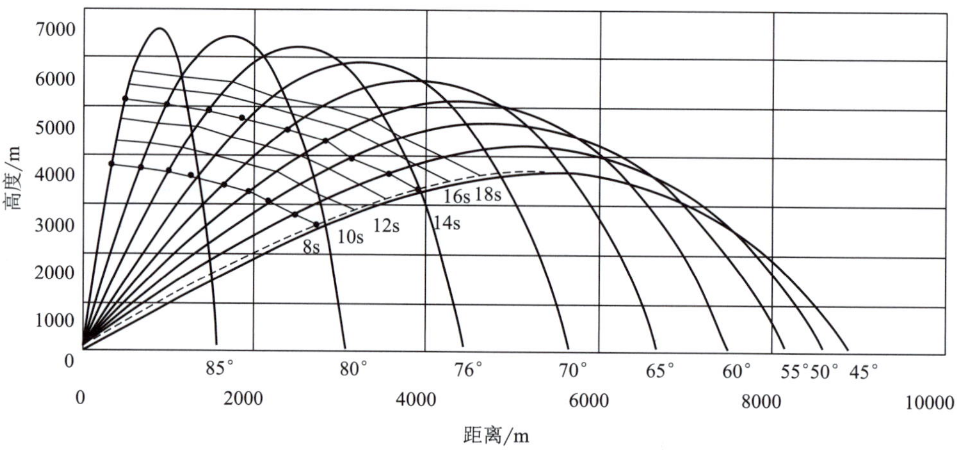

附图 3-4 JD-17 型 37 mm 人工增雨防雹弹 0 m 海拔弹道射程图

附表 3-5 JD-17 型 37 mm 人工增雨防雹弹 0 m 海拔弹道射表

自炸时间/s	炸点高度/水平距离/m								
	发射角度								
	85°	80°	75°	70°	65°	60°	55°	50°	45°
9	4029 /379	3976 /754	3888 /1122	3767 /1479	3613 /1823	3429 /2151	3216 /2458	2976 /2744	2712 /3005
10	4286 /407	4229 /810	4134 /1206	4003 /1590	3837 /1960	3636 /2311	3407 /2641	3149 /2946	2864 /3225
11	4528 /435	4466 /866	4364 /1289	4223 /1699	4045 /2093	3831 /2467	3584 /2818	3307 /3143	3002 /3439
12	4755 /463	4689 /920	4580 /1369	4429 /1805	4239 /2233	4010 /2619	3747 /2991	3451 /3335	3126 /3647
13	4968 /489	4898 /974	4782 /1449	4622 /1909	4419 /2350	4176 /2769	3896 /3161	3582 /3522	3238 /3851
14	5167 /516	5093 /1026	4970 /1526	4800 /2011	4586 /2475	4329 /2915	4033 /3326	3701 /3705	3338 /4049

注:此表根据 $V_0=930$ m/s,弹重 $q=0.51$ kg 和弹性系数 $i_{43}=1.0$,取整数位计算得出